内燃机循环热力学优化理论

Thermodynamic Optimization Theory of Internal Combustion Engine Cycles

陈林根　戈延林　著

科学出版社

北　京

内 容 简 介

本书在全面系统地分析和总结内燃机循环有限时间热力学研究现状的基础上，通过模型建立、理论分析、数值计算，对各种空气标准不可逆内燃机循环的最优性能和实际内燃机循环的最优构型进行研究。主要内容如下：第 1 章介绍有限时间热力学的产生和发展，对内燃机循环的有限时间热力学研究现状做全面回顾；第 2～8 章分别介绍不可逆 Otto 循环、Diesel 循环、Atkinson 循环、Brayton 循环、Dual 循环、Miller 循环和 PM 循环在工质恒比热容和工质比热容随温度线性变化时的生态学最优性能以及工质比热容随温度非线性变化时的功率、效率最优性能和生态学最优性能；第 9 章介绍内燃机普适循环在工质恒比热容和工质比热容随温度线性变化时的生态学最优性能以及工质比热容随温度非线性变化和工质比热容比随温度线性变化时的功率、效率最优性能和生态学最优性能；第 10、11 章分别介绍 Otto 循环和 Diesel 循环热机在循环熵产生最小和生态学函数最大时活塞运动的最优路径；第 12 章总结全书的主要工作和创新点。

本书可供能源、动力等领域的科技人员参考，也可作为大专院校工程热物理、热能工程等相关专业本科生和研究生的教学参考。

图书在版编目(CIP)数据

内燃机循环热力学优化理论=Thermodynamic Optimization Theory of Internal Combustion Engine Cycles / 陈林根，戈延林著. —北京：科学出版社，2023.11

ISBN 978-7-03-073548-5

Ⅰ. ①内… Ⅱ. ①陈… ②戈… Ⅲ. ①内燃机-热力学-研究 Ⅳ. ①TK40

中国版本图书馆CIP数据核字(2022)第195185号

责任编辑：范运年 / 责任校对：王萌萌
责任印制：师艳茹 / 封面设计：赫 健

科 学 出 版 社 出版
北京东黄城根北街 16 号
邮政编码: 100717
http://www.sciencep.com
北京中科印刷有限公司 印刷
科学出版社发行 各地新华书店经销
*
2023 年 11 月第 一 版 开本：720 × 1000 1/16
2023 年 11 月第一次印刷 印张：21 1/4
字数：413 000

定价：168.00 元

(如有印装质量问题，我社负责调换)

前　言

本书主体内容主要由以下三部分组成。

第一部分研究各种空气标准不可逆内燃机循环的最优性能。第 2 章建立考虑传热损失、摩擦损失和内不可逆性损失的空气标准不可逆 Otto 循环模型，分别研究工质恒比热容和工质比热容随温度线性变化时循环的生态学最优性能以及工质比热容随温度非线性变化时循环的功率、效率最优性能和生态学最优性能，导出循环功率、效率、熵产率和生态学函数等重要性能参数，分析循环内不可逆性损失、传热损失、摩擦损失和工质变比热容对循环最优性能的影响。第 3 章建立考虑传热损失、摩擦损失和内不可逆性损失的空气标准不可逆 Diesel 循环模型，分别研究工质恒比热容和工质比热容随温度线性变化时循环的生态学最优性能以及工质比热容随温度非线性变化时循环的功率、效率最优性能和生态学最优性能，导出循环功率、效率、熵产率和生态学函数等重要性能参数，分析循环内不可逆性损失、传热损失、摩擦损失和工质变比热容对循环最优性能的影响。第 4 章建立考虑传热损失、摩擦损失和内不可逆性损失的空气标准不可逆 Atkinson 循环模型，分别研究工质恒比热容和工质比热容随温度线性变化时循环的生态学最优性能以及工质比热容随温度非线性变化时循环的功率、效率最优性能和生态学最优性能，导出循环功率、效率、熵产率和生态学函数等重要性能参数，分析循环内不可逆性损失、传热损失、摩擦损失和工质变比热容对循环最优性能的影响。第 5 章建立考虑传热损失、摩擦损失和内不可逆性损失的空气标准不可逆 Brayton 循环模型，分别研究工质恒比热容和工质比热容随温度线性变化时循环的生态学最优性能以及工质比热容随温度非线性变化时循环的功率、效率最优性能和生态学最优性能，导出循环功率、效率、熵产率和生态学函数等重要性能参数，分析循环内不可逆性损失、传热损失、摩擦损失和工质变比热容对循环最优性能的影响。第 6 章建立考虑传热损失、摩擦损失和内不可逆性损失的空气标准不可逆 Dual 循环模型，分别研究工质恒比热容和工质比热容随温度线性变化时循环的生态学最优性能以及工质比热容随温度非线性变化时循环的功率、效率最优性能和生态学最优性能，导出循环功率、效率、熵产率和生态学函数等重要性能参数，分析循环内不可逆性损失、传热损失、摩擦损失、工质变比热容和循环升压比对循环最优性能的影响。第 7 章建立考虑传热损失、摩擦损失和内不可逆性损失的空气标准不可逆 Miller 循环模型，分别研究工质恒比热容和工质比热容随温度线性变化时循环的生态学最优性能以及工质比热容随温度非线性变化时循环的功率、效率最优性能和生态学最优性能，导出了循环功率、效率、熵产率和生态学函数等重要性能参数，分析循环内不可逆性损失、传热损失、摩擦损失、工质变比热容和循环另一压缩比对循环最优性能的影响。第 8 章建立考虑传热损失、摩擦损失和内不可逆性损失的 PM 循环模型，分别研究工质恒比热容、工质比热容随温度线性变化以及工质比热容随温度非线性变化时循环的功率、效率最优性能和生态学最优性能，导出循环功率、效率、熵产率和生态学函数等重要性能参数，分析循环内不可逆性损失、传热损失、摩擦损失、工质变比热容和循环预胀比对循环最优性能的影响。

第二部分研究不可逆内燃机普适循环的最优性能。第 9 章建立考虑传热损失、摩擦损失和内不可逆性损失的内燃机普适循环模型(该模型由两个绝热过程、两个等热容加热过程以及两个等热容放热过程组成,具有相当好的普适性,包含了 Otto 循环、Diesel 循环、Atkinson 循环、Brayton 循环、Dual 循环、Miller 循环以及 PM 循环等各种内燃机循环在不同损失项情况下的模型)，分别研究工质恒比热容和工质比热容随温度线性变化时循环的生态学最优性能以及工质比热容随温度非线性变化和工质比热容比随温度线性变化时循环的功率、效率最优性能和生态学最优性能，导出循环功率、效率、熵产率和生态学函数等重要性能参数，分析和讨论普适循环所包含的特例循环，比较各种特例循环的性能差异。

第三部分研究实际内燃机循环活塞运动的最优路径。第 10 章在给定循环总时间和耗油量的情况下，以存在传热、摩擦等内、外不可逆性损失的 Otto 循环热机为研究对象，考虑工质与环境之间的传热服从广义辐射传热规律，应用最优控制理论，对循环熵产生最小和生态学函数最大时整个循环活塞运动的最优路径进行研究，通过建立变更的拉格朗日函数，求解欧拉-拉格朗日方程以及建立哈密顿函数，求解正则方程和控制方程，分别得到无加速度约束和有加速度约束时活塞运动的最优路径，给出三种特殊传热规律(n=1，牛顿传热规律；n=−1，线性唯象传热规律；n=4，辐射传热规律)下的最优构型，由数值算例分析传热规律对活塞运动最优路径的影响，并将结果与牛顿传热规律和线性唯象传热规律时最大输出功条件下的最优路径进行比较，分析优化目标对活塞运动最优路径的影响。第 11 章在第 10 章的基础上进一步考虑燃料有限燃烧速率对活塞运动最优路径的影响，以不可逆 Diesel 循环热机为研究对象，应用最优控制理论，对熵产生最小和生态学函数最大时循环在广义辐射传热规律下活塞运动的最优路径进行研究，通过建立哈密顿函数，求解正则方程和控制方程得到无加速度约束和有加速度约束时活塞运动的最优路径，给出三种特殊传热规律下的最优构型，由数值算例分析传热规律对活塞运动最优路径的影响，并将结果与牛顿传热规律时最大输出功条件下的最优路径进行比较，分析优化目标对活塞运动最优路径的影响。

本书在写作的过程中参考了作者所在团队已毕业博士研究生宋汉江、马康、夏少军等的博士学位论文，作者在此对他们的辛勤劳动和创造性贡献表示诚挚的谢意。

最后，感谢国家自然科学基金项目(No. 51779262)，其使得内燃机循环热力学优化研究工作进一步拓展和深化。

由于时间仓促，本书在撰写过程中难免出现一些疏漏，不当之处请批评指正。

陈林根 戈延林
武汉工程大学
2023 年 1 月

目　录

第1章 绪　论

1.1 引　言

内燃机广泛应用于工业、农业、交通运输和国防建设，它是汽车、农业机械、工程机械、船舶、机车、军用车辆、移动和备用电站等装置的主动力。正是由于内燃机数量多、分布广，它对能源与环境的影响特别显著。一方面，它主要燃烧石化燃料，据统计，内燃机所消耗的能源占世界石油耗量的 60%[1]，而石油是一种非可再生能源，按照目前的消耗率，即将消耗殆尽，这使得全球范围内的能源危机问题日渐突出；另一方面，它排出的废气中含有大量有害物质，造成环境污染并危害人类身心健康，在大中城市的大气污染中，内燃机的有害物质排放量约占总排放量的 60%[2]，它也是最大的环境污染源之一。从节约能源和保护环境的角度出发，人们对其提出了越来越苛刻的要求，既要输出功率大(动力性好)、比燃料消耗少(经济性优)，又要符合日益严格的排放法规要求(低污染甚至零排放)。20 世纪 70 年代以来，在世界范围内的能源短缺和控制污染的强烈呼声中，人们加强了对内燃机的研究，大大推动了内燃机技术的发展，这些技术主要体现在以下五个方面[3-6]：①增压中冷技术；②燃烧技术；③共轨喷射技术；④排放控制技术；⑤新材料、新设计和新工艺。

内燃机循环是热力循环的一种，对其进行热力学分析不仅是提高和开发内燃机新技术的基础，也是进一步完善与发展内燃机循环的主要手段。为了节约燃料、提高内燃机能量转换过程的效率，人们对内燃机循环进行了大量研究。用经典热力学方法对内燃机循环进行热力学第一定律分析[7, 8]，可以研究能量在转换过程中的效率和各种损失的数量关系。能量转换除了有数量的概念还有品质的概念，对内燃机循环进行热力学第二定律分析[9-11]，可以研究能量转换过程中各种不可逆因素造成的做功能力损失。基于热力学第一定律和不可逆热力学的内燃机循环仿真研究[12, 13]，可以研究内燃机循环过程中状态参量随时空的变化规律，但是它仅侧重于了解系统的局部微分性质，一些过程函数在特定过程中的变化净效应不易由这种不可逆热力学得出结论。

有限时间热力学作为现代热力学理论的一个新分支，能够回答经典热力学没有回答、传统的不可逆热力学因偏重局部微分方程的研究也不能回答的全局性问题。例如，在时间周期内，热机产生给定功所需的最少能量为多少？在给定输入能量下在一定时间内给定的热机能产生的最大功为多少？有限时间内运行给定的热力过程的最有效方法(最佳路径)是什么？热阻、内不可逆性、摩擦等不同损失项对实际热力过程的定性、定量影响有何特点？对内燃机循环的热力学理论分析遵循从传统到现代的发展规律。运用有限时间热力学理论对内燃机循环进行热力学优化，获得循环的性能界限与最优路径，为实际内燃机的优化设计、最优运行提供科学依据和理论指导正成为有限时间热力学研究的一个新课题。

1.2 有限时间热力学的产生与发展

1824 年，卡诺在其发表的奠基性论文中指出，工作于高温热源 T_H 和低温热源 T_L 之间的任何热机，其效率都不可能超过：

$$\eta_C = 1 - T_L / T_H \tag{1.1}$$

此即为著名的卡诺效率[14]。这一结论为工作于 T_H、T_L 之间的任意热机提供了效率界限，标志着经典热力学的产生。从此，卡诺效率一直作为经典热力学的一个主要指标用于衡量实际热机设计的热力学性能。热机要达到卡诺效率，则循环过程必须是可逆的，即在整个热力过程中保持内平衡，系统和环境的总熵不变，这就要求过程进行的时间无限长，而此时的功率输出为零，这与实际情况显然存在一定的差异。

实际热机中总是存在种种不可逆效应，因此经典的可逆热力学界限太高，需要进一步完善。人们的思路是：可逆界限是否足够接近实际性能，进而为改善性能提供有效指导，如果不行，那么能否找出实际过程的更现实的性能界限，即能否找出在有限时间内运行的过程和装置的性能界限，应用这些界限值去发现实际过程和装置评估中更好的性能准则，借助这些准则优化实际过程和装置的性能，以为实际工程问题提供更为科学、准确的指导。

苏联学者 Novikov[15]、法国学者 Chambadal[16]、加拿大学者 Curzon 和 Ahlborn[17]等人是这方面工作的先驱，他们考虑了存在有限速率传热的卡诺热机，导出了工质与高、低温热源间存在线性传热热阻损失时的卡诺热机最大功率输出时的效率(CA 效率)为

$$\eta_{CA} = 1 - \sqrt{T_L / T_H} \tag{1.2}$$

它的导出是有限时间热力学诞生的重要标志，为具有有限速率和有限周期特征的热机提供了新的分析方法。近期 Chisacof 等[18]和 Vaudrey 等[19]的研究表明 CA 效率公式［式(1.2)］的起源还可分别更早地追溯到 1872 年 Moutier[20]和 1929 年 Reitlinger[21]的研究工作，在文献[20]中 CA 效率被称为经济性系数。自 20 世纪 70 年代中期以来，以寻求热力过程的性能界限、达到热力学优化为目标的这类研究

工作在物理学和工程学领域均取得了进展。在物理学领域，以芝加哥学派为代表，将这类研究称为有限时间热力学理论[22-24]；而在工程学领域，以美国杜克大学的Bejan教授为代表，称其为熵产生最小化或热力学优化理论[25,26]。两者的根本点是一致的，即以将热力学与传热学、流体力学和其他传输过程基本理论相结合促使热力学发展为基本特征，在有限时间和有限尺寸约束条件下，以降低系统不可逆性为目标，优化存在传热、流体流动和传质不可逆性的实际热力系统性能。

在20多个国家的研究基金资助下，一大批学者对这一新学科分支进行了大量的研究工作，研究对象涉及热机、制冷机、热泵等传统热力设备和量子热力系统、直接能量转换装置、流体流动过程、传热过程、换热器、传质过程、化学反应过程、热绝缘系统、热能存储系统以及其他与时间相关的过程的运行，通过一些简化模型指出了大量的热力学优化机会，结合实际复杂模型得到了一大批具有应用价值的结果，发现了一批新现象和新规律。到2020年11月已有11000余篇相关文献发表，代表性的研究方向有：①对无限热容热源牛顿定律系统的研究；②损失模型对热机最优性能的影响；③热源模型对热机最优性能的影响；④实际热机装置和热过程分析；⑤制冷循环研究；⑥热泵循环研究；⑦类“热机”过程分析，如化学反应过程、流体流动做功过程和蒸馏分离过程。

1.3 有限时间热力学研究现状

有限时间热力学的研究思路是：对实际过程做一定的假设，得到热力学模型，给定一系列约束定义可能的过程时间路径，然后找出给定路径下的目标极值或所取目标为极值时的最优路径，并求出与时间(或尺寸)有关的目标值，进一步求出最佳的时间(或尺寸)，得到所定义过程的最佳性能指标。基于这一思路，可以将有限时间热力学研究的基本问题分为两大类：给定热力过程的最优性能研究和给定目标极值的热力过程最优构型研究。对于以上两大类问题的研究主要集中在四个方面：目标极值对最优性能和最优构型的影响、损失模型对最优性能和最优构型的影响、热源模型对最优性能和最优构型的影响、实际热机装置和热力过程最优性能和最优构型研究。

1.3.1 目标极值对最优性能和最优构型的影响

1.3.1.1 目标极值对最优性能的影响

以不同的目标分析、优化热力过程，正成为近年来有限时间热力学领域一项十分活跃的研究工作。有大量文献研究了热机、制冷机和热泵基本输出率与性能系数的最优特性关系。对于热机而言基本输出率为功率(功)和效率[26]，对于制冷机而言基本输出率为制冷率和制冷系数[27]，对于热泵而言基本输出率为供热率和供热系数[28]。

除了基本输出率外，孙丰瑞等[29]首先注意定常流热机与往复式热机在热力学机制上的区别，用有限面积代替有限时间约束，提出了新的优化目标——比功率；对于制冷机和热泵，文献[30]、[31]也提出了类似的目标——比制冷率[30]和比供热率[31]。Sahin 等[32]以对最大比容平均的功率输出——功率密度为优化目标，对卡诺热机循环的性能进行了优化，并在其他热机循环中得到应用。

Salamon 和 Nitzan[33]分别研究了㶲效率、㶲损失和利润率优化目标下内可逆卡诺热机的最优性能。在此基础上，将有限时间热力学与热经济学[34]相结合，陈林根等[35]建立了有限时间㶲经济分析法，导出了卡诺热机的有限时间㶲经济性能界限、优化关系和参数优化准则。文献[36]、[37]将热机的特征参数推广到制冷机和热泵，研究了制冷机[36]和热泵[37]的有限时间㶲经济性能的优化问题。

除了以上目标外，Angulo-Brown[38]在研究热机时证明 $T_L\sigma$ 反映了热机的功率耗散(其中 σ 为热机循环的熵产率)，故以

$$E' = P - T_L\sigma \tag{1.3}$$

为目标讨论热机的性能优化，式中，P 为热机的输出功率。由于该目标在一定意义上与生态学长期目标有相似性，故称其为生态学最优性能。式(1.3)因为没有注意到能量(热量)与㶲(功)的本质区别，将功率(㶲)与非㶲损失放在一起做比较是不完备的，Yan[39]提出以目标

$$E'' = P - T_0\sigma \tag{1.4}$$

代替 E'，式中，T_0 为环境温度。陈林根等[40]基于㶲分析的观点，建立了各种循环统一的㶲分析生态学函数：

$$E = A/\tau - T_0\Delta S/\tau = A/\tau - T_0\sigma \tag{1.5}$$

式中，A 为循环输出㶲；ΔS 为循环熵产；τ 为循环周期。对热机而言输出功率 P 即为㶲流率 A/τ，故有

$$E = P - T_0\sigma \tag{1.6}$$

之后，一些学者继续研究了不同传热规律下传统工质的内可逆和不可逆卡诺型和其他型的热机[41]、制冷机[42]和热泵[43]的生态学最优性能。

1.3.1.2　目标极值对最优构型的影响

最优构型问题是在给定的外部条件下如何获得目标极值的问题。有部分文献分别以输出功率最大[44]、效率最大[45]和制冷系数最大[46]为目标对热机和制冷机的最优构型进行了研究。

除了以基本输出率为目标外，文献[33]、[47]、[48]以熵产生最小[47]、煅损失最小[48]、煅效率和利润率最大[33]为目标对换热过程[48]和热机[33, 47]的最优构型进行了研究。此外，还有学者采用变分的方法，以生态学函数最大为目标[49]研究了热机的最优构型。

1.3.2 损失模型对最优性能和最优构型的影响

1.3.2.1 损失模型对最优性能的影响

损失模型可以分为热阻(传热规律)模型和其他不可逆性模型。

1. 热阻(传热规律)模型的影响

部分文献研究了牛顿传热规律下热机[41]、制冷机[42]和热泵[43]在不同目标极值时的性能特性。

实际过程中工质与热源之间的传热并非都服从牛顿传热规律。大批文献研究了线性唯象[$q \propto \Delta(T^{-1})$][50]、辐射[$q \propto \Delta(T^4)$][51]、广义辐射[$q \propto \Delta(T^n)\mathrm{sign}(n)$][52]、广义对流[$q \propto (\Delta T)^n$][53]和普适[$q \propto (\Delta T^n)^m$][54]传热规律下热机、制冷机和热泵的基本输出率、生态学性能和有限时间煅经济性能的优化问题，其中 q 表示热量，m、n 为两个常数，T 表示温度，sign() 为符号函数。

2. 其他不可逆性模型的影响

其他不可逆性包括热漏、摩擦和内部耗散等。大批文献研究了存在不同损失项组合时热机、制冷机和热泵的基本输出率、生态学性能和煅经济性能的优化，代表性的论文参见文献[55]～[57]。

1.3.2.2 损失模型对最优构型的影响

大批文献以输出功率最大[44]、效率最大[45]、熵产生最小[47]、煅损失最小[48]、煅效率和利润率最大[33]、生态学函数最大[49]以及制冷系数最大[46]为优化目标研究了牛顿传热规律下换热过程[48]、热机[33,44,45,47,49]和制冷机[46]的最优构型。

传热规律不仅对热力过程的最优性能产生影响，而且影响热力过程的最优构型。大批文献研究了线性唯象[58]、辐射[59]、广义辐射[60]、广义对流[61]和普适传热规律[62]下换热过程、热机和制冷机在不同损失项和不同优化目标下的最优构型。

1.3.3 热源模型对最优性能和最优构型的影响

1.3.3.1 热源模型对最优性能的影响

在有限时间热力学早期的研究中，大量文献对无限热容(恒温)热源时热机[35]、制冷机[36]和热泵循环[37]的最优性能进行了研究。

但是实际过程中热力过程经常是从有限热容(变温)热源，而不是从无限热容(恒温)热源吸热产生功。有限热容(变温)热源是实际热力过程中常见的现象，因此吸引了众多学者研究其对热力过程最优性能的影响，代表性的论文参见文献[63]～[65]。

1.3.3.2 热源模型对最优构型的影响

文献[33]、文献[44]～[66]以输出功率最大[44]、效率最大[45]、㶲效率和利润率最大[33]、熵产生最小[47]、制冷系数最大[66]为优化目标研究了恒温热源条件下热机[33,44,45,47]、制冷机[66]的最优构型。

热源模型不仅影响热力过程的最优性能而且影响热力过程的最优构型。文献[46]、[49]、[61]、[67]～[69]以输出功最大[67-69]、输入功最小[69]、制冷系数最大[46]和生态学函数最大[49,61]为优化目标研究了有限热容热源条件下热机[49,61,67-69]、制冷机[46,69]和热泵[69]的最优构型。

1.3.4 实际热机装置和热力过程最优性能和最优构型研究

大批文献对实际热机装置和热过程在不同优化目标、不同损失以及不同热源情况下的最优性能和最优构型进行了分析，内容包括联合动力装置分析[70]、蒸汽和燃气动力循环分析[71,72]、斯特林(Stirling)发动机分析[73]、其他热动力循环和装置分析(如热电联产装置[74]、热声装置[75]、热电热机[76]、太阳能驱动热机[77]、热能存储装置[78]、热离子热机[79]、磁流体动力(MHD)装置[80]、太阳能电池[81]、光驱动热机[82]、天气预测[83]、地球风能系统[84]、激光器[85]等)以及其他过程与热机的类比分析(如化学反应过程[86]、化学循环[87]、流体流动做功过程[88]和蒸馏分离过程[89]等)。

1.4 内燃机循环的有限时间热力学研究现状

内燃机循环作为热动力循环的一种，同样可以应用有限时间热力学对其进行研究。有限时间热力学应用于内燃机循环的研究主要集中在四个方面：空气标准内燃机循环最优性能研究、内燃机循环活塞最优运动路径研究、非均匀工质内燃机循环性能界限研究和内燃机循环仿真研究。为体现本书的研究进展，本节将从以上四个方面详细介绍内燃机循环的有限时间热力学研究现状。

1.4.1 空气标准内燃机循环最优性能研究现状

空气标准内燃机循环主要包括 Otto 循环、Diesel 循环、Atkinson 循环、Brayton 循环、Dual 循环、Miller 循环和多孔介质(porous medium，PM)循环等 7 类，对以上空气标准循环最优性能的研究主要集中在以下五个方面。

(1) 目标极值对循环最优性能的影响。大批文献以循环功率(功)和效率为性能目标研究了内燃机循环的最优性能，代表性的论文参见文献[90]～[92]。Chen 等[93]最早将功率密度引入到内燃机循环最优性能的分析中，研究了不存在任何损失时可逆 Atkinson 循环最大功率密度时循环的效率，此后功率密度性能目标在 Otto 循环、Dual 循环和 Miller 循环中得到了应用。Gumus 等[94]在对 Otto 循环最优性能进行研究时提出了考虑功率和效率折中的性能目标——有效功率(循环的功率和效率之积)。

Angulo-Brown 等[95]最早将生态学目标引入到内燃机循环的最优性能分析中，研究了存在摩擦损失的 Otto 循环生态学最优性能，但是文献[95]在计算循环熵产率时仅考虑了循环在两个等容过程中采用不相等的工质比热容所引起的熵产率而没有考虑摩擦损失引起的熵产率，并且在计算生态学函数时用循环最低温度代替了环境温度，因此文献[95]中的模型并不完备。文献[96]～[99]在考虑工质与高、低温热源间存在有限速率传热的情况下，通过工质与高、低温热源间的不可逆换热来计算熵产率，研究了闭式 Otto 循环[96,97]、Atkinson 循环[98]和 Dual 循环[99]的生态学最优性能。实际的内燃机循环都是开式循环，本书用空气标准循环模型代替开式循环模型(该模型不同于 Curzon 和 Ahlborn[17]提出的考虑高、低温热源有限速率传热的往复式卡诺循环模型)，通过循环内存在的各种损失来计算熵产率，对内燃机循环的生态学最优性能进行研究。

(2) 工质比热容模型对循环性能的影响。早期对于内燃机循环最优性能的研究都假设工质比热容在循环过程中保持恒定不变，但是实际循环中工质本身的性质和成分将随燃烧反应的进行而发生改变，工质的比热容也将发生变化，并且工质的变比热容特性对循环的性能有很大的影响。Rocha-Martinez 等[100,101]首先提出了工质比热容随工质成分变化模型，这种模型相对简单并且没有考虑工质比热容变化对循环过程的影响。Ghatak 和 Chakraborty[102]首先(最早提出但文章刊出较晚)提出了工质比热容随温度线性变化模型：

$$C_{\mathrm{p}} = a_{\mathrm{p}} + KT \tag{1.7}$$

$$C_{\mathrm{v}} = b_{\mathrm{v}} + KT \tag{1.8}$$

式中，a_{p}、b_{v} 和 K 为常数；C_{p} 和 C_{v} 分别为工质的定压比热容和定容比热容。C_{p} 和 C_{v} 之间的关系为

$$R = C_{\mathrm{p}} - C_{\mathrm{v}} = a_{\mathrm{p}} - b_{\mathrm{v}} \tag{1.9}$$

式中，$R = 0.287\mathrm{kJ/(kg \cdot K)}$ 为工质的气体常数。在此基础上，为了使循环的分析更接近于工程实际，Abu-Nada 等[103-106]提出了工质定压比热容随温度非线性变

化模型：

$$C_p = 2.506\times10^{-11}T^2 + 1.454\times10^{-7}T^{1.5} - 4.246\times10^{-7}T + 3.162\times10^{-5}T^{0.5} + 1.3303 - 1.512\times10^{4}T^{-1.5} + 3.063\times10^{5}T^{-2} - 2.212\times10^{7}T^{-3} \tag{1.10}$$

由定压比热容 C_p 和定容比热容 C_v 之间的关系，可以得到循环的定容比热容为

$$C_v = C_p - R = 2.506\times10^{-11}T^2 + 1.454\times10^{-7}T^{1.5} - 4.246\times10^{-7}T + 3.162\times10^{-5}T^{0.5} + 1.0433 - 1.512\times10^{4}T^{-1.5} + 3.063\times10^{5}T^{-2} - 2.212\times10^{7}T^{-3} \tag{1.11}$$

循环过程中工质比热容变化必然引起工质比热容比(定压比热容与定容比热容之比)变化。Ebrahimi 提出了工质比热容比随温度线性变化[107,108]和非线性变化[109]两种变比热容比模型：

$$k = k_0 - uT \tag{1.12}$$

$$k = u_1T^2 + u_2T + u_3 \tag{1.13}$$

式中，k_0、u、u_1、u_2 和 u_3 为常数。

(3) 损失模型对循环性能的影响。根据循环中存在的不同损失项可以将循环分为内可逆循环和不可逆循环。内燃机循环中存在的损失包括：传热损失、摩擦损失、内不可逆性损失和机械损失。仅考虑了传热损失的循环称为内可逆循环，而考虑了其他损失的循环称为不可逆循环。

传热损失对循环最优性能的影响有两种模型。一是当循环的最高温度不固定[91,110]时，循环的最高温度必须通过循环的吸热量和传热损失联合求解，其物理意义是：燃料量给定，即加入循环中的总热量固定，加入热量即为循环中工质的吸热量和通过缸壁的传热损失，这种情况下循环的效率定义为输出功率与循环吸热量之比，如果传热损失增大，则相应的输出功率减小、效率减小，反之循环的输出功率将增大、效率增大。二是当循环的最高温度固定[111]时，循环的最高温度不需要通过循环吸热量和传热损失联合求解，其物理意义为要求循环输出给定的功率、工质的吸热量与缸壁传热损失之和等于加入循环中的燃料的发热量，这种情况下循环的效率定义为输出功率与加入到循环中的总的燃料发热量之比，如果传热损失增加，则相应的燃料需求增加，循环的效率减小，反之相应的燃料需求减小，循环的效率增加，而传热损失对循环的输出功率没有影响。本书采用第二种模型考虑传热损失。

循环内不可逆性损失的定义有三种方式。第一种定义方式为 Angulo-Brown

等[92]通过循环吸热过程熵变和放热过程的熵变之比定义的 Otto 循环内不可逆性损失，循环吸热过程熵变和放热过程的熵变不同主要是由两个过程中工质的比热容不同产生的，且吸热过程的工质比热容小于放热过程的工质比热容。图 1.1 给出了文献[92]中建立的 Otto 循环模型（p 表示压力，V 表示比容），图中$1\rightarrow 2$和$3\rightarrow 4$分别为可逆绝热压缩过程和可逆绝热膨胀过程，$2\rightarrow 3$和$4\rightarrow 1$分别为工质比热容为C_{v1}和C_{v2}（C_{v1}小于C_{v2}）的定容吸热过程和定容放热过程，因此循环的内不可逆性损失定义为

$$I=\frac{\Delta S_{2\rightarrow 3}}{\Delta S_{1\rightarrow 4}}=\frac{C_{v1}\ln(T_3/T_2)}{C_{v2}\ln(T_4/T_1)}=\frac{C_{v1}}{C_{v2}} \tag{1.14}$$

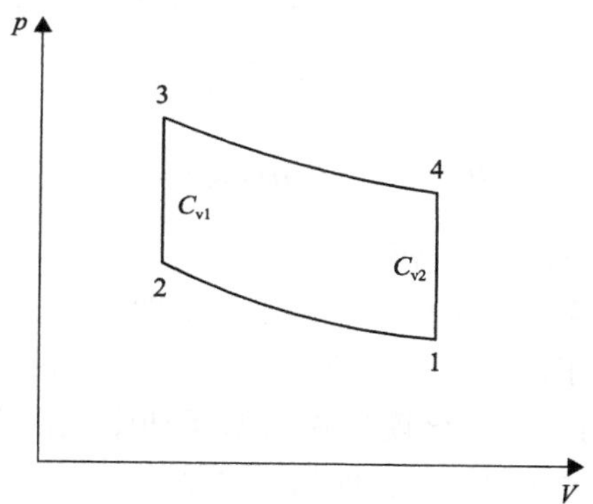

图 1.1 Otto 循环模型 p-V 图

第二种定义方式为 Ust 等[99]采用循环吸热过程熵变和放热过程的熵变之比定义的 Dual 循环内不可逆性损失，但是循环吸热过程熵变和放热过程熵变的不同主要是由循环不可逆压缩和不可逆膨胀过程产生的。图 1.2 给出了不可逆 Dual 循环模型（S 表示熵，T 表示温度），图中$1\rightarrow 2$S和$4\rightarrow 5$S分别为可逆绝热压缩过程和

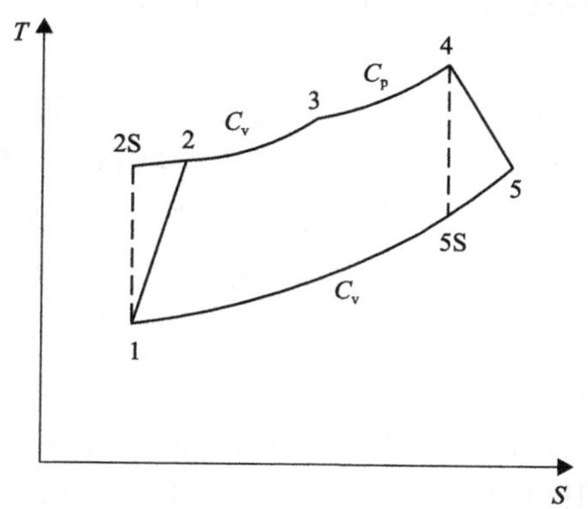

图 1.2 不可逆 Dual 循环模型 T-S 图

可逆绝热膨胀过程，$1 \to 2$ 和 $4 \to 5$ 分别为不可逆绝热压缩过程和不可逆绝热膨胀过程，$2 \to 3$ 和 $3 \to 4$ 分别为定容和定压吸热过程，$5 \to 1$ 为定容放热过程，循环内不可逆性损失的定义为

$$I = \frac{\Delta S_{2\to4}}{\Delta S_{1\to5}} = \frac{S_4 - S_2}{S_5 - S_1} \tag{1.15}$$

第三种定义方式为 Parlak[112]用循环不可逆压缩和不可逆膨胀效率定义的 Dual 循环和 Diesel 循环的内不可逆性损失。文献[112]认为通过该方式定义的循环内不可逆性损失能够反映这两个冲程包括摩擦损失在内的所有不可逆损失。考虑图 1.2 所示的不可逆 Dual 循环模型，循环内不可逆性的定义为

$$\eta_{\mathrm{c}} = (T_{2\mathrm{S}} - T_1)/(T_2 - T_1) \tag{1.16}$$

$$\eta_{\mathrm{e}} = (T_5 - T_4)/(T_{5\mathrm{S}} - T_4) \tag{1.17}$$

式中，η_{c} 和 η_{e} 分别为压缩效率和膨胀效率。

本书采用第三种定义方式考虑循环内不可逆性损失。

目前公开发表的关于内燃机循环研究的文献中采用的摩擦损失模型有两种。一种是文献[113]建立的模型，该模型将活塞运动摩擦损失折算成工质的压降损失。另一种是文献[95]建立的模型，即假设摩擦力与活塞运动速度成正比，根据活塞运动速度计算方式又可将该模型分为两类：一是采用活塞平均速度的计算方式，即活塞运动速度等于冲程长度与冲程时间之比[95]，并且四个冲程中活塞运动速度相等；二是认为活塞的运动速度与曲轴旋转角呈正弦关系[114]。本书采用文献[95]中的模型考虑摩擦损失。

文献[115]用一个平均机械损失压力的经验计算公式得到了循环的机械损失功率，该损失包含了与燃烧室结构有关的机械损失和曲轴连杆等各旋转部分的损失等。

(4) 工质特性对循环性能的影响。以唯象定律为基础的经典热力学和以平衡态统计为出发点的经典统计力学不是普适的，对一些特殊领域和系统，如极低温领域、激光系统、磁性系统、超导系统等，经典热力学理论不适用。在这些领域或系统中，物质服从量子统计规律，在研究中需考虑物质的量子特性。在考虑物质的量子特性的基础上，一些学者将内燃机循环中的传统工质扩展到量子工质，获得了大量有意义、不同于传统工质循环分析结果的新结论[116-118]。

(5) 普适循环的性能特性。有限时间热力学追求普适的规律和结果，对内燃机循环最优性能的研究同样如此。文献[90]、[119]、[120]建立了不同情况下内燃机的普适循环模型，分析了普适循环的功率、效率最优性能。图 1.3 给出了文献[119]

中建立的普适循环模型，该模型由两个绝热过程、一个等热容(C_{in})加热过程和一个等热容(C_{out})放热过程组成，图 1.4 给出了文献[90]、[120]中建立的普适循环模型，该模型由两个绝热过程、两个等热容(C_{in1} 和 C_{in2})加热过程和两个等热容(C_{out1} 和 C_{out2})放热过程组成。本书采用的普适模型为图 1.4 所示的普适模型。

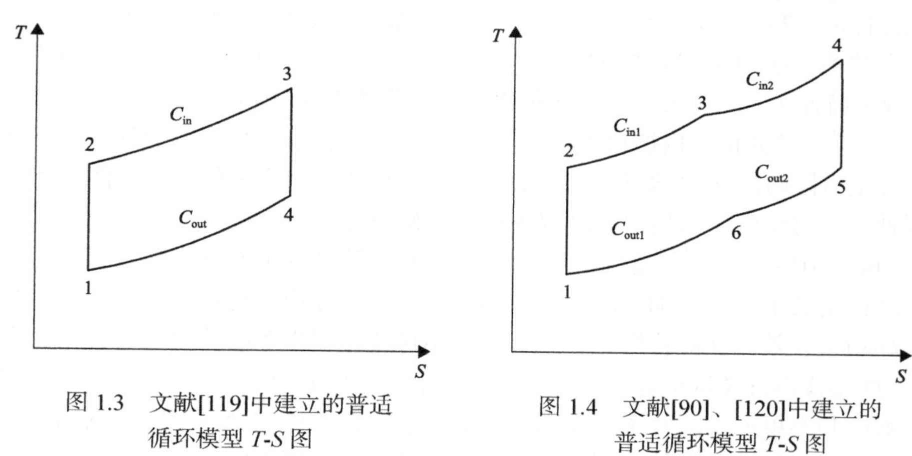

图 1.3 文献[119]中建立的普适循环模型 T-S 图

图 1.4 文献[90]、[120]中建立的普适循环模型 T-S 图

下面从以上 5 个方面详细介绍 Otto 循环、Diesel 循环、Atkinson 循环、Brayton 循环、Dual 循环、Miller 循环、PM 循环和普适循环的最优性能研究现状。

1.4.1.1 空气标准 Otto 循环最优性能研究现状

1. 恒比热容情况下的最优性能

Klein[91]在考虑传热损失的情况下研究了内可逆 Otto 循环输出功随压缩比的变化关系，并分析了传热损失对循环输出功以及循环输出功最大时所对应的最佳压缩比的影响；Wu 和 Blank[121]研究了燃烧对内可逆 Otto 循环性能的影响，得到了循环输出功最大时的最佳压缩比与循环最高温度的变化关系；Blank 和 Wu[122]研究了内可逆 Otto 循环功率和平均有效压力优化问题；Chen 等[123]在循环最高温度不固定的情况下(以下如果没有特别说明，循环最高温度都是不固定的)导出了内可逆 Otto 循环的功、效率特性，并分析了传热损失系数和循环初始温度对循环功、效率特性的影响；Ficher 和 Hoffman[124]研究了内可逆 Otto 循环能否被考虑热漏时的 Novikov 模型[15]定量模拟的问题，结果表明考虑热漏时的 Novikov 模型可以很好地反映 Otto 循环的功率、效率性能特性；Ozsoysal[125]给出了传热损失作为燃料能量的一部分时内可逆 Otto 循环传热损失系数选择的有效范围，按照该范围选择传热损失系数将使循环性能的分析在更接近于工程实际的同时也更加准确；Hou[126]将内可逆 Otto 循环和 Atkinson 循环的功、效率性能进行了比较，结果表明相同条件下 Otto 循环最大输出功时的最佳压缩比要高于 Atkinson 循环最大输出功时的最佳压缩比。

Angulo-Brown 等[95]建立了一类考虑有限时间特性和摩擦损失(活塞运动平均速度等于冲程长度与冲程时间之比，以下如果没有特别说明，摩擦损失的计算都是采用的该模型)的不可逆 Otto 循环模型，并分析了摩擦损失对循环功率、效率性能特性的影响；Chen 等[127]在文献[91]、[95]的基础上建立了存在传热损失和摩擦损失的不可逆 Otto 循环模型，在循环最高温度不固定的情况下导出了循环的功率、效率特性关系，并分析了传热损失和摩擦损失对循环功率、效率特性的影响；兰旭光等[128,129]分析了内燃机理论循环(Otto 循环)有限时间热力学分析的发展趋势，并把有限时间热力学引入到柴油机工作过程的热力学分析中，从能量和可用能两种角度对柴油机的热力学过程进行了分析与比较。

Angulo-Brown 等[92]通过循环吸热和放热过程中不同工质比热容产生的不同熵变之比定义了 Otto 循环的内不可逆性，研究了存在内不可逆性损失和摩擦损失的循环功率、效率性能特性，并分析了内不可逆性损失和摩擦损失对循环功率、效率特性的影响；Chen 等[130]采用文献[112]对循环内不可逆性的定义，即利用不可逆膨胀和不可逆压缩效率定义循环内不可逆性损失(以下如果没有特别说明，内不可逆性损失的定义都是采用该方式)，在循环最高温度固定的情况下研究了存在循环内不可逆性损失和传热损失时的不可逆 Otto 循环功率、效率特性，并分析了内不可逆性损失和传热损失对循环功率、效率性能的影响；Zhao 和 Chen[114]采用文献[112]中循环内不可逆性损失的定义，在循环最高温度固定的情况下研究了存在摩擦损失(活塞运动速度与曲轴旋转角呈正弦规律)、内不可逆性损失和传热损失时不可逆 Otto 循环的功率、效率特性，并分析了三种损失对循环功率、效率性能的影响；Feidt[131]在分别固定燃油消耗量和循环最高温度的情况下，以循环输出功最大为目标对不可逆 Otto 循环压缩冲程的末端温度进行了优化；Ebrahimi[132]通过定义燃烧效率(循环吸收热量与燃料燃烧释放热量之比)给出了存在内不可逆性损失和传热损失时循环的功率、效率特性，并分析了燃烧效率对循环功率、效率性能的影响；Ozsoysal[133]在考虑空气和燃料质量之比的情况下研究了燃烧效率对不可逆 Otto 循环功率、效率性能的影响；Ebrahimi 等[134]定义了容积效率(进气体积流率与活塞扫过的体积变化率之比)，研究了存在传热损失、摩擦损失和内不可逆性损失时 Otto 循环的功率、效率性能，并分析了容积效率对循环功率、效率特性的影响。

Gumus 等[94]将 Otto 循环在最大功率、最大功率密度和最大有效功率时的性能进行了比较，并且给出了功率、功率密度、有效功率、循环效率与循环最高温度和最低温度之比之间的关系；Angulo-Brown 等[95]研究了存在摩擦损失的不可逆 Otto 循环生态学最优性能，但其采用的模型并不完备；文献[96]、[97]在考虑工质与高、低温热源间存在有限速率传热的情况下，通过工质与高、低温热源间的不可逆换热来计算熵产率，研究了闭式 Otto 循环的生态学最优性能；实际的内燃机循环都是开式的，本书作者用空气标准循环代替开式循环[135,136]，建立了恒比热容时考虑传热损失、摩擦损失和内不可逆性损失的 Otto 循环模型，通过循环内存在的各种损失来计算熵产率，对 Otto 循环的生态学最优性能进行了研究，并分析了三种损失对循环生态学性能的影响，详见 2.2 节。

以上工作都是将循环的工质作为传统工质进行分析的。文献[116]～[118]、[137]～[140]研究了考虑工质量子特性后 Otto 循环的功率(功)、效率性能[116-118,137-139]和生态学性能[140]，并分析了量子简并性对循环性能的影响。

2. 变比热容情况下的最优性能

Rocha-Martinez 等[100,101]首先研究了循环变量(工质的比热容变化)对 Otto 循环功率、效率特性的影响，但是他们在考虑工质变比热容特性时仅仅考虑了工质比热容随工质成分变化的情况而没有考虑工质比热容随温度变化的情况，并且他们只是将工质比热容的经验公式代入最后的循环功率和效率表达式却没有考虑工质变比热容对循环绝热过程方程的影响；本书作者采用文献[102]建立的工质比热容随温度线性变化模型，即式(1.7)和式(1.8)，从工质变比热容对循环过程的影响入手，研究了存在传热损失[110,141]以及存在传热损失和摩擦损失[110,142]时内可逆[110,141]和不可逆[110,142]Otto 循环的功率、效率特性，并分析了工质变比热容、传热损失和摩擦损失对循环功率、效率特性的影响；Zhao 等[111]采用文献[102]、[110]、[141]、[142]中的工质变比热容模型，即式(1.7)和式(1.8)，在循环最高温度固定的情况下对存在传热和内不可逆性损失的 Otto 循环功率、效率性能进行了研究；文献[110]、[141]、[142]和文献[111]中建立的 Otto 循环模型是不同的，文献[110]、[141]、[142]中循环的最高温度没有固定，必须通过传热损失和循环的吸热量进行联合求解，因此传热损失对循环的功率和效率均有影响，而文献[111]中固定了循环的最高温度，此时传热损失对循环的输出功率没有影响，仅影响循环效率，两种不同的循环模型应该采用不同的效率定义方式，因此文献[110]、[141]、[142]和文献[111]中关于效率的定义都是合理、正确的；Lin 和 Hou[143]研究了工质比热容随温度线性变化的情况下，传热损失作为燃料能量的一部分时，工质变比热容、传热损失和摩擦损失对 Otto 循环功率、效率性能的影响；本书作者[135,144]采用文献[102]、[110]、[111]、[141]～[143]中建立的工质比热容随温度线性变化模型，在固定循环最高温度的情况下，进一步研究了存在传热损失、摩擦损失和内不可逆性损失的 Otto 循环生态学最优性能，并分析了三种损失和工质变比热容对循环生态学性能的影响，详见 2.3 节。

Abu-Nada 等[103-106]在对内燃机循环性能进行研究时，提出了工质比热容随温度非线性变化模型；本书作者[135,145,146]采用文献[103]～[106]提出的工质比热容随温度非线性变化模型，在固定循环最高温度的情况下，研究了存在传热损失、摩擦损失和内不可逆性损失时不可逆 Otto 循环的功率、效率最优性能[135,145]和生态学最优性能[135,146]，分析了三种损失对循环最优性能的影响，详见 2.4 节。

3. 变比热容比情况下的最优性能

Ebrahimi[107, 108]在仅考虑传热损失[107]以及考虑传热损失、摩擦损失和内不可逆损失[108]的情况下，分别研究了工质比热容比随温度线性变化时内可逆[107]和不可逆[108]Otto 循环的功率(功)、效率性能特性，并分析了活塞运动速度对循环性能的影响；戈延林[135]建立了工质比热容比随温度线性变化条件下，存在传热损失、摩擦损失和内不可逆性损失的空气标准内燃机普适循环模型，在固定循环最高温度的情况下，研究了循环功率、效率最优性能和生态学最优性能，所得结果包含了 Otto 循环性能，其中功率、效率最优性能包含了文献[107]、[108]的结果，详见 9.5 节；Ge 等[147]建立了工质比热容比随温度非线性变化条件下，存在传热损失、摩擦损失和内不可逆性损失的空气标准内燃机普适循环模型，在固定循环最高温度的情况下，研究了循环功率、效率最优性能，所得结果包含了 Otto 循环性能。

1.4.1.2 空气标准 Diesel 循环最优性能研究现状

1. 恒比热容情况下的最优性能

文献[91]研究了内可逆 Diesel 循环输出功随压缩比的变化情况，分析了传热损失对循环输出功以及循环输出功最大时所对应的最佳压缩比的影响，并比较了 Diesel 循环和 Otto 循环最大输出功时的最佳压缩比和效率，结果表明最大输出功时 Diesel 循环的最佳压缩比要高于 Otto 循环，而两个循环的效率基本相等；Blank 和 Wu[148]研究了燃烧对内可逆 Diesel 循环性能的影响，得到了循环输出功最大时的最佳压缩比与循环最高温度的变化关系；Chen 等[149]导出了内可逆 Diesel 循环的功、效率特性，并分析了传热损失系数和循环初始温度对循环功、效率特性的影响；Parlak 等[150,151]研究了传热损失对 Diesel 热机的影响，并对 LHR (low heat rejection) 和 STD (standard) 两种热机循环的排气进行了㶲分析；Ozsoysal[125]给出了传热损失作为燃料能量的一部分时 Diesel 循环传热损失系数选择的有效范围，按照该范围选择传热损失系数将使循环性能的分析在更接近于工程实际的同时也更加准确；Al-Hinti 等[152]研究了空燃比和燃料质量流率对内可逆 Diesel 循环性能的影响，结果表明在给定燃料质量流率的情况下，循环的效率和功率随着空燃比的增加而增加，在给定空燃比的情况下，循环的功率随着燃料质量流率的增加而增加，而效率基本保持不变。

陈林根等[153]、陈文振和孙丰瑞[154]建立了一类考虑有限时间特性和摩擦损失的不可逆 Diesel 循环模型，给出了循环的功率、效率特性，并分析了摩擦损失对循环功率、效率性能的影响，两篇文献的区别在于对活塞运动平均速度的计算方法上，文献[153]中活塞运动的平均速度等于冲程长度与功率冲程时间之比，而文献[154]中活塞运动的平均速度等于两倍的冲程长度与等压加热和等容放热过程的时间之和之比；Qin等[119]和Ge等[120]导出了存在摩擦和传热损失时不可逆Diesel循环的功率、效率性能特性，并分析了传热损失和摩擦损失对循环功率、效率特性的影响。

Parlak[112]利用循环不可逆压缩效率和不可逆膨胀效率定义循环内不可逆性损失，并基于最大输出功率和最大效率准则分析和优化了不可逆Diesel循环的性能，分析了内不可逆性损失对循环性能的影响；Zhao 等[155]在循环最高温度固定的情况下研究了存在内不可逆性损失和传热损失时Diesel循环的功率、效率性能特性，并分析了内不可逆性损失和传热损失对循环性能的影响；郑世燕等[156-158]研究了温比对仅存在内不可逆性损失[156,157]以及存在传热损失和内不可逆性损失[158]时Diesel 循环的功率、效率特性的影响，得到相关性能参数的界限和优化后循环最佳压缩比工作的区间；Ebrahimi[159]对存在内不可逆性损失和摩擦损失时Diesel循环的功率、效率性能进行了优化，并分析了工质比热容比（绝热指数）对循环功率、效率性能特性的影响；Ozsoysal[160]在固定循环最高温度的情况下，分析了空燃比变化对不可逆Diesel循环功率、效率特性的影响。

本书作者[135,161]将生态学函数引入到Diesel循环的最优性能分析中，用空气标准循环模型代替开式循环模型，建立了恒比热容时考虑传热损失、摩擦损失和内不可逆性损失的Diesel循环模型，通过循环内存在的各种损失来计算熵产率，对Diesel循环的生态学最优性能进行研究，并分析三种损失对循环生态学性能的影响，详见3.2节。

2. 变比热容情况下的最优性能

Rocha-Martinez等[100]研究了循环变量（工质的比热容变化）随工质成分变化时对Diesel循环功率、效率特性的影响，但是他们只是将工质比热容的经验公式代入最后的循环功率和效率表达式，却没有考虑工质变比热容对循环过程方程的影响；本书作者[110,162,163]和Al-Sarkhi等[164]在文献[102]的基础上考虑工质比热容随温度线性变化模型，从工质变比热容对循环过程的影响入手，研究了存在传热损失[110,162]以及存在传热损失和摩擦损失[110,163,164]时内可逆[110,162]和不可逆[110,163,164]Diesel循环的功率（功）、效率特性，并分析了工质变比热容、传热损失和摩擦损失对循环功率（功）、效率特性的影响；Zhao和Chen[165]在固定循环最高温度的情况下研究了工质比热容随温度线性变化时，存在传热损失和内不可逆性损失时不可逆Diesel循环的功率、效率特性，并分析了工质变比热容、传热损失和内不可逆性损失对循环性能的影响；He和Lin[166]建立了工质比热容随温度线性变化条件下，存在传热损失、摩擦损失和内不可逆性损失的不可逆Diesel循环模型，在循环最高温度固定的情况下导出了不可逆Diesel循环的功率、效率特性关系，并分析了三种损失和工质变比热容对循环功率、效率特性的影响；戈延林[135]

采用文献[102]、[110]、[162]～[166]中建立的工质比热容随温度线性变化模型，在固定循环最高温度的情况下，研究了存在传热损失、摩擦损失和内不可逆性损失时不可逆 Diesel 循环的生态学最优性能，并分析了三种损失和工质变比热容对循环生态学性能的影响，详见 3.3 节。

本书作者[135,167]采用文献[103]～[106]提出的工质比热容随温度非线性变化模型，在固定循环最高温度的情况下，研究了存在传热损失、摩擦损失和内不可逆性损失时 Diesel 循环的功率、效率最优性能[135,167]和生态学最优性能[135]，并分析了三种损失对循环最优性能的影响，详见 3.4 节；此外，Aithal[168]和 Manieniyan 等[169]研究了工质比热容随温度非线性变化时不可逆 Diesel 循环中 EGR（废气再循环）对循环功率、效率的影响。

3. 变比热容比情况下的最优性能

Ebrahimi[170,171]建立了工质比热容比随温度线性变化模型，对存在传热损失[170]以及存在传热损失和摩擦损失[171]时内可逆[170]和不可逆[171]Diesel 循环的功率（功）、效率性能特性进行了研究，分析了变比热容比和损失系数对循环的功率（功）、效率性能特性的影响；在此基础上，Ebrahimi[109]进一步建立了工质比热容比随温度非线性变化模型，对存在传热损失和摩擦损失时不可逆 Diesel 循环的功率、效率性能特性进行了研究，并分析了冲程长度对循环性能的影响；戈延林[135]建立了工质比热容比随温度线性变化条件下，存在传热损失、摩擦损失和内不可逆性损失的空气标准内燃机普适循环模型，在固定循环最高温度的情况下，研究了循环功率、效率最优性能和生态学最优性能，所得结果包含了 Diesel 循环性能，其中功率、效率最优性能包含了文献[170]、[171]的结果，详见 9.5 节；Chen 等[147]建立了工质比热容比随温度非线性变化条件下，存在传热损失、摩擦损失和内不可逆性损失的空气标准内燃机普适循环模型，在固定循环最高温度的情况下，研究了循环功率、效率最优性能，所得结果包含了 Diesel 循环性能。

1.4.1.3　空气标准 Atkinson 循环最优性能研究现状

1. 恒比热容情况下的最优性能

Chen 等[93]在不计任何损失的前提下研究了 Atkinson 循环在最大功率密度时的效率，结果表明最大功率密度时对应的循环效率要高于最大功率时对应的循环效率，并且最大功率密度时循环的设计参数要小于最大功率时循环的设计参数；Hou[126]得到了内可逆 Atkinson 循环功和效率的性能关系，分析了传热损失对循环性能的影响，并将 Atkinson 循环和 Otto 循环的性能进行了比较，结果表明相同条件下 Atkinson 循环的输出功和效率要高于 Otto 循环的输出功和效率。

Qin 等[119]和 Ge[120]建立了存在摩擦损失和传热损失的不可逆 Atkinson 循环模型，导出了循环的功率、效率特性，并分析了传热损失和摩擦损失对循环功率、效率特性的影响；Wang 和 Hou[172]分析和比较了变温热源条件下不可逆 Atkinson 循环在最大功率和最大功率密度时的循环性能。

Zhao 和 Chen[173]在固定循环最高温度的情况下研究了存在内不可逆性损失和传热损失时不可逆 Atkinson 循环的功率、效率特性，并分析了内不可逆性损失和传热损失对循环性能的影响；Ust[174]在考虑循环内不可逆性损失的情况下，对 Atkinson 循环最大功率和最大功率密度时的性能特性进行了比较，分析了温比和内不可逆性损失对循环性能的影响，结果表明从尺寸和效率方面考虑以最大功率密度为目标进行优化要优于以最大功率为目标进行优化；Shi 等[175]在文献[135]建立的考虑传热损失、摩擦损失和内不可逆性损失的 Atkinson 循环模型基础上，以功率密度为目标，分析了循环最大温比、传热损失、摩擦损失和内不可逆性损失对循环功率密度的影响，比较了最大功率密度和最大功率条件下循环的优缺点，应用带有精英策略的非支配排序遗传算法(NSGA-Ⅱ)，以压缩比为优化变量，得到了以无因次功率、效率、无因次功率密度和无因次生态学函数为优化目标所对应的 Pareto(帕累托)前沿。

文献[98]在考虑工质与高、低温热源间存在有限速率传热的情况下，通过工质与高、低温热源间的不可逆换热来计算熵产率，研究了闭式 Atkinson 循环的生态学最优性能；戈延林[135]用空气标准循环模型代替开式循环模型，建立了恒比热容时考虑传热损失、摩擦损失和内不可逆性损失的 Atkinson 循环模型，通过循环内存在的各种损失来计算熵产率，对 Atkinson 循环的生态学最优性能进行研究，并分析三种损失对循环生态学性能的影响，详见 4.2 节。

2. 变比热容情况下的最优性能

在文献[102]的基础上，本书作者考虑工质比热容随温度线性变化，从工质变比热容对循环过程的影响入手，在循环最高温度不固定的情况下研究了存在传热损失[110,176]以及存在传热损失和摩擦损失[110,177]时内可逆[110,176]和不可逆[110,177] Atkinson 循环的功率(功)、效率特性，并分析了工质变比热容、传热损失和摩擦损失对循环功率(功)、效率特性的影响；Lin 和 Hou[178]将传热作为燃料能量的一部分，考虑工质比热容随温度线性变化，研究了存在传热损失和摩擦损失时不可逆 Atkinson 循环的功率、效率性能特性，通过限制循环最高温度得到了燃料燃烧发热量同传热损失系数之间更加准确的关系；Al-Sarkhi 等[179]研究了工质比热容随温度线性变化时 Atkinson 循环在最大功率密度时的循环效率，并将结果同文献[93]中恒比热容时最大功率密度时的循环效率进行了比较，结果表明工质变比热容影响循环的功率密度特性；叶兴梅和刘静宜[180]在循环最高温度固定的情况下研究了工质比热容随温度线性变化时，存在传热损失和内不可逆性损失时不可逆 Atkinson 循环的功率、效率特性，并分析了工质变比热容、传热损失、内不可逆性损失和循环最高温度对循环性能的影响；戈延林[135]采用文献[110]、[176]～[180]中建立的工质比热容随温度线性变化模型，在固定循环最高温度的情况下，研究了存在传热损失、摩擦损失和内不可逆性损失的 Atkinson 循环生态学最优性能，并分析了三种损失和工质变比热容对循环生态学性能的影响，详见 4.3 节；施双双等[181]在文献[135]建立的考虑传热损失、摩擦损失和内不可逆性损失的 Atkinson 循环模型基础上，采用文献[110]、[176]～[180]中建立的工质比热容随温度线性变化模型，在固定循环最高温度的情况下，研究了不可逆 Atkinson 循环功率密度最优性能，分析了工质变比热容特性和三种损失对 Atkinson 循环功率密度特性的影响，结果表明 Atkinson 循环发动机在最大功率密度条件下具有更小的尺寸参数和更高的效率。

本书作者[135,182]采用文献[103]～[106]提出的工质比热容随温度非线性变化模型，在固定循环最高温度的情况下，研究了存在内不可逆性损失、传热损失和摩擦损失时不可逆 Atkinson 循环的功率、效率最优性能[135,182]和生态学最优性能[135]，并分析了三种损失对循环最优性能的影响，详见 4.4 节。

3. 变比热容比情况下的最优性能

Ebrahimi[183]研究了工质比热容比随温度线性变化时内可逆 Atkinson 循环的功、效率特性，并分析了工质变比热容比和换热损失对循环性能的影响；在此基础上，Ebrahimi[184]进一步建立了工质比热容比随温度非线性变化模型，对存在传热损失、摩擦损失和内不可逆性损失时不可逆 Atkinson 循环的功率、效率性能特性进行了研究，并分析了活塞平均速度和气缸壁温度对循环性能的影响；戈延林[135]建立了工质比热容比随温度线性变化条件下，存在传热损失、摩擦损失和内不可逆性损失的空气标准内燃机普适循环模型，在固定循环最高温度的情况下，研究了循环功率、效率最优性能和生态学最优性能，所得结果包含了 Atkinson 循环性能，其中功率、效率最优性能包含了文献[183]的结果，详见 9.5 节；Chen 等[147]建立了工质比热容比随温度非线性变化条件下，存在传热损失、摩擦损失和内不可逆性损失的空气标准内燃机普适循环模型，在固定循环最高温度的情况下，研究了循环功率、效率最优性能，所得结果包含了 Atkinson 循环性能。

1.4.1.4 空气标准 Brayton 循环最优性能研究现状

已有大量文献研究了定常流开式和闭式简单、回热和中冷回热式 Brayton 循环性能[185-190]，但对往复式空气标准 Brayton 循环的研究却较少。

1. 恒比热容情况下的最优性能

Qin 等[119]和 Ge 等[120]建立了考虑摩擦损失和传热损失的不可逆 Brayton 循环模型，导出了循环的功率、效率特性，并分析了传热损失和摩擦损失对循环功率、效率特性的影响；戈延林[135]将生态学函数引入到 Brayton 循环的最优性能分析中，用空气标准循环模型代替开式循环模型，建立了恒比热容时考虑传热损失、摩擦损失和内不可逆性损失的 Brayton 循环模型，通过循环内存在的各种损失来计算熵产率，对 Brayton 循环的生态学最优性能进行研究，并分析三种损失对循环生态学性能的影响，详见 5.2 节。

2. 变比热容情况下的最优性能

在文献[102]的基础上，本书作者考虑工质比热容随温度线性变化，从工质变比热容对循环过程的影响入手，研究存在传热损失[110,191]以及存在传热损失和摩擦损失[110,192]时内可逆[110,191]和不可逆[110,192]Brayton 循环的功率、效率特性，并分析了传热损失、摩擦损失和工质变比热容对循环功率、效率特性的影响；戈延林[135]采用文献[110]、[191]、[192]中建立的工质比热容随温度线性变化模型，在固定循环最高温度的情况下，研究了存在传热损失、摩擦损失和内不可逆性损失的不可逆 Brayton 循环生态学最优性能，并分析了三种损失和工质变比热容对循环生态学性能的影响，详见 5.3 节。

戈延林[135]采用文献[103]～[106]提出的工质比热容随温度非线性变化模型，在固定循环最高温度的情况下，研究了存在内不可逆性损失、传热损失和摩擦损失的 Brayton 循环功率、效率最优性能和生态学最优性能，并分析了三种损失对循环最优性能的影响，详见 5.4 节。

3. 变比热容比情况下的最优性能

戈延林[135]建立了工质比热容比随温度线性变化条件下，存在传热损失、摩擦损失和内不可逆性损失的空气标准内燃机普适循环模型，在固定循环最高温度的情况下，研究了循环功率、效率最优性能和生态学最优性能，所得结果包含了 Brayton 循环性能，详见 9.5 节；Chen 等[147]建立了工质比热容比随温度非线性变化条件下，存在传热损失、摩擦损失和内不可逆性损失的空气标准内燃机普适循环模型，在固定循环最高温度的情况下，研究了循环功率、效率最优性能，所得结果包含了 Brayton 循环性能。

1.4.1.5 空气标准 Dual 循环最优性能研究现状

1. 恒比热容情况下的最优性能

Sahin 等[193]在不计任何损失的前提下研究了 Dual 循环的功率密度优化，得到了最大功率密度情况下循环的最优性能和设计参数，结果表明从尺寸和效率两方面考虑以最大功率密度为目标的热机设计更优；Blank 和 Wu[194]研究了燃烧对内可逆 Dual 循环性能的影响，得到了循环输出功最大时的最佳压缩比与循环最高温度的变化关系，结果表明最佳压缩比随循环最高温度的升高而增加但是不受燃料和空气质量之比的影响；Lin 等[195]和 Hou[196]给出了内可逆 Dual 循环的功、效率特性，分析了传热损失和循环初始温度对循环输出功、效率特性的影响，结果表明传热损失和循环初始温度的增加将会降低循环的最高温度和压力，从而使循环的输出功和效率减小；邱伟光[197]基于内燃机的工作特点，证明了 Dual 循环温压约束下等压加热时循环性能最优，导出了温压约束下循环净功和效率界限的计算公式，给出了获得最大循环输出功的条件以及相应效率与卡诺循环效率的关系；秦建文[198]利用有限时间热力学对内可逆 Dual 循环的性能进行了分析，并将结果同经典热力学的分析结果进行了比较，通过比较可以看出正确运用有限时间热力学的方法对 Dual 循环进行分析能够得出与实际内燃机循环特性更加接近的循环参数。

Wang 等[199]建立了考虑有限时间特性和摩擦损失的 Dual 循环模型，导出循环的功率、效率特性，并分析了摩擦损失对循环功率、效率特性的影响，郑彤等[200]建立了存在传热损失和摩擦损失的不可逆 Dual 循环模型，导出了循环功率、效率特性，并分析了传热损失和摩擦损失对循环功率、效率特性的影响；Parlak 等[201]对不可逆 Dual 循环的功率、效率特性进行了优化并且给出了试验结果；Ebrahimi[202]得到存在传热损失和摩擦损失的不可逆 Dual 循环功率、效率性能特性，分析了工质比热容比对循环性能的影响，结果表明当循环压缩比小于一定值时，循环的输出功率和效率随着工质比热容比的增加而增加，而当循环压缩比大于一定值时，循环的输出功率和效率随着工质比热容比的增加而减小。

Parlak[112]利用循环不可逆压缩和不可逆膨胀效率定义循环内不可逆性损失，并基于最大输出功率和最大效率准则分析和优化了 Dual 循环的性能，分析了内不可逆性损失对循环功率、效率最优性能的影响，并且将最大输出功率条件下不可逆 Dual 循环和 Diesel 循环的性能进行了比较，结果表明 Dual 循环的最大功率和最大功率时对应的效率总要高于 Diesel 循环；Parlak 和 Sahin[203]采用文献[99]中对循环内不可逆性损失的定义，即循环内不可逆性等于循环吸热和放热过程的熵变之比，对 Dual 循环在最大输出功率和最大效率时的最优性能进行了研究，分析了循环升压比和温比对循环功率、效率特性的影响，最后给出了 Dual 循环所包含的两种特例循环（Otto 循环和 Diesel 循环）的功率、效率性能特性；Zhao 和 Chen[204]在固定循环最高温度的情况下，研究了存在循环内不可逆性损失和传热损失的 Dual 循环功率、效率特性，并分析了内不可逆性损失和传热损失对循环功率、效率特性的影响；Ozsoysal[205]在考虑空燃比的情况下，用燃烧效率反映燃烧进行的程度，研究了燃烧效率对存在内不可逆性损失的不可逆 Dual 循环功率、效率性能的影响；Atmaca 等[206]研究了存在内不可逆性损失的不可逆 Dual 循环废气能量损失同循环最高温度和空气过剩系数的关系。此外，实际内燃机中还存在机械损失，訾琨等[115]用一个平均机械损失压力的经验计算公式得到了循环的机械损失功率，该损失包含了与燃烧室结构有关的机械损失和曲轴连杆等各旋转部分的损失等，并研究了机械损失功率对 Dual 循环功率、效率特性的影响。

文献[99]在考虑工质与高、低温热源间存在有限速率传热的情况下，通过工质与高、低温热源间的不可逆换热来计算熵产率，研究了闭式Dual循环的生态学最优性能；戈延林[135]用空气标准循环模型代替开式循环模型，建立了恒比热容时考虑传热损失、摩擦损失和内不可逆性损失的Dual循环模型，通过循环内存在的各种损失来计算熵产率，对Dual循环的生态学最优性能进行研究，并分析三种损失对循环生态学性能的影响，详见6.2节。

2. 变比热容情况下的最优性能

Ghatak 和 Chakraborty[102]首先提出了工质比热容随温度线性变化模型，从工质变比热容对循环过程的影响入手，在循环最高温度不固定的情况下研究了仅存在传热损失时内可逆Dual循环的功、效率特性，并分析了传热损失对循环功、效率特性的影响；Chen等[207]在文献[102]的基础上进一步考虑摩擦损失对循环功率、效率特性的影响，研究了工质比热容随温度线性变化情况下存在传热损失和摩擦损失时不可逆Dual循环的功率、效率特性，并分析了工质变比热容、传热损失和摩擦损失对循环功率、效率特性的影响；王飞娜等[208]研究了工质比热容随温度线性变化情况下，存在摩擦损失和传热损失时Dual循环的功率密度特性，并分析了工质变比热容对功率密度特性的影响；戈延林[135]采用文献[102]、[110]、[207]、[208]中建立的工质比热容随温度线性变化模型，在固定循环最高温度的情况下，研究了存在传热损失、摩擦损失和内不可逆性损失的不可逆Dual循环的生态学最优性能，并分析了三种损失和工质变比热容对循环生态学性能的影响，详见6.3节。

本书作者[135,209]采用文献[103]～[106]提出的工质比热容随温度非线性变化模型，在固定循环最高温度的情况下，研究了存在内不可逆性损失、传热损失和摩擦损失时Dual循环的功率、效率最优性能[135, 209]和生态学最优性能[135]，详见6.4节。Ebrahimi[210]采用文献[209]中的模型，在循环最高温度固定的情况下，研究了活塞运动平均速度对循环功率、效率特性的影响。

3. 变比热容比情况下的最优性能

Ebrahimi[211,212]建立了工质比热容比随温度线性变化模型，研究了存在传热损失[211]以及存在传热损失和摩擦损失[212]时内可逆[211]和不可逆[212]Dual循环功率(功)、效率性能，分析了变比热容比和损失系数对循环的功率(功)、效率性能的影响；在此基础上，Ebrahimi[213,214]进一步建立了工质比热容比随温度非线性变化情况下存在传热损失时[213]以及存在传热损失和内不可逆性损失[214]时的内可逆[213]和不可逆[214]Dual循环模型，研究了循环的功率(功)、效率性能特性，并分析了压比对循环性能的影响；戈延林[135]建立了工质比热容比随温度线性变化条件下，存在传热损失、摩擦损失和内不可逆性损失的空气标准内燃机普适循环模型，在固定循环最高温度的情况下，研究了循环功率、效率最优性能和生态学最优性能，并比较了各种特例循环最优性能的差异，所得结果包含了Dual循环性能，其中功率、效率最优性能包含了文献[211]、[212]的结果，详见 9.5 节；Chen 等[147]建立了工质比热容比随温度非线性变化条件下，存在传热损失、摩擦损失和内不可逆性损失的空气标准内燃机普适循环模型，在固定循环最高温度的情况下，研究了循环功率、效率最优性能，所得结果包含了 Dual 循环性能。

1.4.1.6 空气标准 Miller 循环最优性能研究现状

1. 恒比热容情况下的最优性能

Al-Sarkhi 等[215]在不计任何损失的前提下研究了 Miller 循环在最大功率密度时的循环效率；Ge 等[216]建立了考虑传热损失和摩擦损失的不可逆 Miller 循环模型，导出了循环的功率、效率特性，分析了传热损失和摩擦损失对循环功率、效率特性的影响。Zhao 和 Chen[217]在循环最高温度固定的情况下，研究了存在循环内不可逆性损失和传热损失的 Miller 循环功率、效率特性，并分析了内不可逆性损失和传热损失对循环功率、效率特性的影响。

戈延林[135]将生态学函数引入到 Miller 循环的最优性能分析中，用空气标准循环模型代替开式循环模型，建立了恒比热容时考虑传热损失、摩擦损失和内不可逆性损失的 Miller 循环模型，通过循环内存在的各种损失来计算熵产率，对 Miller 循环的生态学最优性能进行研究，并分析三种损失对循环生态学性能的影响，详见 7.2 节。

2. 变比热容情况下的最优性能

在文献[102]的基础上，Ge 等[218]、Al-Sarkhi 等[219]考虑工质比热容随温度呈线性变化，从工质变比热容对循环过程的影响入手，分别研究了存在传热损失[110,218]以及存在传热损失和摩擦损失[110,219,220]时内可逆[110,218]和不可逆[110,219,220]Miller 循环的功率(功)、效率性能特性，并分析了工质变比热容和各种损失对循环功率(功)、效率性能特性的影响；杨蓓和何济洲[221]在循环最高温度固定的情况下，对工质比热容随温度线性变化时，存在内不可逆性损失、传热损失和摩擦损失的 Miller 循环的功率、效率特性进行了优化；Lin 和 Hou[222]将传热作为燃料能量的一部分，考虑工质比热容随温度线性变化，研究了存在传热损失和摩擦损失时不可逆 Miller 循环的功率、效率性能特性；刘静宜[223]、Liu 和 Chen[224]研究了工质比热容随温度线性变化情况下，存在传热损失和内不可逆性损失时不可逆 Miller 循环的功率、效率特性；戈延林[135]采用文献[102]、[110]、[218]～[224]中建立的工质比热容随温度线性变化模型，在固定循环最高温度的情况下，研究了存在传热损失、摩擦损失和内不可逆性损失的不可逆 Miller 循环生态学最优性能，并分析了三种损失和工质变比热容对循环生态学性能的影响，详见 7.3 节。

Al-Sarkhi 等[225]建立了不同工质变比热容模型(包括工质比热容随温度线性和非线性变化)时存在传热损失和摩擦损失的 Miller 循环模型，并且导出了 Miller 循环在不同工质变比热容模型下的功率、效率性能特性；本书作者采用文献

[103]～[106]提出的工质比热容随温度非线性变化模型，研究了存在内不可逆性损失、传热损失和摩擦损失时 Miller 循环的功率、效率最优性能[135, 226]和生态学最优性能[135]，详见 7.4 节。

3. 变比热容比情况下的最优性能

戈延林[135]建立了工质比热容比随温度线性变化条件下，存在传热损失、摩擦损失和内不可逆性损失的空气标准内燃机普适循环模型，在固定循环最高温度的情况下，研究了循环功率、效率最优性能和生态学最优性能，所得结果包含了 Miller 循环性能，详见 9.5 节；本书作者建立了工质比热容比随温度非线性变化条件下，存在传热损失、摩擦损失和内不可逆性损失的空气标准内燃机普适循环模型[147]，在固定循环最高温度的情况下，研究了循环功率、效率最优性能，所得结果包含了 Dual 循环性能。

1.4.1.7　空气标准 PM 循环最优性能研究现状

1. 恒比热容情况下的最优性能

刘宏升等[227]对内可逆 PM 循环的功、效率特性进行了分析；本书作者研究了存在传热损失和摩擦损失时不可逆 PM 循环的功率、效率特性[135,228]，并分析了传热损失、摩擦损失和循环预胀比对循环性能的影响，详见 8.2 节；戈延林[135]在文献[228]的基础上，用空气标准循环模型代替开式循环模型，建立了恒比热容时考虑传热损失、摩擦损失和内不可逆性损失的 PM 循环模型，研究了循环的功率、效率最优性能和生态学最优性能，详见 8.2 节。

2. 变比热容情况下的最优性能

戈延林[135]考虑工质比热容随温度线性[102,110]和非线性[103-106]变化模型，对存在传热损失、摩擦损失和内不可逆性损失的 PM 循环功率、效率最优性能和生态学最优性能进行了研究，分析了工质变比热容和三种损失对循环性能的影响，详见 8.3 节和 8.4 节。

3. 变比热容比情况下的最优性能

戈延林[135]建立了工质比热容比随温度线性变化条件下，存在传热损失、摩擦损失和内不可逆性损失的空气标准内燃机普适循环模型，在固定循环最高温度的情况下，研究了循环功率、效率最优性能和生态学最优性能，所得结果包含了 PM 循环性能，详见 9.5 节。

1.4.1.8　空气标准内燃机普适循环最优性能研究现状

1. 恒比热容情况下的最优性能

Qin 等[119]建立了一类较为普适的内燃机循环模型，该模型由两个绝热过程、一个等热容加热过程和一个等热容放热过程组成，在考虑传热损失和摩擦损失的情况下导出了其功率、效率特性；本书作者建立了考虑有限时间特性、存在摩擦损失和传热损失时更加普适的空气标准内燃机循环模型[120]，该模型由两个绝热过程、两个等热容加热过程和两个等热容放热过程组成，导出循环功率与压缩比、效率与压缩比以及功率与效率的特性关系，比较了各种特例循环的性能差异。在文献[120]的基础上，戈延林[135]将生态学函数引入到普适循环的最优性能分析中，用空气标准循环模型代替开式循环模型，建立了恒比热容时考虑传热损失、摩擦损失和内不可逆性损失的普适循环模型，研究循环的生态学最优性能，并将各种特例循环的生态学性能进行了比较，详见 9.2 节。

2. 变比热容情况下的最优性能

在文献[120]的基础上，Chen 等[90]建立了工质比热容随温度线性变化情况下，考虑有限时间特性、存在摩擦损失和传热损失的空气标准内燃机普适循环模型，导出了循环的功率、效率特性关系，对恒、变比热容情况下各种特例循环的性能进行了比较；戈延林[135]在文献[90]的基础上，建立了工质比热容随温度线性变化时考虑传热损失、摩擦损失和内不可逆性损失的普适循环模型，研究了循环的生态学最优性能，并将各种特例循环的生态学性能进行了比较，详见 9.3 节。

戈延林[135]采用文献[103]～[106]提出的工质比热容随温度非线性变化模型，研究了存在内不可逆性损失、传热损失和摩擦损失的普适循环功率、效率最优性能和生态学最优性能，并将各种特例循环的最优性能进行了比较，详见 9.4 节。

3. 变比热容比情况下最优性能

戈延林[135]建立了工质比热容比随温度线性变化条件下，存在传热损失、摩擦损失和内不可逆性损失的空气标准内燃机普适循环模型，在固定循环最高温度的情况下，研究了循环功率、效率最优性能和生态学最优性能，并将各种特例循环的最优性能进行了比较，详见 9.5 节；Chen 等[147]建立了工质比热容比随温度非线性变化条件下，存在传热损失、摩擦损失和内不可逆性损失的空气标准内燃机普适循环模型，在固定循环最高温度的情况下，研究了循环功率、效率最优性能。

1.4.2 内燃机循环活塞最优运动路径研究现状

对于最优构型问题的研究旨在解决这样的问题：对于一个满足一定约束条件和边界条件的系统，什么样的时间路径可以使给定的性能指标取得最大值或者最小值？求解最优构型问题需要明确系统的控制变量及其取值极限，选定优化目标，找到约束条件，建立控制方程。相比于最优性能研究，最优构型问题更加复杂，求解更加困难，而且这类问题在大多数情况下无解析解，只能借助数值计算求其数值解。从以上分析可看出，回答最优构型的问题，比回答最优性能问题需要更大的计算工作量，也更具有实际意义。求解最优构型问题有三种数学工具：欧拉-拉格朗日方程、最优控制理论和哈密顿-雅可比-贝尔曼(HJB)方程。本书对内燃机循环最优构型问题的研究主要采用了欧拉-拉格朗日方程和最优控制理论两种工具。对内燃机循环最优构型的研究着重优化目标和传热规律对最优构型的影响。

1.4.2.1 牛顿传热规律下最优路径

Mozurkewich 和 Berry [229,230]研究了牛顿传热规律[$q \propto \Delta(T)$]下存在摩擦损失和热漏损失的四冲程 Otto 循环热机在给定循环总时间和耗油量且循环输出功最大时整个循环活塞运动的最优路径，采用优化后的活塞运动规律将使循环的功率和效率均比传统的活塞运动规律时的功率和效率高出 10%以上；Hoffman 和 Berry[231]进一步考虑燃料有限燃烧速率对热机性能的影响，研究了牛顿传热规律下存在摩擦损失、热漏损失的四冲程 Diesel 循环热机输出功最大时活塞运动的最优路径；作为最优控制理论外的可取方法，Blaudeck 和 Hoffman[232]采用蒙特卡罗模拟的方法研究了牛顿传热规律下四冲程 Diesel 循环热机活塞运动的最优路径；Teh 等[233-235]将化学反应损失和传热损失作为热机的主要损失研究了内燃机最大输出功[233]和最大效率[234,235]时的活塞运动最优路径；Teh 和 Edwards[236,237]在没有考虑实际内燃机中由摩擦损失、传热损失和压降损失引起的熵产生的情况下，将内燃机中燃烧化学反应前后化学成分变化所引起的熵产生作为唯一的熵产源，以最小熵产生为目标研究了绝热内燃机中活塞运动最优路径[236]以及给定压比约束时最小熵产生时的活塞运动的最优路径[237]。

Band 等[238,239]在牛顿传热规律下，以膨胀功最大为优化目标，研究了活塞式加热气缸中理想气体不可逆膨胀过程的最优构型，并分别考虑了在有限体积变化速度、无末态体积约束、有末态内能和末态体积约束、有末态内能约束和无末态体积约束、考虑摩擦作用、考虑活塞质量、考虑空气质量以及无过程时间约束等八种不同约束条件下最优路径的变化情况。Salamon 等[240]、Aizenbud 等[241,242]和 Band 等[243]将文献[238]、[239]的研究结果进一步应用到活塞式加热气缸最大功率输出的最优构型[240]和给定输出功率时的最大输出功的最优构型[241]的研究中，以及牛顿传热规律下的内燃机[242]和外燃机[243]运行过程优化中；马康[244]和 Chen 等[245]考虑活塞运动对热导率影响的基础上，建立了一个热导率随时间变化的、更符合实际的不可逆膨胀过程的理论模型，并基于此模型，在牛顿传热规律下，以膨胀功最大为优化目标，研究了不可逆膨胀过程的最优构型。

戈延林等[135,246]以文献[229]、[230]、[247]建立的热机模型为基础，进一步考虑文献[236]、[237]未计入的熵产生，分别以实际热机中的摩擦、传热和压降损失引起的熵产生最小[135,246]和生态学函数最大[135]为目标，研究工质与环境之间的传热服从牛顿传热规律时 Otto 热机循环活塞运动的最优路径，分析优化目标对活塞运动最优路径的影响，并将结果与牛顿传热规律时最大输出功条件下的最优路径[229,230]进行了比较，详见 10.2 节和 10.3 节；进一步考虑文献[231]所建立的燃料有限燃烧速率模型，本书作者分别以熵产生最小[135,248]和生态学函数最大[135]为目标，研究工质与环境之间的传热服从牛顿传热规律时 Diesel 热机活塞运动的最优路径，详见 11.2 节和 11.3 节。

1.4.2.2　传热规律对循环最优路径的影响

Burzler 等考虑对流辐射复合传热定律[$q \propto \Delta(T) + \Delta(T^4)$]引起的热漏及非理想工质等因素，以输出功最大为目标对四冲程 Diesel 循环热机压缩冲程及功率冲程活塞运动的最优路径进行了研究[249,250]；夏少军等[247]研究了线性唯象传热规律下存在摩擦损失和热漏损失的四冲程 Otto 循环热机在给定循环总时间和耗油量情况下循环输出功最大时整个循环活塞运动的最优路径，结果表明优化活塞运动规律后可使输出功和效率提高约 9%；Xia 等[251]和 Chen 等[252]考虑文献[231]所建立的燃料有限燃烧速率模型，以循环输出功最大为目标，研究了工质与环境之间的传热分别服从线性唯象[251]和广义辐射[252]传热规律时 Diesel 热机活塞运动的最优路径，并分析了传热规律对活塞运动最优路径的影响。

Chen 等[253]在线性唯象传热规律下，研究了活塞式加热气缸不可逆膨胀过程的最优构型，得到了最优膨胀规律的解析解；Song 等[254]和 Chen 等[255]将文献[253]的结果应用到线性唯象传热规律下的外燃机[254]和内燃机[255]运行过程优化中；Song 等[256]、马康等[257]和 Chen 等[258]利用泰勒公式展开法，分别在广义辐射[256]、Dulong-Petit[$q \propto (\Delta T)^{5/4}$][257]和对流辐射复合[258]传热规律下，研究了活塞式加热气缸不可逆膨胀过程的最优构型，得到了一阶泰勒级数展开时最优膨胀规律的近似解析解；马康等在广义辐射[244,259,260]和广义对流[261]传热规律下，以膨胀功最大为优化目标，通过建立变更的拉格朗日函数，利用消元法重新对不可逆膨胀过程的最优构型进行研究，并将结果应用到辐射[244,262]、广义辐射[244,263]和广义对流[244,264]传热规律下的外燃机运行过程优化中；马康[244]和 Chen 等[265]在考虑活塞运动对热导率影响的基础上，建立了一个热导率随时间变化的、更符合实际的不可逆膨胀过程的理论模型，并基于此模型，在广义辐射传热规律下，以膨胀功最大为优化目标，研究了不可逆膨胀过程的最优构型。

本书作者以文献[229]、[230]、[247]建立的热机模型为基础，分别以实际热机中的摩擦损失、传热损失和压降损失引起的熵产生最小以及生态学函数最大为目标，研究工质与环境之间的传热服从广义辐射传热规律[256]时 Otto 热机循环活塞运动的最优路径，所得结果包含了线性唯象[135,246]和辐射[135,266]传热规律最小熵产生[135,246,266]时活塞运动的最优路径和最大生态学函数[135]时活塞运动的最优路径，并分析了传热规律和优化目标对活塞运动最优路径的影响，详见 10.2 节和 10.3 节；本书作者进一步考虑文献[231]所建立的燃料有限燃烧速率模型，分别以熵产生最小和生态学函数最大为目标，研究工质与环境之间的传热服从广义辐射传热规律[256]时 Diesel 热机活塞运动的最优路径，所得结果包含了线性唯象[135,267]和辐射[135]传热规律最小熵产生[135,267]时活塞运动的最优路径和最大生态学函数[135]时活塞运动的最优路径，并分析了传热规律和优化目标对活塞运动最优路径的影响，详见 11.2 节和 11.3 节。

1.4.3 非均匀工质内燃机循环性能界限研究现状

1.4.3.1 牛顿传热规律下的性能界限

Orlov 和 Berry[268]首先研究了牛顿传热规律下具有非均匀工质的不可逆热机的功率性能，分别建立了工质内部温度处处相等的集总参数模型和由一组偏微分方程组描述工质所处状态的分布式参数模型，研究结果表明分布式参数模型下的热机最大输出功率要小于或等于集总参数模型下的热机最大输出功率。在此基础上，Orlov 和 Berry[269]进一步研究了牛顿传热规律下具有分布式工质的不可逆热机的最大效率界限，得到了比传统的集总参数分析法更具实际指导意义的效率性能界限。针对实际内燃机，Orlov 和 Berry[270]建立了一类存在有限速率传热、流体流动和内部化学反应的内燃机模型，研究了其功率和效率界限，结果表明，为获得更大的功率，在非传统热机设计中宜采用加热系统而不是冷却系统。

1.4.3.2 传热规律对循环性能界限的影响

夏少军等[271]在文献[268]的基础上对具有非均匀工质的一类非回热不可逆热机的最大功率输出进行了研究，考虑工质与热源间的传热服从线性唯象传热定律[$q \propto \Delta(T^{-1})$]，利用最优控制理论分别导出了集总参数模型和分布式参数模型下的热机最大输出功率。研究结果表明分布式参数模型下的热机最大输出功率要小于或等于集总参数模型下的热机最大输出功率。Chen 等[272]在文献[269]的基础上对一类分布式工质不可逆热机的效率性能界限进行了研究，考虑工质与热源间的传热服从线性唯象传热定律，得到了线性唯象传热定律下具有分布式工质的不可逆热机的最大效率界限。Chen 等[273]在文献[270]的基础上建立了一类存在有限速率传热(工质与环境之间的传热服从线性唯象传热规律)以及燃烧化学反应过程服从一类普适的反应速率方程的内燃机循环模型，导出了内燃机循环的最大功率和效率界限。

1.4.4 内燃机循环仿真研究现状

Descieux 和 Feidt[274,275]在存在传热损失[274]以及存在传热损失和摩擦损失[275]

的情况下对火花式发动机循环进行了仿真研究，并且分析了气缸容积、冲程长度与气缸直径之比、压缩比、气缸壁温度以及燃料空气质量比对仿真结果的影响；Curto-Risso 等[276]通过一个双区燃烧模型对实际 Otto 循环进行仿真研究，并将仿真结果同有限时间热力学研究的结果进行了比较，结果发现如果 Otto 循环最高温度、最低温度、工质质量、摩擦损失和传热损失都考虑为活塞速度的函数，则有限时间热力学的研究结果同实际的仿真结果全部吻合，否则只能部分吻合；Curto-Risso 等[277,278]用计算机仿真和有限时间热力学两种方法研究了燃烧提前角、燃油比以及气缸壁温度对火花式发动机功率和效率的影响，给出了固定功率情况下循环效率最大时燃烧提前角和燃油比同曲轴角速度的关系，并且将优化后的结果同固定燃烧提前角、燃油比以及气缸壁温度时的结果比较，发现采用优化后的参数可以提高热机的性能，最后分析了循环压缩比、气缸壁温度以及燃料空气质量比对仿真结果的影响；Curto-Risso 等[279]利用计算机仿真方法对实际火花式发动机的设计参数进行了优化，分析了冲程长度与气缸内径之比对热机输出功率和效率的影响，结果表明存在一个最佳的冲程长度与气缸内径之比使得热机输出功率和效率最大。

1.5 本书的主要工作和章节安排

本书在全面系统地了解和总结内燃机循环有限时间热力学研究成果的基础上，通过模型建立、理论分析和数值计算，对内燃机循环的有限时间热力学优化问题进行深入的研究探讨。全书主要包括如下内容：除第 1 章绪论和第 12 章总结外，全书分为三部分，第一部分由第 2～8 章组成，重点研究空气标准循环的最优性能；第二部分由第 9 章组成，重点研究普适循环的最优性能；第三部分由第 10 和 11 章组成，重点研究广义辐射传热规律下熵产生最小和生态学函数最大时内燃机循环活塞运动的最优路径。

各章的主要研究内容如下。

第 1 章对有限时间热力学的产生和发展进行概要介绍，对内燃机循环的有限时间热力学研究现状做全面回顾，所引文献大致反映了内燃机循环有限时间热力学分析和优化的研究全貌。

第 2～8 章分别建立考虑传热损失、摩擦损失和内不可逆性损失的不可逆 Otto 循环、Diesel 循环、Atkinson 循环、Brayton 循环、Dual 循环、Miller 循环和 PM 循环等 7 种模型；针对 Otto 循环、Diesel 循环、Atkinson 循环、Brayton 循环、Dual 循环和 Miller 循环等 6 种循环，分别研究工质恒比热容和工质比热容随温度线性变化时循环的生态学最优性能以及工质比热容随温度非线性变化时循环的功率、效率最优性能和生态学最优性能；针对 PM 循环，分别研究工质恒比热容、工质比热容随温度线性变化以及工质比热容随温度非线性变化时循环的功率、效率最优性能和生态学最优性能；导出 7 种循环功率、效率、熵产率和生态学函数等重要性能参数，采用数值计算方法，分析循环内不可逆性损失、传热损失、摩擦损失和工质变比热容对循环功率、效率最优性能和生态学最优性能的影响。

第 9 章建立考虑传热损失、摩擦损失和内不可逆性损失的内燃机普适循环模型，分别研究工质恒比热容和工质比热容随温度线性变化时循环的生态学最优性能以及工质比热容随温度非线性变化和工质比热容比随温度线性变化时循环的功率、效率最优性能和生态学最优性能。导出循环功率、效率、熵产率和生态学函数等重要性能参数，采用数值计算方法，比较循环所包含的特例循环的生态学函数极值、功率极值和效率极值的大小关系。

第 10 和 11 章在给定循环总时间和耗油量的情况下，分别以存在热漏、摩擦等内不可逆性损失的四冲程 Otto 循环热机和 Diesel 循环热机为研究对象，考虑工质和环境之间的传热服从广义辐射传热规律，分别以循环熵产生最小和生态学函数最大为目标对整个循环活塞运动的最优构型进行研究。利用最优控制理论得到无加速度约束和限制加速度条件下对应于循环最小熵产生和最大生态学函数时活塞运动的最优构型，给出三种特殊传热规律下的最优构型，通过数值算例，对不同传热规律和优化目标下的最优构型进行了比较。

第 12 章对全书进行总结，归纳本书工作的主要思想、发现和结论。

参 考 文 献

[1] 王革华, 田雅林, 袁靖婷. 能源与可持续发展[M]. 北京: 化学工业出版社, 2005.

[2] 龚金科. 汽车排放污染及控制[M]. 北京: 人民交通出版社, 2005.

[3] 王浒, 尧命发, 郑尊清, 等. 基于 EGR 的国Ⅳ柴油机燃烧系统开发[J]. 内燃机学报, 2010, 28(2): 109-115.

[4] 田径, 刘忠长, 韩永强, 等. 基于 EGR 耦合多段喷射技术实现超低排放[J]. 内燃机学报, 2010, 28(3): 228-234.

[5] 牛有城, 李国岫. 基于遗传算法的直喷式柴油机燃烧系统参数优化分析[J]. 内燃机工程, 2010, 31(2): 37-40.

[6] 吴申庆, 李军. 陶瓷纤维增强铝基复合材料在发动机活塞上的应用[J]. 内燃机工程, 2003, 24(3): 1-3.

[7] Qiao A P, Li Y Q, Gao F. Improving the theoretical cycles of four-stroke internal combustion engine and their simulation calculations[J]. Proc. IMechE, Part D J. Automob. Eng., 2006, 220(2): 219-227.

[8] Ramesh C V. Valved heat engine working on modified Atkinson cycle[J]. Tans. ASME J. Energy Res. Technol., 2010, 132(1): 015001.

[9] Yoshida S. Exergy analysis of a Diesel engine cycle and its performance improvement[J]. Int. J. Exergy, 2005, 2(3): 284-298.

[10] Rakopoulos C D, Giakoumis E G. The influence of cylinder wall temperature profile on the second-law Diesel engine transient response[J]. Appl. Therm. Eng., 2005, 25(11/12): 1779-1795.

[11] Ribeiro B, Martins J, Nunes A. Generation of entropy in spark ignition engines[J]. Int. J. Thermodyn., 2007, 10(2): 53-60.

[12] Caton J A. Comparisons of instructional and complete version of thermodynamic engine cycle simulations for

spark-ignition engines[J]. Int. J. Mech. Eng. Educ., 2001, 29(4): 283-306.

[13] Caton J A. Illustration of the use of an instructional version of a thermodynamic cycle simulation for a commercial automotive spark-ignition engine[J]. Int. J. Mech. Eng. Educ., 2002, 30(4): 283-297.

[14] Carnot S. Reflections on the Motive Power of Fire[M]. Paris: Bachelier, 1824.

[15] Novikov I I. The efficiency of atomic power stations (A review)[J]. J. Nucl. Energy, 1957, 7(1-2): 125-128.

[16] Chambadal P. Les Centrales Nucleaires[M]. Paris: Armand Colin, 1957.

[17] Curzon F L, Ahlborn B. Efficiency of a Carnot engine at maximum power output[J]. Am. J. Phys., 1975, 43(1): 22-24.

[18] Chisacof A, Petrescu S, Borcila B. The history of nice radical and its importance in the optimization of mechanical work or power output of reversible and irreversible cycles[C]. Proceedings of the Colloque Francophone sur l' Enerqie, Environnement, Economie et Thermodynamique-COFRET'16, Bucharest, 2016: 29-30.

[19] Vaudrey A V, Lanzetta F, Feidt M H B. Reitlinger and the origins of the efficiency at maximum power formula for heat engines[J]. J. Non-Equilib. Thermodyn., 2014, 39(4): 199-204.

[20] Moutier J. Elements de Thermodynamique[M]. Liege: Vaillant-Carmanne, 1872.

[21] Reitlinger H B. Sur L'utilisation de la Chaleur Dans les Machines a Feu[M]. Liege: Vaillant-Carmanne, 1929.

[22] Andresen B, Berry R S, Nitzan A, et al. Thermodynamics in finite time. Ⅰ. The step-Carnot cycle[J]. Phys. Rev. A, 1977, 15(5): 2086-2093.

[23] Chen L G, Wu C, Sun F R. Finite time thermodynamic optimization or entropy generation minimization of energy systems[J]. J. Non-Equilib. Thermodyn., 1999, 24(4): 327-359.

[24] 陈林根. 不可逆过程和循环的有限时间热力学分析[M]. 北京: 高等教育出版社, 2005.

[25] Bejan A. Entropy generation minimization: The new thermodynamics of finite size devices and finite time process[J]. J. Appl. Phys., 1996, 79(3): 1191-1218.

[26] Chen W Z, Sun F R, Chen L G. Finite time thermodynamic criteria for parameter choice of heat engine operating between heat reservoirs[J]. Chinese Sci. Bull., 1991, 36(9): 763-768.

[27] 严子浚. 卡诺制冷机的最佳制冷系数与制冷率关系[J]. 物理, 1984, 13(12): 768-770.

[28] Chen W Z, Sun F R, Chen L G. Finite time thermodynamic criteria for selecting parameters of refrigerating and heat pumping cycles between heat reservoirs[J]. Chinese Sci. Bull., 1990, 35(19): 1670-1672.

[29] 孙丰瑞, 陈林根, 陈文振. 热源间定常态能量转换热机有限时间热力学分析和评估[J]. 热能动力工程, 1989, 4(2): 1-6.

[30] Klein S A. Design considerations for refrigeration cycles[J]. Int. J. Refrig., 1992, 15(3): 181-185.

[31] Wu C. Specific heating load of an endoreversible Carnot heat pump[J]. Int. J. Ambient Energy, 1993, 14(1): 25-28.

[32] Sahin B, Kodal A, Yavuz H. Maximum power density analysis of an endoreversible Carnot heat engine[J]. Energy, The Int. J., 1996, 21(10): 1219-1225.

[33] Salamon P, Nitzan A. Finite time optimization of a Newton's law Carnot cycle[J]. J. Chem. Phys., 1981, 74(6): 3546-3560.

[34] Tsatsaronts G. Thermoeconomic analysis and optimization of energy systems[J]. Prog. Energy Combust. Sci., 1993, 19(3): 227-257.

[35] 陈林根, 孙丰瑞, 陈文振. 两源热机有限时间㶲经济性能界限和优化准则[J]. 科学通报, 1991, 36(3): 233-235.

[36] Ma K, Chen L G, Sun F R. Profit performance optimization for a generalized irreversible combined Carnot refrigeration cycle[J]. Sadhana, Acad. Proc. Eng. Sci., 2009, 34(5): 851-864.

[37] Chen L G, Zheng Z P, Sun F R. Maximum profit performance for a generalized irreversible Carnot heat pump

cycle[J]. Termotehnica (Thermal Engineering), 2008, 12(2): 22-26.

[38] Angulo-Brown F. An ecological optimization criterion for finite-time heat engines[J]. J. Appl. Phys., 1991, 69(11): 7465-7469.

[39] Yan Z J. Comment on "ecological optimization criterion for finite-time heat engines"[J]. J. Appl. Phys., 1993, 73(7): 3583.

[40] 陈林根, 孙丰瑞, 陈文振. 热力循环的生态学品质因素[J]. 热能动力工程, 1994, 9(6): 374-376.

[41] Chen L G, Zhang W L, Sun F R. Power, efficiency, entropy generation rate and ecological optimization for a class of generalized irreversible universal heat engine cycles[J]. Appl. Energy, 2007, 84(5): 512-525.

[42] Tu Y M, Chen L G, Sun F R, et al. Exergy-based ecological optimization for an endoreversible Brayton refrigeration cycle[J]. Int. J. Exergy, 2006, 3(2): 191-201.

[43] Zhu X Q, Chen L G, Sun F R, et al. Exergy-based ecological optimization for a generalized irreversible Carnot heat pump[J]. Appl. Energy, 2007, 84(1): 78-88.

[44] Rubin M H. Optimal configuration of an irreversible heat engine with fixed compression ratio[J]. Phys. Rev. A, 1980, 22(4): 1741-1752.

[45] Rubin M H. Optimal configuration of a class of irreversible heat engines[J]. Phys. Rev. A, 1979, 19(3): 1272-1287.

[46] Chen L G, Sun F R, Ni N, et al. Optimal configuration of a class of two-heat-reservoir refrigeration cycles[J]. Energy Convers. Manage., 1998, 39(8): 767-773.

[47] Salamon P, Nitzan A, Andresen B, et al. Minimum entropy production and the optimization of heat engines[J]. Phys. Rev. A, 1980, 27(6): 2115-2129.

[48] Badescu V. Optimal strategies for steady state heat exchanger operation[J]. J. Phys. D: Appl. Phys., 2004, 37(16): 2298-2304.

[49] Angulo-Brown F, Ares de Parga G, Arias-Hernandez L A. A variational approach to ecological-type optimization criteria for finite-time thermal engine models[J]. J. Phys. D: Appl. Phys., 2002, 35(10): 1089-1093.

[50] Chen L G, Sun F R, Wu C. Endoreversible thermoeconomics for heat engines[J]. Appl. Energy, 2005, 81(4): 388-396.

[51] Goktun S, Ozkaynak S, Yavuz H. Design parameters of a radiative heat engine[J]. Energy, the Int. J., 1993, 18(6): 651-655.

[52] Chen W Z, Sun F R, Chen L G. The optimal COP and cooling load of a Carnot refrigerator in case of $q \propto \Delta(T^n)$ [J]. Chinese Sci. Bull., 1990, 35(23): 1837.

[53] Chen W Z, Sun F R, Cheng S M, et al. Study on optimal performance and working temperature of endoreversible forward and reverse Carnot cycles[J]. Int. J. Energy Res., 1995, 19(9): 751-759.

[54] Li J, Chen L G, Sun F R. Heating load vs. COP characteristic of an endoreversible Carnot heat pump subjected to heat transfer law $q \propto (\Delta T^n)^m$ [J]. Appl. Energy, 2008, 85(2-3): 96-100.

[55] Chen L G, Wu C, Sun F R. A generalized model of real heat engines and its performance[J]. J. Energy Inst., 1996, 69(481): 214-222.

[56] Chen L G, Sun F R, Wu C, et al. A generalized model of a real refrigerator and its performance[J]. Appl. Therm. Eng., 1997, 17(4): 401-412.

[57] Chen L G, Sun F R. The effect of heat leak, heat resistance and internal irreversibility on the optimal performance of Carnot heat pumps[J]. J. Eng. Thermophys., 1997, 18(1): 25-27.

[58] Chen L G, Bi Y H, Wu C. Unified description of endoreversible cycles for another linear heat transfer law[J]. Int. J. Energy, Environ. Econ., 1999, 9(2): 77-93.

[59] 宋汉江, 陈林根, 孙丰瑞. 辐射传热条件下给定循环周期和输入能的内可逆热机最大效率时的最优构型[J]. 中国科学 G 辑: 物理学, 力学, 天文学, 2008, 38(8): 1083-1096.

[60] Andresen B, Gordon J M. Optimal paths for minimizing entropy generation in a common class of finite time heating and cooling processes[J]. Int. J. Heat & Fluid Flow, 1992, 13(3): 294-299.

[61] Ares de Parga G, Angulo-Brown F, Navarrete-Gonzalez T D. A variational optimization of a finite-time thermal cycle with a nonlinear heat transfer law[J]. Energy, 1999, 24(12): 997-1008.

[62] 夏少军, 陈林根, 孙丰瑞. $q \propto (\Delta(T^n))^m$ 传热规律下换热过程最小熵产生优化[J]. 热科学与技术, 2008, 7(3): 226-230.

[63] Lee W Y, Kin S S. An analytical formula for the estimation a Rankine cycle's heat engine efficiency at maximum power[J]. Int. J. Energy. Res., 1991, 15(3): 149-159.

[64] 陈林根, 孙丰瑞, 龚建政, 等. 给定边界条件下定常态制冷循环的最优化[J]. 工程热物理学报, 1994, 15(3): 249-252.

[65] Wu C, Chen L G, Sun F R. Optimization of steady flow refrigeration cycles[J]. Int. J. Ambient Energy, 1996, 17(4): 199-206.

[66] 陈天择. 一类内可逆制冷机的最优构型[J]. 厦门大学学报, 1985, 24(1): 442-447.

[67] 李俊, 陈林根, 孙丰瑞. 复杂导热规律下有限高温热源热机循环的最优构型[J]. 中国科学 G 辑: 物理学, 力学, 天文学, 2009, 39(2): 255-259.

[68] Chen L G, Zhou S B, Sun F R, et al. Optimal configuration and performance of heat engines with heat leak and finite heat capacity[J]. Open Sys. Inf. Dyn., 2002, 9(1): 85-96.

[69] 李俊. 传热规律对正、反向热力循环最优性能和最优构型的影响[D]. 武汉: 海军工程大学, 2010.

[70] Chen L G, Sun F R, Wu C, et al. A generalized model of a real combined power plant and its performance[J]. Int. J. Energy, Environ. Econ., 1999, 9(1): 35-49.

[71] Ibrahim O M, Klein S A. High-power multi-stage Rankine cycles[J]. ASME Trans. J. Energy Resour. Tech., 1995, 117(3): 192-196.

[72] Chen L G, Wang J H, Sun F R, et al. Power density optimization of an irreversible variable-temperature heat reservoir closed intercooled regenerated Brayton cycle[J]. Int. J. Ambient Energy, 2009, 30(1): 9-26.

[73] Wu F, Chen L G, Wu C, et al. Optimum performance of irreversible Stirling engine with imperfect regeneration[J]. Energy Convers. Manage., 1998, 39(8): 727-732.

[74] 陶桂生, 陈林根, 孙丰瑞. 实际回热式布雷顿热电联产装置的㶲经济性能Ⅱ. 热导率分配与压比优化[J]. 燃气轮机技术, 2009, 22(4): 17-23.

[75] Kan X X, Wu F, Chen L G, et al. Exergy efficiency optimization of a thermoacoustic engine with a complex heat transfer exponent[J]. Int. J. Sustainable Energy, 2010, 29(4): 220-232.

[76] Meng F K, Chen L G, Sun F R. Extreme working temperature differences for thermoelectric refrigerating and heat pumping devices driven by thermoelectric generator[J]. J. Energy Inst., 2010, 83(2): 108-113.

[77] Wu L, Lin G. Investigation on the optimal performance and design parameters of an irreversible solar driven Braysson heat engine[J]. Int. J. Sustainable Energy, 2009, 28(4): 157-170.

[78] Benli H, Durmuş A. Evaluation of ground-source heat pump combined latent heat storage system performance in greenhouse heating[J]. Energy Build., 2009, 41(2): 220-228.

[79] Chen L G, Ding Z M, Sun F R. Performance analysis of a vacuum thermionic refrigerator with external heat transfer[J]. J. Appl. Phys., 2010, 107(10): 104507.

[80] El Haj Assad M. Optimum performance of an irreversible MHD power plant[J]. Int. J. Exergy, 2007, 4(1): 87-97.

[81] de Vos A. Thermodynamics of photochemical solar energy conversion[J]. Sol. Energy Mater. Sol. Cells, 1995, 38(1): 11-27.

[82] 马康，陈林根，孙丰瑞. 线性唯象传热定律下光驱动发动机的最优路径[J]. 中国科学: 化学, 2010, 40(8): 1035-1045.

[83] de Vos A, van del Wel P. The efficiency of the conversion of solar energy into wind energy by means of hadley cells[J]. Theor. App. Climatol, 1993, 46(2): 193-202.

[84] Barranco-Jimenez M A, Angulo-Brown F. A nonendoreversible model for wind energy as a solar driven heat engine[J]. J. Appl. Phys., 1996, 80(9): 4872-4876.

[85] Bartana A, Kosloff R. Laser cooling of internal degrees of freedom[J]. J. Chem. Phys., 1997, 106(4): 1435-1448.

[86] Xia D, Chen L G, Sun F R. Optimal performance of an endoreversible three-mass-reservoir chemical pump with diffusive mass transfer law[J]. Appl. Math. Model., 2010, 34(1): 140-145.

[87] Xia D, Chen L G, Sun F R. Ecological optimization of chemical engines with irreversible mass transfer and mass leakage[J]. J. Energy Inst., 2010, 83(3): 151-159.

[88] Bertola V, Cafaro E. A critical analysis of the minimum entropy production theorem and its application to heat and fluid flow[J]. Int. J. Heat Mass Transfer, 2008, 51(7-8): 1907-1912.

[89] 舒礼伟, 陈林根, 孙丰瑞. 线性唯象传热规律下热驱动二元分离过程的最小平均耗热量[J]. 中国科学 B 辑: 化学, 2009, 39(2): 183-192.

[90] Chen L G, Ge Y L, Sun F R. Unified thermodynamic description and optimization for a class of irreversible reciprocating heat engine cycles[J]. Proc. IMechE, Part D: J. Automob. Eng., 2008, 222(D8): 1489-1500.

[91] Klein S A. An explanation for observed compression ratios in internal combustion engines[J]. Trans. ASME J. Eng. Gas Turbine Pow., 1991, 113(4): 511-513.

[92] Angulo-Brown F, Rocha-Martinez J A, Navarrete-Gonzalez T D. A non-endoreversible Otto cycle model: Improving power output and efficiency[J]. J. Phys. D: Appl. Phys., 1996, 29(1): 80-83.

[93] Chen L G, Lin J X, Sun F R, et al. Efficiency of an Atkinson engine at maximum power density[J]. Energy Convers. Manage., 1998, 39(3/4): 337-341.

[94] Gumus M, Atmaca M, Yilmaz T. Efficiency of an Otto engine under alternative power optimizations[J]. Int. J. Energy Res., 2009, 39(8): 745-752.

[95] Angulo-Brown F, Fernandez-Betanzos J, Diaz-Pico C A. Compression ratio of an optimized Otto-cycle model[J]. Eur. J. Phys., 1994, 15(1): 38-42.

[96] Ust Y. Ecological performance analysis of irreversible Otto cycle[J]. J. Eng. Natural Sci., 2005, (3): 106-117.

[97] Mehta H B, Bharti O S. Performance analysis of an irreversible Otto cycle using finite time thermodynamics[C]. Proceedings of the World Congress on Engineering, London, 2009.

[98] Lin J C. Ecological optimization for an Atkinson engine[J]. JP J. Heat Mass Transfer, 2010, 4(1): 95-112.

[99] Ust Y, Sahin B, Sogut O S. Performance analysis and optimization of an irreversible Dual-cycle based on an ecological coefficient of performance criterion[J]. Appl. Energy, 2005, 82(1): 23-39.

[100] Rocha-Martinez J A, Navarrete-Gonzalez T D, Pava-Miller C G, et al. Otto and Diesel engine models with cyclic variability[J]. Rev. Mex. Fis., 2002, 48(3): 228-234.

[101] Rocha-Martinez J A, Navarrete-Gonzalez T D, Pava-Miller C G, et al. A simplified irreversible Otto engine model with fluctuations in the combustion heat[J]. Int. J. Ambient Energy, 2006, 27(4): 181-192.

[102] Ghatak A, Chakraborty S. Effect of external irreversibilities and variable thermal properties of working fluid on thermal performance of a Dual internal combustion engine cycle[J].Strojnicky Casopsis (J. Mechanical Energy),

2007, 58 (1) : 1-12.

[103] Abu-Nada E, Al-Hinti I, Al-Aarkhi A, et al. Thermodynamic modeling of spark-ignition engine: Effect of temperature dependent specific heats[J]. Int. Comm. Heat Mass Transfer, 2005, 33 (10) : 1264-1272.

[104] Abu-Nada E, Al-Hinti I, Akash B, et al. Thermodynamic analysis of spark-ignition engine using a gas mixture model for the working fluid[J]. Int. J. Energy Res., 2007, 37 (11) : 1031-1046.

[105] Abu-Nada E, Al-Hinti I, Al-Sarkhi A, et al. Effect of piston friction on the performance of SI engine: A new thermodynamic approach[J]. ASME Trans. J. Eng. Gas Turbine Pow., 2008, 130 (2) : 022802.

[106] Abu-Nada E, Akash B, Al-Hinti I, et al. Performance of spark-ignition engine under the effect of friction using gas mixture model[J]. J. Energy Inst., 2009, 82 (4) : 197-205.

[107] Ebrahimi R. Effects of variable specific heat ratio on performance of an endoreversible Otto cycle[J]. Acta Physica Polonica A, 2010, 117 (6) : 887-891.

[108] Ebrahimi R. Engine speed effects on the characteristic performance of Otto engines[J]. J. American Sci., 2009, 5 (8) : 25-30.

[109] Ebrahimi R. Performance of an irreversible Diesel cycle under variable stroke length and compression ratio[J]. J. American Sci., 2009, 5 (7) : 58-64.

[110] 戈延林. 工质变比热对内燃机循环性能的影响[D]. 武汉：海军工程大学, 2005.

[111] Zhao Y R, Lin B H, Chen J C. Optimum criteria on the important parameters of an irreversible Otto heat engine with the temperature-dependent heat capacities of the working fluid[J]. ASME Trans. J. Energy Res. Tech., 2007, 129 (4) : 348-354.

[112] Parlak A. Comparative performance analysis of irreversible Dual and Diesel cycles under maximum power conditions[J]. Energy Convers. Manage., 2005, 46 (3) : 351-359.

[113] Petrescu S, Harman C, Costea M, et al. Irreversible finite speed thermodynamics (IFST) in simple closed systems. Ⅰ. Fundamental concepts[J]. Termotehnica, 2009, 13 (2) : 8-18.

[114] Zhao Y R, Chen J C. Irreversible Otto heat engine with friction and heat leak losses and its parametric optimum criteria[J]. J. Energy Inst., 2008, 81 (1) : 54-58.

[115] 訾琨, 杨秀奇, 江屏. 考虑机械损失时发动机功率效率特性[J]. 哈尔滨工业大学学报, 2009, 41 (6) : 209-212.

[116] Wu F, Chen L G, Sun F R, et al. Quantum degeneracy effect on performance of irreversible Otto cycle with deal Bose gas[J]. Energy Convers. Manage., 2006, 47 (18-19) : 3008-3018.

[117] Wang H, Liu S, He J. Performance analysis and parametric optimum criteria of a quantum Otto heat engine with heat transfer effects[J]. Appl. Therm. Eng., 2009, 29 (4) : 706-711.

[118] Wang H, Liu S, Du J. Performance analysis and parametric optimum criteria of a regeneration Bose-Otto engine[J]. Phys. Scr., 2009, 79 (5) : 055004.

[119] Qin X Y, Chen L G, Sun F R. The universal power and efficiency characteristics for irreversible reciprocating heat engine cycles[J]. Eur. J. Phys., 2003, 24 (4) : 359-366.

[120] Ge Y L, Chen L G, Sun F R, et al. Reciprocating heat-engine cycles[J]. Appl. Energy, 2005, 81 (3) : 180-186.

[121] Wu C, Blank D A. The effect combustion on a work-optimized endoreversible Otto cycle[J]. J. Energy Inst., 1992, 65 (1) : 86-89.

[122] Blank D A, Wu C. Optimization of the endoreversible Otto cycle with respect to both power and mean effective pressure[J]. Energy Convers. Manage., 1993, 34 (12) : 1255-1259.

[123] Chen L G, Wu C, Sun F R. Heat transfer effects on the net work output and efficiency characteristics for an air standard Otto cycle[J]. Energy Convers. Manage., 1998, 39 (7) : 643-648.

[124] Ficher A, Hoffman K H. Can a quantitative simulation of an Otto engine be accurately rendered by a simple Novikov model with heat leak?[J]. Non-Equilib. Thermodyn., 2004, 29(1): 9-28.

[125] Ozsoysal O A. Heat loss as a percentage of fuel's energy in air standard Otto and Diesel cycles[J]. Energy Convers. Manage., 2006, 47(7/8): 1051-1062.

[126] Hou S S. Comparison of performances of air standard Atkinson and Otto cycles with heat transfer considerations[J]. Energy Convers. Manage., 2007, 48(5): 1683-1690.

[127] Chen L G, Zheng T, Sun F R, et al. The power and efficiency characteristics for an irreversible Otto cycle[J]. Int. J. Ambient Energy, 2003, 24(4): 195-200.

[128] 兰旭光, 訾琨. 内燃机理论循环有限时间热力学理论的发展[J]. 昆明理工大学学报, 2002, 27(1): 89-94.

[129] 兰旭光. 柴油机工作过程热力学研究[D]. 昆明：昆明理工大学, 2002.

[130] Chen J C, Zhao Y R, He J Z. Optimization criteria for the important parameters of an irreversible Otto heat-engine[J]. Appl. Energy, 2006, 83(3): 228-238.

[131] Feidt M. Optimal thermodynamics-new upperbounds[J]. Entropy, 2009, 11(4): 529-547.

[132] Ebrahimi R. Theoretical study of combustion efficiency in an Otto engine[J]. J. American Sci., 2010, 6(2): 113-116.

[133] Ozsoysal O A. Effects of combustion efficiency on an Otto cycle[J]. Int. J. Exergy, 2010, 7(2): 232-242.

[134] Ebrahimi R, Ghanbarian D, Tadayon M R. Performance of an Otto engine with volumetric efficiency[J]. J. American Sci., 2010, 6(3): 27-31.

[135] 戈延林. 不可逆内燃机循环性能有限时间热力学分析与优化[D]. 武汉: 海军工程大学, 2011.

[136] Ge Y L, Chen L G, Sun F R. Ecological optimization of an irreversible Otto cycle[J]. Arab. J. Sci. Eng., 2013, 38(2): 373-381.

[137] 毛之远, 何济洲, 周枫. 不可逆量子气体奥托热机循环性能分析[J]. 南昌大学学报(工科版), 2007, 29(2): 126-130.

[138] 毛之远. 量子气体热力学循环性能的研究[D]. 南昌: 南昌大学, 2007.

[139] Nie W, Liao Q, Zhang C, et al. Micro-/nanoscaled irreversible Otto engine cycle with friction loss and boundary effects and its performance characteristic[J]. Energy, 2010, 35(12): 4658-4662.

[140] Wu F, Chen L G, Sun F R, et al. Ecological optimization performance of an irreversible quantum Otto cycle working with an ideal Fermi gas[J]. Open Sys. Inf. Dyn., 2006, 13(1): 55-66.

[141] Ge Y L, Chen L G, Sun F R, et al. Thermodynamic simulation of performance of an Otto cycle with heat transfer and variable specific heats of working fluid[J]. Int. J. Therm. Sci., 2005, 44(5): 506-511.

[142] Ge Y L, Chen L G, Sun F R, et al. The effects of variable specific heats of working fluid on the performance of an irreversible Otto cycle[J]. Int. J. Exergy, 2005, 2(3): 274-283.

[143] Lin J C, Hou S S. Effects of heat loss as percentage of fuel’s energy, friction and variable specific heats of working fluid on performance of air standard Otto cycle[J]. Energy Convers. Manage., 2008, 49(5): 1218-1227.

[144] Ge Y L, Chen L G, Qin X Y, et al. Exergy-based ecological performance of an irreversible Otto cycle with temperature-linear-relation variable specific heats of working fluid[J]. The Eur. Phys. J. Plus, 2017, 132(5): 209.

[145] Ge Y L, Chen L G, Sun F R. Finite time thermodynamic modeling and analysis for an irreversible Otto cycle[J]. Appl. Energy, 2008, 85(7): 618-624.

[146] Ge Y L, Chen L G, Qin X Y. Effect of specific heat variations on irreversible Otto cycle performance[J]. Int. J. Heat Mass Transfer, 2018, 122: 403-409.

[147] Chen L G, Ge Y L, Liu C, et al. Performance of universal reciprocating heat-engine cycle with variable specific

heats ratio of working fluid[J]. Entropy, 2020, 22(4): 397.

[148] Blank D A, Wu C. The effects of combustion on a power-optimized endoreversible Diesel cycle[J]. Energy Convers. Manage., 1993, 34(6): 493-498.

[149] Chen L G, Zen F M, Sun F R, et al. Heat transfer effects on the net work output and power as function of efficiency for air standard Diesel cycle[J]. Energy, The Int. J., 1996, 21(12): 1201-1205.

[150] Parlak A. The effect of heat transfer on performance of the Diesel cycle and exergy of the exhaust gas stream in a LHR Diesel engine at the optimum injection timing[J]. Energy Convers. Manage., 2005, 46(2): 167-179.

[151] Parlak A, Yasar H, Eldogan O. The effect of thermal barrier coating on a turbo-charged Diesel engine performance and exergy potential of the exhaust gas[J]. Energy Convers. Manage., 2005, 46(3): 489-499.

[152] Al-Hinti I, Akash B, Abu-Nada E, et al. Performance analysis of air-standard Diesel cycle using an alternative irreversible heat transfer approach[J]. Energy Convers. Manage., 2008, 49(11): 3301-3304.

[153] 陈林根, 林俊兴, 孙丰瑞. 摩擦对空气标准Diesel循环功率效率特性的影响[J]. 工程热物理学报, 1997, 18(5): 533-535.

[154] 陈文振, 孙丰瑞. 考虑摩擦损失时 Diesel 循环功率效率特性新析[J]. 海军工程大学学报, 2001, 13(3): 24-26.

[155] Zhao Y R, Lin B H, Zhang Y, et al. Performance analysis and parametric optimum design of an irreversible Diesel heat engine.[J]. Energy Convers. Manage., 2006, 47(18-19): 3383-3392.

[156] 郑世燕, 夏峥嵘, 周颖慧, 等. 不可逆狄塞尔热机输出功、效率及其参数优化[J]. 厦门大学学报(自然科学版), 2006, 45(2): 182-185.

[157] 郑世燕. 高低温比对狄塞尔热机循环性能的影响[J]. 能源与环境, 2009, (1): 18-19.

[158] Zheng S Y, Lin G X. Optimization of power and efficiency for an irreversible Diesel heat engine[J]. Front. Energy Power Eng. China, 2010, 4(4): 560-565.

[159] Ebrahimi R. Performance optimization of a Diesel cycle with specific heat ratio[J]. J. American Sci., 2009, 5(8): 59-63.

[160] Ozsoysal O A. Effects of varying air-fuel ratio on the performance of a theoretical Diesel cycle[J]. Int. J. Exergy, 2010, 7(6): 654-666.

[161] Ge Y L, Chen L G, Feng H J. Ecological optimization of an irreversible Diesel cycle[J]. The Eur. Phys. J. Plus, 2021, 136(2): 198.

[162] Ge Y L, Chen L G, Sun F R, et al. Performance of an endoreversible Diesel cycle with variable specific heats of working fluid[J]. Int. J. Ambient Energy, 2008, 29(3): 127-136.

[163] Ge Y L, Chen L G, Sun F R, et al. Performance of Diesel cycle with heat transfer, friction and variable specific heats of working fluid[J]. J. Energy Inst., 2007, 80(4): 239-242.

[164] Al-Sarkhi A, Jaber J O, Abu-Qudais M, et al. Effects of friction and temperature-dependent specific-heat of the working fluid on the performance of a Diesel-engine[J]. Appl. Energy, 2006, 83(2): 153-165.

[165] Zhao Y R, Chen J C. Optimum performance analysis of an irreversible Diesel heat engine affected by variable heat capacities of working fluid[J]. Energy Convers. Manage., 2007, 48(9): 2595-2603.

[166] He J Z, Lin J B. Effect of multi-irreversibilities on the performance characteristics of an irreversible ari-standard Diesel heat engine[C]//Power and Energy Engineering Conference, Chengdu, 2010: 1-4.

[167] Ge Y L, Chen L G, Sun F R. Finite time thermodynamic modeling and analysis for an irreversible Diesel cycle[J]. Proc. IMechE, Part D: J. Automob. Eng., 2008, 222(D5): 887-894.

[168] Aithal S M. Impact of EGR fraction on diesel engine performance considering heat loss and temperature-dependent properties of the working fluid[J]. Int. J. Energy Res., 2009, 33(4): 415-430.

[169] Manieniyan V, Velumani V, Senthilkumar R, et al. Effect of EGR (exhaust gas recirculation) in Diesel engine with multi-walled carbon nanotubes and vegetable oil refinery waste as biodiesel[J]. Fuel, 2020, 288 (26): 119689.

[170] Ebrahimi R. Effects of variable specific heat ratio of working fluid on performance of an endoreversible Diesel cycle[J]. J. Energy Inst., 2010, 83 (1): 1-5.

[171] Ebrahimi R, Chen L G. Effects of variable specific heat ratio of working fluid on performance of an irreversible Diesel cycle[J]. Int. J. Ambient Energy, 2010, 31 (2): 101-108.

[172] Wang P Y, Hou S S. Performance analysis and comparison of an Atkinson cycle coupled to variable temperature heat reservoirs under maximum power and maximum power density conditions[J]. Energy Convers. Manage., 2005, 46 (15-16): 2637-2655.

[173] Zhao Y R, Chen J C. Performance analysis and parametric optimum criteria of an irreversible Atkinson heat-engine[J]. Appl. Energy, 2006, 83 (8): 789-800.

[174] Ust Y. A comparative performance analysis and optimization of irreversible Atkinson cycle under maximum power density and maximum power conditions[J]. Int. J. Thermophysics, 2009, 30 (3): 1001-1013.

[175] Shi S S, Ge Y L, Chen L G, et al. Four-objective optimization of irreversible Atkinson cycle based on NSGA-Ⅱ[J]. Entropy, 2020, 22 (10):1150.

[176] Ge Y L, Chen L G, Sun F R, et al. Performance of an endoreversible Atkinson cycle[J]. J. Energy Inst., 2007, 80 (1): 52-54.

[177] Ge Y L, Chen L G , Sun F R, et al. Performance of Atkinson cycle with heat transfer, friction and variable specific heats of working fluid[J]. Appl. Energy, 2006, 83 (11): 1210-1221.

[178] Lin J C, Hou S S. Influence of heat loss on the performance of an air-standard Atkinson cycle[J]. Appl. Energy, 2007, 84 (9): 904-920.

[179] Al-Sarkhi A, Akash B, Abu-Nada E, et al. Efficiency of Atkinson engine at maximum power density using temperature dependent specific heats[J]. Jordan J. Mechanical Industrial Eng., 2008, 2 (2): 71-75.

[180] 叶兴梅, 刘静宜. 以变热容气体为工质的不可逆 Atkinson 热机的优化性能[J]. 云南大学学报(自然科学版), 2010, 32 (5): 542-546.

[181] 施双双, 陈林根, 戈延林, 等. 工质比热随温度线性变化时不可逆Atkinson循环功率密度特性[J]. 节能, 2020, 40 (6): 114-119.

[182] Ge Y L, Chen L G, Sun F R. Finite time thermodynamic modeling and analysis for an irreversible Atkinson cycle[J]. Therm. Sci., 2010, 14 (4): 887-896.

[183] Ebrahimi R. Performance of an endoreversible Atkinson cycle with variable specific heat ratio of working fluid[J]. J. American Sci., 2010, 6 (2): 12-17.

[184] Ebrahimi R. Effects of mean piston speed, equivalence ratio and cylinder wall temperature on performance of an Atkinson engine[J]. Math. Comput. Model., 2011, 53 (5-6): 1289-1297.

[185] Wu C, Kiang R L. Work and power optimization of a finite-time Brayton cycle[J]. Int. J. Ambient Energy, 1990, 1 (3): 129-136.

[186] 陈林根, 孙丰瑞, 郁军. 热阻对闭式燃气轮机回热循环性能的影响[J]. 工程热物理学报, 1995, 16 (4): 401-404.

[187] Chen L G, Zheng J L, Sun F R, et al. Power density analysis and optimization of a regenerated closed variable-temperature heat reservoir Brayton cycle[J]. J. Phys. D: Appl. Phys., 2001, 34 (11): 1727-1739.

[188] Chen L G, Zheng J L, Sun F R, et al. Power density analysis for a regenerated closed Brayton cycle[J]. Open Sys. Inf. Dyn., 2001, 8 (4): 377-391.

[189] Chen L G, Sun F R, Wu C. Power optimization of a regenerated closed variable -temperature heat reservoir Brayton cycle[J]. Int. J. Sustainable Energy, 2007, 26(1): 1-17.

[190] Chen L G, Wang J H, Sun F R. Power density analysis and optimization of an irreversible closed intercooled regenerated Brayton cycle[J]. Math. Comput. Model., 2008, 48(3/4): 527-540.

[191] Ge Y L, Chen L G, Sun F R, et al. Performance of a reciprocating endoreversible Brayton cycle with variable specific heats of working fluid[J]. Termotehnica, 2008, 12(1): 19-23.

[192] Ge Y L, Chen L G , Sun F R, et al. Performance of reciprocating Brayton cycle with heat transfer, friction and variable specific heats of working fluid[J]. Int. J. Ambient Energy, 2008, 29(2): 65-75.

[193] Sahin B, Kesgin U, Kodal A, et al. Performance optimization of a new combined power cycle based on power density analysis of the Dual cycle[J]. Energy Convers. Manage., 2002, 43(15): 2019-2031.

[194] Blank D A, Wu C. The effects of combustion on a power-optimized endoreversible Dual cycle[J]. Energy Convers. Manage., 1994, 14(3): 98-103.

[195] Lin J X, Chen L G, Wu C, et al. Finite-time thermodynamic performance of Dual cycle[J]. Int. J. Energy Res., 1999, 23(9): 765-772.

[196] Hou S S. Heat transfer effects on the performance of an air standard Dual cycle[J]. Energy Convers. Manage., 2004, 45(18/19): 3003-3015.

[197] 邱伟光. 温压约束条件下内燃机循环的性能界限[J]. 内燃机工程, 2004, 25(4): 66-68.

[198] 秦建文. 内燃机混合加热(Dual)循环有限时间热力学分析[J]. 内燃机, 2007, (4): 12-13.

[199] Wang W H, Chen L G, Sun F R, et al. The effects of friction on the performance of an air stand Dual cycle[J]. Exergy, An Int. J., 2002, 2(4): 340-344.

[200] 郑彤, 陈林根, 孙丰瑞. 不可逆 Dual 循环的功率效率特性[J]. 内燃机学报, 2002, 20(5): 408-412.

[201] Parlak A, Sahin B, Yasar H. Performance optimization of an irreversible Dual cycle with respect to pressure ratio and temperature ratio-experimental results of a ceramic coated IDI Diesel engine[J]. Energy Convers. Manage., 2004, 45(7/8): 1219-1232.

[202] Ebrahimi R. Effects of specific heat ratio on the power output and efficiency characteristics for an irreversible Dual cycle[J]. J. American Sci., 2010, 6(2): 181-184.

[203] Parlak A, Sahin B. Performance optimisation of reciprocating heat engine cycles with internal irreversibility[J]. J. Energy Inst., 2006, 79(4): 241-245.

[204] Zhao Y R, Chen J C. An irreversible heat engine model including three typical thermodynamic cycles and their optimum performance analysis[J]. Int. J. Therm. Sci., 2007, 46(6): 605-613.

[205] Ozsoysal O A. Effects of combustion efficiency on a Dual cycle[J]. Energy Convers. Manage., 2009, 50(9): 2400-2406.

[206] Atmaca M, Gumus M, Demir A. Comparative thermodynamic analysis of Dual cycle under alternative conditions[J]. Therm. Sci., 2011, 15(4): 953-960.

[207] Chen L G, Ge Y L, Sun F R, et al. Effects of heat transfer, friction and variable specific heats of working fluid on performance of an irreversible Dual cycle[J]. Energy Convers. Manage., 2006, 47(18/19): 3224-3234.

[208] 王飞娜, 黄跃武, 高伟. 工质变比热对混合加热循环功率密度特性的影响[J]. 能源与环境, 2010, (2): 4-6.

[209] Ge Y L, Chen L G, Sun F R. Finite time thermodynamic modeling and analysis for an irreversible Dual cycle[J]. Math. Comput. Model., 2009, 50(1-2): 101-108.

[210] Ebrahimi R. Thermodynamic modeling of an irreversible dual cycle: Effect of mean piston speed[J]. Rep. and Opin., 2009, 1(5): 25-30.

[211] Ebrahimi R. Thermodynamic simulation of performance of an endoreversible Dual cycle with variable specific heat ratio of working fluid[J]. J. American Sci., 2009, 5(5): 175-180.

[212] Ebrahimi R. Effects of cut-off ratio on performance of an irreversible Dual cycle[J]. J. American Sci., 2009, 5(3): 83-90.

[213] Ebrahimi R. Effects of pressure ratio on the network output and efficiency characteristics for an endoreversible Dual cycle[J]. J. Energy Inst., 2011, 84(1): 30-33.

[214] Ebrahimi R. Performance analysis of a Dual cycle engine with considerations of pressure ratio and cut-off ratio[J]. Acta Physica Polonica A, 2010, 118(4): 534-539.

[215] Al-Sarkhi A, Akash B, Jaber J O, et al. Efficiency of Miller engine at maximum power density[J]. Int. Comm. Heat Mass Transfer, 2002, 29(8): 1157-1159.

[216] Ge Y L, Chen L G, Sun F R, et al. Effects of heat transfer and friction on the performance of an irreversible air-standard Miller cycle[J]. Int. Comm. Heat Mass Transfer, 2005, 32(8): 1045-1056.

[217] Zhao Y R, Chen J C. Performance analysis of an irreversible Miller heat engine and its optimum criteria[J]. Applied Therm. Eng., 2007, 27(11-12): 2051-2058.

[218] Ge Y L, Chen L G, Sun F R, et al. Effects of heat transfer and variable specific heats of working fluid on performance of a Miller cycle[J]. Int. J. Ambient Energy, 2005, 26(4): 203-214.

[219] Al-Sarkhi A, Jaber J O, Probert S D. Efficiency of a Miller engine[J]. Appl. Energy, 2006, 83(4): 343-351.

[220] Chen L G, Ge Y L, Sun F R, et al. The performance of a Miller cycle with heat transfer, friction and variable specific heats of working fluid[J]. Termotehnica, 2010, 14(2): 24-32.

[221] 杨蓓, 何济洲. 广义不可逆 Miller 热机循环的性能优化[J]. 南昌大学学报(工科版), 2009, 31(2): 135-138.

[222] Lin J C, Hou S S. Performance analysis of an air standard Miller cycle with considerations of heat loss as a percentage of fuel's energy, friction and variable specific heats of working fluid[J]. Int. J. Therm. Sci., 2008, 47(2): 182-191.

[223] 刘静宜. 多种不可逆性对 Miller 热机性能的影响[J]. 漳州师范学院学报(自然科学版), 2009, (3): 48-52.

[224] Liu J Y, Chen J C. Optimum performance analysis of a class of typical irreversible heat engines with temperature-dependent heat capacities of the working substance[J]. Int. J. Ambient Energy, 2010, 31(2): 59-70.

[225] Al-Sarkhi A, Al-Hinti I, Abu-Nada E, et al. Performance evaluation of irreversible Miller engine under various specific heat models[J]. Int. Comm. Heat Mass Transfer, 2007, 34(7): 897-906.

[226] Chen L G, Ge Y L, Sun F R, et al. Finite time thermodynamic modeling and analysis for an irreversible Miller cycle[J]. Int. J. Ambient Energy, 2011, 32(2): 87-94.

[227] 刘宏升, 解茂昭, 陈石. 多孔介质发动机有限时间热力学分析[J]. 大连理工大学学报, 2008, 48(4): 14-18.

[228] 戈延林, 陈林根, 孙丰瑞. 多孔介质(PM)发动机循环有限时间热力学分析[J]. 热科学与技术, 2007, 6(3): 193-197.

[229] Mozurkewich M, Berry R S. Finite-time thermodynamics: Engine performance improved by optimized piston motion[J]. Proc. Natl. Acad. Sci. U.S.A., 1981, 78(4): 1986-1988.

[230] Mozurkewich M, Berry R S. Optimal paths for thermodynamic systems: The ideal Otto cycle[J]. J. Appl. Phys., 1982, 53(1): 34-42.

[231] Hoffman K H, Berry R S. Optimal paths for thermodynamic systems: The ideal Diesel cycle[J]. J. Appl. Phys., 1985, 58(6): 2125-2134.

[232] Blaudeck P, Hoffman K H. Optimization of the power output for the compression and power stroke of the Diesel engine[C]//Proc. Int. Conf. ECOS'95, Istanbul, 1995.

[233] Teh K Y, Edwards C F. Optimizing piston velocity profile for maximum work output from an IC engine[C]//2006 ASME Int. Mech. Eng. Congress and Exposition, Chicago, 2006.

[234] Teh K Y, Miller S L, Edwards C F. Thermodynamic requirements for maximum internal combustion engine cycle efficiency Part 1: Optimal combustion strategy[J]. Int. J. Engine Res., 2008, 9(6): 449-465.

[235] Teh K Y, Miller S L, Edwards C F. Thermodynamic requirements for maximum inter nal combustion engine cycle efficiency Part 2: Work extraction and reactant preparation strategies[J]. Int. J. Engine Res., 2008, 9(6): 467-481.

[236] Teh K Y, Edwards C F. An optimal control approach to minimizing entropy generation in an adiabatic internal combustion engine[J]. Trans. ASME J. Dyn. Sys. Meas. Control, 2008, 130(4): 041008.

[237] Teh K Y, Edwards C F. An optimal control approach to minimizing entropy generation in an adiabatic IC engine with fixed compression ratio[C]//2006 ASME Int. Mech. Eng. Congress and Exposition, Chicago, 2006.

[238] Band Y B, Kafri O, Salamon P. Maximum work production from a heated gas in a cylinder with piston[J]. Chem. Phys. Lett., 1980, 72(1): 127-130.

[239] Band Y B, Kafri O, Salamon P. Finite time thermodynamics: Optimal expansion of a heated working fluid[J]. J. Appl. Phys., 1982, 53(1): 8-28.

[240] Salamon P, Band Y B, Kafri O. Maximum power from a cycling working fluid[J]. J. Appl. Phys., 1982, 53(1): 197-202.

[241] Aizenbud B M, Band Y B. Power considerations in the operation of a piston fitted inside a cylinder containing a dynamically heated working fluid[J]. J. Appl. Phys., 1981, 52(6): 3742-3744.

[242] Aizenbud B M, Band Y B, Kafri O. Optimization of a model internal combustion engine [J]. J. Appl. Phys., 1982, 53(3): 1277-1282.

[243] Band Y B, Kafri O, Salamon P. Optimization of a model external combustion engine[J]. J. Appl. Phys., 1982, 53(1): 29-33.

[244] 马康. 发动机活塞运动规律与强迫冷却过程最优构型[D]. 武汉：海军工程大学, 2010.

[245] Chen L G, Ma K, Sun F R. Optimal expansion of a heated ideal gas with time-dependent heat conductance[J]. In. J. Low-Carbon Tech., 2013, 8(4): 230-237.

[246] 戈延林，陈林根，孙丰瑞. 熵产生最小时不可逆 Otto 循环热机活塞运动最优路径[J]. 中国科学：物理学，力学，天文学, 2010, 40(9): 1115-1129.

[247] 夏少军，陈林根，孙丰瑞. 线性唯象传热定律下 Otto 循环热机活塞运动的最优路径[J]. 中国科学 G 辑：物理学，力学，天文学, 2009, 39(5): 698-708.

[248] Ge Y L, Chen L G, Sun F R. Optimal paths of piston motion of irreversible Diesel cycle for minimum entropy generation[J]. Therm. Sci., 2011, 15(4): 975-993.

[249] Burzler J M. Performance optima for endoreversible systems[D]. Chemnitz: University of Chemnitz, 2002.

[250] Burzler J M, Hoffman K H. Thermodynamics of Energy Conversion and Transport[M]. New York: Springer, 2000.

[251] Xia S J, Chen L G, Sun F R. Engine performance improved by controlling piston motion: Linear phenomenological law system Diesel cycle[J]. Int. J. Therm. Sci., 2012, 51(1): 163-174.

[252] Chen L G, Xia S J, Sun F R. Optimizing piston velocity profile for maximum work output from a generalized radiative law Diesel engine[J]. Math. Comput. Model., 2011, 54(9-10): 2051-2063.

[253] Chen L G, Sun F R, Wu C. Optimal expansion of a heated working fluid with phenomenological heat transfer[J]. Energy Convers. Manage., 1998, 39(3/4): 149-156.

[254] Song H J, Chen L G, Sun F R. Optimization of a model external combustion engine with linear phenomenological

heat transfer law[J]. J. Energy Inst., 2009, 82(3): 180-183.

[255] Chen L G, Song H J, Sun F R, et al. Optimization of a model internal combustion engine with linear phenomenological heat transfer law[J]. Int. J. Ambient Energy, 2010, 31(1): 13-22.

[256] Song H J, Chen L G, Sun F R. Optimal expansion of a heated working fluid for maximum work output with generalized radiative heat transfer law[J]. J. Appl. Phys., 2007, 102(9): 94901.

[257] 马康, 陈林根, 孙丰瑞. Dulong-Petit 传热规律时加热气体的最优膨胀[J]. 热能动力工程, 2009, 24(4): 447-451.

[258] Chen L G, Song H J, Sun F R, et al. Optimal expansion of a heated working fluid with convective-radiative heat transfer law[J]. Int. J. Ambient Energy, 2010, 31(2): 81-90.

[259] 马康, 陈林根, 孙丰瑞. 广义辐射传热定律时加热气体最优膨胀的一种新解法[J]. 机械工程学报, 2010, 46(6): 149-157.

[260] Chen L G, Ma K, Ge Y L, et al. Re-optimization of expansion work of a heated working fluid with generalized radiative heat transfer law[J]. Entropy, 2020, 22(7): 720.

[261] Chen L G, Ma K, Feng H J, et al. Optimal configuration of a gas expansion process in a piston-type cylinder with generalized convective heat transfer law[J]. Energies, 2020, 13(12): 3229.

[262] 马康, 陈林根, 孙丰瑞. 辐射传热定律下活塞式外燃机最大输出功优化[J]. 热能动力工程, 2011, 26: 533-537.

[263] Ma K, Chen L G, Sun F R. Optimization of a model external combustion engine for maximum work output with generalized radiative heat transfer law[J]. Int. J. Energy Environ., 2011, 2(4): 723-738.

[264] Ma K, Chen L G, Sun F R. Optimizations of a model external combustion engine for maximum work output with generalized convective heat transfer law[J]. J. Energy Inst., 2011, 84(4): 227-235.

[265] Chen L G, Ma K, Sun F R. Optimal expansion of a heated working fluid for maximum work output with time-dependent heat conductance and generalized radiative heat transfer law[J]. J. Non-Equilib. Thermodyn., 2011, 36(2): 99-122.

[266] Ge Y L, Chen L G, Sun F R. The optimal path of piston motion of irreversible Otto cycle for minimum entropy generation with radiative heat transfer law[J]. J. Energy Inst., 2012, 85(3): 140-149.

[267] 戈延林, 陈林根, 孙丰瑞. 线性唯象传热规律下不可逆 Diesel 循环热机熵产生最小时活塞运动最优路径[C]. 中国工程热物理学会工程热力学与能源利用学术会议, 南京, 2010.

[268] Orlov V N, Berry R S. Power output from an irreversible heat engine with a non-uniform working fluid[J]. Phys. Rev. A, 1990, 42(6): 7230-7235.

[269] Orlov V N, Berry R S. Analytical and numerical estimates of efficiency for an irreversible heat engine with distributed working fluid[J]. Phys. Rev. A, 1992, 45(10): 7202-7206.

[270] Orlov V N, Berry R S. Power and efficiency limits for internal combustion engines via methods of finite time thermodynamics[J]. J. Appl. Phys, 1993, 74(7): 4317-4322.

[271] 夏少军, 陈林根, 孙丰瑞. 线性唯象传热定律下具有非均匀工质的一类非回热不可逆热机最大功率输出[J]. 中国科学 G 辑: 物理学, 力学, 天文学, 2009, 39(8): 1081-1089.

[272] Chen L G, Xia S J, Sun F R. Maximum efficiency of an irreversible heat engine with a distributed working fluid and linear phenomenological heat transfer law[J]. Rev. Mex. Fis., 2010, 56(3): 231-238.

[273] Chen L G, Xia S J, Sun F R. Performance limits for a class of irreversible internal combustion engines[J]. Energy Fuels, 2010, 24(1): 295-301.

[274] Descieux D, Feidt M. Modelling of a spark ignition engine for power-heat production optimization[J]. Oil Gas Sci. Technol, 2011, 66(5): 737-745.

[275] Descieux D, Feidt M. One zone thermodynamic model simulation of an ignition compression engine[J]. Appl. Therm.Eng., 2007, 27 (8/9) : 1457-1466.

[276] Curto-Risso P L, Medina A, Calvo Hernández A. Theoretical and simulated models for an irreversible Otto cycle[J]. J. Appl. Phys., 2008, 104 (9) : 094911.

[277] Curto-Risso P L, Medina A, Calvo Hernández A. Optimizing the operation of a spark ignition engine: Simulation and theoretical tools[J]. J. Appl. Phys., 2009, 105 (9) : 094904.

[278] Curto-Risso P L, Medina A, Calvo Hernández A. Thermodynamic optimization of a spark ignition engine[C]. 22nd International Conference on Efficiency, Cost, Optimization, Simulation and Environmental Impact of Energy Systems, Parana, 2009.

[279] Curto-Risso P L, Medina A, Calvo Hernández A. Optimizing the geometrical parameters of a spark ignition engine: Simulation and theoretical tools[J]. Appl. Therm. Eng., 2011, 31 (5) : 803-810.

第 2 章　空气标准不可逆 Otto 循环最优性能

2.1　引　　言

文献[1]～[25]考虑传统工质，在不同损失项(包括传热损失、摩擦损失、内不可逆性损失以及不同损失的组合)和工质恒比热容[1-15]、变比热容(包括工质比热容随成分变化[16,17]和随温度线性变化[18-22])以及工质变比热容比(包括工质比热容比随温度线性变化[23,24]和非线性变换[25])情况下研究了 Otto 循环的功率(功)、效率特性、有效功率特性和功率密度特性。文献[4]研究了存在摩擦损失的 Otto 循环生态学最优性能，但是文献[4]在计算循环熵产率时仅考虑了循环在两个等容吸热过程中采用不相等的工质比热容所引起的熵产率而没有考虑摩擦损失引起的熵产率，并且在计算生态学函数时用循环最低温度代替了环境温度；文献[26]、[27]在考虑工质与高、低温热源间存在有限速率传热的情况下，通过工质与高、低温热源间的不可逆换热来计算熵产率，研究了闭式 Otto 循环的生态学最优性能。

本章用空气标准循环模型代替开式循环模型，建立存在传热损失、摩擦损失和内不可逆性损失的不可逆 Otto 循环模型，通过循环内存在的各种损失来计算熵产率，首先研究工质恒比热容情况下循环的生态学最优性能，并分析三种损失对循环生态学最优性能的影响；其次采用文献[18]～[22]、[28]提出的工质比热容随温度线性变化模型，研究循环的生态学最优性能，并分析工质比热容随温度线性变化对循环生态学最优性能的影响；最后采用 Abu-Nada 等[29-32]提出的工质比热容随温度非线性变化模型，研究循环的功率、效率最优性能和生态学最优性能，并分析工质比热容模型(包括工质恒比热容、比热容随温度线性变化和比热容随温度非线性变化)和三种损失对循环的功率、效率最优性能和生态学最优性能的影响。

2.2　工质恒比热容时 Otto 循环的生态学最优性能

2.2.1　循环模型和性能分析

实际四冲程的内燃机由进气、压缩、膨胀和排气四个冲程完成一次循环。内燃机循环一般是开式的，可引用“空气标准假设”把实际开式循环抽象成闭式的以空气为工质的理想循环。本节考虑图 2.1 所示的不可逆 Otto 循环模型，$1 \to 2S$ 为可逆绝热压缩过程，$1 \to 2$ 为不可逆绝热压缩过程，$2 \to 3$ 为定容吸热过程，$3 \to 4S$

为可逆绝热膨胀过程，$3 \to 4$ 为不可逆绝热膨胀过程，$4 \to 1$ 为定容放热过程。图中，T 为温度；S 为熵。

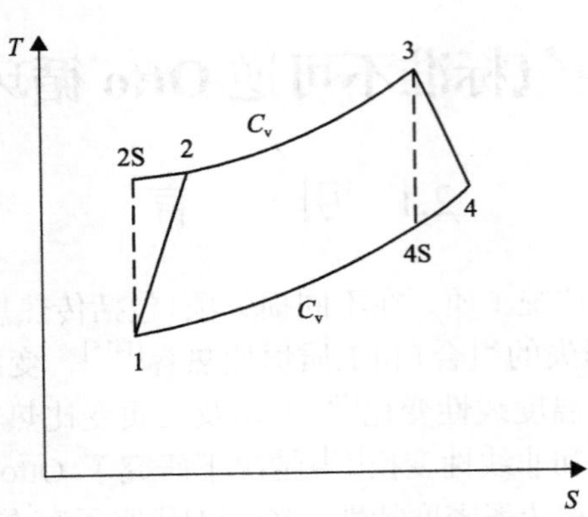

图 2.1　不可逆 Otto 循环模型 T-S 图

循环中工质的吸热率为

$$Q_{in} = MC_v(T_3 - T_2) \tag{2.1}$$

循环中工质的放热率为

$$Q_{out} = MC_v(T_4 - T_1) \tag{2.2}$$

式中，C_v 为工质的定容比热容，在循环过程中保持恒定；M 为工质的质量流率；T_i 为循环各状态点 i 对应的工质的温度。

定义循环压缩比为

$$\gamma = V_1/V_2 \tag{2.3}$$

式中，V_1 和 V_2 分别为状态点 1 和 2 对应的工质的比容。

则有

$$T_{2S} = T_1\gamma^{k-1} \tag{2.4}$$

$$T_{4S} = T_3\gamma^{1-k} \tag{2.5}$$

式中，k 为绝热指数。

对于两个绝热过程 $1 \to 2$ 和 $3 \to 4$，分别定义不可逆压缩效率和不可逆膨胀效率[5,12,19,33]：

$$\eta_c = (T_{2S} - T_1)/(T_2 - T_1) \tag{2.6}$$

$$\eta_e = (T_4 - T_3)/(T_{4S} - T_3) \tag{2.7}$$

这两个效率可以用来描述循环不可逆压缩和膨胀过程中包括摩擦损失在内的所有内不可逆性损失。

将式(2.4)和式(2.5)分别代入式(2.6)和式(2.7)得

$$T_2 = \frac{T_1(\gamma^{k-1} - 1)}{\eta_c} + T_1 \tag{2.8}$$

$$T_4 = \eta_e T_3(\gamma^{1-k} - 1) + T_3 \tag{2.9}$$

对于理想 Otto 循环，不存在传热损失。然而，对于实际 Otto 循环，工质和气缸之间的不可逆传热损失是不能忽略的。假设通过气缸壁的传热损失与工质和环境的温差成正比，燃料燃烧放热率为 A_1，气缸壁的传热系数为 B_1，则由工质燃烧可有[1,6-8,18]

$$Q_{in} = A_1 - B_1[(T_2 + T_3)/2 - T_0] \tag{2.10}$$

式中，T_0 为环境温度。从式(2.10)可以看出吸热率由两部分组成：第一部分为燃料燃烧的放热率；第二部分为热漏率，它可以写成

$$Q_{leak} = B(T_2 + T_3 - 2T_0) \tag{2.11}$$

式中，$B = B_1/2$ 为与传热相关的常数。

在活塞运动中存在摩擦损失，循环压缩和膨胀过程的摩擦损失已经包含在不可逆压缩和膨胀过程的内不可逆性损失里。按照文献[34]和[35]对循环各冲程摩擦损失的处理方式，假设排气冲程的摩擦损失系数为 μ，则进气冲程中包含压降损失的等效摩擦损失系数为 3μ。对于循环的进气和排气冲程的摩擦损失可以按照 Chen 等[36]对 Dual 循环的处理方法，设摩擦力与速度呈线性关系 $f_\mu = -\mu v = -\mu \mathrm{d}X/\mathrm{d}t$。因此，整个循环过程中进气和排气冲程由摩擦损失消耗的功率为

$$P_\mu = \frac{\mathrm{d}W_\mu}{\mathrm{d}t} = 4\mu\frac{\mathrm{d}X}{\mathrm{d}t}\frac{\mathrm{d}X}{\mathrm{d}t} = 4\mu v^2 \tag{2.12}$$

式中，v 为活塞的运动速度；X 为活塞的位移；t 为时间；W_μ 为进气和排气冲程由摩擦损失消耗的功。

对于一个四冲程发动机，活塞每次循环运行的距离为

$$4L = 4(X_1 - X_2) \tag{2.13}$$

式中，X_1 和 X_2 分别为活塞上死点的位置和下死点的位置；L 为冲程的长度。

所以活塞运行的平均速度为

$$\overline{v} = 4Ln \tag{2.14}$$

式中，n为每秒循环进行的次数。

因此循环由于摩擦损失而产生的功率损失为

$$P_{\mu} = 4\mu(4Ln)^2 \tag{2.15}$$

循环净功率输出为

$$\begin{aligned} P_{\text{ot}} &= Q_{\text{in}} - Q_{\text{out}} - P_{\mu} \\ &= MC_{\text{v}}(T_3 + T_1 - T_2 - T_4) - 64\mu(Ln)^2 \\ &= MC_{\text{v}}\left[\eta_{\text{e}} T_3(1-\gamma^{1-k}) - \frac{T_1(\gamma^{k-1}-1)}{\eta_{\text{c}}}\right] - 64\mu(Ln)^2 \end{aligned} \tag{2.16}$$

循环的效率为

$$\begin{aligned} \eta_{\text{ot}} &= \frac{P_{\text{ot}}}{Q_{\text{in}} + Q_{\text{leak}}} = \frac{Q_{\text{in}} - Q_{\text{out}} - P_{\mu}}{Q_{\text{in}} + Q_{\text{leak}}} \\ &= \frac{MC_{\text{v}}[\eta_{\text{e}}\eta_{\text{c}} T_3(1-\gamma^{1-k}) - T_1(\gamma^{k-1}-1)] - 64\eta_{\text{c}}\mu(Ln)^2}{MC_{\text{v}}[\eta_{\text{c}} T_3 - T_1(\eta_{\text{c}} + \gamma^{k-1} - 1)] + B[\eta_{\text{c}} T_3 + T_1(\eta_{\text{c}} + \gamma^{k-1} - 1) - 2\eta_{\text{c}} T_0]} \end{aligned} \tag{2.17}$$

实际的不可逆 Otto 循环中存在三种损失：摩擦损失、传热损失和内不可逆性损失。传热损失和摩擦损失导致的熵产率分别为

$$\sigma_{\text{q}} = B(T_2 + T_3 - 2T_0)\left(\frac{1}{T_0} - \frac{2}{T_2 + T_3}\right) \tag{2.18}$$

$$\sigma_{\mu} = \frac{P_{\mu}}{T_0} = \frac{64\mu(Ln)^2}{T_0} \tag{2.19}$$

对于不可逆压缩和不可逆膨胀损失导致的熵产率，分别由过程 $2\text{S} \rightarrow 2$ 和 $4\text{S} \rightarrow 4$ 的熵增率来计算：

$$\sigma_{2\text{S}\to 2} = MC_{\text{v}} \ln(T_2 / T_{2\text{S}}) \tag{2.20}$$

$$\sigma_{4\text{S}\to 4} = MC_{\text{v}} \ln(T_4 / T_{4\text{S}}) \tag{2.21}$$

此外，工质经过功率冲程做功后由排气冲程排往环境，该过程也会产生熵产率，该熵产率由式(2.22)计算：

$$\sigma_{pq}=M\int_{T_1}^{T_4}C_v dT\left(\frac{1}{T_0}-\frac{1}{T}\right)=M\left[\frac{C_v(T_4-T_1)}{T_0}-C_v\ln\frac{T_4}{T_1}\right] \tag{2.22}$$

因此整个循环的熵产率为

$$\begin{aligned}\sigma_{ot}&=\sigma_q+\sigma_\mu+\sigma_{2S\to2}+\sigma_{4S\to4}+\sigma_{pq}\\&=B(T_2+T_3-2T_0)\left(\frac{1}{T_0}-\frac{2}{T_2+T_3}\right)+\frac{64\mu(Ln)^2}{T_0}\\&\quad+MC_v\ln\frac{T_2T_4}{T_{2S}T_{4S}}+M\left[\frac{C_v(T_4-T_1)}{T_0}-C_v\ln\frac{T_4}{T_1}\right]\end{aligned} \tag{2.23}$$

根据文献[37]对生态学函数的定义，Otto 循环的生态学函数为

$$\begin{aligned}E_{ot}&=P_{ot}-T_0\sigma_{ot}\\&=MC_v[\eta_e T_3(1-\gamma^{1-k})-T_1(\gamma^{k-1}-1)/\eta_c]-B[T_1+T_3+T_1(\gamma^{k-1}-1)/\eta_c-2T_0]\\&\quad\{1-2T_0/[T_1+T_3+T_1(\gamma^{k-1}-1)/\eta_c]\}-128\mu(Ln)^2-MC_vT_0\ln[(\gamma^{k-1}-1+\eta_c)\\&\quad\times(\eta_e\gamma^{1-k}-\eta_e+1)/\eta_c]-MT_0C_v[(T_4-T_1)/T_0-\ln(T_4/T_1)]\end{aligned} \tag{2.24}$$

在给定压缩比 γ 、循环初温 T_1 、循环最高温度 T_3 、压缩效率 η_c 和膨胀效率 η_e 的情况下，由式(2.16)、式(2.17)和式(2.24)可以得到相应的功率、效率和生态学函数。由此可得到功率、效率和生态学函数与压缩比的关系及循环的其他特性关系。

2.2.2　数值算例与讨论

在计算中取 $X_1=8\times10^{-2}\text{m}$ ， $X_2=1\times10^{-2}\text{m}$ ， $T_1=350\text{K}$ ， $T_3=2200\text{K}$ ， $T_0=300\text{K}$ ， $n=30$ ， $C_v=0.7175\text{kJ/(kg}\cdot\text{K)}$ ， $M=4.553\times10^{-3}\text{kg/s}$ [36,38]。图 2.2 和图 2.3 分别给出了不同内不可逆性损失和传热损失、摩擦损失下(分别用 η_c 、 η_e ， B， μ 表示)热机生态学函数与功率的关系曲线和生态学函数与效率的关系曲线。由图 2.2 可知，除了在最大功率点处，对应于热机任一生态学函数，输出功率都有两个值，因此实际运行时应使热机工作于输出功率较大的状态点；循环的生态学函数随着传热损失、摩擦损失和内不可逆性损失的增加而减小。图 2.3 中曲线 1 是完全可逆时循环的生态学函数与效率的关系，此时曲线呈类抛物线型(即循环生态学函数最大时对应的效率不为零，而效率最大时对应的生态学函数为零)，而其他曲线是考虑了一种以上不可逆因素时的生态学函数与效率的关系，此时曲线呈扭叶型(即循环生态学函数最大时对应的效率和效率最大时对应的生态学函数均不为零)。每一个生态学函数值(最大值点除外)都对应两个效率取值，显然，要设

计使热机工作在效率较大的状态点。

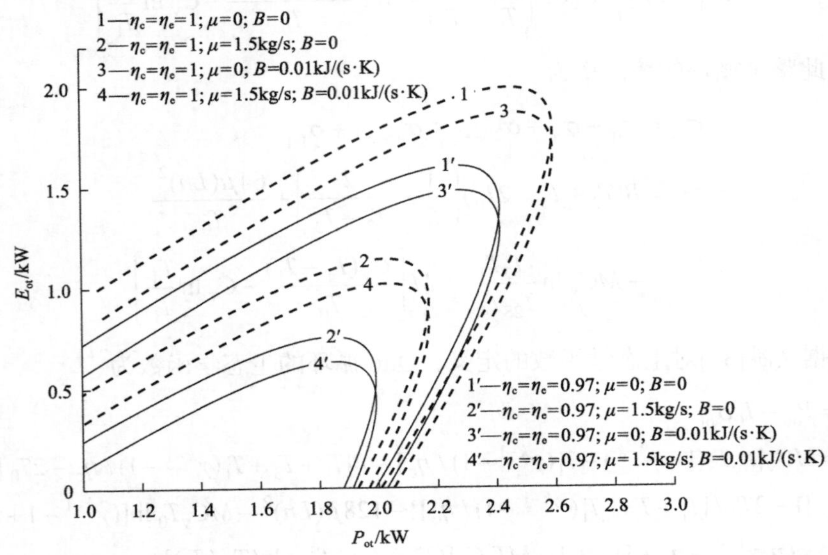

图 2.2　η_c、η_e、B 和 μ 对 E_{ot} 与 P_{ot} 关系的影响

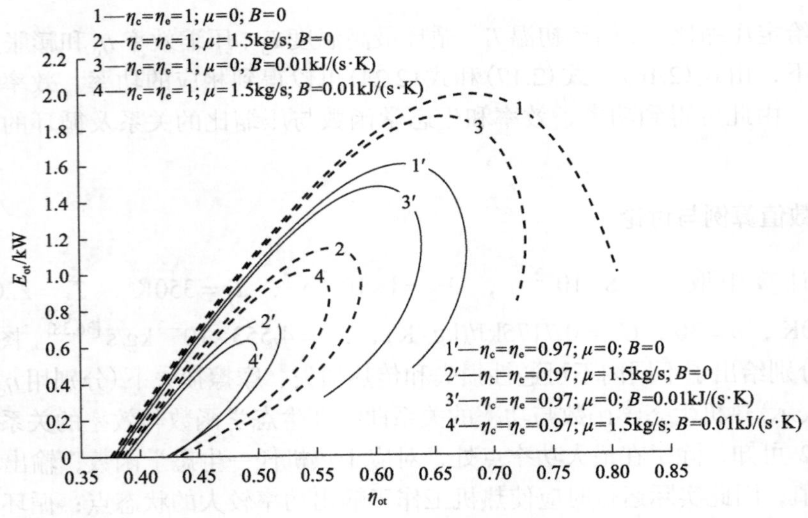

图 2.3　η_c、η_e、B 和 μ 对 E_{ot} 与 η_{ot} 关系的影响

图 2.4～图 2.6 给出了 $P_E/P_{\max}$、P_E/P_η、η_E/η_P、$\eta_E/\eta_{\max}$、$(\sigma_{ot})_E/(\sigma_{ot})_P$ 和 $(\sigma_{ot})_E/(\sigma_{ot})_\eta$ 随着摩擦损失系数 μ 的变化，其中 $P_{\max}$、η_P 和 $(\sigma_{ot})_P$ 分别为循环的最大输出功率以及相应的效率和熵产率；$\eta_{\max}$、P_η 和 $(\sigma_{ot})_\eta$ 分别为循环的最大效率以及相应的输出功率和熵产率；P_E、η_E 和 $(\sigma_{ot})_E$ 分别为循环生态学函数

最大时的输出功率、效率和熵产率。从图 2.4 可以看出，不同的 B 对应的 P_E/P_{max}-μ 曲线很接近，即 P_E/P_{max} 受传热损失影响很小；P_E/P_{max} 随 μ 的增大而减小，且值小于 1，即以 E_{ot} 为目标函数优化时输出功率 P_E 相对热机的最大输出功率 P_{max} 有所降低，且摩擦损失越大降低得越多。P_E 比 P_η 大；随着 B 的增大，P_E/P_η 逐渐减小，P_E 有接近于 P_η 的趋势；P_E/P_η 随 μ 的增大而减小，且值大于 1。从图 2.5 可以看出，η_E 大于 η_P，对给定的 $B(\mu)$，η_E/η_P 随 $\mu(B)$ 的增大而减小。η_E 小于 η_{max}，对于给定的 $B(\mu)$，η_E/η_{max} 随 $\mu(B)$ 的增大而增大，η_E 有接近于 η_{max} 的趋势。

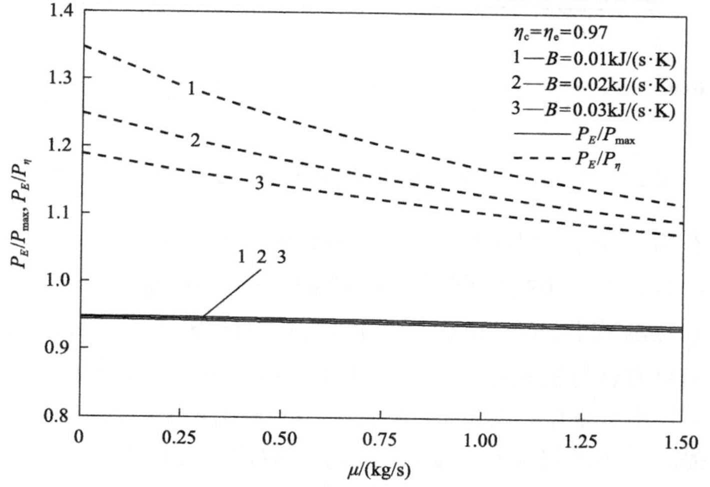

图 2.4　B 对 P_E/P_{max} 和 P_E/P_η 与 μ 的关系的影响

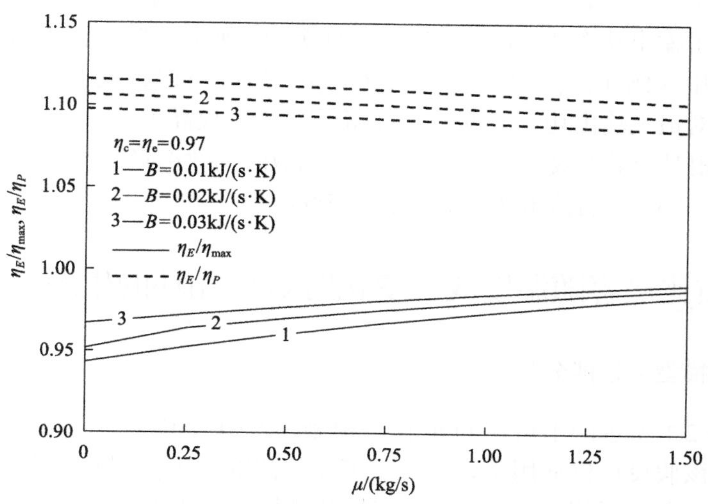

图 2.5　B 对 η_E/η_{max} 和 η_E/η_P 与 μ 的关系的影响

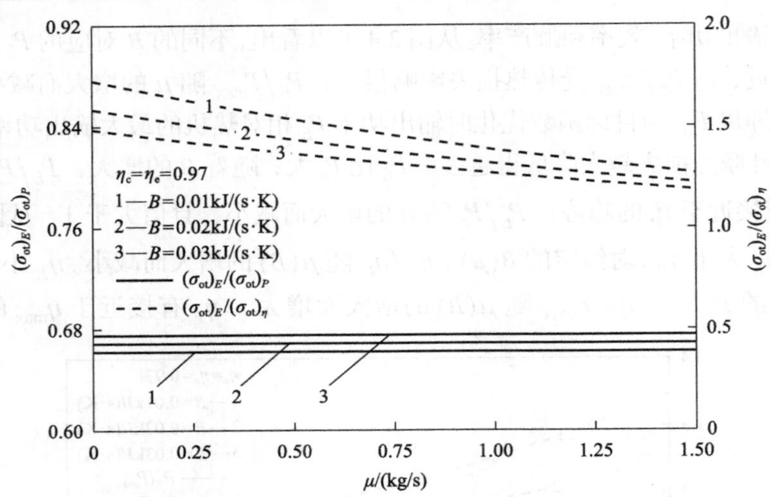

图 2.6　B 对 $(\sigma_{ot})_E/(\sigma_{ot})_P$ 和 $(\sigma_{ot})_E/(\sigma_{ot})_\eta$ 与 μ 的关系的影响

从图 2.6 可看出，$(\sigma_{ot})_E$ 要比 $(\sigma_{ot})_P$ 小得多；随着 B 的增大，$(\sigma_{ot})_E/(\sigma_{ot})_P$ 逐渐增大，$(\sigma_{ot})_E$ 有接近于 $(\sigma_{ot})_P$ 的趋势；$(\sigma_{ot})_E$ 要比 $(\sigma_{ot})_\eta$ 大，随着 B 的增大，$(\sigma_{ot})_E/(\sigma_{ot})_\eta$ 逐渐减小，$(\sigma_{ot})_E$ 有接近于 $(\sigma_{ot})_\eta$ 的趋势。比较图 2.4～图 2.6 可知，最大生态学函数值点与最大输出功率点相比，热机输出功率降低的量较小，而熵产率降低很多，效率提升较大，即以牺牲较小的输出功率，较大地降低了熵产率，一定程度上提高了热机的效率。最大生态学函数值点与最大效率点相比，热机效率有一定的下降，熵产率增大较多，但输出功率增大的量很多，即以牺牲较小的效率，增加了一定的熵产率，较大程度上提高了热机的输出功率。因此生态学函数不仅反映了输出功率和熵产率之间的最佳折中，而且反映了输出功率和效率之间的最佳折中。例如，$\mu=0.75\text{kg/s}$，$B=0.02\text{kJ/(s·K)}$ 时，最大生态学函数时的输出功率相对最大输出功率减少了 6%，相应的效率提高了 10.0%，而熵产率减少了 22.0%。相对于最大效率点，最大生态学函数时的效率降低了 2.4%，相应的熵产率增大了 17.3%，而输出功率增大了 15.3%。

2.3　工质比热容随温度线性变化时 Otto 循环的生态学最优性能

2.3.1　循环模型和性能分析

考虑图 2.1 所示的不可逆 Otto 循环模型，2.2.1 节中假设工质具有恒定的比热容，但是该假设仅仅适用于较小的温度变化范围，对于实际循环中较大的温度范围，该假设并不适用。实际循环中工质的比热容是变化的，而且这种变化将会对循环的性能产生一定的影响。按文献[18]～[22]、[28]的处理方法假设工质的比热容仅与温度有关，并且在循环的工作范围(300～2200K)内，工质的比热容与温度呈线性关系：

$$C_{\mathrm{p}} = a_{\mathrm{p}} + KT \tag{2.25}$$

$$C_{\mathrm{v}} = b_{\mathrm{v}} + KT \tag{2.26}$$

式中，a_{p}、b_{v}和K为常数；C_{p}和C_{v}分别为工质的定压比热容和定容比热容，由C_{p}和C_{v}之间的关系有

$$R = C_{\mathrm{p}} - C_{\mathrm{v}} = a_{\mathrm{p}} - b_{\mathrm{v}} \tag{2.27}$$

式中，$R = 0.287\mathrm{kJ/(kg \cdot K)}$为工质的气体常数。

循环中工质的吸热率为

$$Q_{\mathrm{in}} = M\int_{T_2}^{T_3} C_{\mathrm{v}}\mathrm{d}T = \int_{T_2}^{T_3} (b_{\mathrm{v}} + KT)\mathrm{d}T = M[b_{\mathrm{v}}(T_3 - T_2) + 0.5K(T_3^2 - T_2^2)] \tag{2.28}$$

循环中工质的放热率为

$$Q_{\mathrm{out}} = M\int_{T_1}^{T_4} C_{\mathrm{v}}\mathrm{d}T = \int_{T_1}^{T_4} (b_{\mathrm{v}} + KT)\mathrm{d}T = M[b_{\mathrm{v}}(T_4 - T_1) + 0.5K(T_4^2 - T_1^2)] \tag{2.29}$$

工质的比热容是随温度变化的，因而恒比热容可逆绝热过程的公式不再适用于变比热容可逆绝热过程。按照文献[18]、[20]～[22]、[28]的处理方法，可以对变比热容可逆绝热过程做一个适当的假设，即假设该过程可以被分解成无数个无限小的过程，对于每个无限小的过程，可近似认为工质的比热容是恒定的。例如，对任意一个i、j状态之间的可逆绝热过程，可以将其看成由无数个无限小的绝热指数k为常数的可逆绝热过程组成，而对于任意一个无限小的过程，当工质的温度和比容分别变化了$\mathrm{d}T$和$\mathrm{d}V$时可有

$$TV^{k-1} = (T + \mathrm{d}T)(V + \mathrm{d}V)^{k-1} \tag{2.30}$$

式(2.30)经过变换可以得到：

$$K(T_j - T_i) + b_{\mathrm{v}}\ln(T_j/T_i) = -R\ln(V_j/V_i) \tag{2.31}$$

2.2.1 节中定义的循环压缩比和内不可逆性损失，即式(2.3)、式(2.6)和式(2.7)仍然成立。故对于循环的可逆绝热过程$1 \to 2\mathrm{S}$和$3 \to 4\mathrm{S}$有

$$K(T_{2\mathrm{S}} - T_1) + b_{\mathrm{v}}\ln(T_{2\mathrm{S}}/T_1) = R\ln\gamma \tag{2.32}$$

$$K(T_3 - T_{4S}) + b_v \ln(T_3/T_{4S}) = R\ln\gamma \tag{2.33}$$

不可逆 Otto 循环中存在的传热损失和摩擦损失，依然采用 2.2.1 节中的模型，即假设通过气缸壁的传热损失与工质和环境的温差成正比以及摩擦力与活塞运动的平均速度成正比，故式(2.11)～式(2.15)依然成立。

循环净功率输出为

$$P_{ot} = Q_{in} - Q_{out} - P_{\mu} = M[b_v(T_3 + T_1 - T_2 - T_4) + 0.5K(T_3^2 + T_1^2 - T_2^2 - T_4^2)] - 64\mu(Ln)^2 \tag{2.34}$$

循环的效率为

$$\eta_{ot} = \frac{P_{ot}}{Q_{in} + Q_{leak}} = \frac{M[b_v(T_3 + T_1 - T_2 - T_4) + 0.5K(T_3^2 + T_1^2 - T_2^2 - T_4^2)] - 64\mu(Ln)^2}{M[b_v(T_3 - T_2) + 0.5K(T_3^2 - T_2^2)] + B(T_2 + T_3 - 2T_0)} \tag{2.35}$$

整个循环中由传热损失、摩擦损失、内不可逆性损失和排气过程导致的总熵产率为

$$\begin{aligned}\sigma_{ot} &= \sigma_q + \sigma_{\mu} + \sigma_{2S\to2} + \sigma_{4S\to4} + \sigma_{pq} \\ &= B(T_2 + T_3 - 2T_0)[1/T_0 - 2/(T_2 + T_3)] + 64\mu(Ln)^2/T_0 + MC_{v2S\to2}\ln(T_2/T_{2S}) \\ &\quad + MC_{v4S\to4}\ln(T_4/T_{4S}) + M[b_v(T_4 - T_1)/T_0 - b_v\ln(T_4/T_1) + 0.5K(T_4^2 - T_1^2)/T_0 \\ &\quad - K(T_4 - T_1)]\end{aligned} \tag{2.36}$$

式中，定容比热容 $C_{v2S\to2}$ 中的温度为 $T = \dfrac{T_2 - T_{2S}}{\ln(T_2/T_{2S})}$，为 2、2S 状态之间的对数平均温度；定容比热容 $C_{v4S\to4}$ 中的温度为 $T = \dfrac{T_4 - T_{4S}}{\ln(T_4/T_{4S})}$，为 4、4S 状态之间的对数平均温度。

循环的生态学函数为

$$\begin{aligned}E_{ot} &= P_{ot} - T_0\sigma_{ot} \\ &= M[b_v(T_3 + T_1 - T_2 - T_4) + 0.5K(T_3^2 + T_1^2 - T_2^2 - T_4^2)] - B(T_2 + T_3 - 2T_0)[1 - 2T_0 \\ &\quad /(T_2 + T_3)] - 128\mu(Ln)^2 - MT_0C_{v2S\to2}\ln(T_2/T_{2S}) - MT_0C_{v4S\to4}\ln(T_4/T_{4S}) \\ &\quad - M[b_v(T_4 - T_1) - b_vT_0\ln(T_4/T_1) + 0.5K(T_4^2 - T_1^2) - KT_0(T_4 - T_1)]\end{aligned} \tag{2.37}$$

在给定压缩比 γ、循环初温 T_1、循环最高温度 T_3、压缩效率 η_c 和膨胀效率 η_e 的情况下可以由式(2.32)解出 T_{2S}，然后再由式(2.6)解出 T_2，由式(2.33)解出 T_{4S}，

最后由式(2.7)解出T_4，将解出的T_2和T_4代入式(2.34)、式(2.35)和式(2.37)得到相应的功率、效率和生态学函数。由此得到功率、效率和生态学函数与压缩比的关系及循环的其他特性关系。

2.3.2　数值算例与讨论

在计算中取 $X_1 = 8\times10^{-2}\text{m}$ ，$X_2 = 1\times10^{-2}\text{m}$ ，$T_1 = 350\text{K}$ ，$T_3 = 2200\text{K}$ ，$T_0 = 300\text{K}$ ，$n = 30$ ，$M = 4.553\times10^{-3}\text{kg/s}$ 。图 2.7～图 2.10 给出了工质变比热容

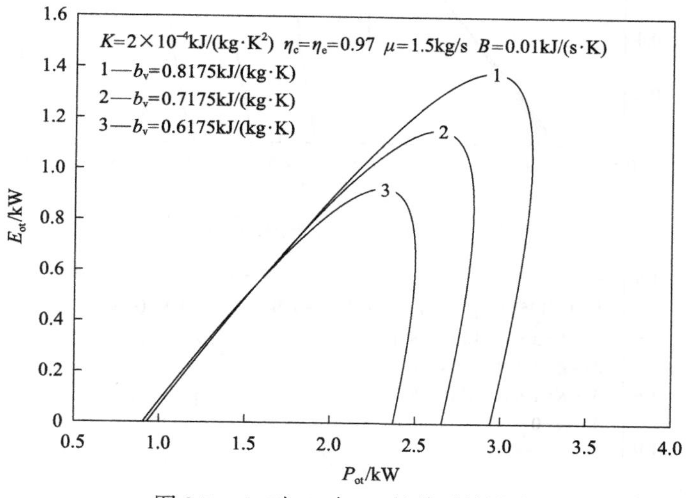

图 2.7　b_v 对 E_{ot} 与 P_{ot} 的关系的影响

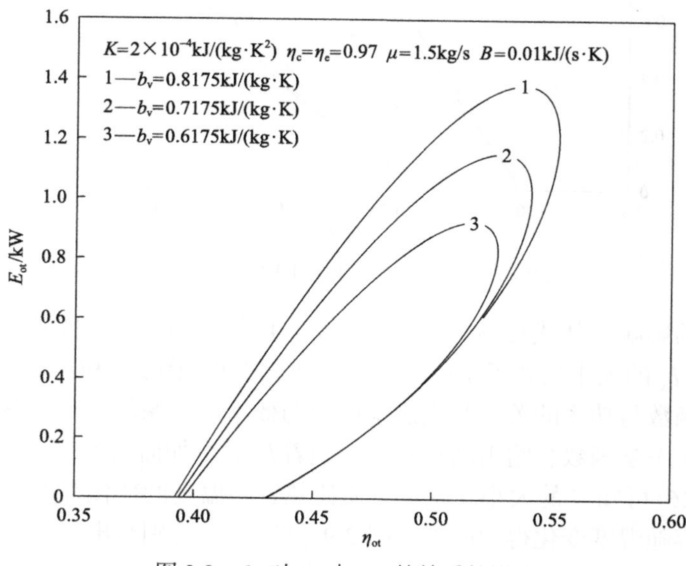

图 2.8　b_v 对 E_{ot} 与 η_{ot} 的关系的影响

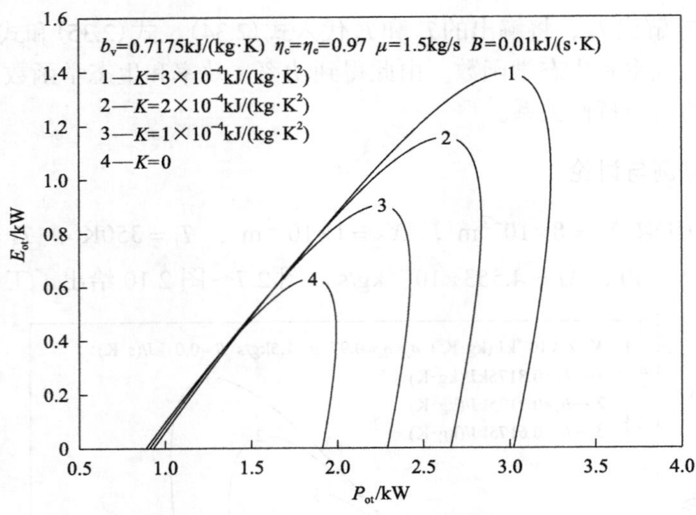

图 2.9　K 对 E_{ot} 与 P_{ot} 的关系的影响

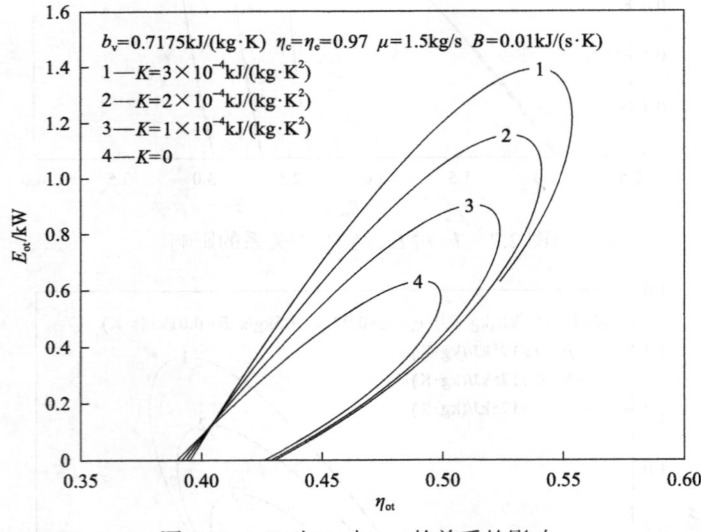

图 2.10　K 对 E_{ot} 与 η_{ot} 的关系的影响

对循环性能的影响。从式(2.26)可知，当 $K=0$ 时，式 $C_v=b_v$ 将成为恒比热容的表达式，因此 b_v 的大小反映了工质本身的比热容大小。图 2.7 和图 2.8 给出了 b_v 对热机生态学函数与功率的关系和生态学函数与效率的关系的影响，从图中可以看出，循环的生态学函数、输出功率和效率随着 b_v 的增加而增加。

由式(2.26)可知 K 的大小反映了工质比热容随温度的变化程度，K 越大说明工质的比热容随温度变化得越剧烈。图 2.9 和图 2.10 分别给出了 K 对热机生态学函数与功率的关系和生态学函数与效率的关系的影响，其中 $K=0$ 为恒比热容时热机生态学函数与功率的关系曲线和生态学函数与效率的关系曲线。从图中可以看出，循环的生态学函数、输出功率和效率随着 K 的增加而增加。

图 2.11～图 2.13 分别给出了 K 对 $P_E/P_{\max}$、P_E/P_η、η_E/η_P、$\eta_E/\eta_{\max}$、$(\sigma_{ot})_E/(\sigma_{ot})_P$ 和 $(\sigma_{ot})_E/(\sigma_{ot})_\eta$ 与摩擦损失系数 μ 的关系的影响，其中 $P_{\max}$、η_P 和 $(\sigma_{ot})_P$ 分别为循环的最大输出功率以及相应的效率和熵产率；$\eta_{\max}$、P_η 和 $(\sigma_{ot})_\eta$ 分别为循环的最大效率以及相应的输出功率和熵产率；P_E、η_E 和 $(\sigma_{ot})_E$ 分别为循环生态学函数最大时的输出功率、效率和熵产率。其中 $K=0$ 为恒比热容时 $P_E/P_{\max}$、

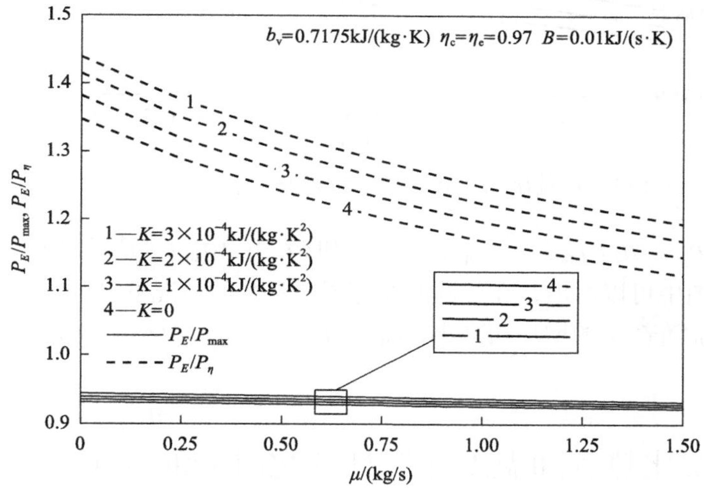

图 2.11　K 对 $P_E/P_{\max}$ 和 P_E/P_η 与 μ 的关系的影响

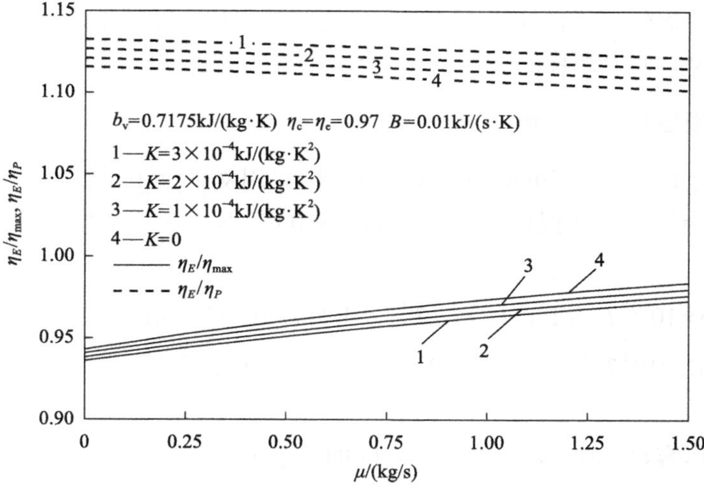

图 2.12　K 对 $\eta_E/\eta_{\max}$ 和 η_E/η_P 与 μ 的关系的影响

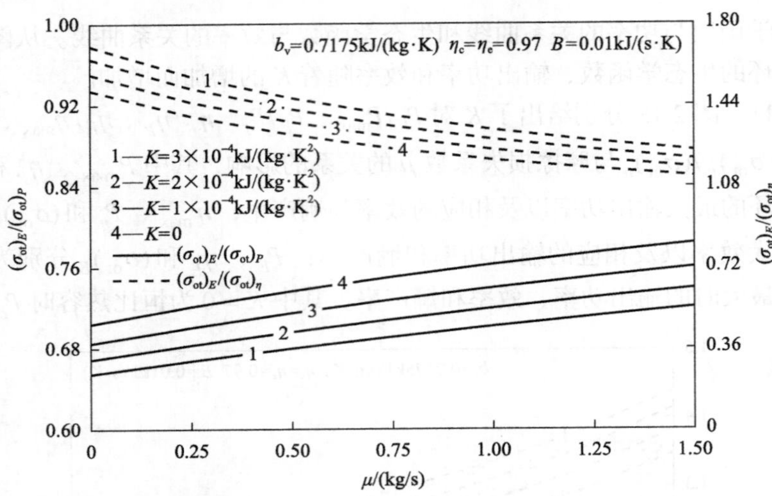

图 2.13　K 对 $(\sigma_{\text{ot}})_E/(\sigma_{\text{ot}})_P$ 和 $(\sigma_{\text{ot}})_E/(\sigma_{\text{ot}})_\eta$ 与 μ 的关系的影响

P_E/P_η、η_E/η_P、$\eta_E/\eta_{\max}$、$(\sigma_{\text{ot}})_E/(\sigma_{\text{ot}})_P$ 和 $(\sigma_{\text{ot}})_E/(\sigma_{\text{ot}})_\eta$ 与摩擦损失系数 μ 的变化关系，从图中可以看出，在相同的摩擦损失系数的情况下 $P_E/P_{\max}$、$\eta_E/\eta_{\max}$ 和 $(\sigma_{\text{ot}})_E/(\sigma_{\text{ot}})_P$ 随着 K 的增加而减小，而 P_E/P_η、η_E/η_P 和 $(\sigma_{\text{ot}})_E/(\sigma_{\text{ot}})_\eta$ 随着 K 的增加而增加。

2.4　工质比热容随温度非线性变化时 Otto 循环的最优性能

2.2 节和 2.3 节已经分别研究了工质恒比热容和工质比热容随温度线性变化时 Otto 循环的生态学最优性能，本节将采用更接近工程实际的工质比热容随温度非线性变化模型，研究循环的功率、效率最优性能和循环的生态学最优性能。

2.4.1　循环模型和性能分析

考虑图 2.1 所示的不可逆 Otto 循环模型，采用文献[29]～[32]提出的工质变比热容模型，当循环工作温度范围在 300～3500K 时，工质的定压比热容可用式(2.38)表示：

$$C_{\text{p}} = 2.506\times10^{-11}T^2 + 1.454\times10^{-7}T^{1.5} - 4.246\times10^{-7}T + 3.162\times10^{-5}T^{0.5} + 1.3303 - 1.512\times10^{4}T^{-1.5} + 3.063\times10^{5}T^{-2} - 2.212\times10^{7}T^{-3} \tag{2.38}$$

定压比热容 C_{p} 和定容比热容 C_{v} 之间的关系为

$$C_{\text{v}} = C_{\text{p}} - R \tag{2.39}$$

可以得到循环的定容比热容为

$$C_v = C_p - R = 2.506\times10^{-11}T^2 + 1.454\times10^{-7}T^{1.5} - 4.246\times10^{-7}T + 3.162\times10^{-5}T^{0.5} \\ + 1.0433 - 1.512\times10^4 T^{-1.5} + 3.063\times10^5 T^{-2} - 2.212\times10^7 T^{-3} \tag{2.40}$$

循环中工质的吸热率为

$$\begin{aligned} Q_{in} &= M\int_{T_2}^{T_3} C_v \mathrm{d}T \\ &= M\int_{T_2}^{T_3} (2.506\times10^{-11}T^2 + 1.454\times10^{-7}T^{1.5} - 4.246\times10^{-7}T + 3.162\times10^{-5}T^{0.5} \\ &\quad + 1.0433 - 1.512\times10^4 T^{-1.5} + 3.063\times10^5 T^{-2} - 2.212\times10^7 T^{-3})\ \mathrm{d}T \\ &= M[8.353\times10^{-12}T^3 + 5.816\times10^{-8}T^{2.5} - 2.123\times10^{-7}T^2 + 2.108\times10^{-5}T^{1.5} \\ &\quad + 1.0433T + 3.024\times10^4 T^{-0.5} - 3.063\times10^5 T^{-1} + 1.106\times10^7 T^{-2}]_{T_2}^{T_3} \end{aligned} \tag{2.41}$$

循环中工质的放热率为

$$\begin{aligned} Q_{out} &= M\int_{T_1}^{T_4} C_v \mathrm{d}T \\ &= M\int_{T_1}^{T_4} (2.506\times10^{-11}T^2 + 1.454\times10^{-7}T^{1.5} - 4.246\times10^{-7}T + 3.162\times10^{-5}T^{0.5} \\ &\quad + 1.0433 - 1.512\times10^4 T^{-1.5} + 3.063\times10^5 T^{-2} - 2.212\times10^7 T^{-3})\ \mathrm{d}T \\ &= M[8.353\times10^{-12}T^3 + 5.816\times10^{-8}T^{2.5} - 2.123\times10^{-7}T^2 + 2.108\times10^{-5}T^{1.5} \\ &\quad + 1.0433T + 3.024\times10^4 T^{-0.5} - 3.063\times10^5 T^{-1} + 1.106\times10^7 T^{-2}]_{T_1}^{T_4} \end{aligned} \tag{2.42}$$

按照 2.3.1 节中变比热容绝热过程的处理方法，绝热过程可以被分解成无数个无限小的过程，对于每个无限小的过程，近似认为工质的绝热指数 k 是恒定的，对于任意一个无限小的过程，当工质的温度和比容分别变化了 $\mathrm{d}T$ 和 $\mathrm{d}V$ 时可有

$$TV^{k-1} = (T + \mathrm{d}T)(V + \mathrm{d}V)^{k-1} \tag{2.43}$$

式(2.43)经过变化可以得到：

$$C_v \ln\frac{T_j}{T_i} = R\ln\frac{V_i}{V_j} \tag{2.44}$$

式中，定容比热容 C_v 中的温度 $T=\dfrac{T_j-T_i}{\ln(T_j/T_i)}$ 为 i 、 j 状态之间的对数平均温度。

2.2.1 节中定义的循环压缩比和内不可逆性损失仍然成立，对于循环的可逆绝热过程 $1\rightarrow 2S$ 和 $3\rightarrow 4S$ 有

$$C_v\ln(T_{2S}/T_1)=R\ln\gamma \tag{2.45}$$

$$C_v\ln(T_{4S}/T_3)=-R\ln\gamma \tag{2.46}$$

不可逆 Otto 循环中存在的传热损失和摩擦损失仍采用 2.2.1 节中的模型，即假设通过气缸壁的传热损失与工质和环境的温差成正比以及摩擦力与活塞运动的平均速度成正比，故式(2.11)～式(2.15)依然成立。

循环净功率输出为

$$\begin{aligned}P_{ot}&=Q_{in}-Q_{out}-P_{\mu}\\&=M[8.353\times10^{-12}(T_1^3+T_3^3-T_2^3-T_4^3)+5.816\times10^{-8}(T_1^{2.5}+T_3^{2.5}-T_2^{2.5}-T_4^{2.5})\\&\quad-2.123\times10^{-7}(T_1^2+T_3^2-T_2^2-T_4^2)+2.108\times10^{-5}(T_1^{1.5}+T_3^{1.5}-T_2^{1.5}-T_4^{1.5})\\&\quad+1.0433(T_1+T_3-T_2-T_4)+3.024\times10^4(T_1^{-0.5}+T_3^{-0.5}-T_2^{-0.5}-T_4^{-0.5})-3.063\\&\quad\times10^5(T_1^{-1}+T_3^{-1}-T_2^{-1}-T_4^{-1})+1.106\times10^7(T_1^{-2}+T_3^{-2}-T_2^{-2}-T_4^{-2})]-64\mu(Ln)^2\end{aligned} \tag{2.47}$$

循环的效率为

$$\begin{aligned}\eta_{ot}&=\frac{P_{ot}}{Q_{in}+Q_{leak}}=\frac{Q_{in}-Q_{out}-P_{\mu}}{Q_{in}+Q_{leak}}\\&=\frac{\begin{aligned}&M[8.353\times10^{-12}(T_1^3+T_3^3-T_2^3-T_4^3)+5.816\times10^{-8}(T_1^{2.5}+T_3^{2.5}-T_2^{2.5}-T_4^{2.5})\\&-2.123\times10^{-7}(T_1^2+T_3^2-T_2^2-T_4^2)+2.108\times10^{-5}(T_1^{1.5}+T_3^{1.5}-T_2^{1.5}-T_4^{1.5})\\&+1.0433(T_1+T_3-T_2-T_4)+3.024\times10^4(T_1^{-0.5}+T_3^{-0.5}-T_2^{-0.5}-T_4^{-0.5})\\&-3.063\times10^5(T_1^{-1}+T_3^{-1}-T_2^{-1}-T_4^{-1})+1.106\times10^7(T_1^{-2}+T_3^{-2}-T_2^{-2}-T_4^{-2})]-64\mu(Ln)^2\end{aligned}}{\begin{aligned}&M[8.353\times10^{-12}(T_3^3-T_2^3)+5.816\times10^{-8}(T_3^{2.5}-T_2^{2.5})-2.123\times10^{-7}(T_3^2-T_2^2)\\&+2.108\times10^{-5}(T_3^{1.5}-T_2^{1.5})+1.0433(T_3-T_2)+3.024\times10^4(T_3^{-0.5}-T_2^{-0.5})\\&-3.063\times10^5(T_3^{-1}-T_2^{-1})+1.106\times10^7(T_3^{-2}-T_2^{-2})]+B(T_2+T_3-2T_0)\end{aligned}}\end{aligned} \tag{2.48}$$

整个循环中由传热损失、摩擦损失、内不可逆性损失和排气过程导致的总熵产率为

$$\begin{aligned}
\sigma_{\rm ot} &= \sigma_{\rm q} + \sigma_{\mu} + \sigma_{\rm 2S\to2} + \sigma_{\rm 4S\to4} + \sigma_{\rm pq} \\
&= B(T_2 + T_3 - 2T_0)[1/T_0 - 2/(T_2 + T_3)] + 64\mu(Ln)^2/T_0 + MC_{\rm v2S\to2}\ln(T_2/T_{\rm 2S}) \\
&\quad + MC_{\rm v4S\to4}\ln(T_4/T_{\rm 4S}) - M[1.253\times10^{-11}(T_4^2 - T_1^2) + 9.693\times10^{-8}(T_4^{1.5} - T_1^{1.5}) \\
&\quad - 4.246\times10^{-7}(T_4 - T_1) + 6.3240\times10^{-5}(T_4^{0.5} - T_1^{0.5}) + 1.0433\ln(T_4/T_1) + 1.0080 \\
&\quad \times10^4(T_4^{-1.5} - T_1^{-1.5}) - 1.5315\times10^5(T_4^{-2} - T_1^{-2}) + 7.373\times10^6(T_4^{-3} - T_1^{-3})] + M/T_0 \\
&\quad \times[8.353\times10^{-12}(T_4^3 - T_1^3) + 5.816\times10^{-8}(T_4^{2.5} - T_1^{2.5}) - 2.123\times10^{-7}(T_4^2 - T_1^2) + 2.108 \\
&\quad \times10^{-5}(T_4^{1.5} - T_1^{1.5}) + 1.0433(T_4 - T_1) + 3.024\times10^4(T_4^{-0.5} - T_1^{-0.5}) - 3.063\times10^5(T_4^{-1} \\
&\quad - T_1^{-1}) + 1.106\times10^7(T_4^{-2} - T_1^{-2})]
\end{aligned} \tag{2.49}$$

式中，定容比热容 $C_{\rm v2S\to2}$ 中的温度 $T = \dfrac{T_2 - T_{\rm 2S}}{\ln(T_2/T_{\rm 2S})}$ 为 2 、2S 状态之间的对数平均温度；定容比热容 $C_{\rm v4S\to4}$ 中的温度 $T = \dfrac{T_4 - T_{\rm 4S}}{\ln(T_4/T_{\rm 4S})}$ 为 4 、4S 状态之间的对数平均温度。

循环的生态学函数为

$$\begin{aligned}
E_{\rm ot} &= P_{\rm ot} - T_0\sigma_{\rm ot} \\
&= M[8.353\times10^{-12}(2T_1^3 + T_3^3 - T_2^3 - 2T_4^3) + 5.816\times10^{-8}(2T_1^{2.5} + T_3^{2.5} - T_2^{2.5} - 2T_4^{2.5}) \\
&\quad - 2.123\times10^{-7}(2T_1^2 + T_3^2 - T_2^2 - 2T_4^2) + 2.108\times10^{-5}(2T_1^{1.5} + T_3^{1.5} - T_2^{1.5} - 2T_4^{1.5}) \\
&\quad + 1.0433(2T_1 + T_3 - T_2 - 2T_4) + 3.024\times10^4(2T_1^{-0.5} + T_3^{-0.5} - T_2^{-0.5} - 2T_4^{-0.5}) - 3.063 \\
&\quad \times10^5(2T_1^{-1} + T_3^{-1} - T_2^{-1} - 2T_4^{-1}) + 1.106\times10^7(2T_1^{-2} + T_3^{-2} - T_2^{-2} - 2T_4^{-2})] - B(T_2 + T_3 \\
&\quad - 2T_0)[1 - 2T_0/(T_2 + T_3)] - 128\mu(Ln)^2 - MT_0C_{\rm v2S\to2}\ln(T_2/T_{\rm 2S}) \\
&\quad - MT_0C_{\rm v4S\to4}\ln(T_4/T_{\rm 4S}) + MT_0[1.253\times10^{-11}(T_1^2 - T_4^2) + 9.693\times10^{-8}(T_1^{1.5} - T_4^{1.5}) \\
&\quad - 4.246\times10^{-7}(T_1 - T_4) + 6.3240\times10^{-5}(T_1^{0.5} - T_4^{0.5}) + 1.0433\ln(T_1/T_4) + 1.0080 \\
&\quad \times10^4(T_1^{-1.5} - T_4^{-1.5}) - 1.5315\times10^5(T_1^{-2} - T_4^{-2}) + 7.373\times10^6(T_1^{-3} - T_4^{-3})]
\end{aligned} \tag{2.50}$$

在给定压缩比 γ 、循环初温 T_1 、循环最高温度 T_3 、压缩效率 $\eta_{\rm c}$ 和膨胀效率 $\eta_{\rm e}$ 的情况下可以由式(2.45)解出 $T_{\rm 2S}$ ，然后再由式(2.6)解出 T_2 ，由式(2.46)解出 $T_{\rm 4S}$ ，最后由式(2.7)解出 T_4 ，将解出的 T_2 和 T_4 代入式(2.47)、式(2.48)和式(2.50)得到相应的功率、效率和生态学函数。由此得到功率、效率和生态学函数与压缩比的关系及循环的其他特性关系。

2.4.2　数值算例与讨论

在计算中取 $T_1 = 350{\rm K}$ ，$M = 4.553\times10^{-3}{\rm kg/s}$ ，$X_1 = 8\times10^{-2}{\rm m}$ ，$X_2 = 1\times10^{-2}{\rm m}$ ，

$n = 30$，$T_0 = 300\text{K}$，$T_3 = 2200\text{K}$。图 2.14～图 2.16 给出了循环内不可逆性损失、传热损失和摩擦损失三种不可逆因素对循环功率、效率性能特性的影响。从图中可以看出，当完全不考虑上述三种不可逆因素时，循环的功率与压缩比曲线以及功率与效率特性曲线呈类抛物线型，而效率则是随压缩比单调增加；当考虑任意一种不可逆因素时，循环的功率与压缩比、效率与压缩比曲线呈类抛物线型，而功率与效率曲线呈回原点的扭叶型，这反映了实际不可逆 Otto 循环的本质特性（即循环既存在最大功率工作点也存在最大效率工作点）。

在固定循环最高温度的情况下，根据功率、效率的定义可知传热损失对循环

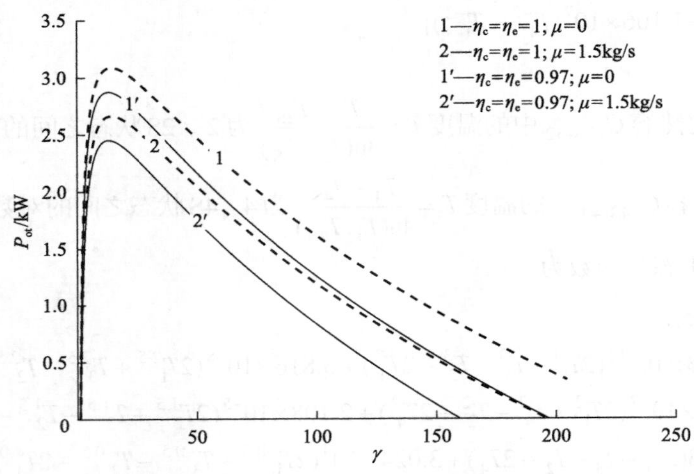

图 2.14　η_c、η_e 和 μ 对 P_{ot} 与 γ 的关系的影响

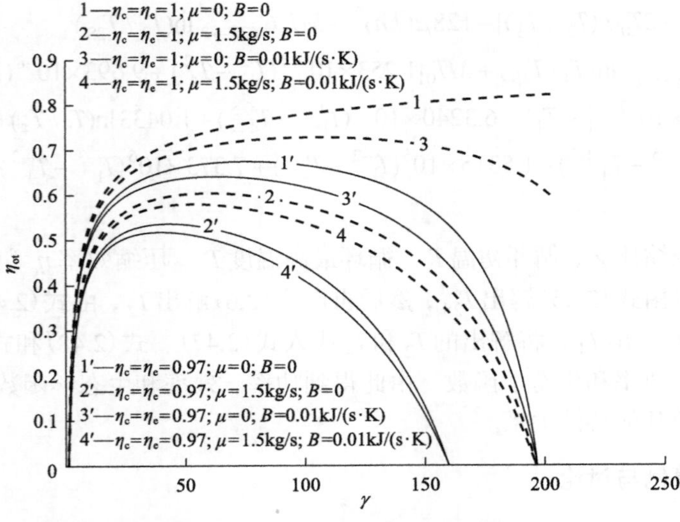

图 2.15　η_c、η_e、B 和 μ 对 η_{ot} 与 γ 的关系的影响

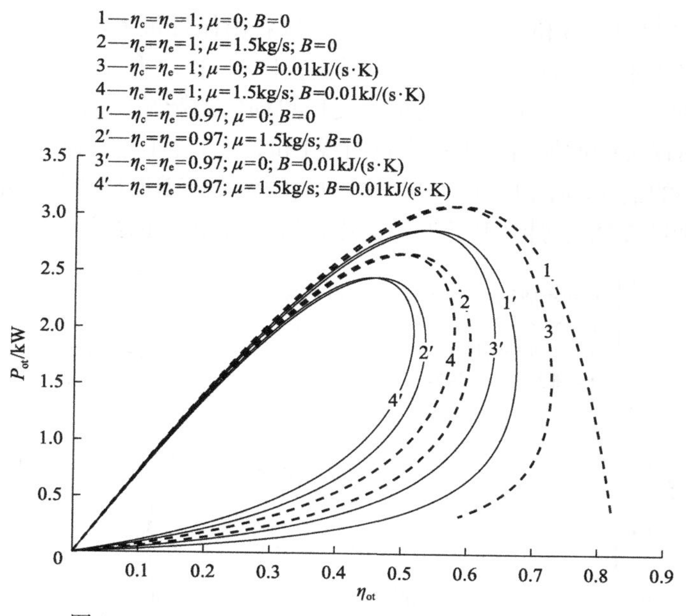

图 2.16　η_c、η_e、B 和 μ 对 P_{ot} 与 η_{ot} 的关系的影响

的功率没有影响，因此图 2.14 给出了循环内不可逆性损失和摩擦损失对循环功率的影响。曲线1和1′给出了无摩擦损失时循环内不可逆性损失对循环功率的影响；曲线2和2′给出了有摩擦损失时循环内不可逆性损失对循环功率的影响。曲线1和2给出了无内不可逆性损失时摩擦损失对循环功率的影响；曲线1′和2′给出了有内不可逆性损失时摩擦损失对循环功率的影响。通过比较可以看出，无论是否存在摩擦损失，循环功率都随着内不可逆性损失的增加而减小；无论是否考虑循环内不可逆性损失，循环的功率都随着摩擦损失的增加而减小。

图 2.15 给出了内不可逆性损失、传热损失和摩擦损失对循环效率的影响。曲线 1 是完全可逆时循环效率与压缩比的关系，此时循环效率随压缩比的增加而增加。其他曲线是考虑一种以上不可逆因素时循环效率与压缩比的关系，这些曲线均呈类抛物线型。比较曲线1和1′、2和2′、3和3′以及4和4′，可以看出循环效率随着内不可逆性损失的增加而减小；比较曲线1和3、2和4、1′和3′以及2′和4′，可以看出循环效率随着传热损失的增加而减小；比较曲线1和2、3和4、1′和2′以及3′和4′，可以看出循环效率随着摩擦损失的增加而减小。

图 2.16 给出了内不可逆性损失、传热损失和摩擦损失对循环功率与效率特性的影响。曲线1是完全可逆时循环功率与效率的特性关系，此时曲线呈类抛物线型(即循环功率最大时对应的效率不为零，而效率最大时对应的功率为零)，其他曲线是考虑一种以上不可逆因素时功率与效率的特性关系，这些曲线呈回原点的扭叶型(即循环功率最大时对应的效率和效率最大时对应的功率均不为零)。比较

曲线1和1′、2和2′、3和3′以及4和4′，可以看出循环最大功率、最大功率时对应的效率随着内不可逆性损失的增加而减小；比较曲线1和3、2和4、1′和3′以及2′和4′，可以看出循环的最大功率不受传热损失的影响，而最大功率时对应的效率随着传热损失的增加而减小；比较曲线1和2、3和4、1′和2′以及3′和4′，可以看出循环的最大功率以及最大功率时对应的效率随着摩擦损失的增加而减小。

图2.17和图2.18分别给出了工质比热容模型对循环生态学函数与功率的关系

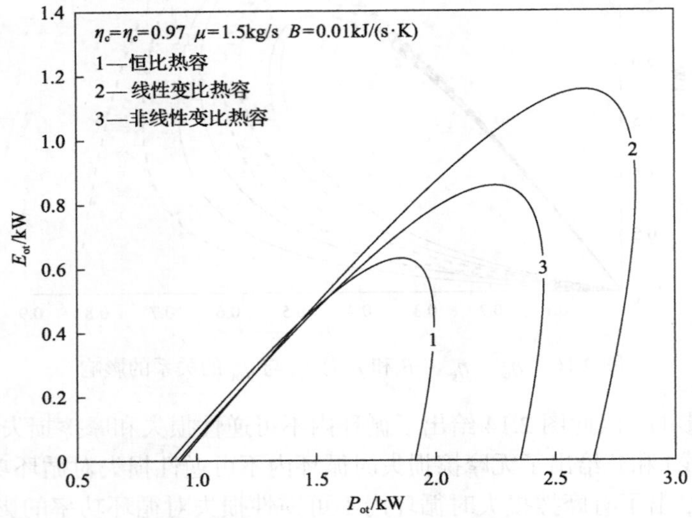

图2.17　比热容模型对 E_{ot} 与 P_{ot} 的关系的影响

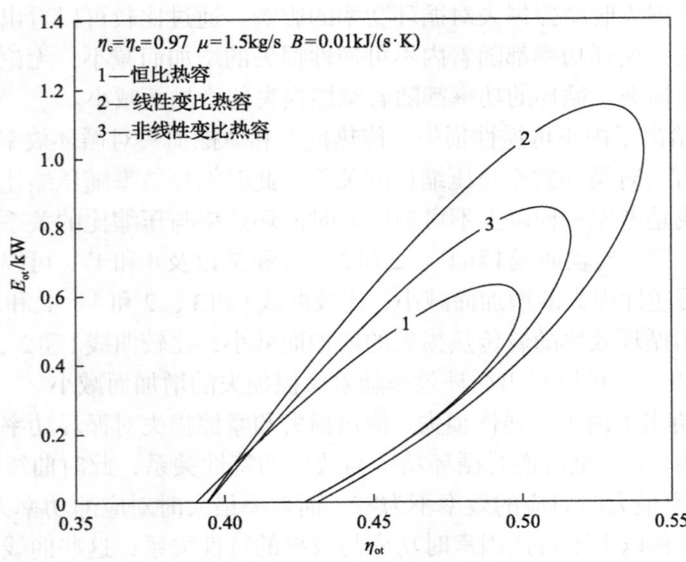

图2.18　比热容模型对 E_{ot} 与 η_{ot} 的关系的影响

和生态学函数与效率的关系的影响。图中曲线 1 为恒比热容时循环生态学函数与功率的关系、生态学函数与效率的关系，曲线 2 为工质比热容随温度线性变化（工质比热容随温度线性变化的系数 $K=2\times10^{-4}\,\mathrm{kJ/(kg\cdot K^2)}$）时循环生态学函数与功率的关系、生态学函数与效率的关系，曲线 3 为工质比热容随温度非线性变化时循环生态学函数与功率的关系、生态学函数与效率的关系。从图 2.17 和图 2.18 可以看出，工质比热容模型对循环生态学函数与功率、生态学函数与效率的特性关系不产生定性的影响，仅产生定量的影响。三种比热容模型中，工质比热容随温度线性变化时循环生态学函数、输出功率和效率的极值最大；工质恒比热容时循环生态学函数、输出功率和效率的极值最小，而工质比热容随温度非线性变化时循环的生态学函数、输出功率和效率的极值介于两者之间。

图 2.19～图 2.21 分别给出了工质比热容模型（工质比热容随温度线性变化时的系数取 $K=2\times10^{-4}\,\mathrm{kJ/(kg\cdot K^2)}$）对 $P_E/P_{\max}$、P_E/P_η、η_E/η_P、$\eta_E/\eta_{\max}$、$(\sigma_{\mathrm{ot}})_E/(\sigma_{\mathrm{ot}})_P$ 和 $(\sigma_{\mathrm{ot}})_E/(\sigma_{\mathrm{ot}})_\eta$ 随摩擦损失系数 μ 的变化的影响，其中 $P_{\max}$、η_P 和 $(\sigma_{\mathrm{ot}})_P$ 分别为循环的最大输出功率以及相应的效率和熵产率；$\eta_{\max}$、P_η 和 $(\sigma_{\mathrm{ot}})_\eta$ 分别为循环的最大效率以及相应的输出功率和熵产率；P_E、η_E 和 $(\sigma_{\mathrm{ot}})_E$ 分别为循环生态学函数最大时的输出功率、效率和熵产率。从图 2.19～图 2.21 可以看出，比热容模型对 $P_E/P_{\max}$、P_E/P_η、η_E/η_P、$\eta_E/\eta_{\max}$、$(\sigma_{\mathrm{ot}})_E/(\sigma_{\mathrm{ot}})_P$ 和 $(\sigma_{\mathrm{ot}})_E/(\sigma_{\mathrm{ot}})_\eta$ 随 μ 的变化不产生定性的影响，仅产生定量的影响。从图 2.19 可以看出，三种比热容模型中工质恒比热容时 $P_E/P_{\max}$ 最大，工质比热容随温度非线性变化时

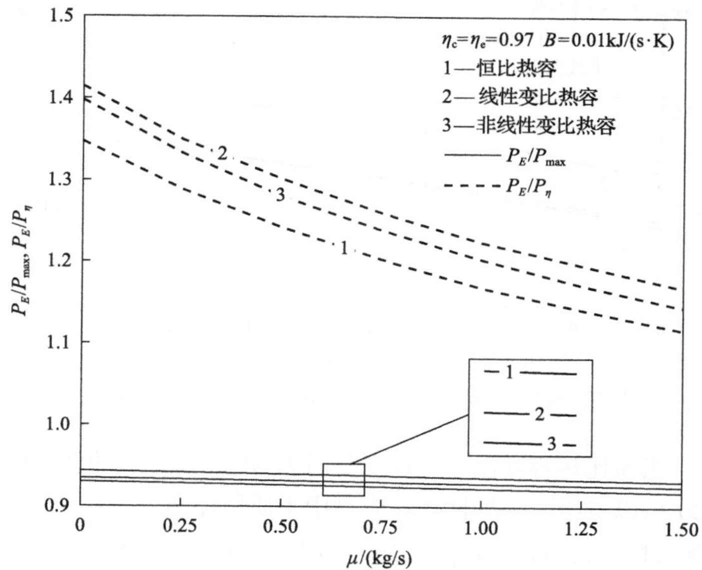

图 2.19　比热容模型对 $P_E/P_{\max}$ 和 P_E/P_η 与 μ 的关系的影响

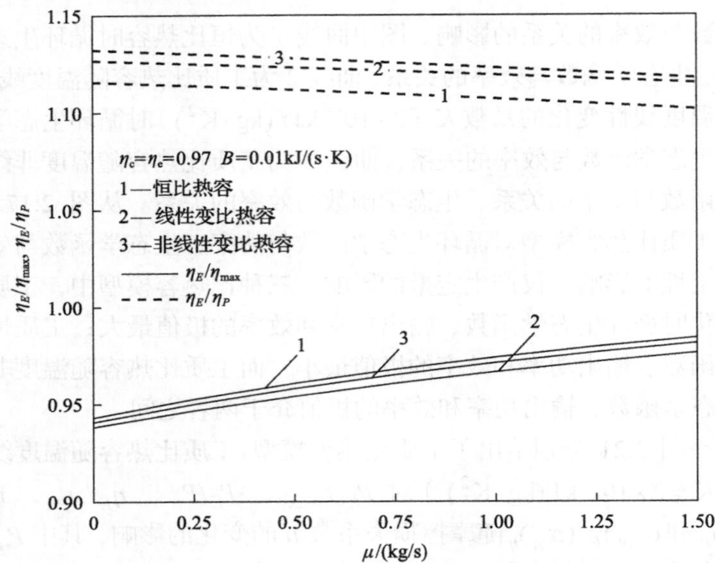

图 2.20　比热容模型对 η_E/η_{max} 和 η_E/η_P 与 μ 的关系的影响

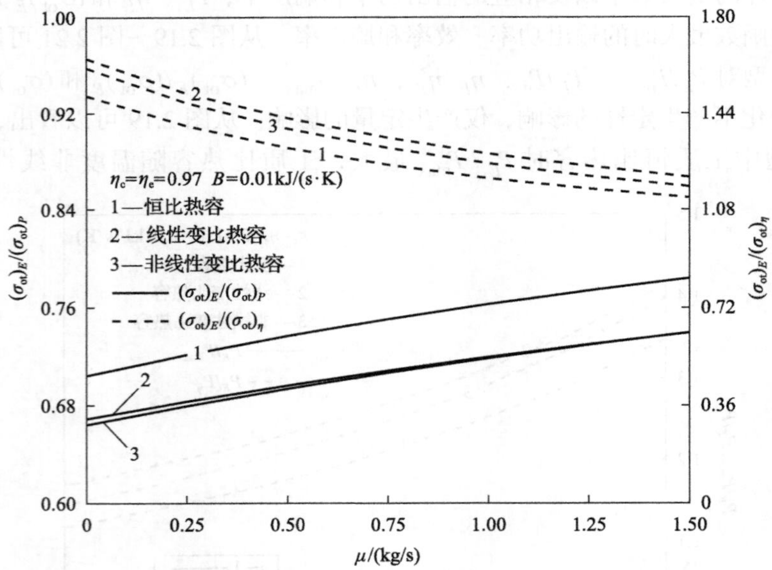

图 2.21　比热容模型对 $(\sigma_{ot})_E/(\sigma_{ot})_P$ 和 $(\sigma_{ot})_E/(\sigma_{ot})_\eta$ 与 μ 的关系的影响

P_E/P_{max} 最小；工质比热容随温度线性变化时 P_E/P_η 最大，工质恒比热容时 P_E/P_η 最小。从图 2.20 可以看出，三种比热容模型中工质恒比热容时 η_E/η_{max} 最大，工质比热容随温度线性变化时 η_E/η_{max} 最小；工质比热容随温度非线性变化时 η_E/η_P 最大，工质恒比热容时 η_E/η_P 最小。从图 2.21 可以看出，三种比热容模型中工质恒比热容时$(\sigma_{ot})_E/(\sigma_{ot})_P$最大，工质比热容随温度非线性变化时$(\sigma_{ot})_E/(\sigma_{ot})_P$最小；工质比热容随温度线性变化时$(\sigma_{ot})_E/(\sigma_{ot})_\eta$最大，工质恒比热容时$(\sigma_{ot})_E/(\sigma_{ot})_\eta$最小。

参考文献

[1] Klein S A. An explanation for observed compression ratios in internal combustion engines[J]. Trans. ASME J. Eng. Gas Turbine Pow., 1991, 113(4): 511-513.

[2] Angulo-Brown F, Rocha-Martinez J A, Navarrete-Gonzalez T D. A non -endoreversible Otto cycle model: Improving power output and efficiency[J]. J. Phys. D: Appl. Phys., 1996, 29(1): 80-83.

[3] Gumus M, Atmaca M, Yilmaz T. Efficiency of an Otto engine under alternative power optimizations[J]. Int. J. Energy Res. 2009, 39(8): 745-752.

[4] Angulo-Brown F, Fernandez-Betanzos J, Diaz-Pico C A. Compression ratio of an optimized Otto-cycle model[J]. Eur. J. Phys., 1994, 15(1): 38-42.

[5] Zhao Y R, Chen J C. Irreversible Otto heat engine with friction and heat leak losses and its parametric optimum criteria[J]. J. Energy Inst., 2008, 81(1): 54-58.

[6] Wu C, Blank D A. The effect combustion on a work-optimized endoreversible Otto cycle[J]. J. Energy Inst., 1992, 65(1): 86-89.

[7] Blank D A, Wu C. Optimization of the endoreversible Otto cycle with respect to both power and mean effective pressure[J]. Energy Convers. Manage., 1993, 34(12): 1255-1259.

[8] Chen L G, Wu C, Sun F R. Heat transfer effects on the net work output and efficiency characteristics for an air standard Otto cycle[J]. Energy Convers. Manage., 1998, 39(7): 643-648.

[9] Ozsoysal O A. Heat loss as a percentage of fuel's energy in air standard Otto and Diesel cycles[J]. Energy Convers. Manage., 2006, 47(7/8): 1051-1062.

[10] Hou S S. Comparison of performances of air standard Atkinson and Otto cycles with heat transfer considerations[J]. Energy Convers. Manage., 2007, 48(5): 1683-1690.

[11] Chen L G, Zheng T, Sun F R, et al. The power and efficiency characteristics for an irreversible Otto cycle[J]. Int. J. Ambient Energy, 2003, 24(4): 195-200.

[12] Chen J C, Zhao Y R, He J Z. Optimization criteria for the important parameters of an irreversible Otto heat-engine[J]. Appl. Energy, 2006, 83(3): 228-238.

[13] Ebrahimi R. Theoretical study of combustion efficiency in an Otto engine[J]. J. American Sci., 2010, 6(2): 113-116.

[14] Ozsoysal O A. Effects of combustion efficiency on an Otto cycle[J]. Int. J. Exergy, 2010, 7(2): 232-242.

[15] Ebrahimi R, Ghanbarian D, Tadayon M R. Performance of an Otto engine with volumetric efficiency[J]. J. American Sci., 2010, 6(3): 27-31.

[16] Rocha-Martinez J A, Navarrete-Gonzalez T D, Pava-Miller C G, et al. Otto and Diesel engine models with cyclic variability[J]. Rev. Mex. Fis., 2002, 48(3): 228-234.

[17] Rocha-Martinez J A, Navarrete-Gonzalez T D, Pava-Miller C G, et al. A simplified irreversible Otto engine model with fluctuations in the combustion heat[J]. Int. J. Ambient Energy, 2006, 27(4): 181-192.

[18] 戈延林. 工质变比热对内燃机循环性能的影响[D]. 武汉：海军工程大学, 2005.

[19] Zhao Y R, Lin B H, Chen J C. Optimum criteria on the important parameters of an irreversible Otto heat engine with the temperature-dependent heat capacities of the working fluid[J]. ASME Trans. J. Energy Res. Tech., 2007, 129(4):

348-354.

[20] Ge Y L, Chen L G, Sun F R, et al. Thermodynamic simulation of performance of an Otto cycle with heat transfer and variable specific heats of working fluid[J]. Int. J. Therm. Sci., 2005, 44 (5): 506-511.

[21] Ge Y L, Chen L G, Sun F R, et al. The effects of variable specific heats of working fluid on the performance of an irreversible Otto cycle[J]. Int. J. Exergy, 2005, 2 (3): 274-283.

[22] Lin J C, Hou S S. Effects of heat loss as percentage of fuel's energy, friction and variable specific heats of working fluid on performance of air standard Otto cycle[J]. Energy Convers. Manage., 2008, 49 (5): 1218-1227.

[23] Ebrahimi R. Effects of variable specific heat ratio on performance of an endoreversible Otto cycle[J]. Acta Phys. Pol. A, 2010, 117 (6): 887-891.

[24] Ebrahimi R. Engine speed effects on the characteristic performance of Otto engines[J]. J. American Sci., 2009, 5 (8): 25-30.

[25] Chen L G, Ge Y L, Liu C, et al. Performance of universal reciprocating heat-engine cycle with variable specific heats ratio of working fluid[J]. Entropy, 2020, 22 (4): 397.

[26] Ust Y. Ecological performance analysis of irreversible Otto cycle[J]. J. Eng. Natural Sci., 2005, (3): 106-117.

[27] Mehta H B, Bharti O S. Performance analysis of an irreversible Otto cycle using finite time thermodynamics[C]. Proceedings of the World Congress on Engineering, London, 2009.

[28] Ghatak A, Chakraborty S. Effect of external irreversibilities and variable thermal properties of working fluid on thermal performance of a Dual internal combustion engine cycle[J].Strojnicky Casopsis (J. Mechanical Energy), 2007, 58 (1): 1-12.

[29] Abu-Nada E, Al-Hinti I, Al-Aarkhi A, et al. Thermodynamic modeling of spark-ignition engine: Effect of temperature dependent specific heats[J]. Int. Comm. Heat Mass Transfer, 2005, 33 (10): 1264-1272.

[30] Abu-Nada E, Al-Hinti I, Akash B, et al. Thermodynamic analysis of spark-ignition engine using a gas mixture model for the working fluid[J]. Int. J. Energy Res., 2007, 37 (11): 1031-1046.

[31] Abu-Nada E, Al-Hinti I, Al-Sarkhi A, et al. Effect of piston friction on the performance of SI engine: A new thermodynamic approach[J]. ASME Trans. J. Eng. Gas Turbine Pow., 2008, 130 (2): 022802.

[32] Abu-Nada E, Akash B, Al-Hinti I, et al. Performance of spark-ignition engine under the effect of friction using gas mixture model[J]. J. Energy Inst., 2009, 82 (4): 197-205.

[33] Parlak A. Comparative performance analysis of irreversible Dual and Diesel cycles under maximum power conditions[J]. Energy Convers. Manage., 2005, 46 (3): 351-359.

[34] Mozurkewich M, Berry R S. Finite-time thermodynamics: Engine performance improved by optimized piston motion[J]. Proc. Natl. Acad. Sci. U.S.A., 1981, 78 (4): 1986-1988.

[35] Mozurkewich M, Berry R S. Optimal paths for thermodynamic systems: The ideal Otto cycle[J]. J. Appl. Phys., 1982, 53 (1): 34-42.

[36] Chen L G, Ge Y L, Sun F R, et al. Effects of heat transfer, friction and variable specific heats of working fluid on performance of an irreversible Dual cycle[J]. Energy Convers. Manage., 2006, 47 (18/19): 3224-3234.

[37] 陈林根, 孙丰瑞, 陈文振. 热力循环的生态学品质因素[J]. 热能动力工程, 1994, 9 (6): 374-376.

[38] Ge Y L, Chen L G, Sun F R. Finite time thermodynamic modeling and analysis for an irreversible Otto cycle[J]. Appl. Energy, 2008, 85 (7): 618-624.

第 3 章　空气标准不可逆 Diesel 循环最优性能

3.1　引　　言

文献[1]～[27]考虑传统工质，在不同损失项(包括传热损失、摩擦损失、内不可逆性损失以及不同损失的组合)和工质恒比热容[1-16]、变比热容(包括工质比热容随成分变化[17]和随温度线性变化[18-23])以及工质变比热容比(包括工质比热容比随温度线性变化[24,25]和非线性变化[26,27])情况下研究了 Diesel 循环的功率(功)、效率特性。

本章将生态学函数引入到 Diesel 循环的最优性能分析中，用空气标准循环模型代替开式循环模型，建立存在传热损失、摩擦损失和内不可逆性损失的不可逆 Diesel 循环模型，通过循环内存在的各种损失来计算熵产率，首先研究工质恒比热容情况下循环的生态学最优性能，并分析三种损失对循环生态学最优性能的影响；其次采用文献[18]～[23]、[28]提出的工质比热容随温度线性变化模型，研究循环的生态学最优性能，并分析工质比热容随温度线性变化对循环生态学最优性能的影响；最后采用 Abu-Nada 等[29-32]提出的工质比热容随温度非线性变化模型，研究循环的功率、效率最优性能和生态学最优性能，并分析工质比热容模型(包括工质恒比热容、比热容随温度线性变化和非线性变化)和三种损失对循环的功率、效率最优性能和生态学最优性能的影响。

3.2　工质恒比热容时不可逆 Diesel 循环的生态学最优性能

3.2.1　循环模型和性能分析

本节考虑图 3.1 所示的不可逆 Diesel 循环模型，$1 \to 2S$ 为可逆绝热压缩过程，$1 \to 2$ 为不可逆绝热压缩过程，$2 \to 3$ 为定压吸热过程，$3 \to 4S$ 为可逆绝热膨胀过程，$3 \to 4$ 为不可逆绝热膨胀过程，$4 \to 1$ 为定容放热过程。

循环中工质的吸热率为

$$Q_{\text{in}} = MC_{\text{p}}(T_3 - T_2) \tag{3.1}$$

循环中工质的放热率为

$$Q_{\text{out}} = MC_{\text{v}}(T_4 - T_1) \tag{3.2}$$

式中，C_{p} 为工质的定压比热容，在循环过程中保持恒定。

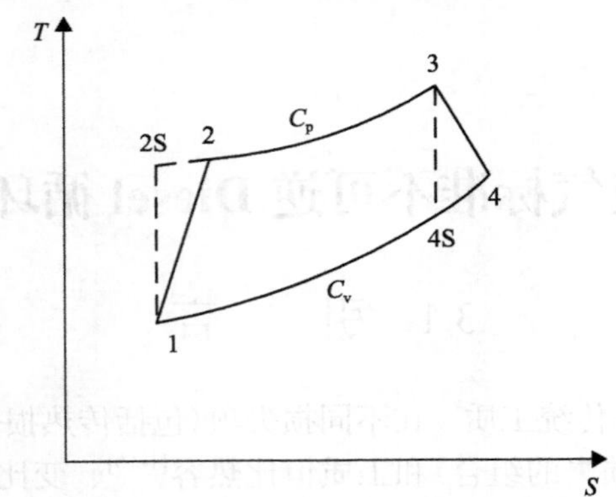

图 3.1　不可逆 Diesel 循环模型 *T-S* 图

2.2.1 节中定义的循环压缩比和内不可逆性损失，即式(2.3)、式(2.6)和式(2.7)仍然成立，故对于循环的不可逆绝热过程$1\rightarrow 2$和$3\rightarrow 4$有

$$[\eta_c(T_2-T_1)+T_1]^k-T_1(\gamma T_2)^{k-1}=0 \tag{3.3}$$

$$\eta_e T_3{}^k-[T_4+(\eta_e-1)T_3](\gamma T_2)^{k-1}=0 \tag{3.4}$$

不可逆 Diesel 循环中存在的传热损失和摩擦损失，依然采用 2.2.1 节中的模型，即假设通过气缸壁的传热损失与工质和环境的温差成正比、摩擦力与活塞运动的平均速度成正比，故式(2.11)～式(2.15)依然成立。

循环净功率输出为

$$\begin{aligned}P_{di}&=Q_{in}-Q_{out}-P_\mu\\&=M[C_p(T_3-T_2)-C_v(T_4-T_1)]-64\mu(Ln)^2\end{aligned} \tag{3.5}$$

循环的效率为

$$\eta_{di}=\frac{P_{di}}{Q_{in}+Q_{leak}}=\frac{Q_{in}-Q_{out}-P_\mu}{Q_{in}+Q_{leak}}=\frac{M[C_p(T_3-T_2)-C_v(T_4-T_1)]-64\mu(Ln)^2}{MC_p(T_3-T_2)+B(T_2+T_3-2T_0)} \tag{3.6}$$

实际的不可逆 Diesel 循环中传热损失和摩擦损失导致的熵产率分别为

$$\sigma_q=B(T_2+T_3-2T_0)\left(\frac{1}{T_0}-\frac{2}{T_2+T_3}\right) \tag{3.7}$$

$$\sigma_\mu=\frac{P_\mu}{T_0}=\frac{64\mu(Ln)^2}{T_0} \tag{3.8}$$

对于不可逆压缩和不可逆膨胀损失导致的熵产率，分别由过程$2S\rightarrow 2$和

$4S \to 4$ 的熵增率来计算：

$$\sigma_{2S\to2} = MC_p \ln(T_2 / T_{2S}) \tag{3.9}$$

$$\sigma_{4S\to4} = MC_v \ln(T_4 / T_{4S}) \tag{3.10}$$

工质经过功率冲程做功后由排气冲程排往环境，该过程的熵产率由式(3.11)计算：

$$\sigma_{pq} = M\int_{T_1}^{T_4} C_v \mathrm{d}T\left(\frac{1}{T_0}-\frac{1}{T}\right) = M\left[\frac{C_v(T_4-T_1)}{T_0} - C_v \ln\frac{T_4}{T_1}\right] \tag{3.11}$$

因此，整个循环的熵产率为

$$\begin{aligned}\sigma_{di} &= \sigma_q + \sigma_\mu + \sigma_{2S\to2} + \sigma_{4S\to4} + \sigma_{pq} \\ &= B(T_2+T_3-2T_0)[1/T_0 - 2/(T_2+T_3)] + 64\mu(Ln)^2/T_0 + M\{C_p \ln[T_2/(\eta_c T_2 \\ &\quad - \eta_c T_1 + T_1)] + C_v \ln[\eta_e T_4/(T_4+\eta_e T_3 - T_3)]\} + M[C_v(T_4-T_1)/T_0 - C_v \ln(T_4/T_1)]\end{aligned} \tag{3.12}$$

Diesel 循环的生态学函数为

$$\begin{aligned}E_{di} &= P_{di} - T_0\sigma_{di} \\ &= M[C_p(T_3-T_2) - C_v(T_4-T_1)] - B(T_2+T_3-2T_0)[1-2T_0/(T_2+T_3)] - 128\mu(Ln)^2 \\ &\quad - MT_0\{C_p \ln[T_2/(\eta_c T_2 - \eta_c T_1 + T_1)] + C_v \ln[\eta_e T_4/(T_4+\eta_e T_3 - T_3)]\} - M[C_v(T_4-T_1) \\ &\quad - T_0 C_v \ln(T_4/T_1)]\end{aligned} \tag{3.13}$$

在给定压缩比 γ 、循环初温 T_1 、循环最高温度 T_3 、压缩效率 η_c 和膨胀效率 η_e 的情况下可以由式(3.3)解出 T_2 ，然后再由式(3.4)解出 T_4 ，将解出的 T_2 和 T_4 代入式(3.5)、式(3.6)和式(3.13)得到相应的功率、效率和生态学函数。由此可得到功率、效率和生态学函数与压缩比的关系及循环的其他特性关系。

3.2.2　数值算例与讨论

在计算中取 $X_1 = 8\times10^{-2}\,\mathrm{m}$ ，$X_2 = 1\times10^{-2}\,\mathrm{m}$ ，$T_1 = 350\mathrm{K}$ ，$T_3 = 2200\mathrm{K}$ ，$T_0 = 300\mathrm{K}$ ，$n = 30$ ，$C_v = 0.7175\mathrm{kJ/(kg\cdot K)}$ ，$C_p = 1.0045\mathrm{kJ/(kg\cdot K)}$ ，$M = 4.553\times10^{-3}\mathrm{kg/s}$ 。图 3.2 和图 3.3 分别给出了不同传热损失、摩擦损失和内不可逆性损失情况下热机生态学函数与功率的关系曲线、生态学函数与效率的关系曲线。由图 3.2 可知，除了在最大功率点处，对应于热机任一生态学函数，输出功率都有两个值，因此实际运行时应使热机工作于输出功率较大的状态点；循环的生态学函数随着传热损失、摩擦损失和内不可逆性损失的增加而减小。图 3.3 中曲线 1 是完全可逆时循环生态学函数与效率的关系，此时曲线呈类抛物线型（即循环生态学函数最大时对应的效率不为零，而效率最大时对应的生态学函数为零），而其他曲线是考虑了一种及以上不可逆因素时的生态学函数与效率的关系，此时曲线呈扭叶型（即循环生态学函数最大时对应的效率和效率最大时对应的生态学函数均不为零）。每一个生态学函数值（最大值点除外）都对应两个效率取值，显然，要使热机设计工作在效率较大的状态点。

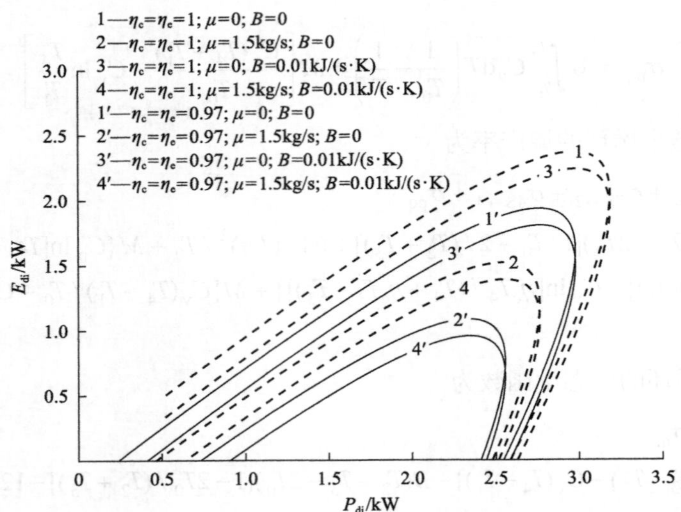

图 3.2　η_c、η_e、B 和 μ 对 E_{di} 与 P_{di} 的关系的影响

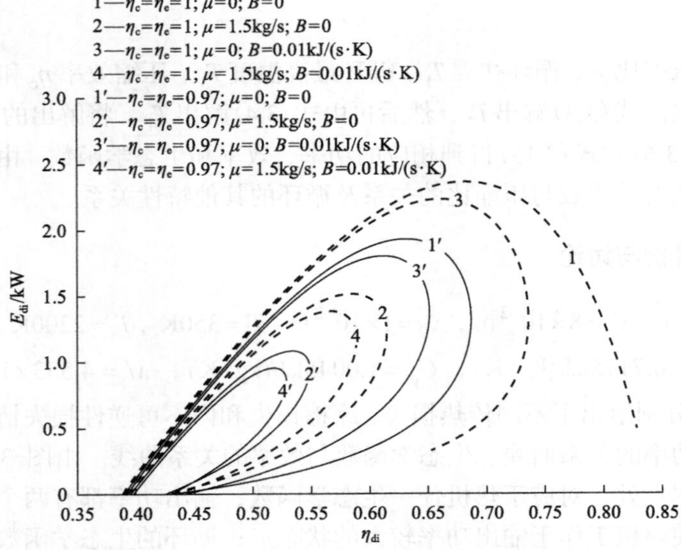

图 3.3　η_c、η_e、B、μ 对 E_{di} 与 η_{di} 的关系的影响

图 3.4～图 3.6 给出了 $P_E/P_{\max}$、P_E/P_η、η_E/η_P、$\eta_E/\eta_{\max}$、$(\sigma_{di})_E/(\sigma_{di})_P$ 和 $(\sigma_{di})_E/(\sigma_{di})_\eta$ 随着摩擦损失系数 μ 的变化，其中 $P_{\max}$、η_P 和 $(\sigma_{di})_P$ 分别为循环的最大输出功率以及相应的效率和熵产率；$\eta_{\max}$、P_η 和 $(\sigma_{di})_\eta$ 分别为循环的最大效率以及相应的输出功率和熵产率；P_E、η_E 和 $(\sigma_{di})_E$ 分别为循环生态学函数最大时的输出功率、效率和熵产率。从图 3.4 可以看出，不同 B 取值对应的 $P_E/P_{\max}$-μ 曲线很接近，即 $P_E/P_{\max}$ 受传热损失影响很小；$P_E/P_{\max}$ 随 μ 的增大而减小，且值小于 1，即以生态学函数为目标函数优化时的输出功率 P_E 相对于热机的最大输出功率 $P_{\max}$ 有所降低，且摩擦损失越大降低得越多。P_E 比 P_η 大；随着 B 的增大，P_E/P_η 逐渐减小，P_E 有接近于 P_η 的趋势；P_E/P_η 随 μ 的增大而减小，且值大于 1。从图 3.5 可以看出，η_E 大于 η_P，对给定的 B（μ），η_E/η_P 随 μ（B）的增大而减小。η_E 小于 $\eta_{\max}$，对于给定的 B（μ），$\eta_E/\eta_{\max}$ 随 μ（B）的增大而增大，η_E 有接近于 $\eta_{\max}$ 的趋势。从图 3.6 可看出，$(\sigma_{di})_E$ 要比 $(\sigma_{di})_P$ 小得多；随着 B 的增大，$(\sigma_{di})_E/(\sigma_{di})_P$ 逐渐增大，$(\sigma_{di})_E$ 有接近于 $(\sigma_{di})_P$ 的趋势；$(\sigma_{di})_E$ 要比 $(\sigma_{di})_\eta$ 大，随着 B 的增大，$(\sigma_{di})_E/(\sigma_{di})_\eta$ 逐渐减小，$(\sigma_{di})_E$ 有接近于 $(\sigma_{ot})_\eta$ 的趋势。比较图 3.4、图 3.5 和图 3.6 可知，最大生态学函数值点与最大输出功率点相比，热机输出功率降低的量较小，而熵产率降低很多，效率提升较大，即以牺牲较小的输出功率，较大地降低了熵产率，一定程度上提高了热机的效率。最大生态学函数值点与最大效率点相比，热机效率有一定的下降，熵产率增大得较多，但输出功率增大的量很多，即以牺牲较小的效率，得到了一定的熵产率增加，较大程度上提高了热机的输出功率。因此

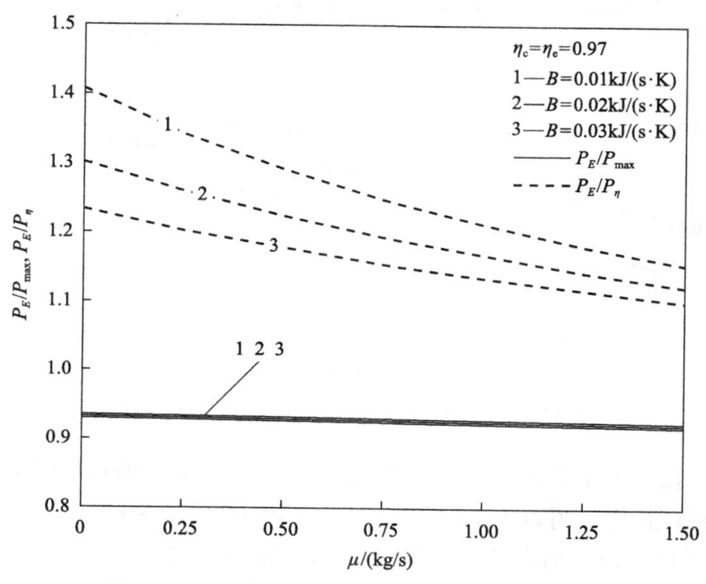

图 3.4　B 对 $P_E/P_{\max}$ 和 P_E/P_η 与 μ 的关系的影响

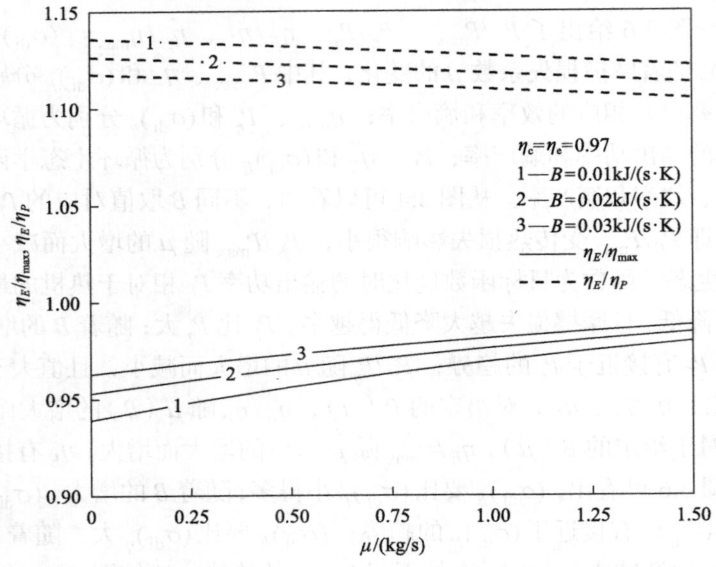

图 3.5　B 对 η_E/η_{max} 和 η_E/η_P 与 μ 的关系的影响

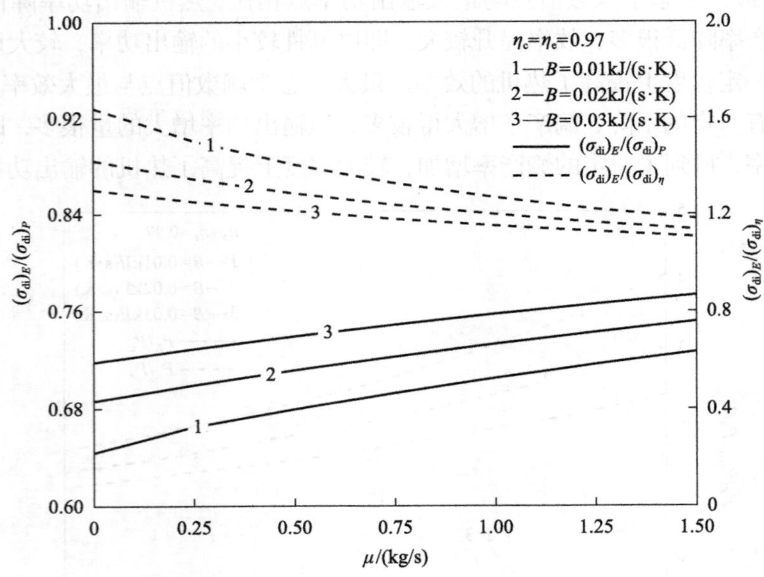

图 3.6　B 对 $(\sigma_{di})_E/(\sigma_{di})_P$ 和 $(\sigma_{di})_E/(\sigma_{di})_\eta$ 与 μ 的关系的影响

生态学函数不仅反映了输出功率和熵产率之间的最佳折中，而且反映了输出功率和效率之间的最佳折中。例如，$\mu=0.75\text{kg/s}$，$B=0.02\text{kJ/(s·K)}$ 时，生态学函数最大时的输出功率相对最大输出功率减少了 7.3%，相应的效率提高了 12.0%，而熵产率减少了 27.7%。相对于最大效率点，生态学函数最大时效率降低了 2.9%，相应的熵产率增大了 23.9%，而输出功率增大了 19.3%。

3.3　工质比热容随温度线性变化时 Diesel 循环的生态学最优性能

3.3.1　循环模型和性能分析

考虑图 3.1 所示的不可逆 Diesel 循环模型，采用 2.3.1 节中的工质比热容随温度线性变化模型，即式(2.25)～式(2.27)仍然成立。

循环中工质的吸热率为

$$Q_{\text{in}} = M\int_{T_2}^{T_3} C_{\text{p}}\text{d}T = \int_{T_2}^{T_3}(a_{\text{p}} + KT)\text{d}T = M[a_{\text{p}}(T_3 - T_2) + 0.5K(T_3^2 - T_2^2)] \tag{3.14}$$

循环中工质的放热率为

$$Q_{\text{out}} = M\int_{T_1}^{T_4} C_{\text{v}}\text{d}T = \int_{T_1}^{T_4}(b_{\text{v}} + KT)\text{d}T = M[b_{\text{v}}(T_4 - T_1) + 0.5K(T_4^2 - T_1^2)] \tag{3.15}$$

按照 2.3.1 节中对变比热容可逆绝热过程的处理方法，将变比热容的可逆绝热过程分解成无数个无限小的恒比热容可逆绝热过程，即式(2.30)和式(2.31)依然成立。

2.2.1 节中定义的循环压缩比和内不可逆性损失，即式(2.3)、式(2.6)和式(2.7)仍然成立，故对于 Diesel 循环的两个可逆绝热过程 $1 \to 2\text{S}$ 和 $3 \to 4\text{S}$ 有

$$K(T_{2\text{S}} - T_1) + b_{\text{v}}\ln\frac{T_{2\text{S}}}{T_1} - R\ln\frac{T_{2\text{S}} + (\eta_{\text{c}} - 1)T_1}{\eta_{\text{c}}T_{2\text{S}}} = R\ln\gamma \tag{3.16}$$

$$K(T_3 - T_{4\text{S}}) + b_{\text{v}}\ln\frac{T_3}{T_{4\text{S}}} - R\ln\frac{T_{2\text{S}} - T_1 + \eta_{\text{c}}T_1}{\eta_{\text{c}}T_3} = R\ln\gamma \tag{3.17}$$

不可逆 Diesel 循环中存在的传热损失和摩擦损失，采用 2.2.1 节中的模型，即假设通过气缸壁的传热损失与工质和环境的温差成正比、摩擦力与活塞运动的平均速度成正比，故式(2.11)～式(2.15)依然成立。

循环的净功率输出为

$$\begin{aligned} P_{\text{di}} &= Q_{\text{in}} - Q_{\text{out}} - P_\mu \\ &= M[a_{\text{p}}(T_3 - T_2) - b_{\text{v}}(T_4 - T_1) + 0.5K(T_3^2 + T_1^2 - T_2^2 - T_4^2)] - 64\mu(Ln)^2 \end{aligned} \tag{3.18}$$

循环的效率为

$$\eta_{\mathrm{di}}=\frac{P_{\mathrm{di}}}{Q_{\mathrm{in}}+Q_{\mathrm{leak}}}=\frac{M[a_{\mathrm{p}}(T_3-T_2)-b_{\mathrm{v}}(T_4-T_1)+0.5K(T_3^2+T_1^2-T_2^2-T_4^2)]-64\mu(Ln)^2}{M[a_{\mathrm{p}}(T_3-T_2)+0.5K(T_3^2-T_2^2)]+B(T_2+T_3-2T_0)} \tag{3.19}$$

整个循环中由传热损失、摩擦损失、内不可逆性损失和排气过程导致的总熵产率为

$$\begin{aligned}\sigma_{\mathrm{di}}&=\sigma_{\mathrm{q}}+\sigma_{\mu}+\sigma_{2\mathrm{S}\to2}+\sigma_{4\mathrm{S}\to4}+\sigma_{\mathrm{pq}}\\&=B(T_2+T_3-2T_0)[1/T_0-2/(T_2+T_3)]+64\mu(Ln)^2/T_0\\&\quad+M[C_{\mathrm{p2S}\to2}\ln(T_2/T_{2\mathrm{S}})+C_{\mathrm{v4S}\to4}\ln(T_4/T_{4\mathrm{S}})]+M[b_{\mathrm{v}}(T_4-T_1)/T_0-b_{\mathrm{v}}\ln(T_4/T_1)\\&\quad+0.5K(T_4^2-T_1^2)/T_0-K(T_4-T_1)]\end{aligned} \tag{3.20}$$

式中，定压比热容$C_{\mathrm{p2S}\to2}$中的温度$T=\dfrac{T_2-T_{2\mathrm{S}}}{\ln(T_2/T_{2\mathrm{S}})}$，为2、2S状态之间的对数平均温度；定容比热容$C_{\mathrm{v4S}\to4}$中的温度$T=\dfrac{T_4-T_{4\mathrm{S}}}{\ln(T_4/T_{4\mathrm{S}})}$，为4、4S状态之间的对数平均温度。

循环的生态学函数为

$$\begin{aligned}E_{\mathrm{di}}&=P_{\mathrm{di}}-T_0\sigma_{\mathrm{di}}\\&=M[a_{\mathrm{p}}(T_3-T_2)-b_{\mathrm{v}}(T_4-T_1)+0.5K(T_3^2+T_1^2-T_2^2-T_4^2)-B(T_2+T_3-2T_0)\\&\quad\times[1-2T_0/(T_2+T_3)]-128\mu(Ln)^2-MT_0[C_{\mathrm{p2S}\to2}\ln(T_2/T_{2\mathrm{S}})+C_{\mathrm{v4S}\to4}\ln(T_4/T_{4\mathrm{S}})]\\&\quad-M[b_{\mathrm{v}}(T_4-T_1)-b_{\mathrm{v}}T_0\ln(T_4/T_1)+0.5K(T_4^2-T_1^2)-KT_0(T_4-T_1)]\end{aligned} \tag{3.21}$$

在给定压缩比γ、循环初温T_1、循环最高温度T_3、压缩效率η_{c}和膨胀效率η_{e}的情况下可以由式(3.16)解出$T_{2\mathrm{S}}$，然后再由式(2.6)解出T_2，由式(3.17)解出$T_{4\mathrm{S}}$，最后由式(2.7)解出T_4，将解出的T_2和T_4代入式(3.18)、式(3.19)和式(3.21)得到相应的功率、效率和生态学函数。由此可得到功率、效率和生态学函数与压缩比的关系及循环的其他特性关系。

3.3.2 数值算例与讨论

在计算中取$X_1=8\times10^{-2}\,\mathrm{m}$，$X_2=1\times10^{-2}\,\mathrm{m}$，$T_1=350\mathrm{K}$，$T_3=2200\mathrm{K}$，$T_0=300\mathrm{K}$，$n=30$，$b_{\mathrm{v}}=0.6175\sim0.8175\mathrm{kJ/(kg\cdot K)}$，$a_{\mathrm{p}}=0.9045\sim1.1045\mathrm{kJ/(kg\cdot K)}$，$M=4.553\times10^{-3}\mathrm{kg/s}$。图 3.7～图 3.10 给出了工质变比热容对循环性能的影响。

从式(2.25)和式(2.26)可知当 $K=0$ 时，式 $C_\mathrm{p}=a_\mathrm{p}$ 和 $C_\mathrm{v}=b_\mathrm{v}$ 将成为恒比热容的表达式，因此 a_p 和 b_v 的大小反映了工质本身的比热容大小。图 3.7 和图 3.8 给出了 b_v（b_v 和 a_p 的关系固定，因此 a_p 会随着 b_v 的变化而变化）对热机生态学函数与功率的关系、生态学函数与效率的关系的影响，从图中可以看出，循环的生态学函数、输出功率和效率随着 b_v 的增加而增加。

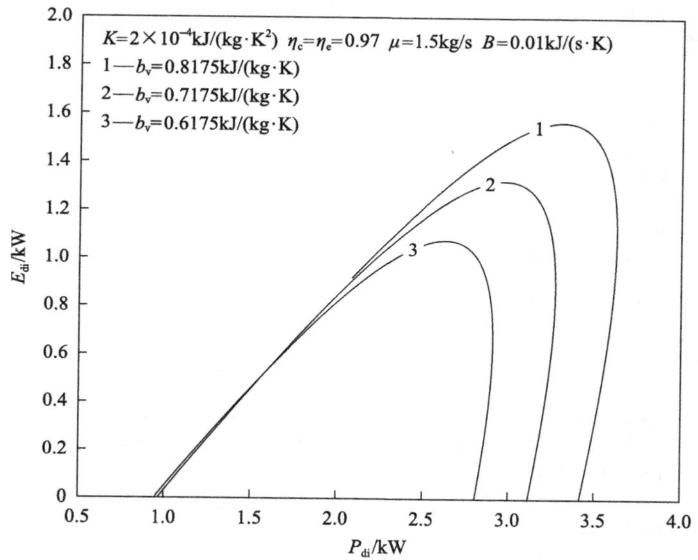

图 3.7　b_v 对 E_di 与 P_di 的关系的影响

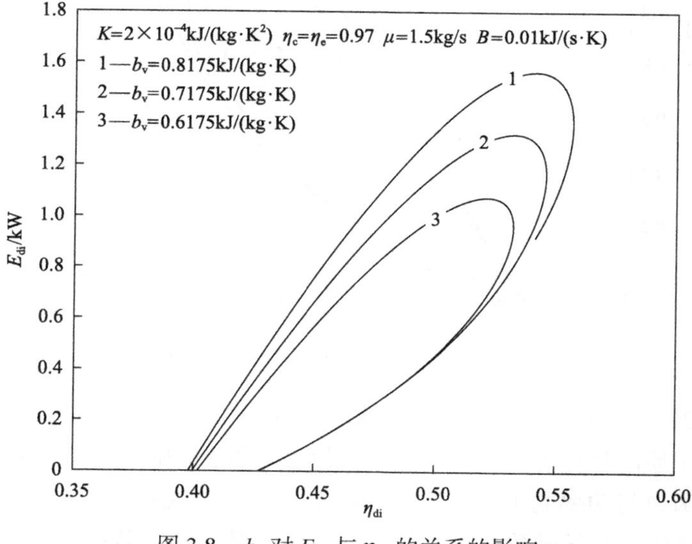

图 3.8　b_v 对 E_di 与 η_di 的关系的影响

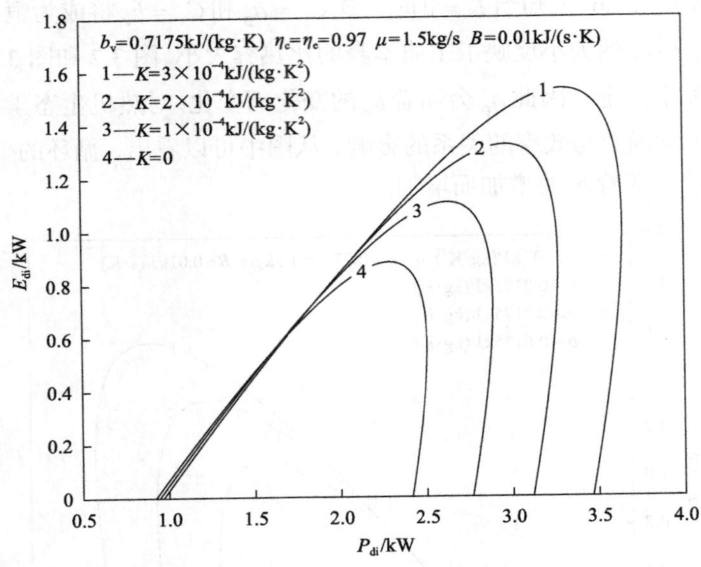

图 3.9　K 对 E_{di} 与 P_{di} 的关系的影响

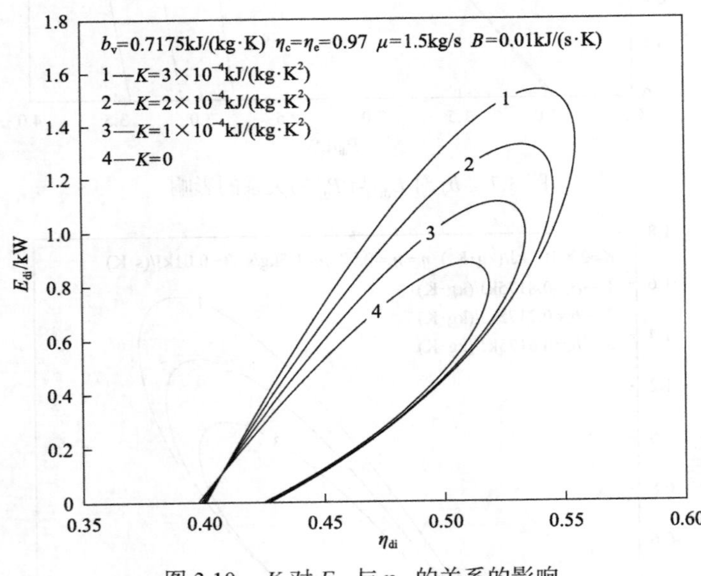

图 3.10　K 对 E_{di} 与 η_{di} 的关系的影响

由式(2.25)和式(2.26)可知，K 的大小反映了工质比热容随温度的变化程度，K 越大说明工质的比热容随温度变化得越剧烈。图 3.9 和图 3.10 分别给出了 K 对热机生态学函数与功率的关系、生态学函数与效率的关系的影响，其中 $K=0$ 为恒比热容时热机生态学函数与功率的曲线、生态学函数与效率的曲线。从图中可以看出，循环的生态学函数、输出功率和效率随着 K 的增加而增加。

图 3.11～图 3.13 分别给出了工质比热容随温度变化的系数 K 对 $P_E/P_{\max}$、P_E/P_η、η_E/η_P、$\eta_E/\eta_{\max}$、$(\sigma_{di})_E/(\sigma_{di})_P$ 和 $(\sigma_{di})_E/(\sigma_{di})_\eta$ 随着摩擦损失系数 μ 的变化的影响，其中 $P_{\max}$、η_P 和 $(\sigma_{di})_P$ 分别为循环的最大输出功率以及相应的效率

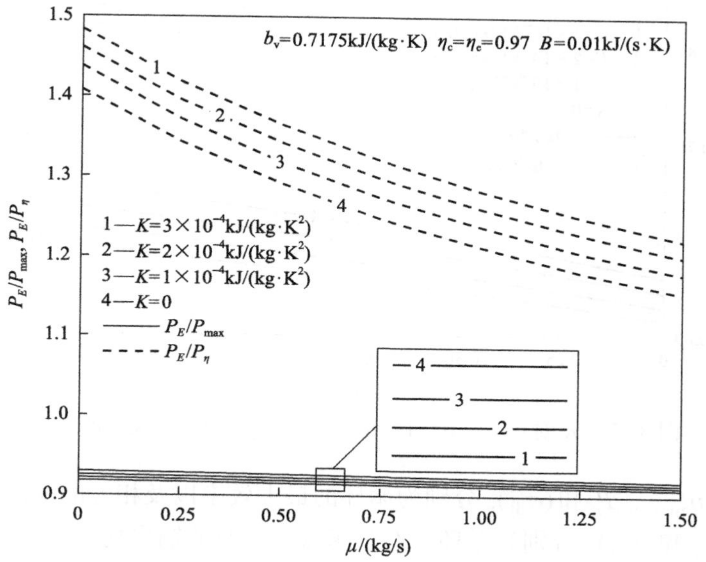

图 3.11　K 对 $P_E/P_{\max}$ 和 P_E/P_η 与 μ 的关系的影响

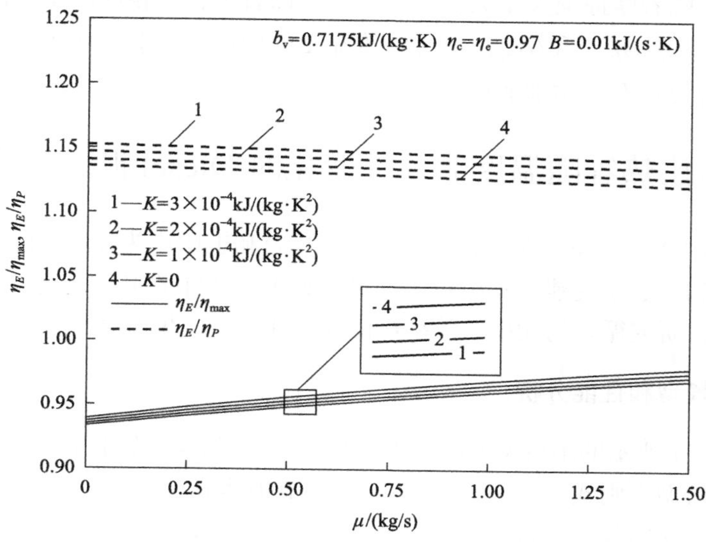

图 3.12　K 对 $\eta_E/\eta_{\max}$ 和 η_E/η_P 与 μ 的关系的影响

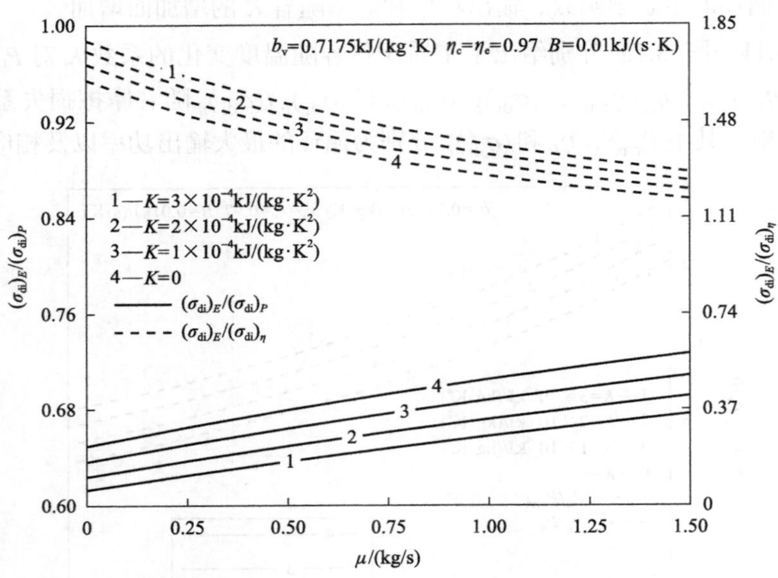

图 3.13　K 对 $(\sigma_{di})_E/(\sigma_{di})_P$ 和 $(\sigma_{di})_E/(\sigma_{di})_\eta$ 与 μ 的关系的影响

和熵产率；η_{max}、P_η 和 $(\sigma_{di})_\eta$ 分别为循环的最大效率以及相应的输出功率和熵产率；P_E、η_E 和 $(\sigma_{di})_E$ 分别为循环生态学函数最大时的输出功率、效率和熵产率。其中 $K=0$ 为恒比热容时 P_E/P_{max}、P_E/P_η、η_E/η_P、η_E/η_{max}、$(\sigma_{di})_E/(\sigma_{di})_P$ 和 $(\sigma_{di})_E/(\sigma_{di})_\eta$ 随着摩擦损失系数 μ 的变化，可以看出，在相同的摩擦损失系数情况下 P_E/P_{max}、η_E/η_{max} 和 $(\sigma_{di})_E/(\sigma_{di})_P$ 随着 K 的增加而减小，而 P_E/P_η、η_E/η_P 和 $(\sigma_{di})_E/(\sigma_{di})_\eta$ 随着 K 的增加而增加。

3.4　工质比热容随温度非线性变化时 Diesel 循环的最优性能

3.2 节和 3.3 节已经分别研究了工质恒比热容和工质比热容随温度线性变化时 Diesel 循环的生态学性能，本节将采用更接近工程实际的工质比热容随温度非线性变化模型，研究循环的功率、效率最优性能和循环的生态学最优性能。

3.4.1　循环模型和性能分析

考虑图 3.1 所示的不可逆 Diesel 循环模型，采用 2.4.1 节中工质比热容随温度非线性变化模型，则式(2.38)～式(2.40)在本节仍然成立。

循环中工质的吸热率为

$$
\begin{aligned}
Q_{\text{in}} &= M\int_{T_2}^{T_3} C_{\text{p}} \mathrm{d}T \\
&= M\int_{T_2}^{T_3} (2.506\times10^{-11}T^2 + 1.454\times10^{-7}T^{1.5} - 4.246\times10^{-7}T + 3.162\times10^{-5}T^{0.5} \\
&\qquad + 1.3303 - 1.512\times10^4 T^{-1.5} + 3.063\times10^5 T^{-2} - 2.212\times10^7 T^{-3})\,\mathrm{d}T \qquad (3.22) \\
&= M[8.353\times10^{-12}T^3 + 5.816\times10^{-8}T^{2.5} - 2.123\times10^{-7}T^2 + 2.108\times10^{-5}T^{1.5} \\
&\qquad + 1.3303T + 3.024\times10^4 T^{-0.5} - 3.063\times10^5 T^{-1} + 1.106\times10^7 T^{-2}]_{T_2}^{T_3}
\end{aligned}
$$

循环中工质的放热率为

$$
\begin{aligned}
Q_{\text{out}} &= M\int_{T_1}^{T_4} C_{\text{v}} \mathrm{d}T \\
&= M\int_{T_1}^{T_4} (2.506\times10^{-11}T^2 + 1.454\times10^{-7}T^{1.5} - 4.246\times10^{-7}T + 3.162\times10^{-5}T^{0.5} \\
&\qquad + 1.0433 - 1.512\times10^4 T^{-1.5} + 3.063\times10^5 T^{-2} - 2.212\times10^7 T^{-3})\,\mathrm{d}T \\
&= M[8.353\times10^{-12}T^3 + 5.816\times10^{-8}T^{2.5} - 2.123\times10^{-7}T^2 + 2.108\times10^{-5}T^{1.5} \\
&\qquad + 1.0433T + 3.024\times10^4 T^{-0.5} - 3.063\times10^5 T^{-1} + 1.106\times10^7 T^{-2}]_{T_1}^{T_4}
\end{aligned} \qquad (3.23)
$$

按照 2.4.1 节中对变比热容可逆绝热过程的处理方法，将变比热容的可逆绝热过程分解成无数个无限小的恒比热容可逆绝热过程，即式(2.43)和式(2.44)依然成立。

2.2.1 节中定义的循环压缩比和内不可逆性损失仍然成立，则对于循环的两个可逆绝热过程 $1\to 2\text{S}$ 和 $3\to 4\text{S}$ 有

$$
C_{\text{v}}\ln(T_{2\text{S}}/T_1) - R\ln[(T_{2\text{S}} + \eta_{\text{c}}T_1 - T_1)/T_{2\text{S}}\eta_{\text{c}}] = R\ln\gamma \qquad (3.24)
$$

$$
C_{\text{v}}\ln(T_{4\text{S}}/T_3) - R\ln(T_3/T_2) = -R\ln\gamma \qquad (3.25)
$$

不可逆 Diesel 循环中存在的传热损失和摩擦损失，仍采用 2.2.1 节中的模型，即假设通过气缸壁的传热损失与工质和环境的温差成正比、摩擦力与活塞运动的平均速度成正比，故式(2.11)～式(2.15)依然成立。

循环净功率输出为

$$
\begin{aligned}
P_{\text{di}} &= Q_{\text{in}} - Q_{\text{out}} - P_{\mu} \\
&= M[8.353\times10^{-12}(T_1^3 + T_3^3 - T_2^3 - T_4^3) + 5.816\times10^{-8}(T_1^{2.5} + T_3^{2.5} - T_2^{2.5} - T_4^{2.5}) \\
&\quad - 2.123\times10^{-7}(T_1^2 + T_3^2 - T_2^2 - T_4^2) + 2.108\times10^{-5}(T_1^{1.5} + T_3^{1.5} - T_2^{1.5} - T_4^{1.5}) \\
&\quad + 1.3303(T_3 - T_2) - 1.0433(T_4 - T_1) + 3.024\times10^4(T_1^{-0.5} + T_3^{-0.5} - T_2^{-0.5} - T_4^{-0.5}) \\
&\quad - 3.063\times10^5(T_1^{-1} + T_3^{-1} - T_2^{-1} - T_4^{-1}) + 1.106\times10^7(T_1^{-2} + T_3^{-2} - T_2^{-2} - T_4^{-2})] - 64\mu(Ln)^2
\end{aligned} \qquad (3.26)
$$

循环的效率为

$$\eta_{\mathrm{di}} = P_{\mathrm{di}} / (Q_{\mathrm{in}} + Q_{\mathrm{leak}}) = (Q_{\mathrm{in}} - Q_{\mathrm{out}} - P_{\mu}) / (Q_{\mathrm{in}} + Q_{\mathrm{leak}})$$

$$= \frac{\begin{array}{l} M[8.353\times10^{-12}(T_1^3+T_3^3-T_2^3-T_4^3)+5.816\times10^{-8}(T_1^{2.5}+T_3^{2.5}-T_2^{2.5}-T_4^{2.5}) \\ -2.123\times10^{-7}(T_1^2+T_3^2-T_2^2-T_4^2)+2.108\times10^{-5}(T_1^{1.5}+T_3^{1.5}-T_2^{1.5}-T_4^{1.5}) \\ +1.3303(T_3-T_2)-1.0433(T_4-T_1)+3.024\times10^4(T_1^{-0.5}+T_3^{-0.5}-T_2^{-0.5}-T_4^{-0.5}) \\ -3.063\times10^5(T_1^{-1}+T_3^{-1}-T_2^{-1}-T_4^{-1})+1.106\times10^7(T_1^{-2}+T_3^{-2}-T_2^{-2}-T_4^{-2})]-64\mu(Ln)^2 \end{array}}{\begin{array}{l} M[8.353\times10^{-12}(T_3^3-T_2^3)+5.816\times10^{-8}(T_3^{2.5}-T_2^{2.5})-2.123\times10^{-7}(T_3^2-T_2^2) \\ +2.108\times10^{-5}(T_3^{1.5}-T_2^{1.5})+1.3303(T_3-T_2)+3.024\times10^4(T_3^{-0.5}-T_2^{-0.5}) \\ -3.063\times10^5(T_3^{-1}-T_2^{-1})+1.106\times10^7(T_3^{-2}-T_2^{-2})]+B(T_2+T_3-2T_0) \end{array}} \tag{3.27}$$

整个循环中由传热损失、摩擦损失、内不可逆性损失和排气过程导致的总熵产率为

$$\begin{aligned} \sigma_{\mathrm{di}} &= \sigma_{\mathrm{q}} + \sigma_{\mu} + \sigma_{2\mathrm{S}\to2} + \sigma_{4\mathrm{S}\to4} + \sigma_{\mathrm{pq}} \\ &= B(T_2+T_3-2T_0)[1/T_0 - 2/(T_2+T_3)] + 64\mu(Ln)^2/T_0 + M[C_{\mathrm{p2S}\to2}\ln(T_2/T_{2\mathrm{S}}) \\ &\quad + C_{\mathrm{v4S}\to4}\ln(T_4/T_{4\mathrm{S}})] - M[1.253\times10^{-11}(T_4^2-T_1^2)+9.693\times10^{-8}(T_4^{1.5}-T_1^{1.5}) \\ &\quad -4.246\times10^{-7}(T_4-T_1)+6.3240\times10^{-5}(T_4^{0.5}-T_1^{0.5})+1.0433\ln(T_4/T_1)+1.0080 \\ &\quad \times10^4(T_4^{-1.5}-T_1^{-1.5})-1.5315\times10^5(T_4^{-2}-T_1^{-2})+7.373\times10^6(T_4^{-3}-T_1^{-3})]+M/T_0 \\ &\quad \times[8.353\times10^{-12}(T_4^3-T_1^3)+5.816\times10^{-8}(T_4^{2.5}-T_1^{2.5})-2.123\times10^{-7}(T_4^2-T_1^2)+2.108 \\ &\quad \times10^{-5}(T_4^{1.5}-T_1^{1.5})+1.0433(T_4-T_1)+3.024\times10^4(T_4^{-0.5}-T_1^{-0.5})-3.063\times10^5(T_4^{-1} \\ &\quad -T_1^{-1})+1.106\times10^7(T_4^{-2}-T_1^{-2})] \end{aligned} \tag{3.28}$$

式中，定压比热容 $C_{\mathrm{p2S}\to2}$ 中的温度 $T=\dfrac{T_2-T_{2\mathrm{S}}}{\ln(T_2/T_{2\mathrm{S}})}$，为 2 、2S 状态之间的对数平均温度；定容比热容 $C_{\mathrm{v4S}\to4}$ 中的温度 $T=\dfrac{T_4-T_{4\mathrm{S}}}{\ln(T_4/T_{4\mathrm{S}})}$，为 4 、4S 状态之间的对数平均温度。

循环的生态学函数为

$$\begin{aligned} E_{\mathrm{di}} &= P_{\mathrm{di}} - T_0\sigma_{\mathrm{di}} \\ &= M[8.353\times10^{-12}(2T_1^3+T_3^3-T_2^3-2T_4^3)+5.816\times10^{-8}(2T_1^{2.5}+T_3^{2.5}-T_2^{2.5}-2T_4^{2.5}) \\ &\quad -2.123\times10^{-7}(2T_1^2+T_3^2-T_2^2-2T_4^2)+2.108\times10^{-5}(2T_1^{1.5}+T_3^{1.5}-T_2^{1.5}-2T_4^{1.5}) \\ &\quad +1.3303(T_3-T_2)-1.0433(2T_4-2T_1)+3.024\times10^4(2T_1^{-0.5}+T_3^{-0.5}-T_2^{-0.5}-2T_4^{-0.5}) \end{aligned}$$

$$
\begin{aligned}
&-3.063\times10^{5}(2T_1^{-1}+T_3^{-1}-T_2^{-1}-2T_4^{-1})+1.106\times10^{7}(2T_1^{-2}+T_3^{-2}-T_2^{-2}-2T_4^{-2})]\\
&-B(T_2+T_3-2T_0)[1-2T_0/(T_2+T_3)]-128\mu(Ln)^2-MT_0[C_{\mathrm{p2S}\to2}\ln(T_2/T_{2\mathrm{S}})\\
&+C_{\mathrm{v4S}\to4}\ln(T_{4\mathrm{S}}/T_4)]+MT_0[1.253\times10^{-11}(T_4^2-T_1^2)+9.693\times10^{-8}(T_4^{1.5}-T_1^{1.5})\\
&-4.246\times10^{-7}(T_4-T_1)+6.3240\times10^{-5}(T_4^{0.5}-T_1^{0.5})+1.0433\ln(T_4/T_1)+1.0080\\
&\times10^{4}(T_4^{-1.5}-T_1^{-1.5})-1.5315\times10^{5}(T_4^{-2}-T_1^{-2})+7.373\times10^{6}(T_4^{-3}-T_1^{-3})]
\end{aligned}
\tag{3.29}
$$

在给定压缩比γ、循环初温T_1、循环最高温度T_3、压缩效率η_c和膨胀效率η_e的情况下可以由式(3.24)解出T_{2S}，然后再由式(2. 6)解出T_2，由式(3.25)解出T_{4S}，最后由式(2.7)解出T_4，将解出的T_2和T_4代入式(3.26)、式(3.27)和式(3.29)得到相应的功率、效率和生态学函数。由此可得到功率、效率和生态学函数与压缩比的关系及循环的其他特性关系。

3.4.2　数值算例与讨论

在计算中取$T_1=350\mathrm{K}$，$T_3=2200\mathrm{K}$，$M=4.553\times10^{-3}\mathrm{kg/s}$，$X_1=8\times10^{-2}\mathrm{m}$，$X_2=1\times10^{-2}\mathrm{m}$，$n=30$。图 3.14～图 3.16 给出了循环内不可逆性损失、传热损失和摩擦损失三种不可逆因素对循环功率、效率性能特性的影响。从图中可以看出，当完全不考虑上述三种不可逆因素时，循环的功率与压缩比曲线以及功率与效率曲线呈类抛物线型，而效率则随压缩比单调增加；当考虑任意一种不可逆因素时，循环的功率与压缩比曲线、效率与压缩比曲线呈类抛物线型，而功率与效率曲线呈回原点的扭叶型，这反映了实际不可逆 Diesel 循环的本质特性(即循环既存在最

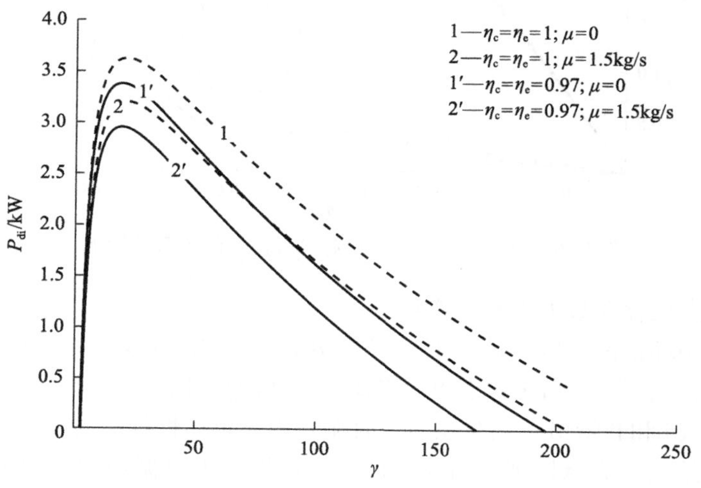

图 3.14　η_c、η_e和μ对P_{di}与γ的关系的影响

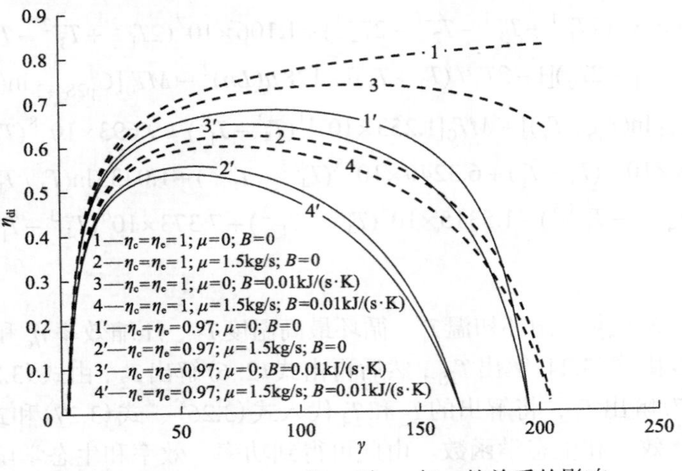

图 3.15 η_c、η_e、B 和 μ 对 η_{di} 与 γ 的关系的影响

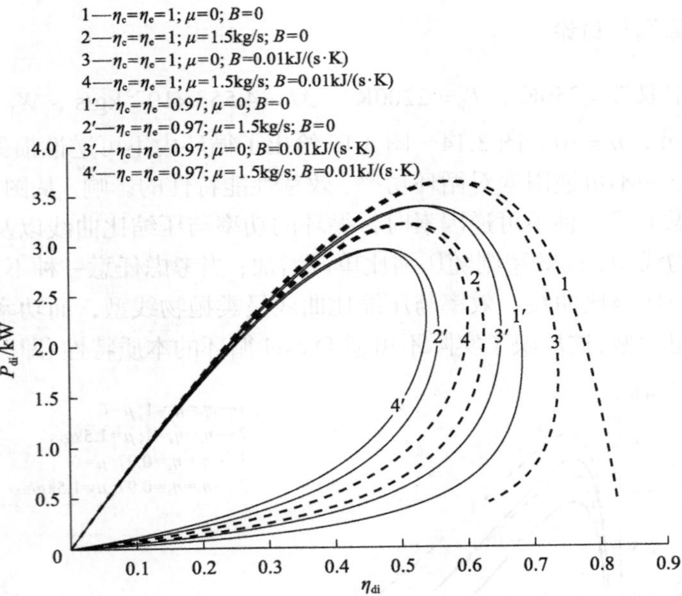

图 3.16 η_c、η_e、B 和 μ 对 P_{di} 与 η_{di} 的关系的影响

大功率工作点也存在最大效率工作点)。

在给定循环最高温度的情况下，根据功率、效率的定义可知传热损失对循环的功率没有影响，因此图 3.14 给出了循环内不可逆性损失和摩擦损失对循环功率的影响。曲线 1 和 1′ 给出了无摩擦损失时循环内不可逆性损失对循环功率的影响；曲线 2 和 2′ 给出了有摩擦损失时循环内不可逆性损失对循环功率的影响。曲线 1 和 2 给出了无内不可逆性损失时摩擦损失对循环功率的影响；曲线 1′ 和 2′ 给出了

有内不可逆性损失时摩擦损失对循环功率的影响。通过比较可以看出，无论是否存在摩擦损失，循环功率都随着内不可逆性损失的增加而减小；无论是否考虑循环内不可逆性损失，循环的功率都随着摩擦损失的增加而减小。

图 3.15 给出了内不可逆性损失、传热损失和摩擦损失对循环效率特性的影响。曲线 1 是完全可逆时循环效率与压缩比的关系，此时循环效率随着压缩比的增加而增加。其他曲线是考虑一种及以上不可逆因素时效率与压缩比的关系，这些曲线均呈类抛物线型。比较曲线 1 和 1′、2 和 2′、3 和 3′ 以及 4 和 4′，可以看出循环效率随着内不可逆性损失的增加而减小；比较曲线 1 和 3、2 和 4、1′ 和 3′ 以及 2′ 和 4′，可以看出循环效率随着传热损失的增加而减小；比较曲线 1 和 2、3 和 4、1′ 和 2′ 以及 3′ 和 4′，可以看出循环效率随着摩擦损失的增加而减小。

图 3.16 给出了内不可逆性损失、传热损失和摩擦损失对循环功率与效率特性的影响。曲线 1 是完全可逆时循环功率与效率的特性关系，此时曲线呈类抛物线型，其他曲线是考虑一种及以上不可逆因素时功率与效率的特性关系，这些曲线呈回原点的扭叶型。比较曲线 1 和 1′、2 和 2′、3 和 3′ 以及 4 和 4′，可以看出循环最大功率、最大功率时对应的效率随着内不可逆性损失的增加而减小；比较曲线 1 和 3、2 和 4、1′ 和 3′ 以及 2′ 和 4′，可以看出循环的最大功率不受传热损失的影响，而最大功率时对应的效率随着传热损失的增加而减小；比较曲线 1 和 2、3 和 4、1′ 和 2′ 以及 3′ 和 4′，可以看出循环的最大功率以及最大功率时对应的效率随着摩擦损失的增加而减小。

图 3.17 和图 3.18 分别给出了工质比热容模型对循环生态学函数与功率的关系、生态学函数与效率的关系的影响。图中曲线 1 为恒比热容时循环生态学函数

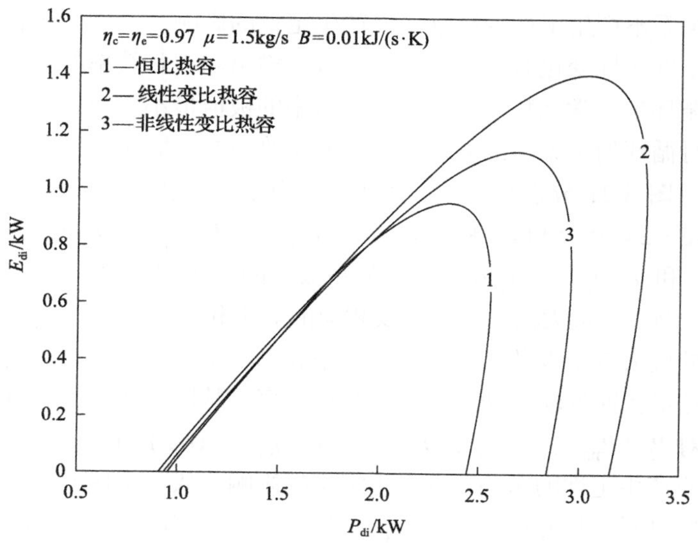

图 3.17　比热容模型对 E_{di} 与 P_{di} 的关系的影响

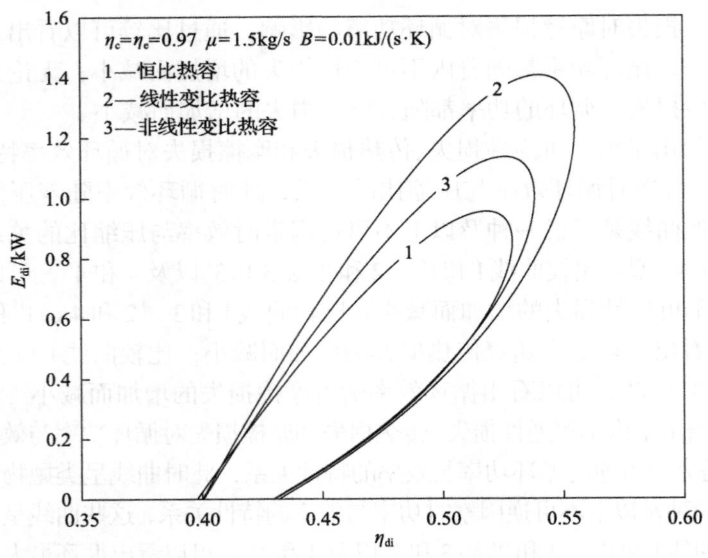

图 3.18　比热容模型对 E_{di} 与 η_{di} 的关系的影响

与功率的特性关系、生态学函数与效率的特性关系，曲线 2 为工质比热容随温度线性变化(工质比热容随温度线性变化的系数 $K=2\times10^{-4}$kJ/(kg·K^2))时循环生态学函数与功率的特性关系、生态学函数与效率的特性关系，曲线 3 为工质比热容随温度非线性变化时循环生态学函数与功率的特性关系、生态学函数与效率的特性关系。从图 3.17 和图 3.18 可以看出工质比热容模型对循环生态学函数与功率和效率的特性关系不产生定性的影响，仅产生定量的影响。三种比热容模型中，工质比热容随温度线性变化时循环生态学函数、输出功率和效率的极值最大，工质恒比热容时循环生态学函数、输出功率和效率的极值最小，而工质比热容随温度非线性变化时循环的生态学函数、输出功率和效率的极值介于两者之间。

图 3.19～图 3.21 分别给出了工质比热容模型(工质比热容随温度线性变化时的系数取 $K=2\times10^{-4}$kJ/(kg·K^2))对 P_E/P_{max}、P_E/P_η、η_E/η_P、η_E/η_{max}、$(\sigma_{di})_E/(\sigma_{di})_P$ 和 $(\sigma_{di})_E/(\sigma_{di})_\eta$ 随摩擦损失系数 μ 的变化的影响，其中 P_{max}、η_P 和 $(\sigma_{di})_P$ 分别为循环的最大输出功率以及相应的效率和熵产率；η_{max}、P_η 和 $(\sigma_{di})_\eta$ 分别为循环的最大效率以及相应的输出功率和熵产率；P_E、η_E 和 $(\sigma_{di})_E$ 分别为循环生态学函数最大时的输出功率、效率和熵产率。从图 3.19～图 3.21 可以看出，比热容模型对 P_E/P_{max}、P_E/P_η、η_E/η_P、η_E/η_{max}、$(\sigma_{di})_E/(\sigma_{di})_P$ 和 $(\sigma_{di})_E/(\sigma_{di})_\eta$ 随 μ 的变化不产生定性的影响，仅产生定量的影响。从图 3.19 可以看出，三种比热容模型中工质恒比热容时 P_E/P_{max} 最大，工质比热容随温度非线性变化时 P_E/P_{max} 最小；工质比热容随温度线性变化时 P_E/P_η 最大，工质恒比热容时 P_E/P_η 最

小。从图 3.20 可以看出，三种比热容模型中工质恒比热容时 $\eta_E/\eta_{\max}$ 最大，工质比热容随温度线性变化时 $\eta_E/\eta_{\max}$ 最小；工质比热容随温度非线性变化时 η_E/η_P 最大，工质恒比热容时 η_E/η_P 最小。从图 3.21 可以看出，三种比热容模型中工质恒比热容时 $(\sigma_{di})_E/(\sigma_{di})_P$ 最大，当摩擦损失系数 μ 小于 1 时工质比热容随温度非线

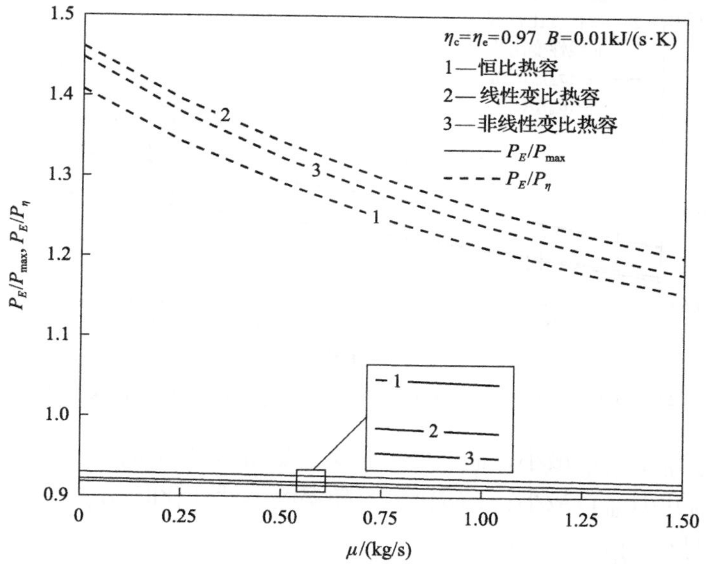

图 3.19　比热容模型对 $P_E/P_{\max}$ 和 P_E/P_η 与 μ 的关系的影响

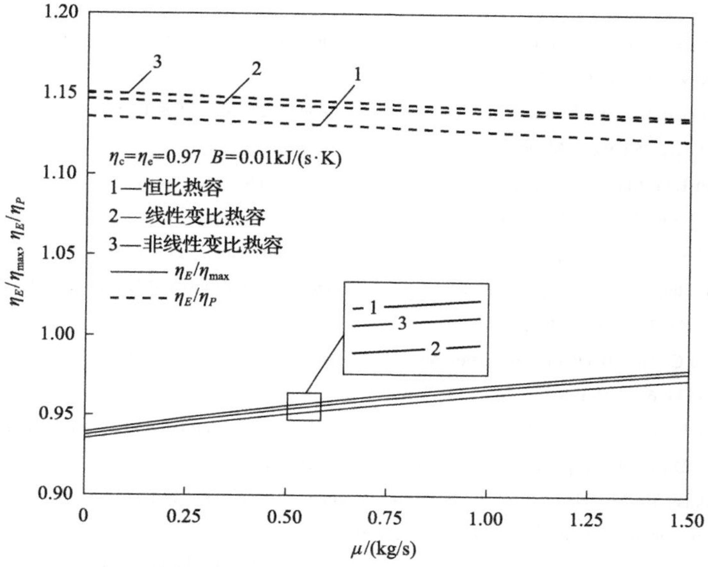

图 3.20　比热容模型对 $\eta_E/\eta_{\max}$ 和 η_E/η_P 与 μ 的关系的影响

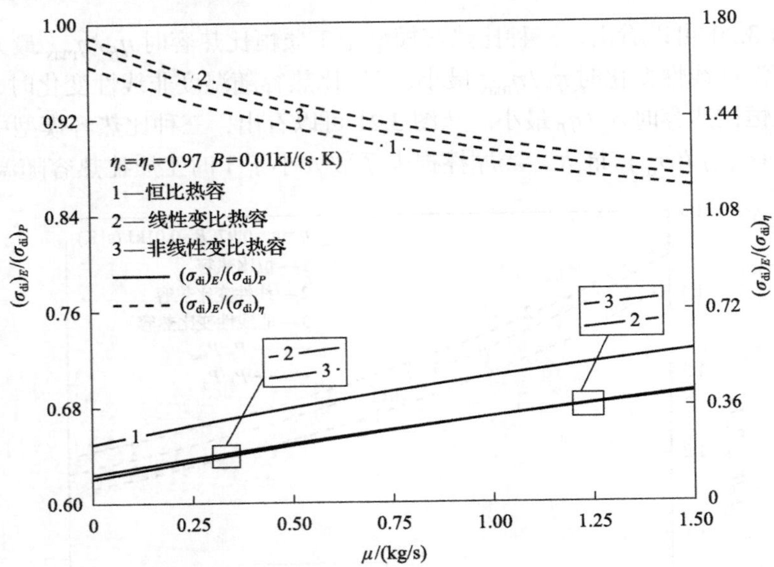

图 3.21 比热容模型对 $(\sigma_{di})_E/(\sigma_{di})_P$ 和 $(\sigma_{di})_E/(\sigma_{di})_\eta$ 与 μ 的关系的影响

性变化时 $(\sigma_{di})_E/(\sigma_{di})_P$ 最小，而当摩擦损失系数 μ 大于 1 时工质比热容随温度线性变化时 $(\sigma_{di})_E/(\sigma_{di})_P$ 最小；工质比热容随温度线性变化时 $(\sigma_{di})_E/(\sigma_{di})_\eta$ 最大，工质恒比热容时 $(\sigma_{di})_E/(\sigma_{di})_\eta$ 最小。

参 考 文 献

[1] Klein S A. An explanation for observed compression ratios in internal combustion engines[J]. Trans. ASME J. Eng. Gas Turbine Pow., 1991, 113(4): 511-513.

[2] Parlak A. Comparative performance analysis of irreversible Dual and Diesel cycles under maximum power conditions[J]. Energy Convers. Manage., 2005, 46(3): 351-359.

[3] Qin X Y, Chen L G, Sun F R. The universal power and efficiency characteristics for irreversible reciprocating heat engine cycles[J]. Eur. J. Phys., 2003, 24(4): 359-366.

[4] Ge Y L, Chen L G, Sun F R, et al. Reciprocating heat-engine cycles[J]. Appl. Energy, 2005, 81(3): 180-186.

[5] Ozsoysal O A. Heat loss as a percentage of fuel's energy in air standard Otto and Diesel cycles[J]. Energy Convers. Manage., 2006, 47(7/8): 1051-1062.

[6] Blank D A, Wu C. The effects of combustion on a power-optimized endoreversible Diesel cycle[J]. Energy Convers. Manage., 1993, 34(6): 493-498.

[7] Chen L G, Zen F M, Sun F R, et al. Heat transfer effects on the net work output and power as function of efficiency for air standard Diesel cycle[J]. Energy, The Int. J., 1996, 21(12): 1201-1205.

[8] Al-Hinti I, Akash B, Abu-Nada E, et al. Performance analysis of air-standard Diesel cycle using an alternative irreversible heat transfer approach[J]. Energy Convers. Manage., 2008, 49(11): 3301-3304.

[9] 陈林根, 林俊兴, 孙丰瑞. 摩擦对空气标准 Diesel 循环功率效率特性的影响[J]. 工程热物理学报, 1997, 18(5):

533-535.

[10] 陈文振, 孙丰瑞. 考虑摩擦损失时 Diesel 循环功率效率特性新析[J]. 海军工程大学学报, 2001, 13(3): 24-26.

[11] Zhao Y R, Lin B H, Zhang Y, et al. Performance analysis and parametric optimum design of an irreversible Diesel heat engine[J]. Energy Convers. Manage., 2006, 47(18-19): 3383-3392.

[12] 郑世燕, 夏峥嵘, 周颖慧, 等. 不可逆狄塞尔热机输出功、效率及其参数优化[J]. 厦门大学学报(自然科学版), 2006, 45(2): 182-185.

[13] 郑世燕. 高低温比对狄塞尔热机循环性能的影响[J]. 能源与环境, 2009, (1): 18-19.

[14] Zheng S Y, Lin G X. Optimization of power and efficiency for an irreversible Diesel heat engine[J]. Front. Energy Power Eng. China, 2010, 4(4):560-565.

[15] Ebrahimi R. Performance optimization of a Diesel cycle with specific heat ratio[J]. J. American Sci., 2009, 5(8): 59-63.

[16] Ozsoysal O A. Effects of varying air-fuel ratio on the performance of a theoretical Diesel cycle[J]. Int. J. Exergy, 2010, 7(6): 654-666.

[17] Rocha-Martinez J A, Navarrete-Gonzalez T D, Pava-Miller C G, et al. Otto and Diesel engine models with cyclic variability[J]. Rev. Mex. Fis., 2002, 48(3): 228-234.

[18] 戈延林. 工质变比热对内燃机循环性能的影响[D]. 武汉：海军工程大学, 2005.

[19] Ge Y L, Chen L G, Sun F R, et al. Performance of an endoreversible Diesel cycle with variable specific heats of working fluid[J]. Int. J. Ambient Energy, 2008, 29(3): 127-136

[20] Ge Y L, Chen L G, Sun F R, et al. Performance of Diesel cycle with heat transfer, friction and variable specific heats of working fluid[J]. J. Energy Inst., 2007, 80(4): 239-242.

[21] Al-Sarkhi A, Jaber J O, Abu-Qudais M, et al. Effects of friction and temperature-dependent specific-heat of the working fluid on the performance of a Diesel-engine[J]. Appl. Energy, 2006, 83(2): 153-165.

[22] Zhao Y R, Chen J C. Optimum performance analysis of an irreversible Diesel heat engine affected by variable heat capacities of working fluid[J]. Energy Convers. Manage., 2007, 48(9): 2595-2603.

[23] He J Z, Lin J B. Effect of multi-irreversibilities on the performance characteristics of an irreversible ari-standard Diesel heat engine[C]. Power and Energy Engineering Conference, Chengdu, 2010.

[24] Ebrahimi R. Effects of variable specific heat ratio of working fluid on performance of an endoreversible Diesel cycle[J]. J. Energy Inst., 2010, 83(1): 1-5

[25] Ebrahimi R, Chen L G. Effects of variable specific heat ratio of working fluid on performance of an irreversible Diesel cycle[J]. Int. J. Ambient Energy, 2010, 31(2): 101-108.

[26] Ebrahimi R. Performance of an irreversible Diesel cycle under variable stroke length and compression ratio[J]. J. American Sci., 2009, 5(7): 58-64.

[27] Chen L G, Ge Y L, Liu C, et al. Performance of universal reciprocating heat-engine cycle with variable specific heats ratio of working fluid[J]. Entropy, 2020, 22(4): 397.

[28] Ghatak A, Chakraborty S. Effect of external irreversibilities and variable thermal properties of working fluid on thermal performance of a Dual internal combustion engine cycle[J]. Strojnicky Casopsis (J. Mechanical Energy), 2007, 58(1): 1-12.

[29] Abu-Nada E, Al-Hinti I, Al-Aarkhi A, et al. Thermodynamic modeling of spark-ignition engine: Effect of temperature dependent specific heats[J]. Int. Comm. Heat Mass Transfer, 2005, 33(10): 1264-1272.

[30] Abu-Nada E, Al-Hinti I, Akash B, et al. Thermodynamic analysis of spark-ignition engine using a gas mixture model for the working fluid [J]. Int. J. Energy Res., 2007, 37(11): 1031-1046.

[31] Abu-Nada E, Al-Hinti I, Al-Sarkhi A, et al. Effect of piston friction on the performance of SI engine: A new thermodynamic approach [J]. ASME Trans. J. Eng. Gas Turbine Pow., 2008, 130 (2) : 022802.

[32] Abu-Nada E, Akash B, Al-Hinti I, et al. Performance of spark-ignition engine under the effect of friction using gas mixture model [J]. J. Energy Inst., 2009, 82 (4) : 197-205.

第 4 章 空气标准不可逆 Atkinson 循环最优性能

4.1 引 言

文献[1]～[18]考虑传统工质，在不同损失项(包括传热损失、摩擦损失、内不可逆性损失以及不同损失的组合)和工质恒比热容[1-8]、变比热容(比热容随温度线性变化[9-15])以及工质变比热容比(比热容比随温度线性变化[16]和非线性变化[17,18])情况下研究了Atkinson循环的功率(功)、效率和功率密度特性。文献[19]在考虑工质与高、低温热源间存在有限速率传热的情况下，通过工质与高、低温热源间的不可逆换热来计算熵产率,研究了闭式Atkinson循环的生态学最优性能。

本章用空气标准循环模型代替开式循环模型，建立存在传热损失、摩擦损失和内不可逆性损失的不可逆 Atkinson 循环模型，通过循环内存在的各种损失来计算熵产率，首先研究工质恒比热容情况下循环的生态学最优性能，并分析三种损失对循环生态学最优性能的影响；其次采用文献[9]～[15]、[20]提出的工质比热容随温度线性变化模型，研究循环的生态学最优性能，并分析工质变比热容对循环生态学最优性能的影响；最后采用 Abu-Nada 等[21-24]提出的工质比热容随温度非线性变化模型，研究循环的功率、效率最优性能和生态学最优性能，并分析工质比热容模型(包括工质恒比热容、比热容随温度线性变化和非线性变化)和三种损失对循环的功率、效率最优性能和生态学最优性能的影响。

4.2 工质恒比热容时 Atkinson 循环的生态学最优性能

4.2.1 循环模型和性能分析

本节考虑图 4.1 所示的不可逆 Atkinson 循环模型，$1\to 2S$ 为可逆绝热压缩过程，$1\to 2$ 为不可逆绝热压缩过程，$2\to 3$ 为定容吸热过程，$3\to 4S$ 为可逆绝热膨胀过程，$3\to 4$ 为不可逆绝热膨胀过程，$4\to 1$ 为定压放热过程。

循环中工质的吸热率为

$$Q_{\text{in}} = MC_{\text{v}}(T_3 - T_2) \tag{4.1}$$

循环中工质的放热率为

$$Q_{\text{out}} = MC_{\text{p}}(T_4 - T_1) \tag{4.2}$$

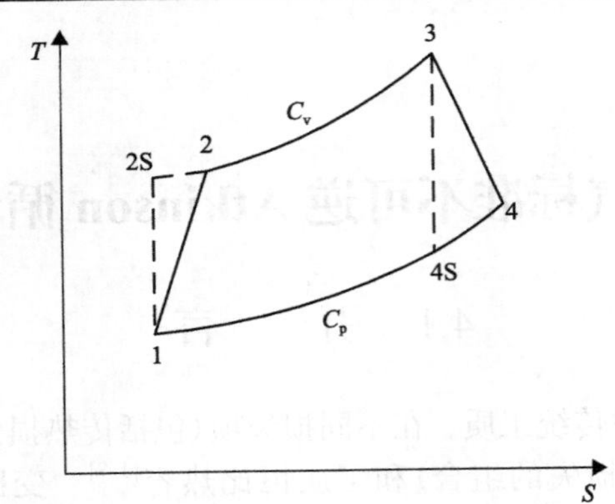

图 4.1 不可逆 Atkinson 循环模型 T-S 图

2.2.1 节中定义的循环压缩比和内不可逆性损失，即式(2.3)、式(2.6)和式(2.7)仍然成立，故对于循环的不可逆绝热过程 $1 \to 2$ 和 $3 \to 4$ 有

$$T_2 = \frac{T_1(\gamma^{k-1} - 1)}{\eta_c} + T_1 \tag{4.3}$$

$$T_3 T_1^{k-1} \eta_e{}^k - [T_4 + (\eta_e - 1)T_3]^k \gamma^{k-1} = 0 \tag{4.4}$$

不可逆 Atkinson 循环中存在的传热损失和摩擦损失依然采用 2.2.1 节中的模型，即假设通过气缸壁的传热损失与工质和环境的温差成正比、摩擦力与活塞运动的平均速度成正比，故式(2.11)～式(2.15)依然成立。

循环净功率输出为

$$\begin{aligned} P_{at} &= Q_{in} - Q_{out} - P_\mu \\ &= M[C_v(T_3 - T_2) - C_p(T_4 - T_1)] - 64\mu(Ln)^2 \end{aligned} \tag{4.5}$$

循环的效率为

$$\eta_{at} = \frac{P_{at}}{Q_{in} + Q_{leak}} = \frac{Q_{in} - Q_{out} - P_\mu}{Q_{in} + Q_{leak}} = \frac{M[C_v(T_3 - T_2) - C_p(T_4 - T_1)] - 64\mu(Ln)^2}{MC_v(T_3 - T_2) + B(T_2 + T_3 - 2T_0)} \tag{4.6}$$

实际的不可逆 Atkinson 循环中由传热损失和摩擦损失导致的熵产率分别为

$$\sigma_q = B(T_2 + T_3 - 2T_0)\left(\frac{1}{T_0} - \frac{2}{T_2 + T_3}\right) \tag{4.7}$$

$$\sigma_\mu = \frac{P_\mu}{T_0} = \frac{64\mu(Ln)^2}{T_0} \tag{4.8}$$

对于不可逆压缩损失和不可逆膨胀损失导致的熵产率，分别由过程 $2S \to 2$ 和 $4S \to 4$ 的熵增率来计算：

$$\sigma_{2S\to2} = MC_v \ln(T_2/T_{2S}) \tag{4.9}$$

$$\sigma_{4S\to4} = MC_p \ln(T_4/T_{4S}) \tag{4.10}$$

工质经过功率冲程做功后由排气冲程排往环境，该过程的熵产率由式(4.11)计算：

$$\sigma_{pq} = M\int_{T_1}^{T_4} C_p dT\left(\frac{1}{T_0}-\frac{1}{T}\right) = M\left[\frac{C_p(T_4-T_1)}{T_0} - C_p \ln\frac{T_4}{T_1}\right] \tag{4.11}$$

因此整个循环的熵产率为

$$\begin{aligned}\sigma_{at} &= \sigma_q + \sigma_\mu + \sigma_{2S\to2} + \sigma_{4S\to4} + \sigma_{pq} \\ &= B(T_2+T_3-2T_0)[1/T_0 - 2/(T_2+T_3)] + 64\mu(Ln)^2/T_0 + M\{C_v \ln[T_2/(\eta_c T_2 \\ &\quad -\eta_c T_1 + T_1)] + C_p \ln[\eta_e T_4/(T_4+\eta_e T_3 - T_3)]\} + M[C_p(T_4-T_1)/T_0 - C_p\ln(T_4/T_1)]\end{aligned} \tag{4.12}$$

Atkinson 循环的生态学函数为

$$\begin{aligned}E_{at} &= P_{at} - T_0\sigma_{at} \\ &= M[C_v(T_3-T_2) - C_p(T_4-T_1)] - B(T_2+T_3-2T_0)[1-2T_0/(T_2+T_3)] - 128\mu(Ln)^2 \\ &\quad - MT_0\{C_v\ln[T_2/(\eta_c T_2 - \eta_c T_1 + T_1)] + C_p\ln[\eta_e T_4/(T_4+\eta_e T_3 - T_3)]\} - M[C_p(T_4-T_1) \\ &\quad - C_p T_0 \ln(T_4/T_1)]\end{aligned} \tag{4.13}$$

在给定压缩比 γ 、循环初温 T_1 、循环最高温度 T_3 、压缩效率 η_c 和膨胀效率 η_e 的情况下可以由式(4.3)解出 T_2 ，然后再由式(4.4)解出 T_4 ，将解出的 T_2 和 T_4 代入式(4.5)、式(4.6)和式(4.13)得到相应的功率、效率和生态学函数。由此可得到功率、效率和生态学函数与压缩比的关系及循环的其他特性关系。

4.2.2　数值算例与讨论

在计算中取 $X_1 = 8\times10^{-2}\text{m}$ ， $X_2 = 1\times10^{-2}\text{m}$ ， $T_1 = 350\text{K}$ ， $T_3 = 2200\text{K}$ ， $T_0 = 300\text{K}$ ， $n = 30$ ， $C_v = 0.7175\text{kJ/(kg}\cdot\text{K)}$ ， $C_p = 1.0045\text{kJ/(kg}\cdot\text{K)}$ ， $M = 4.553\times10^{-3}\text{kg/s}$ 。图 4.2 和图 4.3 分别给出了不同传热损失、摩擦损失和内不可逆性损失情况下热机生态学函数与功率的关系曲线、生态学函数与效率的关系曲线。由图 4.2 可知，除了在最大功率点处，对应于热机任一生态学函数，输出功率都

有两个值，因此实际运行时应使热机工作于输出功率较大的状态点；循环的生态学函数随着传热损失、摩擦损失和内不可逆性损失的增加而减小。图 4.3 中曲线 1 是完全可逆时循环生态学函数与效率的关系，此时曲线呈类抛物线型(即循环生态学函数最大时对应的效率不为零，而效率最大时对应的生态学函数为零)，而其他曲线是考虑了一种及以上不可逆因素时的生态学函数与效率的关系，此时曲线呈扭叶型(即循环生态学函数最大时对应的效率和效率最大时对应的生态学函数均不为零)。每一个生态学函数值(最大值点除外)都对应两个效率取值，显然，要使热机设计工作在效率较大的状态点。

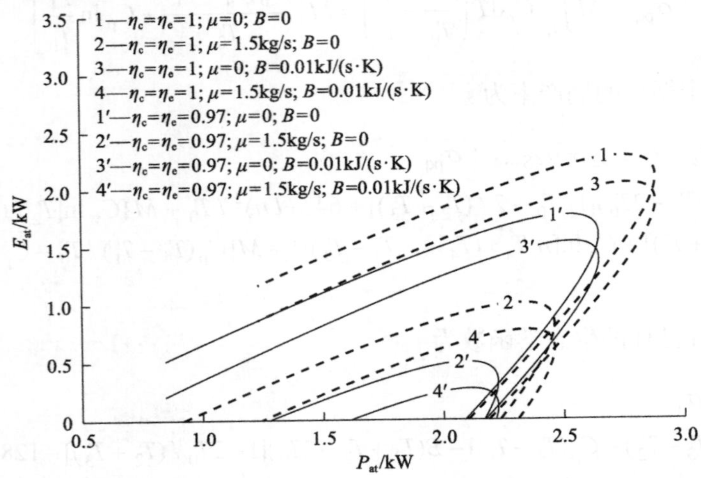

图 4.2　η_c、η_e、B 和 μ 对 E_{at} 与 P_{at} 的关系的影响

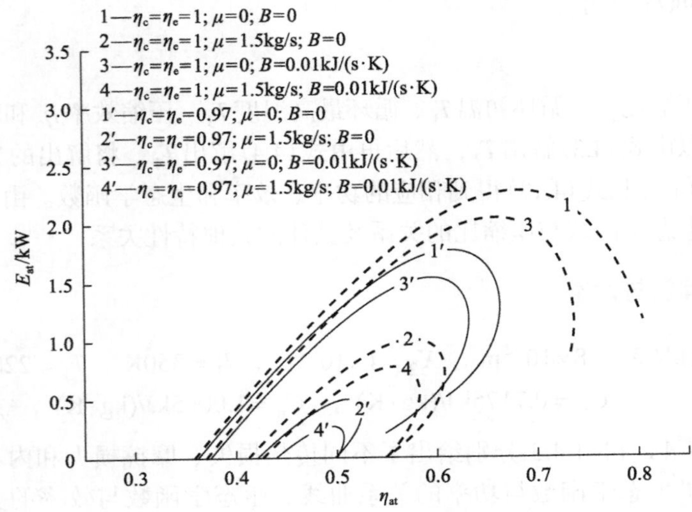

图 4.3　η_c、η_e、B 和 μ 对 E_{at} 和 η_{at} 的关系的影响

图 4.4～图 4.6 给出了 P_E/P_{max}、P_E/P_η、η_E/η_P、η_E/η_{max}、$(\sigma_{at})_E/(\sigma_{at})_P$ 和 $(\sigma_{at})_E/(\sigma_{at})_\eta$ 随着摩擦损失系数 μ 的变化，其中 P_{max}、η_P 和 $(\sigma_{at})_P$ 分别为循环的最大输出功率以及相应的效率和熵产率；η_{max}、P_η 和 $(\sigma_{at})_\eta$ 分别为循环的最大效率以及相应的输出功率和熵产率；P_E、η_E 和 $(\sigma_{at})_E$ 分别为循环生态学函数最大时的输出功率、效率和熵产率。从图 4.4 可以看出，不同 B 取值对应的 P_E/P_{max}-μ 曲线很接近，即 P_E/P_{max} 受传热损失影响很小；P_E/P_{max} 随 μ 的增大而减小，且值小于 1，即以生态学函数为目标函数优化时的输出功率 P_E 相对热机的最大输出功率 P_{max} 有所降低，且摩擦损失越大降低得越多。P_E 比 P_η 大；随着 B 增大，P_E/P_η 逐渐减小，P_E 有接近于 P_η 的趋势；P_E/P_η 随 μ 的增大而减小，且值大于 1。从图 4.5 可以看出，η_E 大于 η_P，对给定的 B（μ），η_E/η_P 随 μ（B）的增大而减小。η_E 小于 η_{max}，对于给定的 B（μ），η_E/η_{max} 随 μ（B）的增大而增大，η_E 有接近于 η_{max} 的趋势。从图 4.6 可看出，$(\sigma_{at})_E$ 要比 $(\sigma_{at})_P$ 小得多；随着 B 的增大，$(\sigma_{at})_E/(\sigma_{at})_P$ 逐渐增大，$(\sigma_{at})_E$ 有接近于 $(\sigma_{at})_P$ 的趋势；$(\sigma_{at})_E$ 要比 $(\sigma_{at})_\eta$ 大，随着 B 的增大，$(\sigma_{at})_E/(\sigma_{at})_\eta$ 逐渐减小，$(\sigma_{at})_E$ 有接近于 $(\sigma_{at})_\eta$ 的趋势。比较图 4.4～图 4.6 可知，最大生态学函数值点与最大输出功率点相比，热机输出功率降低的量较小，而熵产率降低很多，效率提升较大，即以牺牲较小的输出功率，较大地降低了熵产率，一定程度上提高了热机的效率。最大生态学函数值点与最大效率点相比，热机效率有一定的下降，熵产率增大较多，但输出功率增大的量也很多，即以牺牲较小的效率，增加了一定的熵产率，较大程度上提高了热机的输出功率。因此生态学

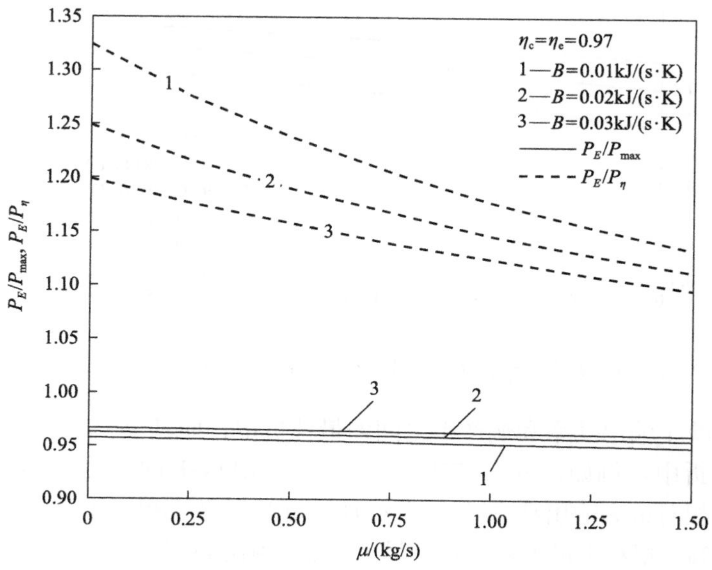

图 4.4　B 对 P_E/P_{max} 和 P_E/P_η 与 μ 的关系的影响

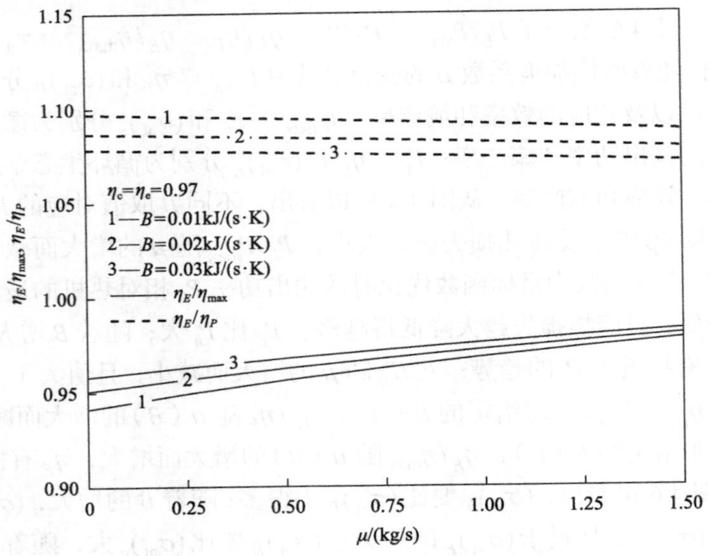

图 4.5　B 对 η_E/η_{max} 和 η_E/η_P 与 μ 的关系的影响

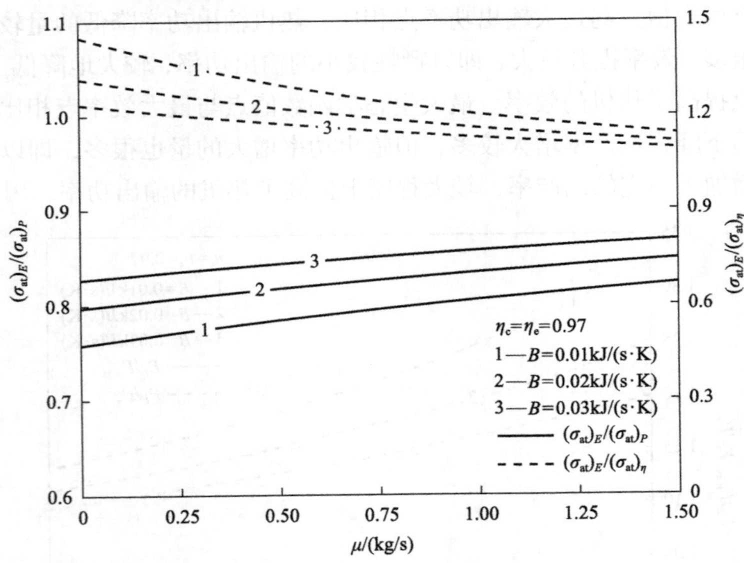

图 4.6　B 对 $(\sigma_{at})_E/(\sigma_{at})_P$ 和 $(\sigma_{at})_E/(\sigma_{at})_\eta$ 与 μ 的关系的影响

函数不仅反映了输出功率和熵产率之间的最佳折中，而且反映了输出功率和效率之间的最佳折中。例如，$\mu = 0.75\text{kg/s}$，$B = 0.02\text{kJ/(s·K)}$ 时，最大生态学函数时的输出功率相对最大输出功率减少了 4.0%，相应的效率提高了 8.3%，而熵产率减少了 17.4%。相对于最大效率点，最大生态学函数时效率降低了 3.2%，相应的熵产率增大了 19.0%，而输出功率增大了 16.8%。

4.3　工质比热容随温度线性变化时 Atkinson 循环的生态学最优性能

4.3.1　循环模型和性能分析

本节考虑图 4.1 所示的不可逆 Atkinson 循环模型，采用 2.3.1 节中的工质比热容随温度线性变化模型，即式(2.25)～式(2.27)仍然成立。

循环中工质的吸热率为

$$Q_{\text{in}} = M\int_{T_2}^{T_3} C_{\text{v}}\text{d}T = \int_{T_2}^{T_3}(b_{\text{v}} + KT)\text{d}T = M[b_{\text{v}}(T_3 - T_2) + 0.5K(T_3^2 - T_2^2)] \tag{4.14}$$

循环中工质的放热率为

$$Q_{\text{out}} = M\int_{T_1}^{T_4} C_{\text{p}}\text{d}T = \int_{T_1}^{T_4}(a_{\text{p}} + KT)\text{d}T = M[a_{\text{p}}(T_4 - T_1) + 0.5K(T_4^2 - T_1^2)] \tag{4.15}$$

按照 2.3.1 节中对变比热容可逆绝热过程的处理方法，将变比热容的可逆绝热过程分解成无数个无限小的恒比热容可逆绝热过程，即式(2.30)和式(2.31)依然成立。

2.2.1 节中定义的循环压缩比和内不可逆性损失，即式(2.3)、式(2.6)和式(2.7)仍然成立。故对于循环的两个可逆绝热过程 $1 \to 2\text{S}$ 和 $3 \to 4\text{S}$ 有

$$K(T_{2\text{S}} - T_1) + b_{\text{v}}\ln\frac{T_{2\text{S}}}{T_1} = R\ln\gamma \tag{4.16}$$

$$K(T_3 - T_{4\text{S}}) + b_{\text{v}}\ln\frac{T_3}{T_{4\text{S}}} - R\ln\frac{T_{4\text{S}}}{T_1} = R\ln\gamma \tag{4.17}$$

不可逆 Atkinson 循环中存在的传热损失和摩擦损失依然采用 2.2.1 节中的模型，即假设通过气缸壁的传热损失与工质和环境的温差成正比、摩擦力与活塞运动的平均速度成正比，故式(2.11)～式(2.15)依然成立。

循环的净功率输出为

$$\begin{aligned} P_{\text{at}} &= Q_{\text{in}} - Q_{\text{out}} - P_{\mu} \\ &= M[b_{\text{v}}(T_3 - T_2) - a_{\text{p}}(T_4 - T_1) + 0.5K(T_3^2 + T_1^2 - T_2^2 - T_4^2)] - 64\mu(Ln)^2 \end{aligned} \tag{4.18}$$

循环的效率为

$$\eta_{\text{at}} = \frac{P_{\text{at}}}{Q_{\text{in}} + Q_{\text{leak}}} = \frac{M[b_{\text{v}}(T_3 - T_2) - a_{\text{p}}(T_4 - T_1) + 0.5K(T_3^2 + T_1^2 - T_2^2 - T_4^2)] - 64\mu(Ln)^2}{M[b_{\text{v}}(T_3 - T_2) + 0.5K(T_3^2 - T_2^2)] + B(T_2 + T_3 - 2T_0)} \tag{4.19}$$

整个循环中由传热损失、摩擦损失、内不可逆性损失和排气过程导致的总熵产率为

$$\begin{aligned}\sigma_{at} &= \sigma_q + \sigma_\mu + \sigma_{2S\to2} + \sigma_{4S\to4} + \sigma_{pq}\\ &= B(T_2 + T_3 - 2T_0)[1/T_0 - 2/(T_2 + T_3)] + 64\mu(Ln)^2/T_0 + M[C_{v2S\to2}\\ &\quad\times\ln(T_2/T_{2S}) + C_{p4S\to4}\ln(T_4/T_{4S})] + M[a_p(T_4 - T_1)/T_0 - a_p\ln(T_4/T_1)\\ &\quad + 0.5K(T_4^2 - T_1^2)/T_0 - K(T_4 - T_1)]\end{aligned} \tag{4.20}$$

式中，定容比热容$C_{v2S\to2}$中的温度$T = \dfrac{T_2 - T_{2S}}{\ln(T_2/T_{2S})}$，为2、2S状态之间的对数平均温度；定压比热容$C_{p4S\to4}$中的温度$T = \dfrac{T_4 - T_{4S}}{\ln(T_4/T_{4S})}$，为4、4S状态之间的对数平均温度。

循环的生态学函数为

$$\begin{aligned}E_{at} &= P_{at} - T_0\sigma_{at}\\ &= M[b_v(T_3 - T_2) - a_p(T_4 - T_1) + 0.5k(T_3^2 + T_1^2 - T_2^2 - T_4^2) - B(T_2 + T_3 - 2T_0)\\ &\quad[1 - 2T_0/(T_2 + T_3)] - 128\mu(Ln)^2 - MT_0[C_{v2S\to2}\ln(T_2/T_{2S}) + C_{p4S\to4}\ln(T_4/T_{4S})]\\ &\quad - M[a_p(T_4 - T_1) - a_pT_0\ln(T_4/T_1) + 0.5K(T_4^2 - T_1^2) - KT_0(T_4 - T_1)]\end{aligned} \tag{4.21}$$

在给定压缩比γ、循环初温T_1、循环最高温度T_3、压缩效率η_c和膨胀效率η_e的情况下可以由式(4.16)解出T_{2S}，然后再由式(2.6)解出T_2，由式(4.17)解出T_{4S}，最后由式(2.7)解出T_4，将解出的T_2和T_4代入式(4.18)、式(4.19)和式(4.21)得到相应的功率、效率和生态学函数。由此可得到功率、效率和生态学函数与压缩比的关系及循环的其他特性关系。

4.3.2 数值算例与讨论

在计算中取$X_1 = 8\times10^{-2}\,\text{m}$，$X_2 = 1\times10^{-2}\,\text{m}$，$T_1 = 350\text{K}$，$T_3 = 2200\text{K}$，$T_0 = 300\text{K}$，$n = 30$，$b_v = 0.6175\sim0.8175\text{kJ/(kg}\cdot\text{K)}$，$a_p = 0.9045\sim1.1045\text{kJ/(kg}\cdot\text{K)}$，$M = 4.553\times10^{-3}\text{kg/s}$。图4.7～图4.10给出了工质变比热容对循环性能的影响。从式(2.25)和式(2.26)可知当$K = 0$时，式$C_p = a_p$和$C_v = b_v$将成为恒比热容的表达式，因此a_p和b_v的大小反映了工质本身的比热容大小。图4.7和图4.8给出了b_v（b_v和a_p关系固定，因此a_p会随着b_v的变化而变化）对热机生态学函数与功率的关系和生态学函数与效率的关系的影响，从图中可以看出，循环的生态学函数、输出功率和效率随着b_v的增加而增加。

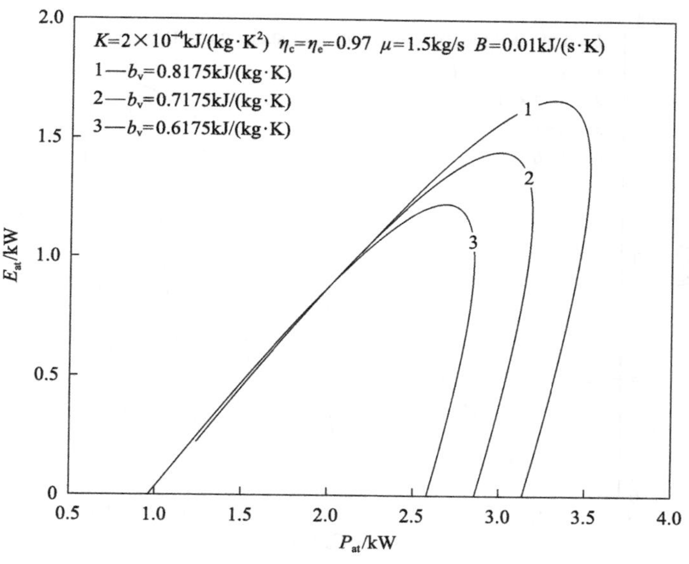

图 4.7　b_v 对 E_{at} 与 P_{at} 的关系的影响

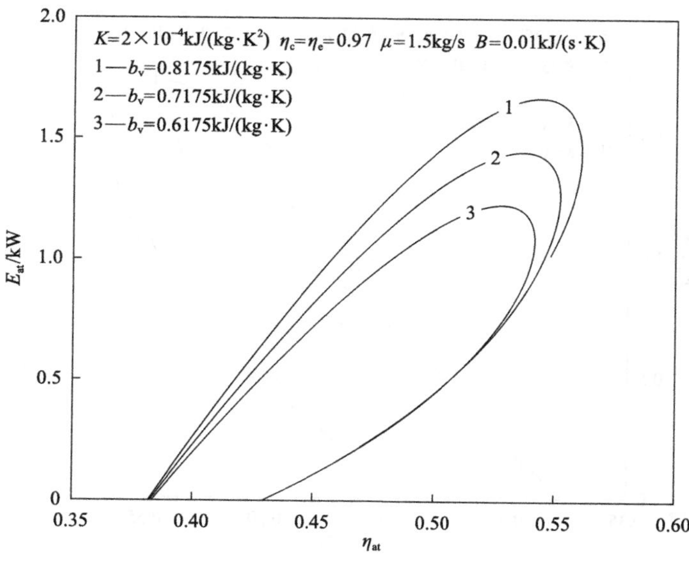

图 4.8　b_v 对 E_{at} 与 η_{at} 的关系的影响

由式(2.25)和式(2.26)可知 K 的大小反映了工质比热容随温度变化的程度，K 越大说明工质的比热容随温度变化得越剧烈。图 4.9 和图 4.10 分别给出了 K 对热机生态学函数与功率的关系和生态学函数与效率的关系的影响，其中 $K=0$ 为恒比热容时热机生态学函数与功率的关系和生态学函数与效率的关系。从图中可以看出，循环的生态学函数、输出功率和效率随着 K 的增加而增加。

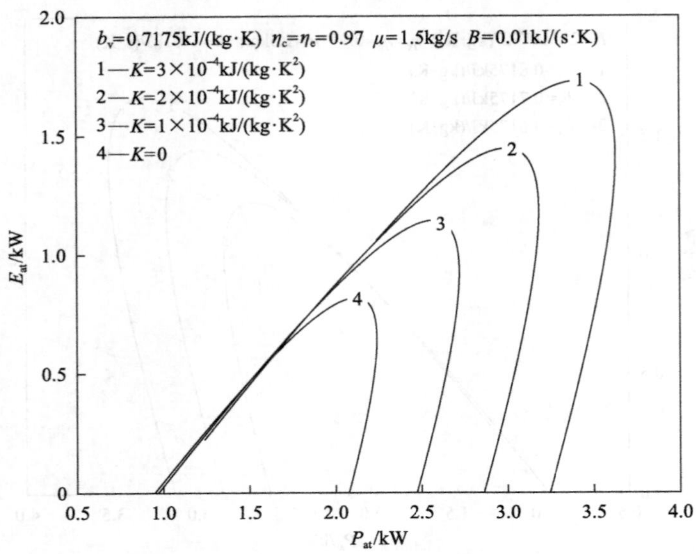

图 4.9　K 对 E_{at} 与 P_{at} 的关系的影响

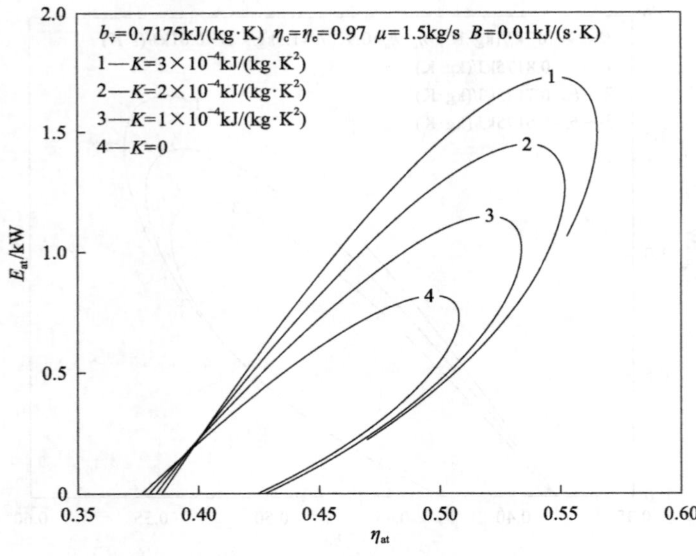

图 4.10　K 对 E_{at} 与 η_{at} 的关系的影响

图 4.11～图 4.13 分别给出了工质比热容随温度变化的系数 K 对 P_E/P_{max}、P_E/P_η、η_E/η_P、η_E/η_{max}、$(\sigma_{at})_E/(\sigma_{at})_P$ 和 $(\sigma_{at})_E/(\sigma_{at})_\eta$ 随着摩擦损失系数 μ 的变化的影响，其中 P_{max}、η_P 和 $(\sigma_{at})_P$ 分别为循环的最大输出功率以及相应的效率和熵产率；η_{max}、P_η 和 $(\sigma_{at})_\eta$ 分别为循环的最大效率以及相应的输出功率和熵产率；P_E、η_E 和 $(\sigma_{at})_E$ 分别为循环生态学函数最大时的输出功率、效率和熵产率。

其中 $K=0$ 为恒比热容时 $P_E/P_{\max}$、P_E/P_η、η_E/η_P、$\eta_E/\eta_{\max}$、$(\sigma_{at})_E/(\sigma_{at})_P$ 和 $(\sigma_{at})_E/(\sigma_{at})_\eta$ 随着摩擦损失系数 μ 的变化，从图中可以看出，在相同的摩擦损失系数情况下 $P_E/P_{\max}$、$\eta_E/\eta_{\max}$ 和 $(\sigma_{at})_E/(\sigma_{at})_P$ 随着 K 的增加而减小，而 P_E/P_η、η_E/η_P 和 $(\sigma_{at})_E/(\sigma_{at})_\eta$ 随着 K 的增加而增加。

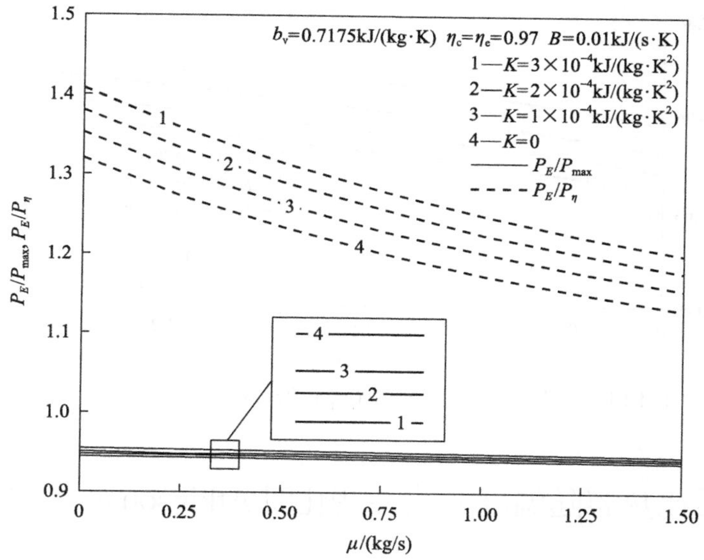

图 4.11　K 对 $P_E/P_{\max}$ 和 P_E/P_η 与 μ 的关系的影响

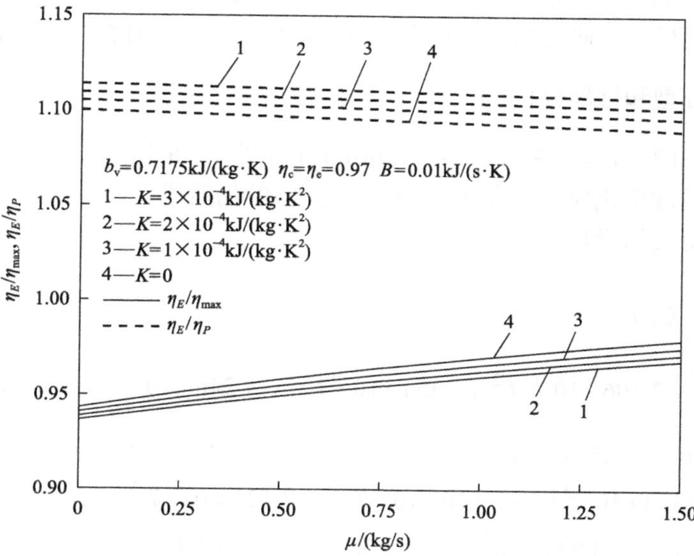

图 4.12　K 对 $\eta_E/\eta_{\max}$ 和 η_E/η_P 与 μ 的关系的影响

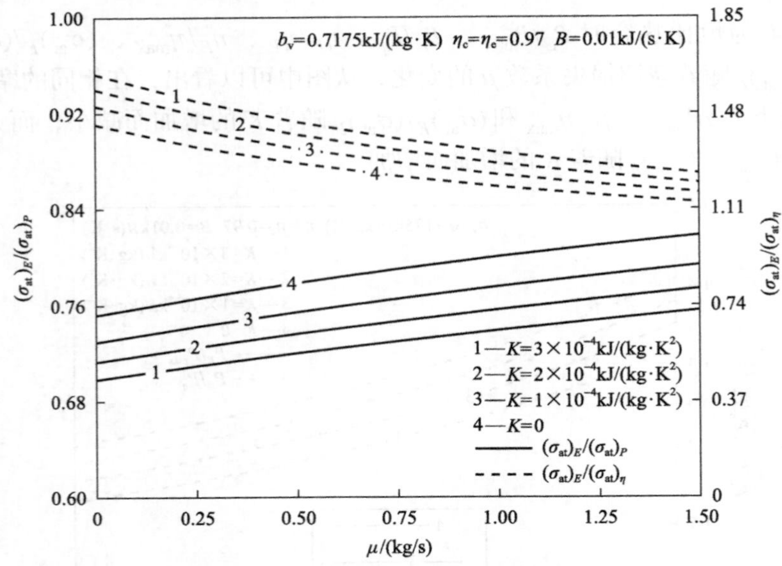

图 4.13　K 对 $(\sigma_{at})_E/(\sigma_{at})_P$ 和 $(\sigma_{at})_E/(\sigma_{at})_\eta$ 与 μ 的关系的影响

4.4　工质比热容随温度非线性变化时 Atkinson 循环的最优性能

4.2 节和 4.3 节已经分别研究了工质恒比热容和工质比热容随温度线性变化时 Atkinson 循环的生态学最优性能，本节将采用更接近工程实际的工质比热容随温度非线性变化模型，研究循环的功率、效率最优性能和循环的生态学最优性能。

4.4.1　循环模型和性能分析

本节考虑图 4.1 所示的不可逆 Atkinson 循环模型，采用 2.4.1 节中的工质比热容随温度非线性变化模型，即式(2.38)～式(2.40)仍然成立。

循环中工质的吸热率为

$$\begin{aligned}Q_{in} &= M\int_{T_2}^{T_3} C_v \mathrm{d}T \\ &= M\int_{T_2}^{T_3}(2.506\times10^{-11}T^2+1.454\times10^{-7}T^{1.5}-4.246\times10^{-7}T+3.162\times10^{-5}T^{0.5} \\ &\quad +1.0433-1.512\times10^4T^{-1.5}+3.063\times10^5T^{-2}-2.212\times10^7T^{-3})\mathrm{d}T \\ &= M[8.353\times10^{-12}T^3+5.816\times10^{-8}T^{2.5}-2.123\times10^{-7}T^2+2.108\times10^{-5}T^{1.5} \\ &\quad +1.0433T+3.024\times10^4T^{-0.5}-3.063\times10^5T^{-1}+1.106\times10^7T^{-2}]_{T_2}^{T_3}\end{aligned} \tag{4.22}$$

循环中工质的放热率为

$$
\begin{aligned}
Q_{\text{out}} &= M\int_{T_1}^{T_4} C_{\text{p}}\mathrm{d}T \\
&= M\int_{T_1}^{T_4} (2.506\times10^{-11}T^2 + 1.454\times10^{-7}T^{1.5} - 4.246\times10^{-7}T + 3.162\times10^{-5}T^{0.5} \\
&\quad + 1.3303 - 1.512\times10^{4}T^{-1.5} + 3.063\times10^{5}T^{-2} - 2.212\times10^{7}T^{-3})\mathrm{d}T \\
&= M[8.353\times10^{-12}T^3 + 5.816\times10^{-8}T^{2.5} - 2.123\times10^{-7}T^2 + 2.108\times10^{-5}T^{1.5} \\
&\quad + 1.3303T + 3.024\times10^{4}T^{-0.5} - 3.063\times10^{5}T^{-1} + 1.106\times10^{7}T^{-2}]_{T_1}^{T_4}
\end{aligned} \tag{4.23}
$$

按照 2.4.1 节中对变比热容可逆绝热过程的处理方法，将变比热容的可逆绝热过程分解成无数个无限小的恒比热容可逆绝热过程，故式(2.43)和式(2.44)依然成立。

2.2.1 节中定义的循环压缩比和内不可逆性损失，即式(2.3)、式(2.6)和式(2.7)仍然成立。故对于循环的两个可逆绝热过程 $1\rightarrow 2\text{S}$ 和 $3\rightarrow 4\text{S}$，有

$$C_{\text{v}}\ln(T_{2\text{S}}/T_1) = R\ln\gamma \tag{4.24}$$

$$C_{\text{v}}\ln(T_{4\text{S}}/T_3) - R\ln(T_1/T_{4\text{S}}) = -R\ln\gamma \tag{4.25}$$

不可逆 Atkinson 循环中存在的传热损失和摩擦损失，可以采用 2.2.1 节中的模型，即假设通过气缸壁的传热损失与工质和环境的温差成正比、摩擦力与活塞运动的平均速度成正比，故式(2.11)～式(2.15)依然成立。

循环净功率输出为

$$
\begin{aligned}
P_{\text{at}} &= Q_{\text{in}} - Q_{\text{out}} - P_{\mu} \\
&= M[8.353\times10^{-12}(T_3^3 + T_1^3 - T_2^3 - T_4^3) + 5.816\times10^{-8}(T_3^{2.5} + T_1^{2.5} - T_2^{2.5} - T_4^{2.5}) \\
&\quad - 2.123\times10^{-7}(T_3^2 + T_1^2 - T_2^2 - T_4^2) + 2.108\times10^{-5}(T_3^{1.5} + T_1^{1.5} - T_2^{1.5} - T_4^{1.5}) \\
&\quad + 1.0433(T_3 - T_2) - 1.3303(T_4 - T_1) + 3.024\times10^{4}(T_3^{-0.5} + T_1^{-0.5} - T_2^{-0.5} - T_4^{-0.5}) \\
&\quad - 3.063\times10^{5}(T_3^{-1} + T_1^{-1} - T_2^{-1} - T_4^{-1}) + 1.106\times10^{7}(T_3^{-2} + T_1^{-2} - T_2^{-2} - T_4^{-2})] \\
&\quad - 64\mu(Ln)^2
\end{aligned} \tag{4.26}
$$

循环的效率为

$$
\begin{aligned}
\eta_{\text{at}} &= P_{\text{at}}/(Q_{\text{in}} + Q_{\text{leak}}) \\
&\quad M[8.353\times10^{-12}(T_3^3 + T_1^3 - T_2^3 - T_4^3) + 5.816\times10^{-8}(T_3^{2.5} + T_1^{2.5} - T_2^{2.5} - T_4^{2.5}) \\
&\quad - 2.123\times10^{-7}(T_3^2 + T_1^2 - T_2^2 - T_4^2) + 2.108\times10^{-5}(T_3^{1.5} + T_1^{1.5} - T_2^{1.5} - T_4^{1.5}) \\
&\quad + 1.0433(T_3 - T_2) - 1.3303(T_4 - T_1) + 3.024\times10^{4}(T_3^{-0.5} + T_1^{-0.5} - T_2^{-0.5} - T_4^{-0.5})
\end{aligned}
$$

$$
= \frac{-3.063\times10^5(T_3^{-1}+T_1^{-1}-T_2^{-1}-T_4^{-1})+1.106\times10^7(T_3^{-2}+T_1^{-2}-T_2^{-2}-T_4^{-2})]-64\mu(Ln)^2}{\begin{aligned}&M[8.353\times10^{-12}(T_3^3-T_2^3)+5.816\times10^{-8}(T_3^{2.5}-T_2^{2.5})-2.123\times10^{-7}(T_3^2-T_2^2)\\&+2.108\times10^{-5}(T_3^{1.5}-T_2^{1.5})+1.0433(T_3-T_2)+3.024\times10^4(T_3^{-0.5}-T_2^{-0.5})\\&-3.063\times10^5(T_3^{-1}-T_2^{-1})+1.106\times10^7(T_3^{-2}-T_2^{-2})]+B(T_2+T_3-2T_0)\end{aligned}} \tag{4.27}
$$

整个循环中由传热损失、摩擦损失、内不可逆性损失和排气过程导致的总熵产率为

$$
\begin{aligned}
\sigma_{\mathrm{at}} &= \sigma_{\mathrm{q}}+\sigma_{\mu}+\sigma_{2\mathrm{S}\to2}+\sigma_{4\mathrm{S}\to4}+\sigma_{\mathrm{pq}}\\
&= B(T_2+T_3-2T_0)[1/T_0-2/(T_2+T_3)]+64\mu(Ln)^2/T_0+M[C_{\mathrm{v}2\mathrm{S}\to2}\ln(T_2/T_{2\mathrm{S}})\\
&\quad +C_{\mathrm{p}4\mathrm{S}\to4}\ln(T_4/T_{4\mathrm{S}})]-M[1.253\times10^{-11}(T_4^2-T_1^2)+9.693\times10^{-8}(T_4^{1.5}-T_1^{1.5})\\
&\quad -4.246\times10^{-7}(T_4-T_1)+6.3240\times10^{-5}(T_4^{0.5}-T_1^{0.5})+1.3303\ln(T_4/T_1)+1.0080\\
&\quad \times10^4(T_4^{-1.5}-T_1^{-1.5})-1.5315\times10^5(T_4^{-2}-T_1^{-2})+7.373\times10^6(T_4^{-3}-T_1^{-3})]+M/T_0\\
&\quad \times[8.353\times10^{-12}(T_4^3-T_1^3)+5.816\times10^{-8}(T_4^{2.5}-T_1^{2.5})-2.123\times10^{-7}(T_4^2-T_1^2)+2.108\\
&\quad \times10^{-5}(T_4^{1.5}-T_1^{1.5})+1.3303(T_4-T_1)+3.024\times10^4(T_4^{-0.5}-T_1^{-0.5})-3.063\times10^5(T_4^{-1}\\
&\quad -T_1^{-1})+1.106\times10^7(T_4^{-2}-T_1^{-2})]
\end{aligned} \tag{4.28}
$$

式中，定容比热容 $C_{\mathrm{v}2\mathrm{S}\to2}$ 中的温度 $T=\dfrac{T_2-T_{2\mathrm{S}}}{\ln(T_2/T_{2\mathrm{S}})}$，为2、2S状态之间的对数平均温度；定压比热容 $C_{\mathrm{p}4\mathrm{S}\to4}$ 中的温度 $T=\dfrac{T_4-T_{4\mathrm{S}}}{\ln(T_4/T_{4\mathrm{S}})}$，为4、4S状态之间的对数平均温度。

循环的生态学函数为

$$
\begin{aligned}
E_{\mathrm{at}} &= P_{\mathrm{at}}-T_0\sigma_{\mathrm{at}}\\
&= M[8.353\times10^{-12}(T_3^3+2T_1^3-T_2^3-2T_4^3)+5.816\times10^{-8}(T_3^{2.5}+2T_1^{2.5}-T_2^{2.5}-2T_4^{2.5})\\
&\quad -2.123\times10^{-7}(T_3^2+2T_1^2-T_2^2-2T_4^2)+2.108\times10^{-5}(T_3^{1.5}+2T_1^{1.5}-T_2^{1.5}-2T_4^{1.5})\\
&\quad +1.0433(T_3-T_2)-1.3303(2T_4-2T_1)+3.024\times10^4(T_3^{-0.5}+2T_1^{-0.5}-T_2^{-0.5}-2T_4^{-0.5})\\
&\quad -3.063\times10^5(T_3^{-1}+2T_1^{-1}-T_2^{-1}-2T_4^{-1})+1.106\times10^7(T_3^{-2}+2T_1^{-2}-T_2^{-2}-2T_4^{-2})]\\
&\quad -B(T_2+T_3-2T_0)[1-2T_0/(T_2+T_3)]-128\mu(Ln)^2-MT_0[C_{\mathrm{v}2\to2\mathrm{S}}\ln(T_2/T_{2\mathrm{S}})\\
&\quad +C_{\mathrm{p}4\to4\mathrm{S}}\ln(T_4/T_{4\mathrm{S}})]+MT_0[1.253\times10^{-11}(T_4^2-T_1^2)+9.693\times10^{-8}(T_4^{1.5}-T_1^{1.5})\\
&\quad -4.246\times10^{-7}(T_4-T_1)+6.3240\times10^{-5}(T_4^{0.5}-T_1^{0.5})+1.3303\ln(T_4/T_1)+1.0080\\
&\quad \times10^4(T_4^{-1.5}-T_1^{-1.5})-1.5315\times10^5(T_4^{-2}-T_1^{-2})+7.373\times10^6(T_4^{-3}-T_1^{-3})]
\end{aligned} \tag{4.29}
$$

在给定压缩比γ、循环初温T_1、循环最高温度T_3、压缩效率η_c和膨胀效率η_e的情况下可以由式(4.24)解出T_{2S}，然后再由式(2.6)解出T_2，由式(4.25)解出T_{4S}，最后由式(2.7)解出T_4，将解出的T_2和T_4代入式(4.26)、式(4.27)和式(4.29)得到相应的功率、效率和生态学函数。由此可得到功率、效率和生态学函数与压缩比的关系及循环的其他特性关系。

4.4.2 数值算例与讨论

在计算中取$T_1 = 350\text{K}$，$T_3 = 2200\text{K}$，$M = 4.553\times10^{-3}\text{kg/s}$，$X_1 = 8\times10^{-2}\text{m}$，$X_2 = 1\times10^{-2}\text{m}$，$n = 30$。图 4.14～图 4.16 给出了循环内不可逆性损失、传热损失

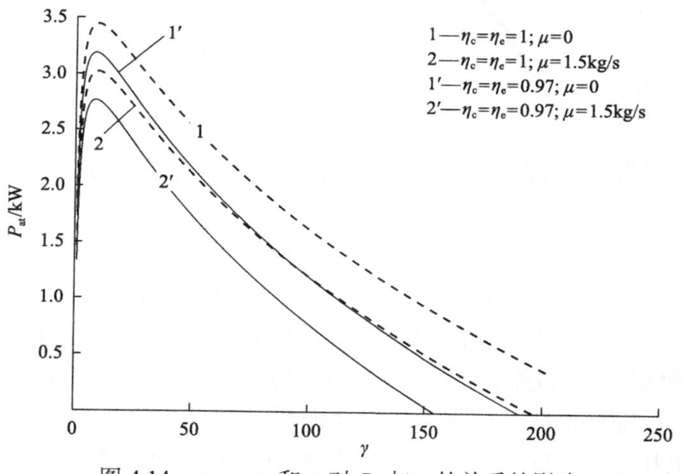

图 4.14 η_c、η_e和μ对P_{at}与γ的关系的影响

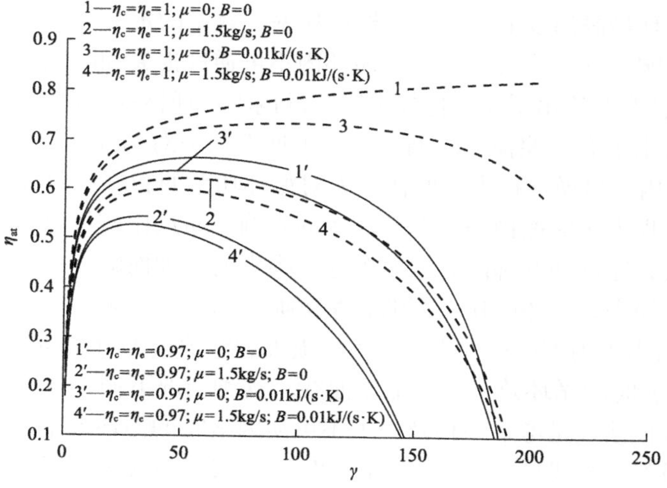

图 4.15 η_c、η_e、B和μ对η_{at}与γ的关系的影响

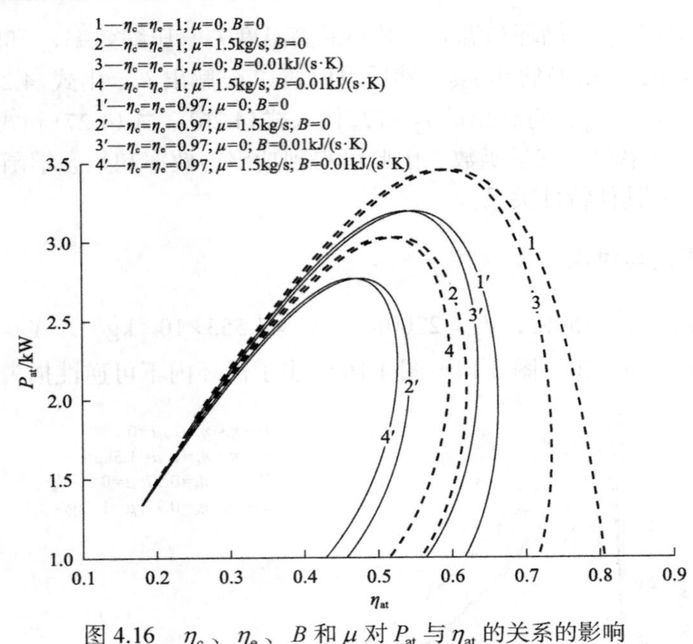

图 4.16　η_c、η_e、B 和 μ 对 P_{at} 与 η_{at} 的关系的影响

和摩擦损失三种不可逆因素对循环功率、效率性能特性的影响。从图中可以看出，当完全不考虑上述三种不可逆因素时，循环的功率与压缩比曲线以及功率与效率曲线呈类抛物线型，而效率则随压缩比单调增加；当考虑任意一种不可逆因素时，循环的功率与压缩比曲线、效率与压缩比曲线呈类抛物线型，而功率与效率曲线呈回原点的扭叶型，这反映了实际不可逆 Atkinson 循环的本质特性(即循环既存在最大功率工作点也存在最大效率工作点)。

在给定循环最高温度的情况下，根据功率、效率的定义可知传热损失对循环的功率没有影响，因此图 4.14 给出了循环内不可逆性损失和摩擦损失对循环功率的影响。曲线 1 和 1′ 给出了无摩擦损失时循环内不可逆性损失对循环功率的影响；曲线 2 和 2′ 给出了有摩擦损失时循环内不可逆性损失对循环功率的影响。曲线 1 和 2 给出了无内不可逆性损失时摩擦损失对循环功率的影响；曲线 1′ 和 2′ 给出了有内不可逆性损失时摩擦损失对循环功率的影响。通过比较可以看出，无论是否存在摩擦损失，循环功率都随着内不可逆性损失的增加而减小；无论是否考虑循环内不可逆性损失，循环的功率都随着摩擦损失的增加而减小。

图 4.15 给出了内不可逆性损失、传热损失和摩擦损失对循环效率的影响。曲线 1 是完全可逆时的循环效率与压缩比曲线，这种情况下循环效率随压缩比的增加而增加。其他曲线是考虑一种及以上不可逆因素时的循环效率与压缩比曲线，这些曲线均呈类抛物线型。比较曲线 1 和 1′ 、2 和 2′ 、3 和 3′ 以及 4 和 4′ ，可以看出循环效率随着内不可逆性损失的增加而减小；比较曲线 1 和 3 、2 和 4 、1′ 和 3′

以及 2′ 和 4′，可以看出循环效率随着传热损失的增加而减小；比较曲线1和2、3和4、1′ 和 2′ 以及 3′ 和 4′，可以看出循环效率随着摩擦损失的增加而减小。

图 4.16 给出了内不可逆性损失、传热损失和摩擦损失对循环功率与效率特性的影响。曲线1是完全可逆时的循环功率与效率特性曲线，这种情况下曲线呈类抛物线型，其他曲线是考虑一种及以上不可逆因素时的功率与效率特性曲线，这些曲线呈回原点的扭叶型。比较曲线1和1′、2和2′、3和3′ 以及 4和4′，可以看出循环最大功率、最大功率时对应的效率随着内不可逆性损失的增加而减小；比较曲线1和3、2和4、1′ 和 3′ 以及 2′ 和 4′，可以看出循环的最大功率不受传热损失的影响，而最大功率时对应的效率随着传热损失的增加而减小；比较曲线1和2、3和4、1′ 和 2′ 以及 3′ 和 4′，可以看出循环的最大功率以及最大功率时对应的效率随着摩擦损失的增加而减小。

图 4.17 和图 4.18 分别给出了工质比热容模型对循环生态学函数与功率的关系和生态学函数与效率的关系的影响。图中曲线 1 为恒比热容时循环生态学函数与功率的关系和生态学函数与效率的关系，曲线 2 为工质比热容随温度线性变化（工质比热容随温度线性变化的系数 $K = 2\times10^{-4}\,\mathrm{kJ/(kg\cdot K^2)}$）时循环生态学函数与功率的关系和生态学函数与效率的关系，曲线 3 为工质比热容随温度非线性变化时循环生态学函数与功率的关系和生态学函数与效率的关系。从图 4.17 和图 4.18 可以看出工质比热容模型对循环生态学函数与功率的关系和生态学函数与效率的关系不产生定性的影响，仅产生定量的影响。三种比热容模型中，工质比热容随

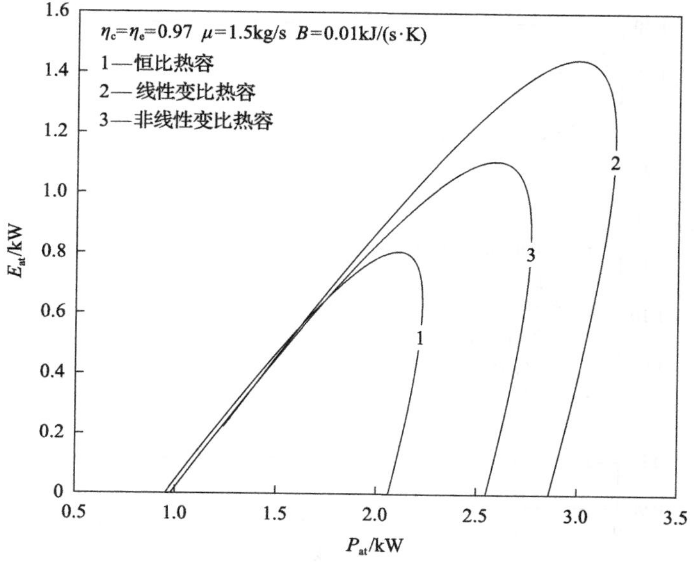

图 4.17　比热容模型对 E_{at} 与 P_{at} 的关系的影响

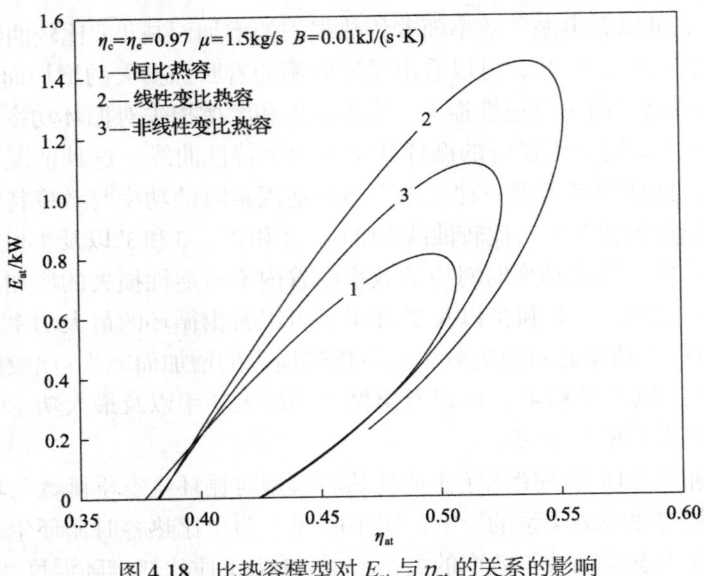

图 4.18　比热容模型对 E_{at} 与 η_{at} 的关系的影响

温度线性变化时循环生态学函数、输出功率和效率的极值最大，工质恒比热容时循环生态学函数、输出功率和效率的极值最小，而工质比热容随温度非线性变化时循环的生态学函数、输出功率和效率的极值介于两者之间。

图 4.19～图 4.21 分别给出了工质比热容模型(工质比热容随温度线性变化时的系数 $K=2\times10^{-4}\,\mathrm{kJ/(kg\cdot K^2)}$)对 $P_E/P_{\max}$ 、P_E/P_η 、η_E/η_P 、$\eta_E/\eta_{\max}$ 、$(\sigma_{at})_E/(\sigma_{at})_P$

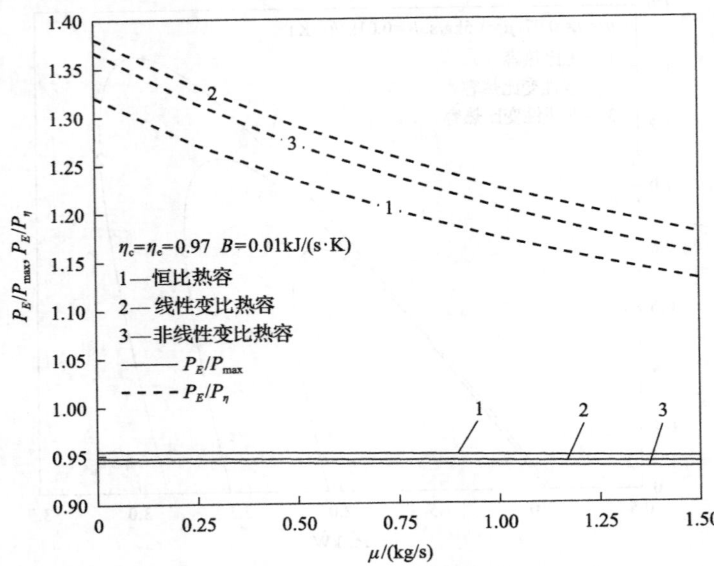

图 4.19　比热容模型对 $P_E/P_{\max}$ 和 P_E/P_η 与 μ 的关系的影响

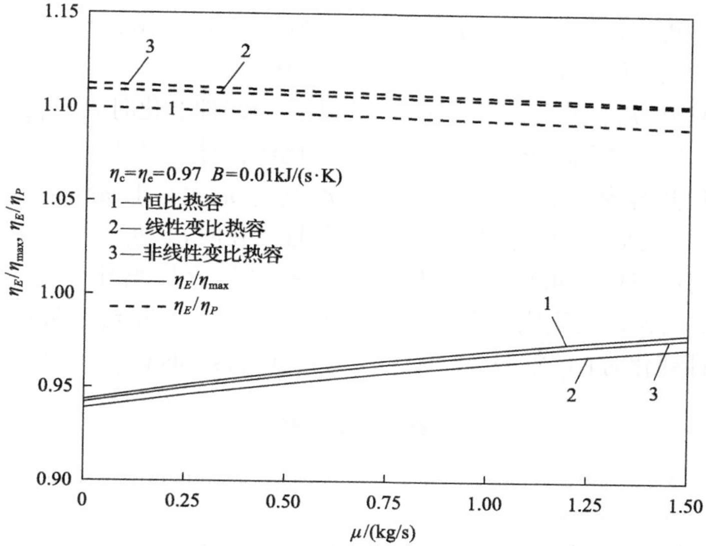

图 4.20　比热容模型对 η_E/η_{max} 和 η_E/η_P 与 μ 的关系的影响

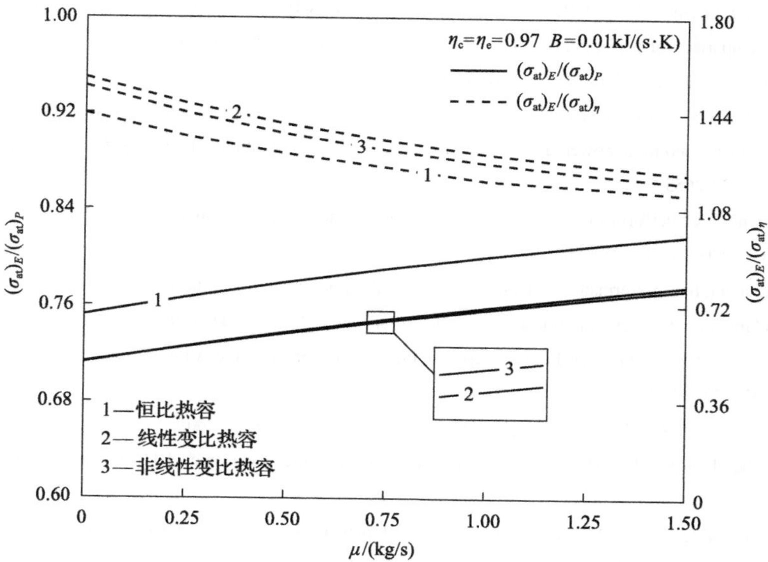

图 4.21　比热容模型对 $(\sigma_{at})_E/(\sigma_{at})_P$ 和 $(\sigma_{at})_E/(\sigma_{at})_\eta$ 与 μ 的关系的影响

和 $(\sigma_{at})_E/(\sigma_{at})_\eta$ 随摩擦损失系数 μ 的变化的影响，其中 P_{max}、η_P 和 $(\sigma_{at})_P$ 分别为循环的最大输出功率以及相应的效率和熵产率；η_{max}、P_η 和 $(\sigma_{at})_\eta$ 分别为循环的最大效率以及相应的输出功率和熵产率；P_E、η_E 和 $(\sigma_{at})_E$ 分别为循环生态学函数最大时的输出功率、效率和熵产率。从图 4.19～图 4.21 可以看出，比热容模型对

$P_E/P_{\max}$、P_E/P_η、η_E/η_P、$\eta_E/\eta_{\max}$、$(\sigma_{at})_E/(\sigma_{at})_P$ 和 $(\sigma_{at})_E/(\sigma_{at})_\eta$ 随 μ 的变化不产生定性的影响，仅产生定量的影响。从图 4.19 可以看出，三种比热容模型中工质恒比热容时 $P_E/P_{\max}$ 最大，工质比热容随温度非线性变化时 $P_E/P_{\max}$ 最小；工质比热容随温度线性变化时 P_E/P_η 最大，工质恒比热容时 P_E/P_η 最小。从图 4.20 可以看出，三种比热容模型中工质恒比热容时 $\eta_E/\eta_{\max}$ 最大，工质比热容随温度线性变化时 $\eta_E/\eta_{\max}$ 最小；工质比热容随温度非线性变化时 η_E/η_P 最大，工质恒比热容时 η_E/η_P 最小。从图 4.21 可以看出，三种比热容模型中工质恒比热容时 $(\sigma_{at})_E/(\sigma_{at})_P$ 最大，工质比热容随温度线性变化时 $(\sigma_{at})_E/(\sigma_{at})_P$ 最小；工质比热容随温度线性变化时 $(\sigma_{at})_E/(\sigma_{at})_\eta$ 最大，工质恒比热容时 $(\sigma_{at})_E/(\sigma_{at})_\eta$ 最小。

参考文献

[1] Chen L G, Lin J X, Sun F R, et al. Efficiency of an Atkinson engine at maximum power density[J]. Energy Convers. Manage., 1998, 39(3/4): 337-341.

[2] Qin X Y, Chen L G, Sun F R. The universal power and efficiency characteristics for irreversible reciprocating heat engine cycles[J]. Eur. J. Phys., 2003, 24(4): 359-366.

[3] Ge Y L, Chen L G, Sun F R, et al. Reciprocating heat-engine cycles[J]. Appl. Energy, 2005, 81(3): 180-186.

[4] Hou S S. Comparison of performances of air standard Atkinson and Otto cycles with heat transfer considerations[J]. Energy Convers. Manage., 2007, 48(5): 1683-1690.

[5] Wang P Y, Hou S S. Performance analysis and comparison of an Atkinson cycle coupled to variable temperature heat reservoirs under maximum power and maximum power density conditions[J]. Energy Convers. Manage., 2005, 46(15-16): 2637-2655.

[6] Zhao Y R, Chen J C. Performance analysis and parametric optimum criteria of an irreversible Atkinson heat-engine[J]. Appl. Energy, 2006, 83(8): 789-800.

[7] Ust Y. A comparative performance analysis and optimization of irreversible Atkinson cycle under maximum power density and maximum power conditions[J]. Int. J. Thermophysics, 2009, 30(3): 1001-1013.

[8] Shi S S, Ge Y L, Chen L G, et al. Four-objective optimization of irreversible Atkinson cycle based on NSGA-Ⅱ[J]. Entropy, 2020, 22(10):1150.

[9] 戈延林. 工质变比热对内燃机循环性能的影响[D]. 武汉：海军工程大学, 2005.

[10] Ge Y L, Chen L G, Sun F R, et al. Performance of an endoreversible Atkinson cycle[J]. J. Energy Inst., 2007, 80(1): 52-54.

[11] Ge Y L, Chen L G , Sun F R, et al. Performance of Atkinson cycle with heat transfer, friction and variable specific heats of working fluid[J]. Appl. Energy, 2006, 83(11): 1210-1221.

[12] Lin J C, Hou S S. Influence of heat loss on the performance of an air-standard Atkinson cycle[J]. Appl. Energy, 2007, 84(9): 904-920.

[13] Al-Sarkhi A, Akash B, Abu-Nada E, et al. Efficiency of Atkinson engine at maximum power density using temperature dependent specific heats[J]. Jordan J. Mechanical Industrial Eng., 2008, 2(2): 71-75.

[14] 叶兴梅, 刘静宜. 以变热容气体为工质的不可逆 Atkinson 热机的优化性能[J]. 云南大学学报(自然科学版), 2010, 32(5): 542-546.

[15] 施双双, 陈林根, 戈延林, 等. 工质比热随温度线性变化时不可逆 Atkinson 循环功率密度特性[J]. 节能, 2020,

40 (6): 114-119.

[16] Ebrahimi R. Performance of an endoreversible Atkinson cycle with variable specific heat ratio of working fluid[J]. J. American Sci., 2010, 6 (2): 12-17.

[17] Ebrahimi R. Effects of mean piston speed, equivalence ratio and cylinder wall temperature on performance of an Atkinson engine[J]. Math. Comput. Model., 2011, 53 (5-6): 1289-1297.

[18] Chen L G, Ge Y L, Liu C, et al. Performance of universal reciprocating heat-engine cycle with variable specific heats ratio of working fluid[J]. Entropy, 2020, 22 (4): 397.

[19] Lin J C. Ecological optimization for an Atkinson engine[J]. JP J. Heat Mass Transfer, 2010, 4 (1): 95-112.

[20] Ghatak A, Chakraborty S. Effect of external irreversibilities and variable thermal properties of working fluid on thermal performance of a Dual internal combustion engine cycle[J]. Strojnicky Casopsis (J. Mechanical Energy), 2007, 58 (1): 1-12.

[21] Abu-Nada E, Al-Hinti I, Al-Aarkhi A, et al. Thermodynamic modeling of spark-ignition engine: Effect of temperature dependent specific heats[J]. Int. Comm. Heat Mass Transfer, 2005, 33 (10): 1264-1272.

[22] Abu-Nada E, Al-Hinti I, Akash B, et al. Thermodynamic analysis of spark-ignition engine using a gas mixture model for the working fluid[J]. Int. J. Energy Res., 2007, 37 (11): 1031-1046.

[23] Abu-Nada E, Al-Hinti I, Al-Sarkhi A, et al. Effect of piston friction on the performance of SI engine: A new thermodynamic approach[J]. ASME Trans. J. Eng. Gas Turbine Pow., 2008, 130 (2): 022802.

[24] Abu-Nada E, Akash B, Al-Hinti I, et al. Performance of spark-ignition engine under the effect of friction using gas mixture model[J]. J. Energy Inst., 2009, 82 (4): 197-205.

第5章　空气标准不可逆 Brayton 循环最优性能

5.1　引　　言

已有大量文献研究了定常流开式和闭式简单、回热和中冷回热式 Brayton 循环的有限时间热力学特性[1-6]，对于往复式 Brayton 循环却少有研究。文献[7]～[12]考虑传统工质，在不同损失项(包括传热损失、摩擦损失以及不同损失项的组合)和工质恒比热容[7,8]、变比热容(比热容随温度线性变化[9-11])以及工质变比热容比(比热容比随温度非线性变化[12])情况下研究了 Brayton 循环的功率、效率特性。

本章将生态学函数引入到往复式 Brayton 循环的最优性能分析中，用空气标准循环模型代替开式循环模型，建立存在传热损失、摩擦损失和内不可逆性损失的不可逆 Brayton 循环模型，通过循环内存在的各种损失来计算熵产率，首先研究工质恒比热容情况下循环的生态学最优性能，并分析三种损失对循环生态学最优性能的影响；其次采用文献[9]～[11]和[13]提出的工质比热容随温度线性变化模型，研究循环的生态学最优性能，并分析工质变比热容对循环生态学最优性能的影响；最后采用 Abu-Nada 等[14-17]提出的工质比热容随温度非线性变化模型，研究循环的功率、效率最优性能和生态学最优性能，并分析工质比热容模型(包括工质恒比热容、比热容随温度线性变化和非线性变化)和三种损失对循环的功率、效率最优性能和生态学最优性能的影响。

5.2　工质恒比热容时 Brayton 循环的生态学最优性能

5.2.1　循环模型和性能分析

本节考虑图 5.1 所示的不可逆 Brayton 循环模型，$1 \to 2S$ 为可逆绝热压缩过程，$1 \to 2$ 为不可逆绝热压缩过程，$2 \to 3$ 为定压吸热过程，$3 \to 4S$ 为可逆绝热膨胀过程，$3 \to 4$ 为不可逆绝热膨胀过程，$4 \to 1$ 为定压放热过程。

循环中工质的吸热率为

$$Q_{in} = MC_p(T_3 - T_2) \tag{5.1}$$

循环中工质的放热率为

$$Q_{out} = MC_p(T_4 - T_1) \tag{5.2}$$

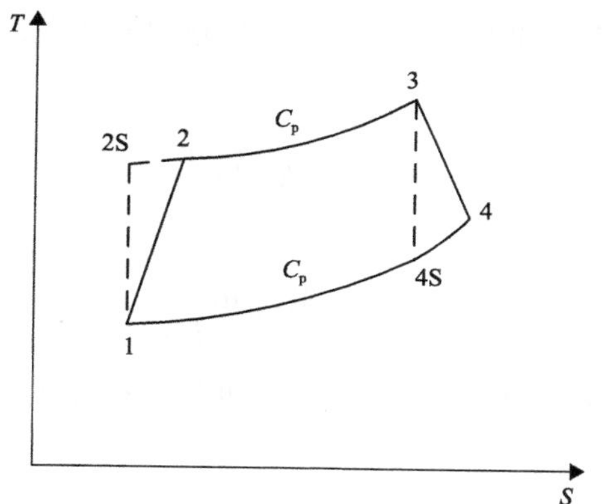

图 5.1　不可逆 Brayton 循环模型 T-S 图

2.2.1 节中定义的循环压缩比和内不可逆性损失，即式(2.3)、式(2.6)和式(2.7)仍然成立。故对于循环的不可逆绝热过程 $1\to2$ 和 $3\to4$ 有

$$[\eta_c(T_2-T_1)+T_1]^k-T_1(\gamma T_2)^{k-1}=0 \tag{5.3}$$

$$T_3^kT_1^{k-1}\eta_e{}^k-T_2^{k-1}[T_4+(\eta_e-1)T_3]^k\gamma^{k-1}=0 \tag{5.4}$$

不可逆 Brayton 循环中存在的传热损失和摩擦损失，依然采用 2.2.1 节中的模型，即假设通过气缸壁的传热损失与工质和环境的温差成正比、摩擦力与活塞运动的平均速度成正比，故式(2.11)～式(2.15)在本节依然成立。

循环净功率输出为

$$\begin{aligned}P_{br}&=Q_{in}-Q_{out}-P_\mu\\&=M[C_p(T_3-T_2)-C_p(T_4-T_1)]-64\mu(Ln)^2\end{aligned} \tag{5.5}$$

循环的效率为

$$\eta_{br}=\frac{P_{br}}{Q_{in}+Q_{leak}}=\frac{Q_{in}-Q_{out}-P_\mu}{Q_{in}+Q_{leak}}=\frac{M[C_p(T_3-T_2)-C_p(T_4-T_1)]-64\mu(Ln)^2}{MC_p(T_3-T_2)+B(T_2+T_3-2T_0)} \tag{5.6}$$

实际的不可逆 Brayton 循环中由传热损失和摩擦损失导致的熵产率分别为

$$\sigma_q=B(T_2+T_3-2T_0)\left(\frac{1}{T_0}-\frac{2}{T_2+T_3}\right) \tag{5.7}$$

$$\sigma_\mu=\frac{P_\mu}{T_0}=\frac{64\mu(Ln)^2}{T_0} \tag{5.8}$$

对于不可逆压缩损失和不可逆膨胀损失导致的熵产率，分别由过程 $2S\to 2$ 和 $4S\to 4$ 的熵增率来计算：

$$\sigma_{2S\to 2}=MC_p\ln\frac{T_2}{T_{2S}} \tag{5.9}$$

$$\sigma_{4S\to 4}=MC_p\ln\frac{T_4}{T_{4S}} \tag{5.10}$$

此外，工质经过功率冲程做功后由排气冲程排往环境，该过程的熵产率可以通过式(5.11)计算：

$$\sigma_{pq}=M\int_{T_1}^{T_4}C_p\mathrm{d}T\left(\frac{1}{T_0}-\frac{1}{T}\right)=M\left[\frac{C_p(T_4-T_1)}{T_0}-C_p\ln\frac{T_4}{T_1}\right] \tag{5.11}$$

因此整个循环的熵产率为

$$\begin{aligned}\sigma_{br}&=\sigma_q+\sigma_\mu+\sigma_{2S\to 2}+\sigma_{4S\to 4}+\sigma_{pq}\\&=B(T_2+T_3-2T_0)[1/T_0-2/(T_2+T_3)]+64\mu(Ln)^2/T_0+MC_p\ln[\eta_e T_2/(\eta_c T_2\\&\quad-\eta_c T_1+T_1)]+MC_p\ln[T_4/(T_4+\eta_e T_3-T_3)]+M[C_p(T_4-T_1)/T_0-C_p\ln(T_4/T_1)]\end{aligned} \tag{5.12}$$

Brayton 循环的生态学函数为

$$\begin{aligned}E_{br}&=P_{br}-T_0\sigma_{br}\\&=M[C_p(T_3-T_2)-C_p(T_4-T_1)]-B(T_2+T_3-2T_0)[1-2T_0/(T_2+T_3)]-128\mu(Ln)^2\\&\quad-MC_pT_0\ln[\eta_e T_2/(\eta_c T_2-\eta_c T_1+T_1)]-MC_pT_0\ln[T_4/(T_4+\eta_e T_3-T_3)]-M[C_p(T_4\\&\quad-T_1)-C_pT_0\ln(T_4/T_1)]\end{aligned} \tag{5.13}$$

在给定压缩比 γ 、循环初温 T_1 、循环最高温度 T_3 、压缩效率 η_c 和膨胀效率 η_e 的情况下可以由式(5.3)解出 T_2 ，然后再由式(5.4)解出 T_4 ，将解出的 T_2 和 T_4 代入式(5.5)、式(5.6)和式(5.13)得到相应的功率、效率和生态学函数。由此可得到功率、效率和生态学函数与压缩比的关系及循环的其他特性关系。

5.2.2 数值算例与讨论

在计算中取 $X_1=8\times10^{-2}\,\text{m}$ ，$X_2=1\times10^{-2}\,\text{m}$ ，$T_1=350\text{K}$ ，$T_3=2200\text{K}$ ，$T_0=300\text{K}$ ，$n=30$ ，$C_p=1.0045\text{kJ/(kg}\cdot\text{K)}$ ，$M=4.553\times10^{-3}\text{kg/s}$ 。图 5.2 和图 5.3 分别给出了不同传热损失、摩擦损失和内不可逆性损失情况下热机生态学函数与功率的关系和

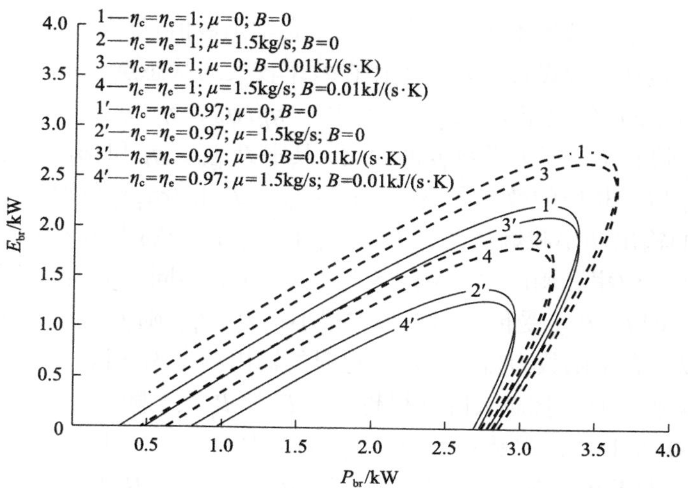

图 5.2 η_c、η_e、B 和 μ 对 E_{br} 与 P_{br} 的关系的影响

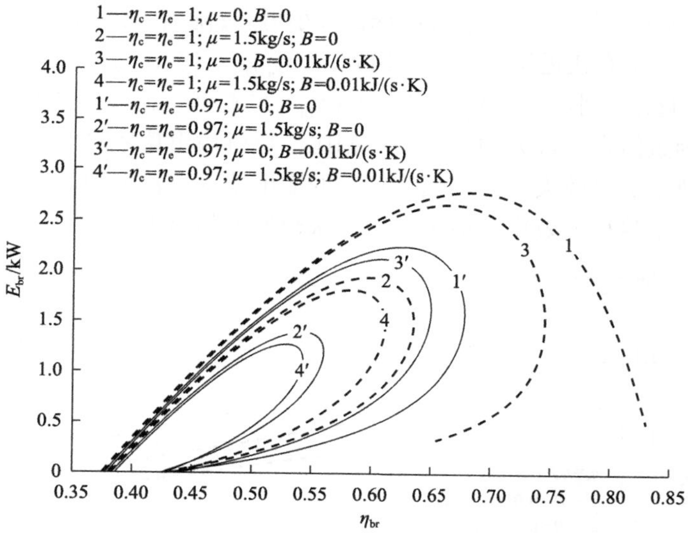

图 5.3 η_c、η_e、B 和 μ 对 E_{br} 与 η_{br} 的关系的影响

生态学函数与效率的关系。由图 5.2 可知，除了在最大功率点处，对应于热机任一生态学函数，输出功率都有两个值，因此实际运行时应使热机工作于输出功率较大的状态点；循环的生态学函数随着传热损失、摩擦损失和内不可逆性损失的增加而减小。图 5.3 中曲线 1 是完全可逆时循环生态学函数与效率的关系，此时曲线呈类抛物线型(即循环生态学函数最大时对应的效率不为零，而效率最大时对应的生态学函数为零)。而其他曲线是考虑了一种及以上不可逆因素时的生态学函数与效率关系，此时曲线呈扭叶型(即循环生态学函数最大时对应的效率和效率最

大时对应的生态学函数均不为零)。每一个生态学函数值(最大值点除外)都对应两个效率取值，显然，要设计使热机工作在效率较大的状态点。

图 5.4～图 5.6 给出了 $P_E/P_{\max}$、P_E/P_η、η_E/η_P、$\eta_E/\eta_{\max}$、$(\sigma_{\mathrm{br}})_E/(\sigma_{\mathrm{br}})_P$ 和 $(\sigma_{\mathrm{br}})_E/(\sigma_{\mathrm{br}})_\eta$ 随着摩擦损失系数 μ 的变化，其中 $P_{\max}$、η_P 和 $(\sigma_{\mathrm{br}})_P$ 分别为循环的最大输出功率以及相应的效率和熵产率；$\eta_{\max}$、P_η 和 $(\sigma_{\mathrm{br}})_\eta$ 分别为循环的最大效率以及相应的输出功率和熵产率；P_E、η_E 和 $(\sigma_{\mathrm{br}})_E$ 分别为循环生态学函数最大时的输出功率、效率和熵产率。从图 5.4 可以看出，不同 B 取值对应的 $P_E/P_{\max}$-μ 曲线很接近，即 $P_E/P_{\max}$ 受传热损失影响很小；$P_E/P_{\max}$ 随 μ 的增大而减小，且值小于 1，即以生态学函数为目标函数优化时的输出功率 P_E 相对热机的最大输出功率 $P_{\max}$ 有所降低，且摩擦越大降低得越多。P_E 比 P_η 大，随着 B 增大，P_E/P_η 逐渐减小，P_E 有接近于 P_η 的趋势；P_E/P_η 随 μ 的增大而减小，且值大于 1。从图 5.5 可以看出，η_E 大于 η_P，对于给定的 B（μ），η_E/η_P 随 μ（B）的增大而减小。η_E 小于 $\eta_{\max}$，对于给定的 B（μ），$\eta_E/\eta_{\max}$ 随 μ（B）的增大而增大，η_E 有接近于 $\eta_{\max}$ 的趋势。从图 5.6 可看出，$(\sigma_{\mathrm{br}})_E$ 要比 $(\sigma_{\mathrm{br}})_P$ 小得多；随着 B 的增大，$(\sigma_{\mathrm{br}})_E/(\sigma_{\mathrm{br}})_P$ 逐渐增大，$(\sigma_{\mathrm{br}})_E$ 有接近于 $(\sigma_{\mathrm{br}})_P$ 的趋势；$(\sigma_{\mathrm{br}})_E$ 要比 $(\sigma_{\mathrm{br}})_\eta$ 大，随着 B 的增大，$(\sigma_{\mathrm{br}})_E/(\sigma_{\mathrm{br}})_\eta$ 逐渐减小，$(\sigma_{\mathrm{br}})_E$ 有接近于 $(\sigma_{\mathrm{br}})_\eta$ 的趋势。比较图 5.4～图 5.6 可知，最大生态学函数值点与最大输出功率点相比，热机输出功率降低较少，而熵产率降低很多，效率提升较大，即以牺牲较小的输出功率，较大地降低了熵产率，一定程度上提高了热机的效率。最大生态学函数值点与最大效率点相比，热机效率

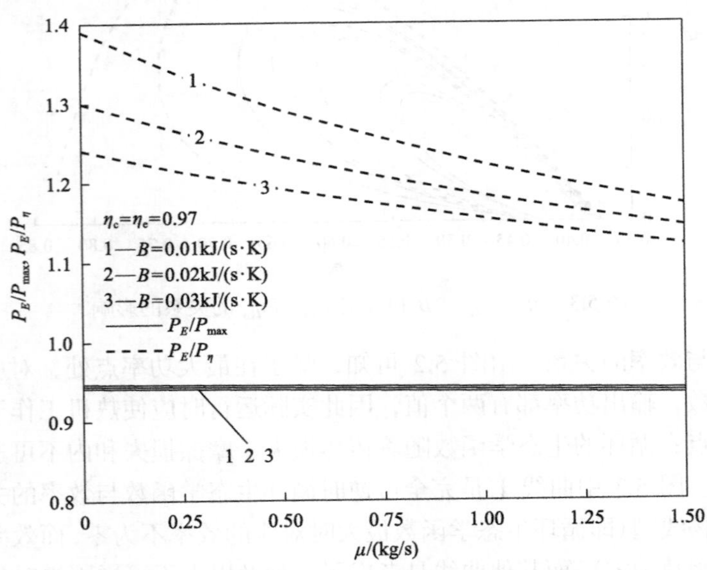

图 5.4　B 对 $P_E/P_{\max}$ 和 P_E/P_η 与 μ 的关系的影响

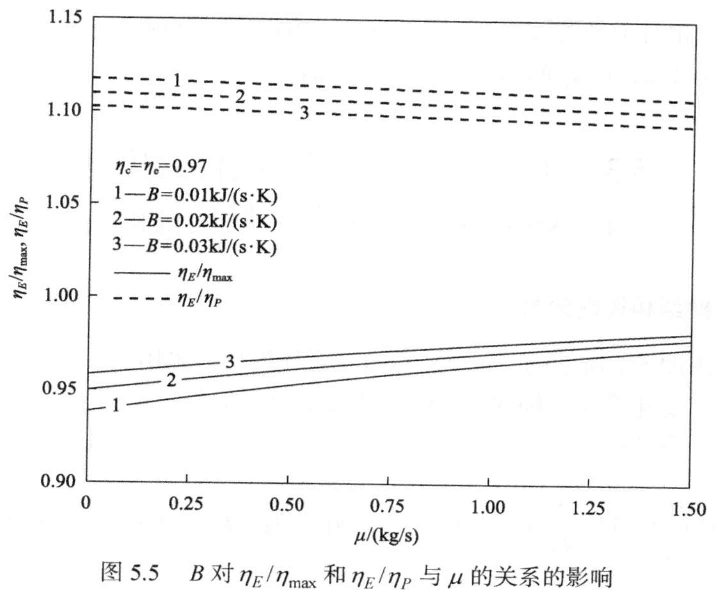

图 5.5　B 对 η_E/η_{max} 和 η_E/η_P 与 μ 的关系的影响

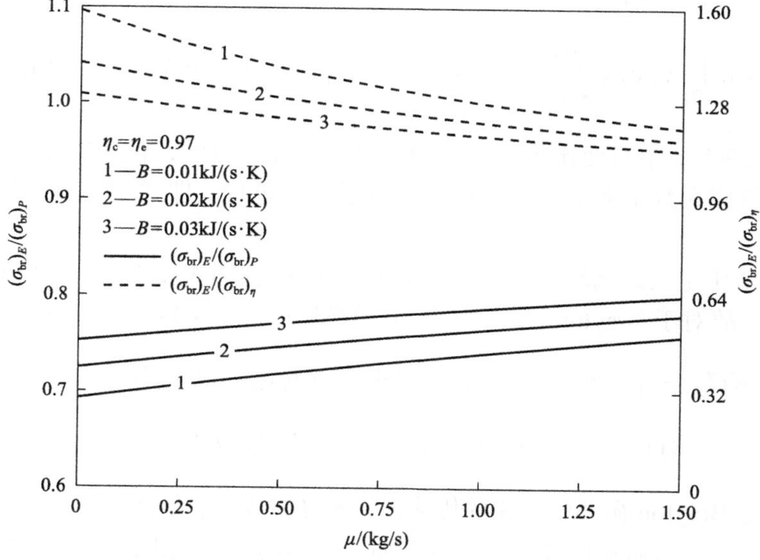

图 5.6　B 对 $(\sigma_{br})_E/(\sigma_{br})_P$ 和 $(\sigma_{br})_E/(\sigma_{br})_\eta$ 与 μ 的关系的影响

有一定的下降，熵产率增大较多，但输出功率增大的量很多，即以牺牲较小的效率，增加了一定的熵产率，较大程度上提高了热机的输出功率。因此生态学函数不仅反映了输出功率和熵产率之间的最佳折中，而且反映了输出功率和效率之间的最佳折中。例如，$\mu = 0.75\text{kg/s}$，$B = 0.02\text{kJ/(s}\cdot\text{K)}$ 时，生态学函数最大时的输出功率相对于最大输出功率减少了 5.9%，相应的效率提高了 10.5%，而熵产率减少了 24.4%。相对于最大效率点，最大生态学函数值点的效率降低了 3.4%，相应的熵产率增大了 25.3%，而输出功率增大了 20.6%。

5.3 工质比热容随温度线性变化时 Brayton 循环的生态学最优性能

5.3.1 循环模型和性能分析

本节考虑图 5.1 所示的不可逆 Brayton 循环模型，采用 2.3.1 节中的工质比热容随温度线性变化模型，即式(2.25)～式(2.27)仍然成立。

循环中工质的吸热率为

$$Q_{\text{in}} = M\int_{T_2}^{T_3} C_{\text{p}}\text{d}T=\int_{T_2}^{T_3}(a_{\text{p}} + KT)\text{d}T = M[a_{\text{p}}(T_3 - T_2) + 0.5K(T_3^2 - T_2^2)] \tag{5.14}$$

循环中工质的放热率为

$$Q_{\text{out}} = M\int_{T_1}^{T_4} C_{\text{p}}\text{d}T=\int_{T_1}^{T_4}(a_{\text{p}} + KT)\text{d}T=M[a_{\text{p}}(T_4 - T_1) + 0.5K(T_4^2 - T_1^2)] \tag{5.15}$$

按照 2.3.1 节中对变比热容可逆绝热过程的处理方法，将变比热容的可逆绝热过程分解成无数个无限小的恒比热容可逆绝热过程，即式(2.30)和式(2.31)依然成立。

2.2.1 节中定义的循环压缩比和内不可逆性损失，即式(2.3)、式(2.6)和式(2.7)仍然成立。故对于 Brayton 循环的两个可逆绝热过程 $1 \to 2\text{S}$ 和 $3 \to 4\text{S}$，有

$$K(T_{2\text{S}} - T_1) + b_{\text{v}}\ln(T_{2\text{S}} / T_1) - R\ln[(T_{2\text{S}} + \eta_{\text{c}}T_1 - T_1) / \eta_{\text{c}}T_{2\text{S}}] = R\ln\gamma \tag{5.16}$$

$$K(T_3 - T_{4\text{S}}) + b_{\text{v}}\ln(T_3 / T_{4\text{S}}) - R\ln(T_{4\text{S}}T_2 / T_1T_3) = R\ln\gamma \tag{5.17}$$

不可逆 Brayton 循环中存在的传热损失和摩擦损失，依然采用 2.2.1 节中的模型，即假设通过气缸壁的传热损失与工质和环境的温差成正比、摩擦力与活塞运动的平均速度成正比，故式(2.11)～式(2.15)依然成立。

循环净功率输出为

$$\begin{aligned} P_{\text{br}} &= Q_{\text{in}} - Q_{\text{out}} - P_\mu \\ &= M[a_{\text{p}}(T_3 + T_1 - T_2 - T_4) + 0.5K(T_3^2 + T_1^2 - T_2^2 - T_4^2)] - 64\mu(Ln)^2 \end{aligned} \tag{5.18}$$

循环的效率为

$$\eta_{\mathrm{br}}=\frac{P_{\mathrm{br}}}{Q_{\mathrm{in}}+Q_{\mathrm{leak}}}=\frac{M[a_{\mathrm{p}}(T_3+T_1-T_2-T_4)+0.5K(T_3^2+T_1^2-T_2^2-T_4^2)]-64\mu(Ln)^2}{M[a_{\mathrm{p}}(T_3-T_2)+0.5K(T_3^2-T_2^2)]+B(T_2+T_3-2T_0)} \tag{5.19}$$

整个循环中由传热损失、摩擦损失、内不可逆性损失和排气过程导致的总熵产率为

$$\begin{aligned}\sigma_{\mathrm{br}}&=\sigma_{\mathrm{q}}+\sigma_{\mu}+\sigma_{2\mathrm{S}\to2}+\sigma_{4\mathrm{S}\to4}+\sigma_{\mathrm{pq}}\\&=B(T_2+T_3-2T_0)[1/T_0-2/(T_2+T_3)]+64\mu(Ln)^2/T_0\\&\quad+M[C_{\mathrm{p2S}\to2}\ln(T_2/T_{2\mathrm{S}})+C_{\mathrm{p4S}\to4}\ln(T_4/T_{4\mathrm{S}})]\ +M[a_{\mathrm{p}}(T_4\\&\quad-T_1)/T_0-a_{\mathrm{p}}\ln(T_4/T_1)+0.5K(T_4^2-T_1^2)/T_0-K(T_4-T_1)]\end{aligned} \tag{5.20}$$

式中，定压比热容$C_{\mathrm{p2S}\to2}$中的温度$T=\dfrac{T_2-T_{2\mathrm{S}}}{\ln(T_2/T_{2\mathrm{S}})}$，为 2 、2S 状态之间的对数平均温度；定压比热容$C_{\mathrm{p4S}\to4}$中的温度$T=\dfrac{T_4-T_{4\mathrm{S}}}{\ln(T_4/T_{4\mathrm{S}})}$，为 4 、4S 状态之间的对数平均温度。

循环的生态学函数为

$$\begin{aligned}E_{\mathrm{br}}&=P_{\mathrm{br}}-T_0\sigma_{\mathrm{br}}\\&=M[a_{\mathrm{p}}(T_3+T_1-T_2-T_4)+0.5K(T_3^2+T_1^2-T_2^2-T_4^2)]-B(T_2+T_3-2T_0)\\&\quad\times[1-2T_0/(T_2+T_3)]-128\mu(Ln)^2-MT_0[C_{\mathrm{p2S}\to2}\ln(T_2/T_{2\mathrm{S}})+C_{\mathrm{p4S}\to4}\ln(T_4/T_{4\mathrm{S}})]\\&\quad-M[a_{\mathrm{p}}(T_4-T_1)-a_{\mathrm{p}}T_0\ln(T_4/T_1)+0.5K(T_4^2-T_1^2)-KT_0(T_4-T_1)]\end{aligned} \tag{5.21}$$

在给定压缩比γ、循环初温T_1、循环最高温度T_3、压缩效率η_{c}和膨胀效率η_{e}的情况下可以由式(5.16)解出$T_{2\mathrm{S}}$，然后再由式(2.6)解出T_2，由式(5.17)解出$T_{4\mathrm{S}}$，最后由式(2.7)解出T_4，将解出的T_2和T_4代入式(5.18)、式(5.19)和式(5.21)得到相应的功率、效率和生态学函数。由此得到功率、效率和生态学函数与压缩比的关系及循环的其他特性关系。

5.3.2　数值算例与讨论

在计算中取$X_1=8\times10^{-2}\,\mathrm{m}$，$X_2=1\times10^{-2}\,\mathrm{m}$，$T_1=350\mathrm{K}$，$T_3=2200\mathrm{K}$，$T_0=300\mathrm{K}$，$n=30$，$b_{\mathrm{v}}=0.6175\sim0.8175\mathrm{kJ/(kg\cdot K)}$，$a_{\mathrm{p}}=0.9045\sim1.1045\mathrm{kJ/(kg\cdot K)}$，$M=4.553\times10^{-3}\mathrm{kg/s}$。图 5.7～图 5.10 给出了工质变比热容对循环性能的影响。从式(2.25)可知当$K=0$时，式$C_{\mathrm{p}}=a_{\mathrm{p}}$将成为恒比热容的表达式，因此$a_{\mathrm{p}}$的大小反映了工质本

身的比热容大小。图 5.7 和图 5.8 给出了 a_p 对热机生态学函数与功率的关系和生态学函数与效率的关系的影响，可以看出，循环的生态学函数、输出功率和效率随着 a_p 的增加而增加。

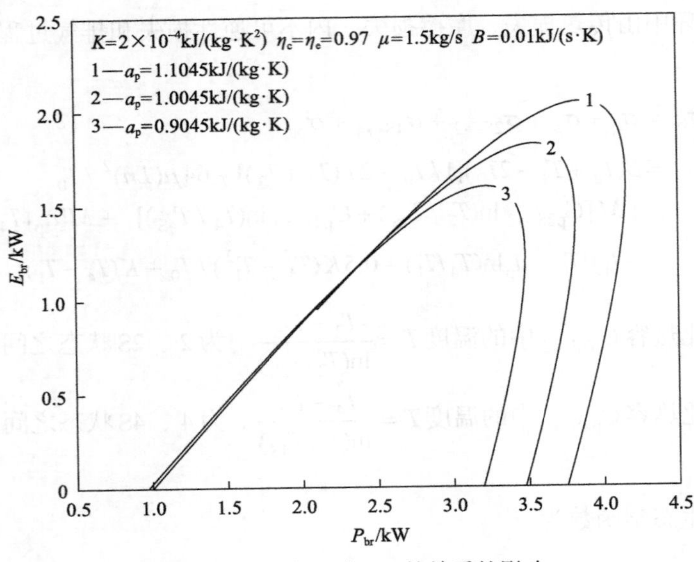

图 5.7　a_p 对 E_{br} 与 P_{br} 的关系的影响

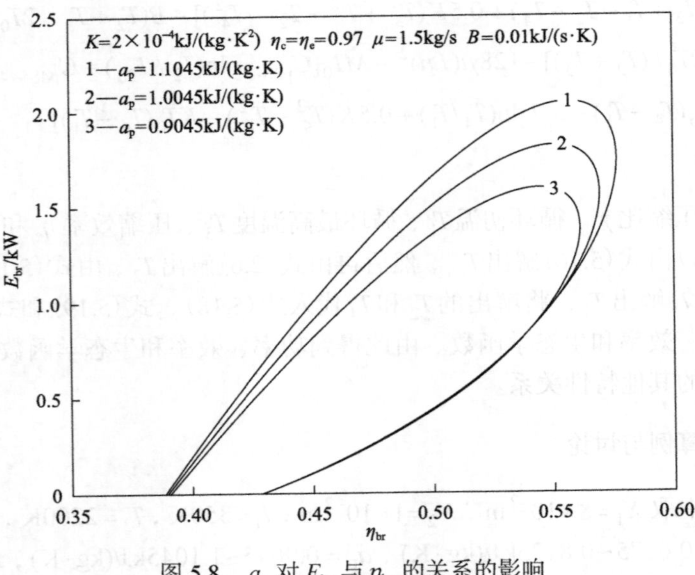

图 5.8　a_p 对 E_{br} 与 η_{br} 的关系的影响

由式(2.25)可知 K 的大小反映了工质比热容随温度的变化程度，K 越大说明工质的比热容随温度变化得越剧烈。图 5.9 和图 5.10 分别给出了 K 对热机生态学函数与功率的关系和生态学函数与效率的关系的影响，其中 $K=0$ 为恒比热容时热机生态学函数与功率的关系和生态学函数与效率的关系。可以看出，循环的生态学函数、输出功率和效率随着 K 的增加而增加。

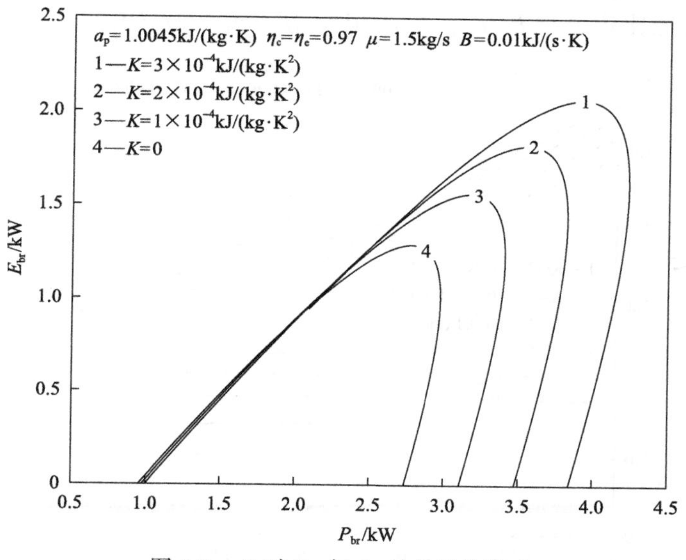

图 5.9　K 对 E_{br} 与 P_{br} 的关系的影响

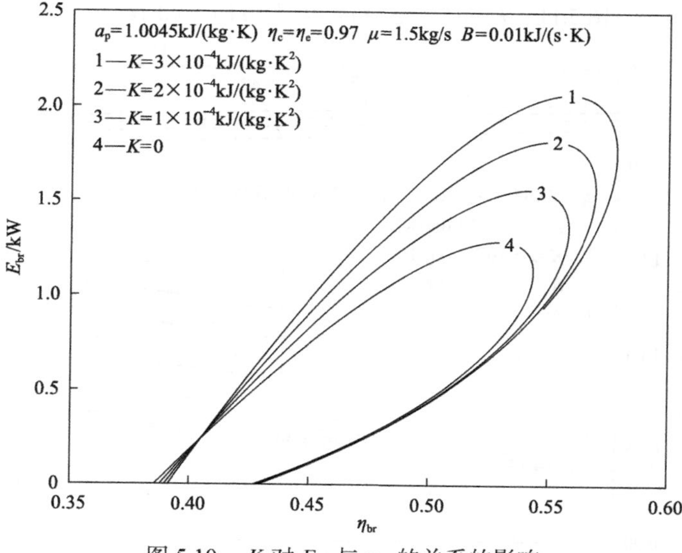

图 5.10　K 对 E_{br} 与 η_{br} 的关系的影响

图 5.11～图 5.13 分别给出了工质比热容随温度变化的系数 K 对 P_E/P_{max}、

P_E/P_η、η_E/η_P、η_E/η_{max}、$(\sigma_{br})_E/(\sigma_{br})_P$ 和 $(\sigma_{br})_E/(\sigma_{br})_\eta$ 随着摩擦损失系数 μ 的变化的影响，其中 P_{max}、η_P 和 $(\sigma_{br})_P$ 分别为循环的最大输出功率以及相应的效率和熵产率；η_{max}、P_η 和 $(\sigma_{br})_\eta$ 分别为循环的最大效率以及相应的输出功率和熵产率；P_E、η_E 和 $(\sigma_{br})_E$ 分别为循环生态学函数最大时的输出功率、效率和熵产率。其中 $K=0$ 为恒比热容时 P_E/P_{max}、P_E/P_η、η_E/η_P、η_E/η_{max}、$(\sigma_{br})_E/(\sigma_{br})_P$ 和

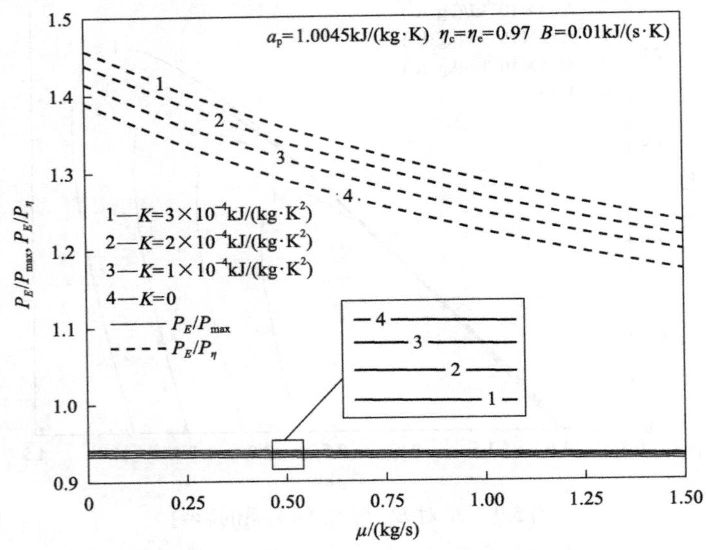

图 5.11　K 对 P_E/P_{max} 和 P_E/P_η 与 μ 的关系的影响

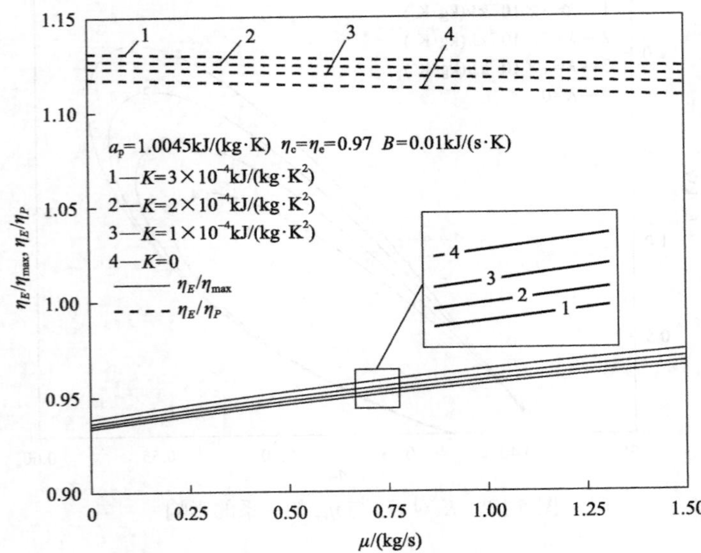

图 5.12　K 对 η_E/η_{max} 和 η_E/η_P 与 μ 的关系的影响

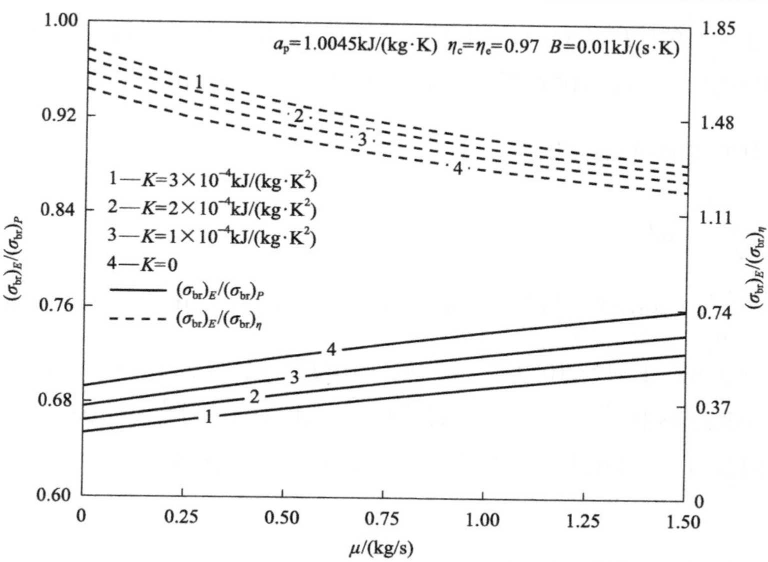

图 5.13　K 对 $(\sigma_{\mathrm{br}})_E/(\sigma_{\mathrm{br}})_P$ 和 $(\sigma_{\mathrm{br}})_E/(\sigma_{\mathrm{br}})_\eta$ 与 μ 的关系的影响

$(\sigma_{\mathrm{br}})_E/(\sigma_{\mathrm{br}})_\eta$ 随着摩擦损失系数 μ 的变化，可以看出，在相同的摩擦损失系数情况下 $P_E/P_{\max}$、$\eta_E/\eta_{\max}$ 和 $(\sigma_{\mathrm{br}})_E/(\sigma_{\mathrm{br}})_P$ 随着 K 的增加而减小，而 P_E/P_η、η_E/η_P 和 $(\sigma_{\mathrm{br}})_E/(\sigma_{\mathrm{br}})_\eta$ 随着 K 的增加而增加。

5.4　工质比热容随温度非线性变化时 Brayton 循环的最优性能

5.2 节和 5.3 节已经分别研究了工质恒比热容和工质比热容随温度线性变化时 Brayton 循环的生态学最优性能，本节将采用更接近工程实际的工质比热容随温度非线性变化模型，研究循环的功率、效率最优性能和循环的生态学最优性能。

5.4.1　循环模型和性能分析

本节考虑图 5.1 所示的不可逆 Brayton 循环模型，采用 2.4.1 节中的工质比热容随温度非线性变化模型，即式(2.38)～式(2.40)仍然成立。

循环中工质的吸热率为

$$
\begin{aligned}
Q_{\mathrm{in}} &= M\int_{T_2}^{T_3} C_{\mathrm{p}}\mathrm{d}T \\
&= M\int_{T_2}^{T_3}(2.506\times10^{-11}T^2+1.454\times10^{-7}T^{1.5}-4.246\times10^{-7}T+3.162\times10^{-5}T^{0.5} \\
&\quad +1.3303-1.512\times10^4T^{-1.5}+3.063\times10^5T^{-2}-2.212\times10^7T^{-3})\mathrm{d}T
\end{aligned}
$$

$$
\begin{aligned}
&= M[8.353\times10^{-12}T^3 + 5.816\times10^{-8}T^{2.5} - 2.123\times10^{-7}T^2 + 2.108\times10^{-5}T^{1.5} \\
&\quad + 1.3303T + 3.024\times10^4 T^{-0.5} - 3.063\times10^5 T^{-1} + 1.106\times10^7 T^{-2}]_{T_2}^{T_3}
\end{aligned} \tag{5.22}
$$

循环中工质的放热率为

$$
\begin{aligned}
Q_{\text{out}} &= M\int_{T_1}^{T_4} C_{\text{p}} \text{d}T \\
&= M\int_{T_1}^{T_4} (2.506\times10^{-11}T^2 + 1.454\times10^{-7}T^{1.5} - 4.246\times10^{-7}T + 3.162\times10^{-5}T^{0.5} \\
&\quad + 1.3303 - 1.512\times10^4 T^{-1.5} + 3.063\times10^5 T^{-2} - 2.212\times10^7 T^{-3})\,\text{d}T \\
&= M[8.353\times10^{-12}T^3 + 5.816\times10^{-8}T^{2.5} - 2.123\times10^{-7}T^2 + 2.108\times10^{-5}T^{1.5} \\
&\quad + 1.3303T + 3.024\times10^4 T^{-0.5} - 3.063\times10^5 T^{-1} + 1.106\times10^7 T^{-2}]_{T_1}^{T_4}
\end{aligned} \tag{5.23}
$$

按照 2.4.1 节中对变比热容可逆绝热过程的处理方法，将变比热容的可逆绝热过程分解成无数个无限小的恒比热容可逆绝热过程，故式(2.43)和式(2.44)依然成立。

2.2.1 节中定义的循环压缩比和内不可逆性损失，即式(2.3)、式(2.6)和式(2.7)仍然成立。故对于循环的两个可逆绝热过程 $1\rightarrow 2\text{S}$ 和 $3\rightarrow 4\text{S}$ 有

$$
C_{\text{v}}\ln(T_{2\text{S}}/T_1) - R\ln[(T_{2\text{S}} + \eta_{\text{c}}T_1 - T_1)/(T_{2\text{S}}\eta_{\text{c}})] = R\ln\gamma \tag{5.24}
$$

$$
C_{\text{v}}\ln(T_{4\text{S}}/T_3) - R\ln[T_1T_3/(T_2T_{4\text{S}})] = -R\ln\gamma \tag{5.25}
$$

不可逆 Brayton 循环中存在的传热损失和摩擦损失，依然采用 2.2.1 节中的模型，即假设通过气缸壁的传热损失与工质和环境的温差成正比、摩擦力与活塞运动的平均速度成正比，故式(2.11)～式(2.15)在本节依然成立。

循环净功率输出为

$$
\begin{aligned}
P_{\text{br}} &= Q_{\text{in}} - Q_{\text{out}} - P_{\mu} \\
&= M[8.353\times10^{-12}(T_3^3 + T_1^3 - T_2^3 - T_4^3) + 5.816\times10^{-8}(T_3^{2.5} + T_1^{2.5} - T_2^{2.5} - T_4^{2.5}) \\
&\quad - 2.123\times10^{-7}(T_3^2 + T_1^2 - T_2^2 - T_4^2) + 2.108\times10^{-5}(T_3^{1.5} + T_1^{1.5} - T_2^{1.5} - T_4^{1.5}) \\
&\quad + 1.3303(T_3 + T_1 - T_2 - T_4) + 3.024\times10^4(T_3^{-0.5} + T_1^{-0.5} - T_2^{-0.5} - T_4^{-0.5}) \\
&\quad - 3.063\times10^5(T_3^{-1} + T_1^{-1} - T_2^{-1} - T_4^{-1}) + 1.106\times10^7(T_3^{-2} + T_1^{-2} - T_2^{-2} - T_4^{-2})] \\
&\quad - 64\mu(Ln)^2
\end{aligned} \tag{5.26}
$$

循环的效率为

$$
\eta_{br} = P_{br} / (Q_{in} + Q_{leak})
$$

$$
= \frac{\begin{aligned} &M[8.353\times10^{-12}(T_3^3 + T_1^3 - T_2^3 - T_4^3) + 5.816\times10^{-8}(T_3^{2.5} + T_1^{2.5} - T_2^{2.5} - T_4^{2.5}) \\ &-2.123\times10^{-7}(T_3^2 + T_1^2 - T_2^2 - T_4^2) + 2.108\times10^{-5}(T_3^{1.5} + T_1^{1.5} - T_2^{1.5} - T_4^{1.5}) \\ &+1.3303(T_3 + T_1 - T_2 - T_4) + 3.024\times10^4(T_3^{-0.5} + T_1^{-0.5} - T_2^{-0.5} - T_4^{-0.5}) \\ &-3.063\times10^5(T_3^{-1} + T_1^{-1} - T_2^{-1} - T_4^{-1}) + 1.106\times10^7(T_3^{-2} + T_1^{-2} - T_2^{-2} - T_4^{-2})] - 64\mu(Ln)^2 \end{aligned}}{\begin{aligned} &M[8.353\times10^{-12}(T_3^3 - T_2^3) + 5.816\times10^{-8}(T_3^{2.5} - T_2^{2.5}) - 2.123\times10^{-7}(T_3^2 - T_2^2) \\ &+ 2.108\times10^{-5}(T_3^{1.5} - T_2^{1.5}) + 1.3303(T_3 - T_2) + 3.024\times10^4(T_3^{-0.5} - T_2^{-0.5}) \\ &- 3.063\times10^5(T_3^{-1} - T_2^{-1}) + 1.106\times10^7(T_3^{-2} - T_2^{-2})] + B(T_2 + T_3 - 2T_0) \end{aligned}} \tag{5.27}
$$

整个循环中由传热损失、摩擦损失、内不可逆性损失和排气过程导致的总熵产率为

$$
\begin{aligned}
\sigma_{br} &= \sigma_q + \sigma_\mu + \sigma_{2S\to2} + \sigma_{4S\to4} + \sigma_{pq} \\
&= B(T_2 + T_3 - 2T_0)[1/T_0 - 2/(T_2 + T_3)] + 64\mu(Ln)^2/T_0 + M[C_{p2S\to2}\ln(T_2/T_{2S}) \\
&\quad + C_{p4S\to4}\ln(T_4/T_{4S})] - M[1.253\times10^{-11}(T_4^2 - T_1^2) + 9.693\times10^{-8}(T_4^{1.5} - T_1^{1.5}) \\
&\quad - 4.246\times10^{-7}(T_4 - T_1) + 6.3240\times10^{-5}(T_4^{0.5} - T_1^{0.5}) + 1.3303\ln(T_4/T_1) + 1.0080 \\
&\quad \times10^4(T_4^{-1.5} - T_1^{-1.5}) - 1.5315\times10^5(T_4^{-2} - T_1^{-2}) + 7.373\times10^6(T_4^{-3} - T_1^{-3})] + M/T_0 \\
&\quad \times[8.353\times10^{-12}(T_4^3 - T_1^3) + 5.816\times10^{-8}(T_4^{2.5} - T_1^{2.5}) - 2.123\times10^{-7}(T_4^2 - T_1^2) + 2.108 \\
&\quad \times10^{-5}(T_4^{1.5} - T_1^{1.5}) + 1.3303(T_4 - T_1) + 3.024\times10^4(T_4^{-0.5} - T_1^{-0.5}) - 3.063\times10^5(T_4^{-1} \\
&\quad - T_1^{-1}) + 1.106\times10^7(T_4^{-2} - T_1^{-2})]
\end{aligned} \tag{5.28}
$$

式中，定压比热容 $C_{p2S\to2}$ 中的温度 $T = \dfrac{T_2 - T_{2S}}{\ln(T_2/T_{2S})}$，为 2 、2S 状态之间的对数平均温度；定压比热容 $C_{p4S\to4}$ 中的温度 $T = \dfrac{T_4 - T_{4S}}{\ln(T_4/T_{4S})}$，为 4 、4S 状态之间的对数平均温度。

循环的生态学函数为

$$
\begin{aligned}
E_{br} &= P_{br} - T_0\sigma_{br} \\
&= M[8.353\times10^{-12}(T_3^3 + 2T_1^3 - T_2^3 - 2T_4^3) + 5.816\times10^{-8}(T_3^{2.5} + 2T_1^{2.5} - T_2^{2.5} - 2T_4^{2.5}) \\
&\quad - 2.123\times10^{-7}(T_3^2 + 2T_1^2 - T_2^2 - 2T_4^2) + 2.108\times10^{-5}(T_3^{1.5} + 2T_1^{1.5} - T_2^{1.5} - 2T_4^{1.5}) \\
&\quad + 1.3303(T_3 + 2T_1 - T_2 - 2T_4) + 3.024\times10^4(T_3^{-0.5} + 2T_1^{-0.5} - T_2^{-0.5} - 2T_4^{-0.5}) \\
&\quad - 3.063\times10^5(T_3^{-1} + 2T_1^{-1} - T_2^{-1} - 2T_4^{-1}) + 1.106\times10^7(T_3^{-2} + 2T_1^{-2} - T_2^{-2} - 2T_4^{-2})]
\end{aligned}
$$

$$-B(T_2+T_3-2T_0)[1-2T_0/(T_2+T_3)]-128\mu(Ln)^2-MT_0[C_{\text{p2S}\to 2}\ln(T_2/T_{2\text{S}})$$
$$+C_{\text{p4S}\to 4}\ln(T_4/T_{4\text{S}})]+MT_0[1.253\times10^{-11}(T_4^2-T_1^2)+9.693\times10^{-8}(T_4^{1.5}-T_1^{1.5})$$
$$-4.246\times10^{-7}(T_4-T_1)+6.3240\times10^{-5}(T_4^{0.5}-T_1^{0.5})+1.3303\ln(T_4/T_1)$$
$$+1.0080\times10^4(T_4^{-1.5}-T_1^{-1.5})-1.5315\times10^5(T_4^{-2}-T_1^{-2})+7.373\times10^6(T_4^{-3}-T_1^{-3})] \tag{5.29}$$

在给定压缩比γ、循环初温T_1、循环最高温度T_3、压缩效率η_c和膨胀效率η_e的情况下可以由式(5.24)解出T_{2S}，然后再由式(2.6)解出T_2，由式(5.25)解出T_{4S}，最后由式(2.7)解出T_4，将解出的T_2和T_4代入式(5.26)、式(5.27)和式(5.29)得到相应的功率、效率和生态学函数。由此可得到功率、效率和生态学函数与压缩比的关系及循环的其他特性关系。

5.4.2 数值算例与讨论

在计算中取$T_1=350\text{K}$，$T_3=2200\text{K}$，$M=4.553\times10^{-3}\text{kg/s}$，$X_1=8\times10^{-2}\text{m}$，$X_2=1\times10^{-2}\text{m}$，$n=30$。图 5.14～图 5.16 给出了循环内不可逆性损失、传热损失和摩擦损失三种不可逆因素对循环功率、效率性能特性的影响。从图中可以看出，当完全不考虑上述三种不可逆因素时，循环的功率与压缩比曲线以及功率与效率曲线呈类抛物线型，而效率则随压缩比单调增加；当考虑一种及以上不可逆因素时，循环的功率与压缩比曲线、效率与压缩比曲线呈类抛物线型，而功率与效率曲线呈回原点的扭叶型，这反映了实际不可逆 Brayton 循环的本质特性(即循环既存在最大功率工作点也存在最大效率工作点)。

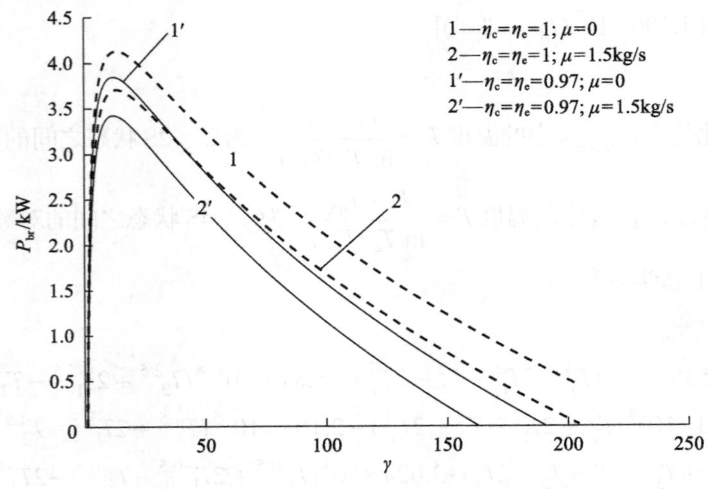

图 5.14　η_c、η_e和μ对P_{br}与γ的关系的影响

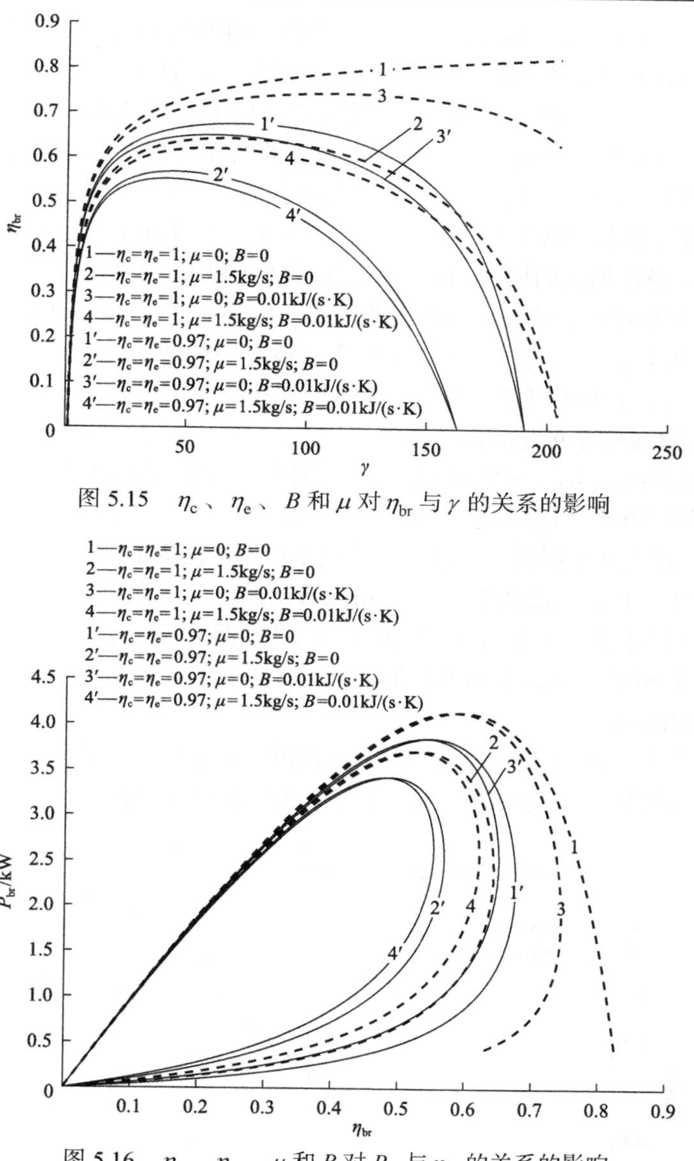

图 5.15　η_c、η_e、B 和 μ 对 η_{br} 与 γ 的关系的影响

图 5.16　η_c、η_e、μ 和 B 对 P_{br} 与 η_{br} 的关系的影响

在给定循环最高温度的情况下，根据功率、效率的定义可知传热损失对循环的功率没有影响，因此图 5.14 给出了循环内不可逆性损失和摩擦损失对循环功率的影响。曲线1 和1′ 给出了无摩擦损失时循环内不可逆性损失对循环功率的影响；曲线 2 和 2′ 给出了有摩擦损失时循环内不可逆性损失对循环功率的影响。曲线1 和 2 给出了无内不可逆性损失时摩擦损失对循环功率的影响；曲线1′ 和 2′ 给出了有内不可逆性损失时摩擦损失对循环功率的影响。通过比较可以看出，无论是否

存在摩擦损失，循环功率都随着内不可逆性损失的增加而减小；无论是否考虑循环的内不可逆性损失，循环的功率都随着摩擦损失的增加而减小。

图 5.15 给出了内不可逆性损失、传热损失和摩擦损失对循环效率的影响。曲线1是完全可逆时的循环效率与压缩比关系，此时循环效率随压缩比的增加而增加。其他曲线是考虑一种及以上不可逆因素时的效率与压缩比关系，这些曲线均呈类抛物线型。比较曲线1和1′、2和2′、3和3′以及4和4′，可以看出：循环效率随着内不可逆性损失的增加而减小；比较曲线1和3、2和4、1′和3′以及2′和4′，可以看出循环效率随着传热损失的增加而减小；比较曲线1和2、3和4、1′和2′以及3′和4′，可以看出循环效率随着摩擦损失的增加而减小。

图 5.16 给出了内不可逆性损失、传热损失和摩擦损失对循环功率与效率特性的影响。曲线1是完全可逆时循环功率与效率的特性关系，这种情况下曲线呈类抛物线型，其他曲线是考虑一种及以上不可逆因素时功率与效率的特性关系，这些曲线呈回原点的扭叶型。比较曲线1和1′、2和2′、3和3′以及4和4′，可以看出循环最大功率、最大功率时对应的效率随着内不可逆性损失的增加而减小；比较曲线1和3、2和4、1′和3′以及2′和4′，可以看出循环的最大功率不受传热损失的影响，而最大功率时对应的效率随着传热损失的增加而减小；比较曲线1和2、3和4、1′和2′以及3′和4′，可以看出循环的最大功率以及最大功率时对应的效率随着摩擦损失的增加而减小。

图 5.17和图 5.18 分别给出了工质比热容模型对循环生态学函数与功率的关系和生态学函数与效率的关系的影响。曲线 1 为恒比热容时循环生态学函数与功率

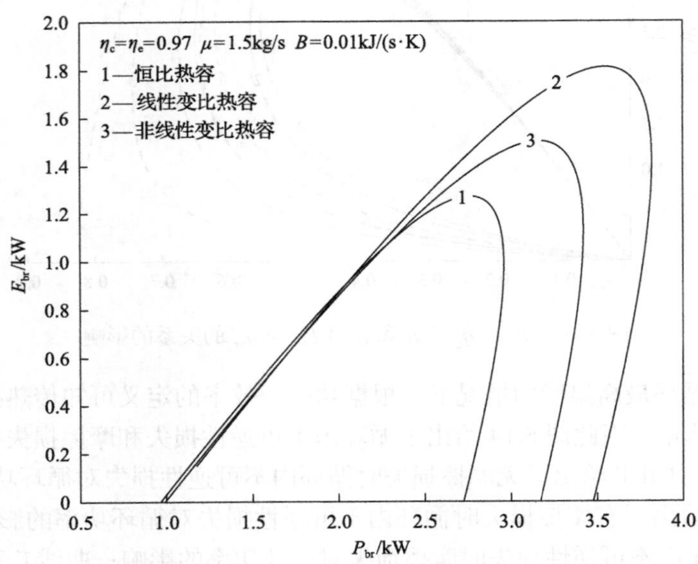

图 5.17 比热容模型对 E_{br} 与 P_{br} 的关系的影响

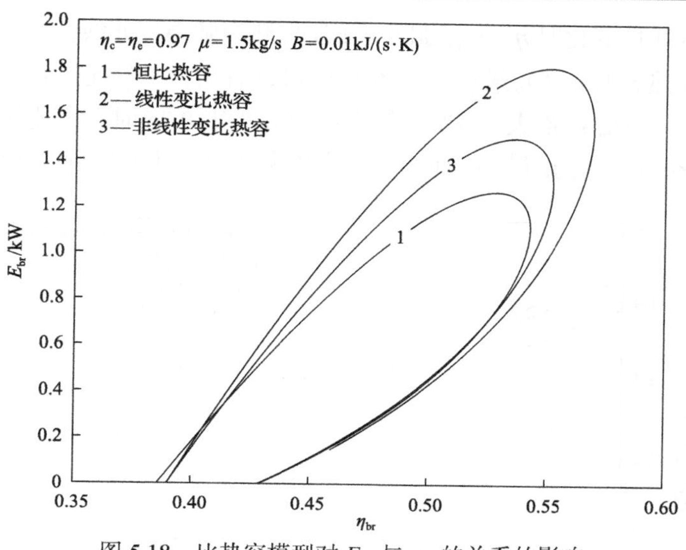

图 5.18　比热容模型对 E_{br} 与 η_{br} 的关系的影响

的关系和生态学函数与效率的关系，曲线 2 为工质比热容随温度线性变化（工质比热容随温度线性变化的系数 $K=2\times10^{-4}\text{kJ/(kg}\cdot\text{K}^2)$）时循环生态学函数与功率的关系和生态学函数与效率的关系，曲线 3 为工质比热容随温度非线性变化时循环生态学函数与功率的关系和生态学函数与效率的关系。从图 5.17 和图 5.18 可以看出工质比热容模型对循环生态学函数与功率的关系和生态学函数与效率的关系不产生定性的影响，仅产生定量的影响。三种比热容模型中，工质比热容随温度线性变化时循环生态学函数、输出功率和效率的极值最大，工质恒比热容时循环生态学函数、输出功率和效率的极值最小，而工质比热容随温度非线性变化时循环生态学函数、输出功率和效率的极值介于两者之间。

图 5.19～图 5.21 分别给出了工质比热容模型（工质比热容随温度线性变化时的系数取 $K=2\times10^{-4}\text{kJ/(kg}\cdot\text{K}^2)$）对 P_E/P_{max}、P_E/P_η、η_E/η_P、η_E/η_{max}、$(\sigma_{br})_E/(\sigma_{br})_P$ 和 $(\sigma_{br})_E/(\sigma_{br})_\eta$ 随摩擦损失系数 μ 的变化的影响，其中 P_{max}、η_P 和 $(\sigma_{br})_P$ 分别为循环的最大输出功率以及相应的效率和熵产率；η_{max}、P_η 和 $(\sigma_{br})_\eta$ 分别为循环的最大效率以及相应的输出功率和熵产率；P_E、η_E 和 $(\sigma_{br})_E$ 分别为循环生态学函数最大时的输出功率、效率和熵产率。从图 5.19～图 5.21 可以看出，比热容模型对 P_E/P_{max}、P_E/P_η、η_E/η_P、η_E/η_{max}、$(\sigma_{br})_E/(\sigma_{br})_P$ 和 $(\sigma_{br})_E/(\sigma_{br})_\eta$ 随 μ 的变化不产生定性的影响，仅产生定量的影响。从图 5.19 可以看出，三种比热容模型中工质恒比热容时 P_E/P_{max} 最大，工质比热容随温度非线性变化时 P_E/P_{max} 最小；工质比热容随温度线性变化时 P_E/P_η 最大，工质恒比热容时 P_E/P_η 最小。从图 5.20 可以看出，三种比热容模型中工质恒比热容时 η_E/η_{max} 最大，工质

比热容随温度线性变化时 $\eta_E/\eta_{\max}$ 最小；工质比热容随温度非线性变化时 η_E/η_P 最大，工质恒比热容时 η_E/η_P 最小。从图 5.21 可以看出，三种比热容模型中工质恒比热容时 $(\sigma_{br})_E/(\sigma_{br})_P$ 最大，当摩擦损失系数 μ 小于 0.75 时工质比热容随温度非线性变化时 $(\sigma_{br})_E/(\sigma_{br})_P$ 最小，而当摩擦损失系数 μ 大于 0.75 时工质比热容随温

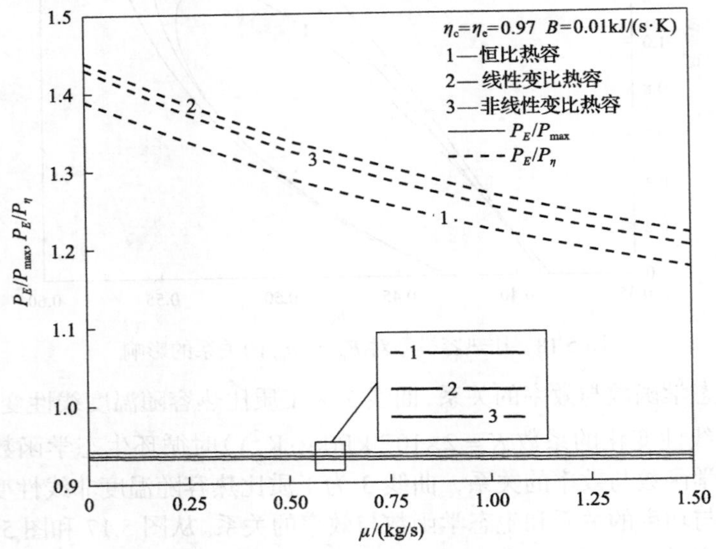

图 5.19　比热容模型对 $P_E/P_{\max}$ 和 P_E/P_η 与 μ 的关系的影响

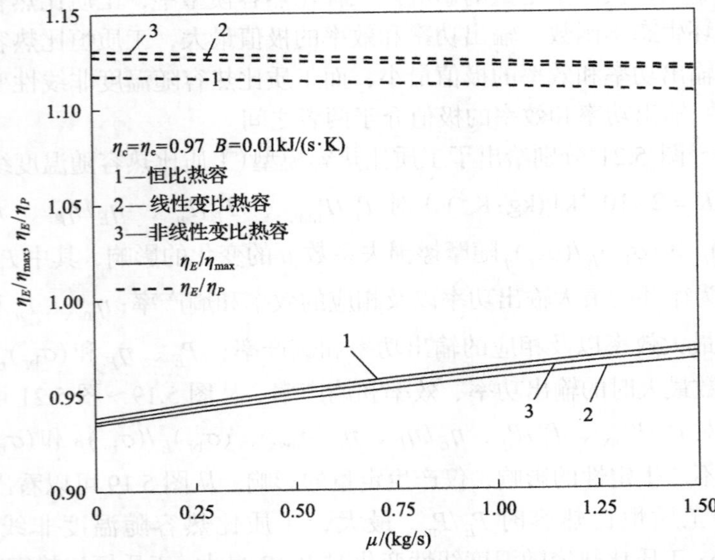

图 5.20　比热容模型对 $\eta_E/\eta_{\max}$ 和 η_E/η_P 与 μ 的关系的影响

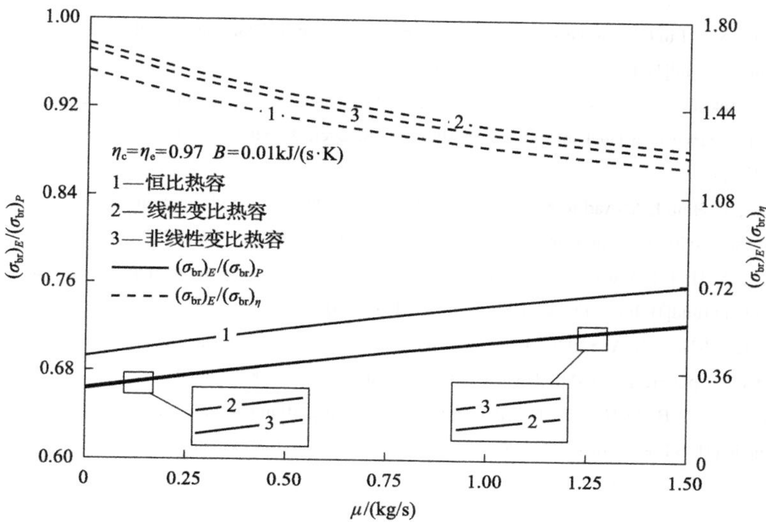

图 5.21　比热容模型对 $(\sigma_{br})_E/(\sigma_{br})_P$ 和 $(\sigma_{br})_E/(\sigma_{br})_\eta$ 与 μ 的关系的影响

度线性变化时 $(\sigma_{br})_E/(\sigma_{br})_P$ 最小；工质比热容随温度线性变化时 $(\sigma_{br})_E/(\sigma_{br})_\eta$ 最大，工质恒比热容时 $(\sigma_{br})_E/(\sigma_{br})_\eta$ 最小。

参 考 文 献

[1] Wu C, Kiang R L. Work and power optimization of a finite-time Brayton cycle[J]. Int. J. Ambient Energy, 1990, 1(3): 129-136.

[2] 陈林根, 孙丰瑞, 郁军. 热阻对闭式燃气轮机回热循环性能的影响[J]. 工程热物理学报, 1995, 16(4): 401-404.

[3] Chen L G, Zheng J L, Sun F R, et al. Power density analysis and optimization of a regenerated closed variable-temperature heat reservoir Brayton cycle[J]. J. Phys. D: Appl. Phys., 2001, 34(11): 1727-1739.

[4] Chen L G, Zheng J L, Sun F R, et al. Power density analysis for a regenerated closed Brayton cycle[J]. Open Sys. Inf. Dyn., 2001, 8(4): 377-391.

[5] Chen L G, Sun F R, Wu C. Power optimization of a regenerated closed variable -temperature heat reservoir Brayton cycle[J]. Int. J. Sustainable Energy, 2007, 26(1): 1-17.

[6] Chen L G, Wang J H, Sun F R. Power density analysis and optimization of an irreversible closed intercooled regenerated Brayton cycle[J]. Math. Comput. Model., 2008, 48(3/4): 527-540.

[7] Qin X Y, Chen L G, Sun F R. The universal power and efficiency characteristics for irreversible reciprocating heat engine cycles[J]. Eur. J. Phys., 2003, 24(4): 359-366.

[8] Ge Y L, Chen L G, Sun F R, et al. Reciprocating heat-engine cycles[J]. Appl. Energy, 2005, 81(3): 180-186.

[9] 戈延林. 工质变比热对内燃机循环性能的影响[D]. 武汉：海军工程大学, 2005.

[10] Ge Y L, Chen L G, Sun F R, et al. Performance of a reciprocating endoreversible Brayton cycle with variable specific heats of working fluid[J]. Termotehnica, 2008, 12(1): 19-23.

[11] Ge Y L, Chen L G , Sun F R, et al. Performance of reciprocating Brayton cycle with heat transfer, friction and variable specific heats of working fluid[J]. Int. J. Ambient Energy, 2008, 29(2): 65-75.

[12] Chen L G, Ge Y L, Liu C, et al. Performance of universal reciprocating heat-engine cycle with variable specific heats ratio of working fluid[J]. Entropy, 2020, 22 (4) : 397.

[13] Ghatak A, Chakraborty S. Effect of external irreversibilities and variable thermal properties of working fluid on thermal performance of a Dual internal combustion engine cycle[J]. Strojnicky Casopsis (J. Mechanical Energy), 2007, 58 (1) : 1-12.

[14] Abu-Nada E, Al-Hinti I, Al-Aarkhi A, et al. Thermodynamic modeling of spark-ignition engine: Effect of temperature dependent specific heats[J]. Int. Comm. Heat Mass Transfer, 2005, 33 (10) : 1264-1272.

[15] Abu-Nada E, Al-Hinti I, Akash B, et al. Thermodynamic analysis of spark-ignition engine using a gas mixture model for the working fluid[J]. Int. J. Energy Res., 2007, 37 (11) : 1031-1046.

[16] Abu-Nada E, Al-Hinti I, Al-Sarkhi A, et al. Effect of piston friction on the performance of SI engine: A new thermodynamic approach[J]. ASME Trans. J. Eng. Gas Turbine Pow., 2008, 130 (2) : 022802.

[17] Abu-Nada E, Akash B, Al-Hinti I, et al. Performance of spark-ignition engine under the effect of friction using gas mixture model[J]. J. Energy Inst., 2009, 82 (4) : 197-205.

第 6 章　空气标准不可逆 Dual 循环最优性能

6.1　引　　言

文献[1]～[24]考虑传统工质，在不同损失项(包括传热损失、摩擦损失、内不可逆性损失、机械损失以及不同损失的组合)和工质恒比热容[1-15]、变比热容(包括工质比热容随温度线性变化[16-18]和非线性变化[19])以及工质变比热容比(包括工质比热容比随温度线性变化[20,21]和非线性变化[22-24])情况下研究了 Dual 循环的功率(功)、效率特性和功率密度特性。文献[25]在考虑工质与高、低温热源间存在有限速率传热的情况下，通过工质与高、低温热源间的不可逆换热来计算熵产率，研究了闭式 Dual 循环的生态学最优性能。

本章用空气标准循环模型代替开式循环模型，建立存在传热损失、摩擦损失和内不可逆性损失的不可逆 Dual 循环模型，通过循环内存在的各种损失来计算熵产率，首先研究工质恒比热容情况下循环的生态学最优性能，并分析三种损失和循环升压比对循环生态学最优性能的影响；其次采用文献[16]～[18]和[26]提出的工质比热容随温度线性变化模型，研究循环的生态学最优性能，并分析工质变比热容和循环升压比对循环生态学最优性能的影响；最后采用 Abu-Nada 等[27-30]提出的工质比热容随温度非线性变化模型，研究循环的功率、效率最优性能和生态学最优性能，并分析工质比热容模型(包括工质恒比热容、比热容随温度线性变化和非线性变化)、三种损失和循环升压比对循环的功率、效率最优性能和生态学最优性能的影响。

6.2　工质恒比热容时 Dual 循环的生态学最优性能

6.2.1　循环模型和性能分析

本节考虑图 6.1 所示的不可逆 Dual 循环模型，$1\rightarrow 2S$ 为可逆绝热压缩过程，$1\rightarrow 2$ 为不可逆绝热压缩过程，$2\rightarrow 3$ 为定容吸热过程，$3\rightarrow 4$ 为定压吸热过程，$4\rightarrow 5S$ 可逆绝热膨胀过程，$4\rightarrow 5$ 为不可逆绝热膨胀过程，$5\rightarrow 1$ 为定容放热过程。

循环中工质的吸热率为

$$Q_{\text{in}} = M[C_{\text{v}}(T_3 - T_2) + C_{\text{p}}(T_4 - T_3)] \tag{6.1}$$

循环中工质的放热率为

$$Q_{\text{out}} = MC_{\text{v}}(T_5 - T_1) \tag{6.2}$$

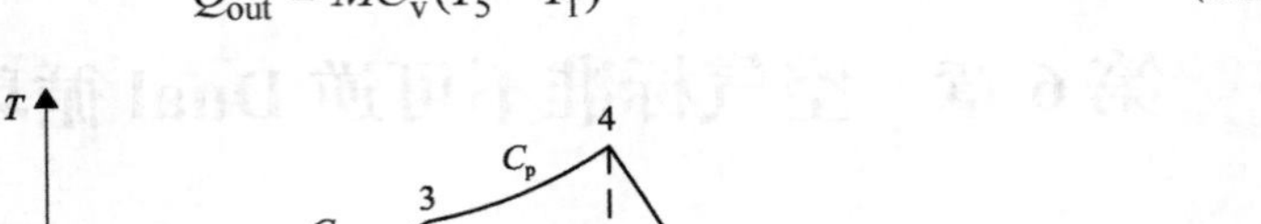

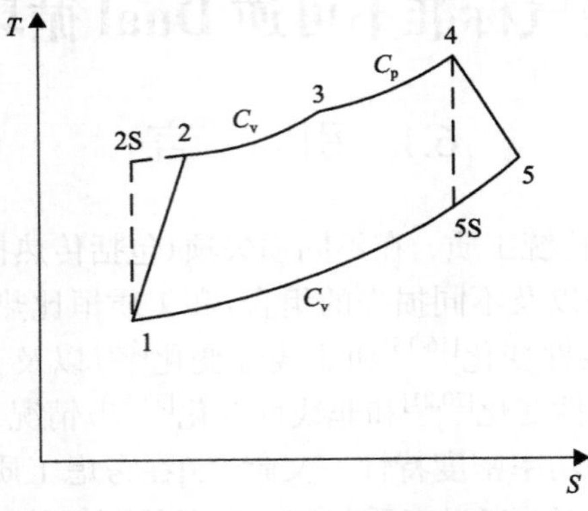

图 6.1　不可逆 Dual 循环模型 *T-S* 图

2.2.1 节定义的循环压缩比，即式(2.3)仍然成立。

定义循环的升压比为

$$\gamma_{\text{p}} = P_3/P_2 = T_3/T_2 \tag{6.3}$$

式中，P_2 和 P_3 分别为状态点 2 和 3 对应的工质的压力。

分别定义压缩效率和膨胀效率来反映循环的内不可逆性损失[1,14]：

$$\eta_{\text{c}} = (T_{2\text{S}} - T_1)/(T_2 - T_1) \tag{6.4}$$

$$\eta_{\text{e}} = (T_5 - T_4)/(T_{5\text{S}} - T_4) \tag{6.5}$$

对于循环的不可逆绝热过程 $1 \to 2$ 和 $4 \to 5$ 有

$$T_2 = \frac{T_1(\gamma^{k-1} - 1)}{\eta_{\text{c}}} + T_1 \tag{6.6}$$

$$T_4^k \eta_{\text{e}} - [T_5 + (\eta_{\text{e}} - 1)T_4](\gamma\gamma_{\text{p}} T_2)^{k-1} = 0 \tag{6.7}$$

采用 2.2.1 节中的传热损失模型，即假设通过气缸壁的传热损失与工质和环境的温差成正比，则循环的热漏率为

$$Q_{\text{leak}} = B(T_2 + T_4 - 2T_0) \tag{6.8}$$

式中，B 为与传热相关的常数；T_0 为环境温度。

采用 2.2.1 节中的摩擦损失模型，即假设摩擦力与活塞运动的平均速度成正

比，故式(2.12)～式(2.15)依然成立。

循环净功率输出为

$$
\begin{aligned}
P_{\rm du} &= Q_{\rm in} - Q_{\rm out} - P_{\mu} \\
&= M[C_{\rm p}(T_4 - T_3) + C_{\rm v}(T_3 + T_1 - T_2 - T_5)] - 64\mu(Ln)^2
\end{aligned} \tag{6.9}
$$

循环的效率为

$$
\begin{aligned}
\eta_{\rm du} &= \frac{P_{\rm du}}{Q_{\rm in} + Q_{\rm leak}} = \frac{Q_{\rm in} - Q_{\rm out} - P_{\mu}}{Q_{\rm in} + Q_{\rm leak}} \\
&= \frac{M[C_{\rm p}(T_4 - T_3) + C_{\rm v}(T_3 + T_1 - T_2 - T_5)] - 64\mu(Ln)^2}{M[C_{\rm v}(T_3 - T_2) + C_{\rm p}(T_4 - T_3)] + B(T_2 + T_3 - 2T_0)}
\end{aligned} \tag{6.10}
$$

实际的不可逆 Dual 循环中存在三种损失：摩擦损失、传热损失和内不可逆性损失。传热损失和摩擦损失导致的熵产率分别为

$$
\sigma_{\rm q} = B(T_2 + T_4 - 2T_0)\left(\frac{1}{T_0} - \frac{2}{T_2 + T_4}\right) \tag{6.11}
$$

$$
\sigma_{\mu} = \frac{P_{\mu}}{T_0} = \frac{64\mu(Ln)^2}{T_0} \tag{6.12}
$$

对于不可逆压缩损失和不可逆膨胀损失导致的熵产率，分别由过程 $2{\rm S} \to 2$ 和 $5{\rm S} \to 5$ 的熵增率来计算

$$
\sigma_{2{\rm S}\to 2} = MC_{\rm v}\ln\frac{T_2}{T_{2{\rm S}}} = MC_{\rm v}\ln\frac{T_2}{\eta_{\rm c}T_2 - \eta_{\rm c}T_1 + T_1} \tag{6.13}
$$

$$
\sigma_{5{\rm S}\to 5} = MC_{\rm v}\ln\frac{T_5}{T_{5{\rm S}}} = MC_{\rm v}\ln\frac{\eta_{\rm e}T_5}{T_5 + \eta_{\rm e}T_4 - T_4} \tag{6.14}
$$

此外，工质经过功率冲程做功后由排气冲程排往环境，该过程也会产生熵产率，该熵产率由式(6.15)计算：

$$
\sigma_{\rm pq} = M\int_{T_1}^{T_5} C_{\rm v}{\rm d}T\left(\frac{1}{T_0} - \frac{1}{T}\right) = M\left[\frac{C_{\rm v}(T_5 - T_1)}{T_0} - C_{\rm v}\ln\frac{T_5}{T_1}\right] \tag{6.15}
$$

因此整个循环的熵产率为

$$
\begin{aligned}
\sigma_{\rm du} &= \sigma_{\rm q} + \sigma_{\mu} + \sigma_{2{\rm S}\to 2} + \sigma_{5{\rm S}\to 5} + \sigma_{\rm pq} \\
&= B(T_2 + T_4 - 2T_0)[1/T_0 - 2/(T_2 + T_4)] + 64\mu(Ln)^2/T_0 + MC_{\rm v}\{\ln[T_2/(\eta_{\rm c}T_2 \\
&\quad - \eta_{\rm c}T_1 + T_1)] + \ln[\eta_{\rm e}T_5/(T_5 + \eta_{\rm e}T_4 - T_4)]\} + M[C_{\rm v}(T_5 - T_1)/T_0 - C_{\rm v}\ln(T_5/T_1)]
\end{aligned} \tag{6.16}
$$

Dual 循环的生态学函数为

$$
\begin{aligned}
E_{\mathrm{du}} &= P_{\mathrm{du}} - T_0\sigma_{\mathrm{du}} \\
&= M[C_{\mathrm{p}}(T_4 - T_3) + C_{\mathrm{v}}(T_3 + T_1 - T_2 - T_5)] - B(T_2 + T_4 - 2T_0)[1 - 2T_0 / (T_2 + T_4)] \\
&\quad - 128\mu(Ln)^2 - MT_0C_{\mathrm{v}} \ln[T_2 / (\eta_{\mathrm{c}}T_2 - \eta_{\mathrm{c}}T_1 + T_1)] - MT_0C_{\mathrm{v}} \ln[\eta_{\mathrm{e}}T_5 / (T_5 + \eta_{\mathrm{e}}T_4 \\
&\quad - T_4)] - M[C_{\mathrm{v}}(T_5 - T_1) - C_{\mathrm{v}}T_0 \ln(T_5 / T_1)]
\end{aligned}
\tag{6.17}
$$

考虑到实际循环的意义：循环状态 3 必须位于状态 2 和 4 之间，因此升压比 γ_{p} 的范围应为

$$
1 = (\gamma_{\mathrm{p}})_{\mathrm{di}} \leqslant \gamma_{\mathrm{p}} \leqslant (\gamma_{\mathrm{p}})_{\mathrm{ot}} = T_4/T_2 \tag{6.18}
$$

当 $\gamma_{\mathrm{p}} = (\gamma_{\mathrm{p}})_{\mathrm{di}} = 1$ 时 Dual 循环转化为 Diesel 循环，而当 $\gamma_{\mathrm{p}} = (\gamma_{\mathrm{p}})_{\mathrm{ot}}$ 时 Dual 循环转化为 Otto 循环，此时式(6.9)、式(6.10)和式(6.17)相应地成为恒比热容条件下 Diesel 循环和 Otto 循环的功率、效率和生态学函数表达式。

在给定压缩比 γ、升压比 γ_{p}、循环初温 T_1、循环最高温度 T_4、压缩效率 η_{c} 和膨胀效率 η_{e} 的情况下可以由式(6.6)解出 T_2，由式(6.3)解出 T_3，最后再由式(6.7)解出 T_5，将解出的 T_2、T_3 和 T_5 代入式(6.9)、式(6.10)和式(6.17)得到相应的功率、效率和生态学函数。由此可得到功率、效率、生态学函数与压缩比的关系及循环的其他特性关系。

6.2.2 数值算例与讨论

在计算中取 $X_1 = 8\times10^{-2}\,\mathrm{m}$，$X_2 = 1\times10^{-2}\,\mathrm{m}$，$T_1 = 350\mathrm{K}$，$T_3 = 2200\mathrm{K}$，$T_0 = 300\mathrm{K}$，$n = 30$，$C_{\mathrm{v}} = 0.7175\mathrm{kJ/(kg\cdot K)}$，$C_{\mathrm{p}} = 1.0045\mathrm{kJ/(kg\cdot K)}$，$M = 4.553\times10^{-3}\mathrm{kg/s}$。图 6.2 和图 6.3 分别给出了不同传热损失、摩擦损失和内不可逆性损失情况下热机生态学函数与功率的关系和生态学函数与效率的关系。由图 6.2 可知，除了在最大功率点处，对应于热机任一生态学函数，输出功率都有两个值，因此实际运行时应使热机工作于输出功率较大的状态点；循环的生态学函数随着传热损失、摩擦损失和内不可逆性损失的增加而减小。图 6.3 中曲线 1 是完全可逆时的循环生态学函数与效率关系，此时曲线呈类抛物线型(即循环生态学函数最大时对应的效率不为零，而效率最大时对应的生态学函数为零)，而其他曲线是考虑了一种及以上不可逆因素时的生态学函数与效率关系，此时曲线呈扭叶型(即循环生态学函数最大时对应的效率和效率最大时对应的生态学函数均不为零)。每一个生态学函数值(最大值点除外)都对应两个效率取值，显然，要设计使热机工作在效率较大的状态点。

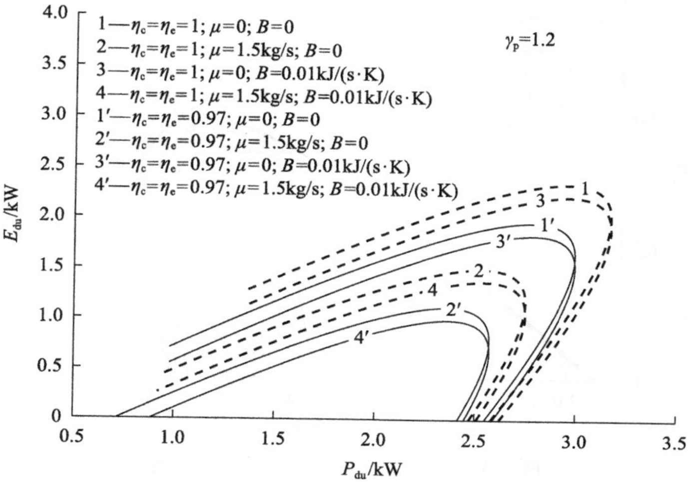

图 6.2　η_c、η_e、B 和 μ 对 E_{du} 与 P_{du} 的关系的影响

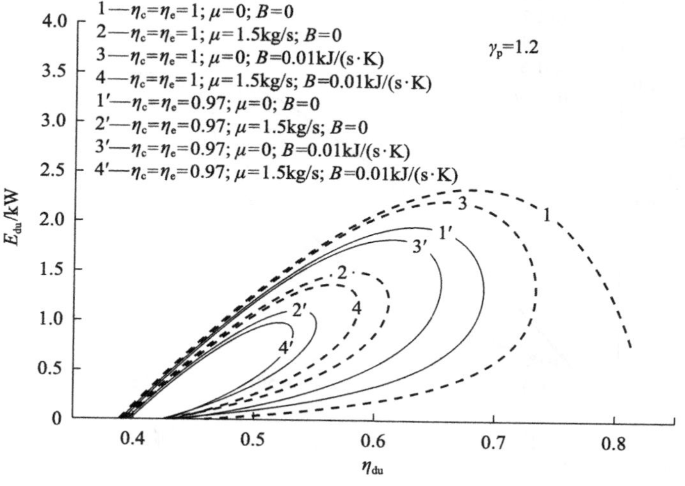

图 6.3　η_c、η_e、B 和 μ 对 E_{du} 与 η_{du} 的关系的影响

图 6.4 和图 6.5 给出了循环升压比 γ_p 对循环生态学函数与功率的关系和生态学函数与效率的关系的影响。$\gamma_p=(\gamma_p)_{di}=1$ 即为 Diesel 循环生态学函数与功率的关系和生态学函数与效率的关系，而 $\gamma_p=(\gamma_p)_{ot}$ 即为 Otto 循环生态学函数与功率的关系和生态学函数与效率的关系。可以看出，循环的生态学函数随着升压比 γ_p 的增加而减小，因此 Diesel 循环和 Otto 循环的生态学函数成为 Dual 循环生态学函数的最大和最小包络线。

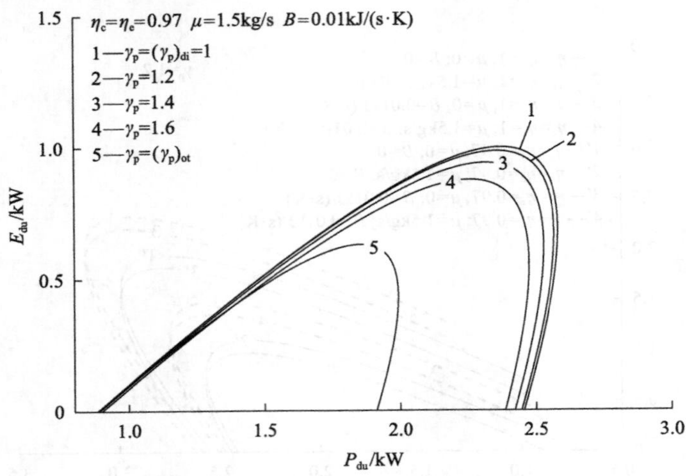

图 6.4　γ_p 对 E_{du} 与 P_{du} 的关系的影响

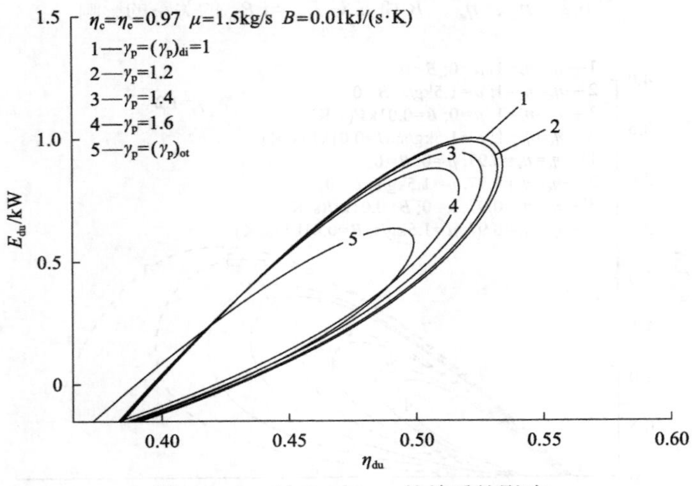

图 6.5　γ_p 对 E_{du} 与 η_{du} 的关系的影响

图 6.6～图 6.8 给出了 P_E/P_{max}、P_E/P_η、η_E/η_P、η_E/η_{max}、$(\sigma_{du})_E/(\sigma_{du})_P$ 和 $(\sigma_{du})_E/(\sigma_{du})_\eta$ 随着摩擦损失系数 μ 的变化，其中 P_{max}、η_P 和 $(\sigma_{du})_P$ 分别为循环的最大输出功率以及相应的效率和熵产率；η_{max}、P_η 和 $(\sigma_{du})_\eta$ 分别为循环的最大效率以及相应的输出功率和熵产率；P_E、η_E 和 $(\sigma_{du})_E$ 分别为循环生态学函数最大时的输出功率、效率和熵产率。从图 6.6 可以看出，不同 B 取值对应的 P_E/P_{max}-μ 曲线很接近，即 P_E/P_{max} 受传热损失影响很小；P_E/P_{max} 随 μ 的增大而减小，且值小于 1，即以生态学函数为目标函数优化时输出功率 P_E 相对于热机的最大输出功率 P_{max} 有所降低，且摩擦损失越大降低得越多。P_E 比 P_η 大，随着 B 增大，P_E/P_η

逐渐减小，P_E 有接近于 P_η 的趋势；P_E/P_η 随 μ 的增大而减小，且值大于 1。从图 6.7 可以看出，η_E 大于 η_P，对于给定的 B（μ），η_E/η_P 随 μ（B）的增大而减小。η_E 小于 η_{max}，对于给定的 B（μ），η_E/η_{max} 随 μ（B）的增大而增大，η_E 有接近于 η_{max} 的趋势。从图 6.8 可看出，$(\sigma_{du})_E$ 要比 $(\sigma_{du})_P$ 小得多；随着 B 的增大，

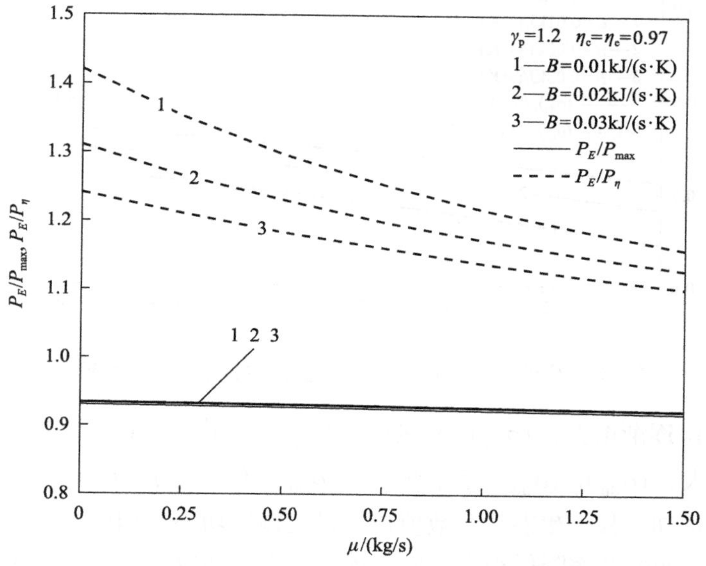

图 6.6　B 对 P_E/P_{max} 和 P_E/P_η 与 μ 的关系的影响

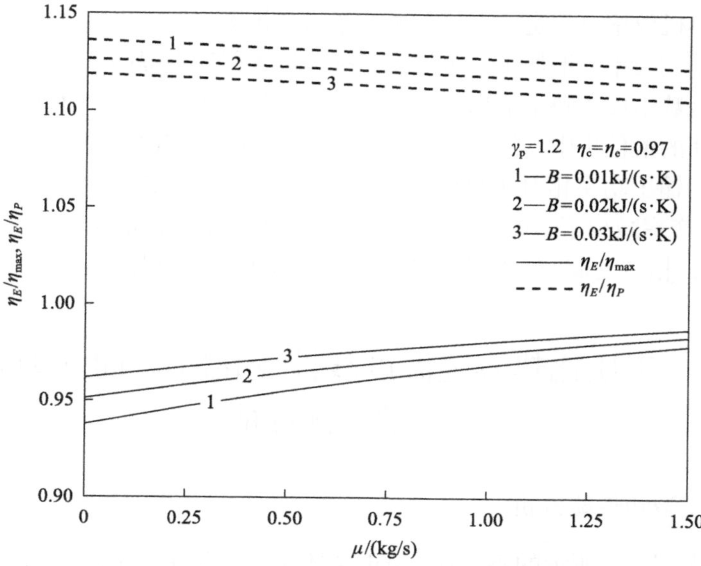

图 6.7　B 对 η_E/η_{max} 和 η_E/η_P 与 μ 的关系的影响

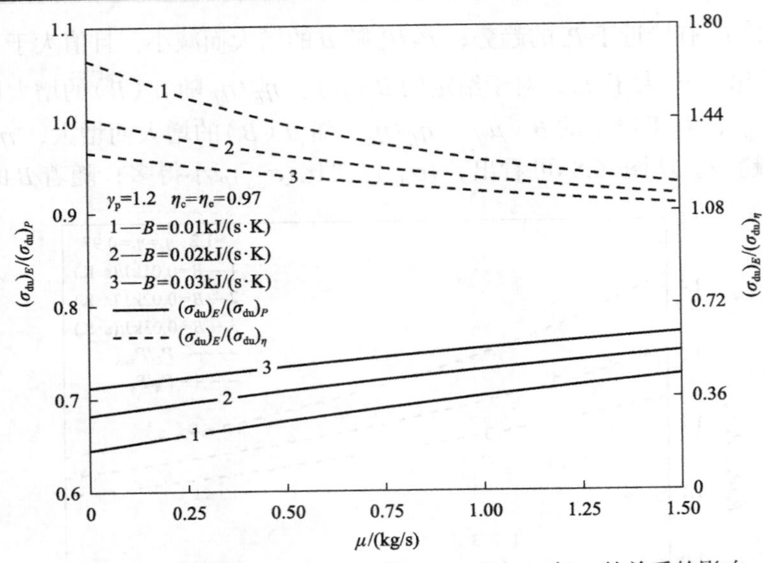

图 6.8　B 对 $(\sigma_{du})_E/(\sigma_{du})_P$ 和 $(\sigma_{du})_E/(\sigma_{du})_\eta$ 与 μ 的关系的影响

$(\sigma_{du})_E/(\sigma_{du})_P$ 逐渐增大，$(\sigma_{du})_E$ 有接近于 $(\sigma_{du})_P$ 的趋势；$(\sigma_{du})_E$ 要比 $(\sigma_{du})_\eta$ 大，随着 B 的增大，$(\sigma_{du})_E/(\sigma_{du})_\eta$ 逐渐减小，$(\sigma_{du})_E$ 有接近于 $(\sigma_{du})_\eta$ 的趋势。比较图 6.6～图 6.8 可知，最大生态学函数值点与最大输出功率点相比，热机输出功率降低的量较小，而熵产率降低很多，效率提升较大，即以牺牲较小的输出功率，较大地降低了熵产率，一定程度上提高了热机的效率。最大生态学函数值点与最大效率点相比，热机效率有一定的下降，熵产率增大较多，但输出功率增大的量很多，即以牺牲较小的效率，增加了一定的熵产率，较大程度上提高了热机的输出功率。因此生态学函数不仅反映了输出功率和熵产率之间的最佳折中，而且反映了输出功率和效率之间的最佳折中。例如，$\mu = 0.75\text{kg/s}$，$B = 0.02\text{kJ/(s}\cdot\text{K)}$ 时，最大生态学函数值对应的输出功率相对于热机最大输出功率减少了 7.7%，相应的效率提高了 12.1%，而熵产率减少了 29.0%。相对于热机最大效率点，最大生态学函数时效率降低了 3.0%，相应的熵产率增大了 24.9%，而输出功率增大了 19.8%。

6.3　工质比热容随温度线性变化时 Dual 循环的生态学最优性能

6.3.1　循环模型和性能分析

本节考虑图 6.1 所示的不可逆 Dual 循环模型，采用 2.3.1 节中的工质比热容随温度线性变化模型，即式(2.25)～式(2.27)仍然成立。

循环中工质的吸热率为

$$Q_{\text{in}} = M\left(\int_{T_2}^{T_3} C_{\text{v}} \mathrm{d}T + \int_{T_3}^{T_4} C_{\text{p}} \mathrm{d}T\right) = M\left[\int_{T_2}^{T_3} (b_{\text{v}} + KT)\mathrm{d}T + \int_{T_3}^{T_4} (a_{\text{p}} + KT)\mathrm{d}T\right]$$
$$= M[b_{\text{v}}(T_3 - T_2) + a_{\text{p}}(T_4 - T_3) + 0.5K(T_4^2 - T_2^2)] \tag{6.19}$$

循环中工质的放热率为

$$Q_{\text{out}} = M\int_{T_1}^{T_5} C_{\text{v}} \mathrm{d}T = \int_{T_1}^{T_5} (b_{\text{v}} + KT)\mathrm{d}T = M[b_{\text{v}}(T_5 - T_1) + 0.5K(T_5^2 - T_1^2)] \tag{6.20}$$

按照 2.3.1 节中对变比热容可逆绝热过程的处理方法，将变比热容的可逆绝热过程分解成无数个无限小的恒比热容可逆绝热过程，故式(2.30)和式(2.31)依然成立。

2.2.1 节中定义的循环压缩比以及 6.2.1 节中定义的循环升压比和内不可逆性损失，即式(2.3)和式(6.3)～式(6.5)仍然成立。

故对于 Dual 循环的两个可逆绝热过程 $1 \to 2\text{S}$ 和 $4 \to 5\text{S}$ 有

$$K(T_{2\text{S}} - T_1) + b_{\text{v}} \ln\frac{T_{2\text{S}}}{T_1} = R\ln\gamma \tag{6.21}$$

$$K(T_4 - T_{5\text{S}}) + b_{\text{v}} \ln\frac{T_4}{T_{5\text{S}}} - R\ln\frac{T_2}{T_4} = R\ln(\gamma\gamma_{\text{p}}) \tag{6.22}$$

不可逆 Dual 循环中存在的传热损失和摩擦损失，可以采用 6.2.1 节中的传热损失模型和 2.2.1 节中的摩擦损失模型，即假设通过气缸壁的传热损失与工质和环境的温差成正比、摩擦力与活塞运动的平均速度成正比，故式(6.8)和式(2.12)～式(2.15)依然成立。

循环净功率输出为

$$P_{\text{du}} = Q_{\text{in}} - Q_{\text{out}} - P_{\mu}$$
$$= M[b_{\text{v}}(T_3 + T_1 - T_2 - T_5) + a_{\text{p}}(T_4 - T_3) + 0.5K(T_4^2 + T_1^2 - T_2^2 - T_5^2)] - 64\mu(Ln)^2 \tag{6.23}$$

循环的效率为

$$\eta_{\text{du}} = \frac{P_{\text{du}}}{Q_{\text{in}} + Q_{\text{leak}}}$$
$$= \frac{M[b_{\text{v}}(T_3 + T_1 - T_2 - T_5) + a_{\text{p}}(T_4 - T_3) + 0.5K(T_4^2 + T_1^2 - T_2^2 - T_5^2)] - 64\mu(Ln)^2}{M[b_{\text{v}}(T_3 - T_2) + a_{\text{p}}(T_4 - T_3) + 0.5K(T_4^2 - T_2^2)] + B(T_2 + T_4 - 2T_0)} \tag{6.24}$$

整个循环中由传热损失、摩擦损失、内不可逆性损失和排气过程导致的总熵产率为

$$\begin{aligned}\sigma_{du} &= \sigma_q + \sigma_\mu + \sigma_{2S\to 2} + \sigma_{5S\to 5} + \sigma_{pq} \\ &= B(T_2 + T_4 - 2T_0)[1/T_0 - 2/(T_2 + T_4)] + 64\mu(Ln)^2 / T_0 + M[C_{v2S\to 2} \\ &\quad \ln(T_2 / T_{2S}) + C_{v5S\to 5}\ln(T_5 / T_{5S})] \ + M[b_v(T_5 - T_1)/T_0 - b_v\ln(T_5/T_1) \\ &\quad + 0.5K(T_5^2 - T_1^2)/T_0 - K(T_5 - T_1)]\end{aligned} \tag{6.25}$$

式中，定容比热容$C_{v2S\to 2}$中的温度$T=(T_2-T_{2S})/\ln(T_2/T_{2S})$，为2、2S状态之间的对数平均温度；定容比热容$C_{v5S\to 5}$中的温度$T=(T_5-T_{5S})/\ln(T_5/T_{5S})$，为5、5S状态之间的对数平均温度。

循环的生态学函数为

$$\begin{aligned}E_{du} &= P_{du} - T_0\sigma_{du} \\ &= M[b_v(T_3 + T_1 - T_2 - T_5) + a_p(T_4 - T_3) + 0.5K(T_4^2 + T_1^2 - T_2^2 - T_5^2)] - B(T_2 + T_4 - 2T_0) \\ &\quad \times[1 - 2T_0 / (T_2 + T_4)] - 128\mu(Ln)^2 - MT_0[C_{v2S\to 2}\ln(T_2 / T_{2S}) + C_{v5S\to 5}\ln(T_5 / T_{5S})] \\ &\quad - M[b_v(T_5 - T_1) - b_v T_0\ln(T_5/T_1) + 0.5K(T_5^2 - T_1^2) - T_0K(T_5 - T_1)]\end{aligned} \tag{6.26}$$

考虑到实际循环的意义：循环状态3必须位于状态2和4之间，因此升压比γ_p需满足的范围与6.2.1节中式(6.18)完全一样。当$\gamma_p=(\gamma_p)_{di}=1$时Dual循环转化为Diesel循环，而当$\gamma_p=(\gamma_p)_{ot}$时Dual循环转化为Otto循环，此时式(6.23)、式(6.24)和式(6.26)相应地成为工质比热容随温度线性变化条件下Diesel循环和Otto循环的功率、效率和生态学函数表达式。

在给定压缩比γ、升压比γ_p、循环初温T_1、循环最高温度T_4、压缩效率η_c和膨胀效率η_e的情况下可以由式(6.21)解出T_{2S}，然后再由式(6.4)解出T_2，由式(6.3)得到T_3，由式(6.22)解出T_{5S}，最后由式(6.5)解出T_5，将解出的T_2、T_3和T_5代入式(6.23)、式(6.24)和式(6.26)得到相应的功率、效率和生态学函数。由此可得到功率、效率和生态学函数与压缩比的关系及循环的其他特性关系。

6.3.2 数值算例与讨论

在计算中取$X_1=8\times10^{-2}$ m，$X_2=1\times10^{-2}$ m，$T_1=350$K，$T_3=2200$K，$T_0=300$K，$n=30$，$b_v=0.6175\sim0.8175$kJ/(kg·K)，$a_p=0.9045\sim1.1045$kJ/(kg·K)，$M=4.553\times10^{-3}$ kg/s。

图6.9～图6.12给出了工质变比热容对循环性能的影响。从式(2.25)和式

(2.26) 可知当 $K=0$ 时，式 $C_p=a_p$ 和 $C_v=b_v$ 将成为恒比热容的表达式，因此 a_p 和 b_v 的大小反映了工质本身的比热容大小。图 6.9 和图 6.10 给出了 b_v（b_v 和 a_p 关系固定，因此 a_p 会随着 b_v 的变化而变化）对热机生态学函数与功率的关系和生态学函数与效率的关系的影响，可以看出，循环的生态学函数、输出功率和效率随着 b_v 的增加而增加。

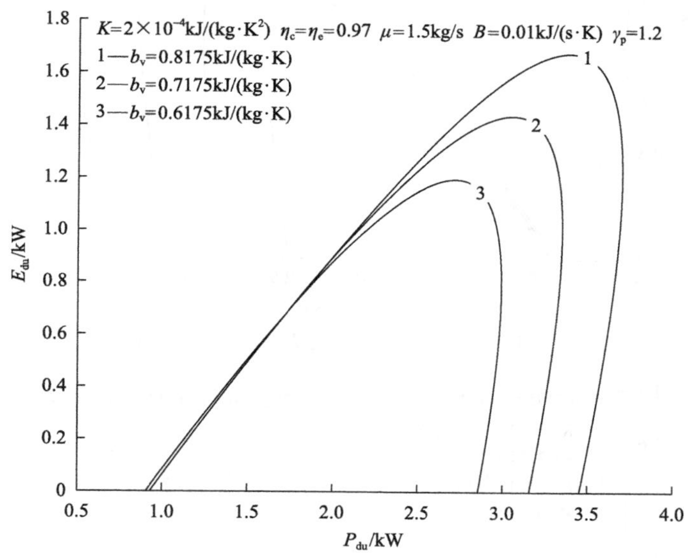

图 6.9　b_v 对 E_{du} 与 P_{du} 的关系的影响

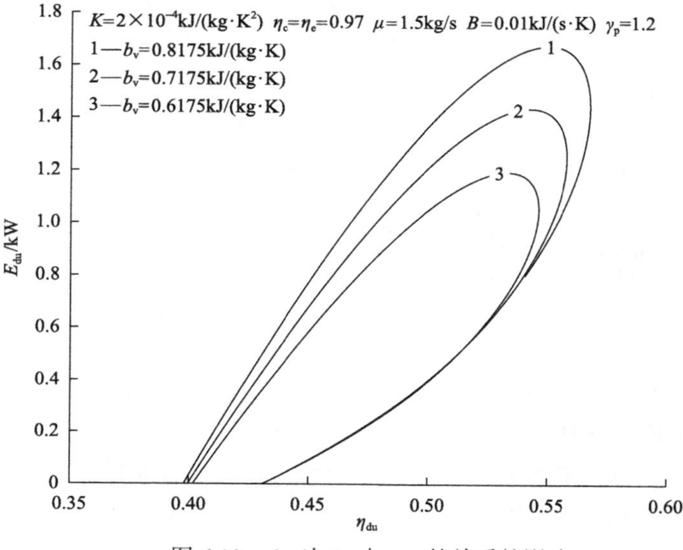

图 6.10　b_v 对 E_{du} 与 η_{du} 的关系的影响

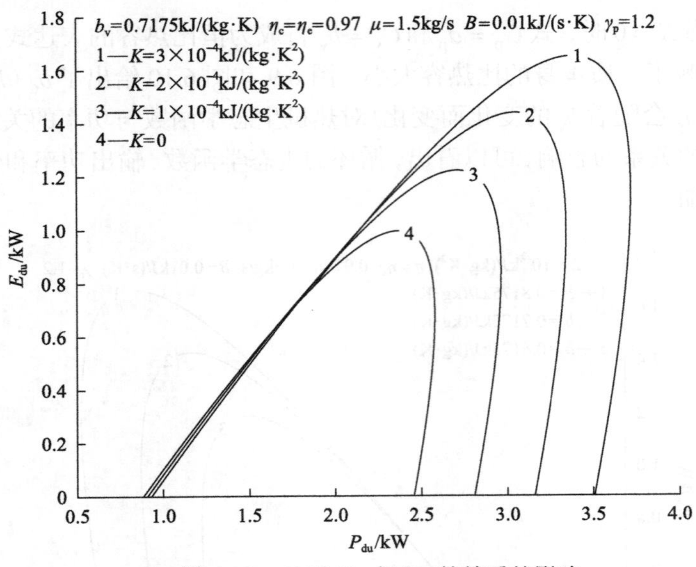

图 6.11　K 对 E_{du} 与 P_{du} 的关系的影响

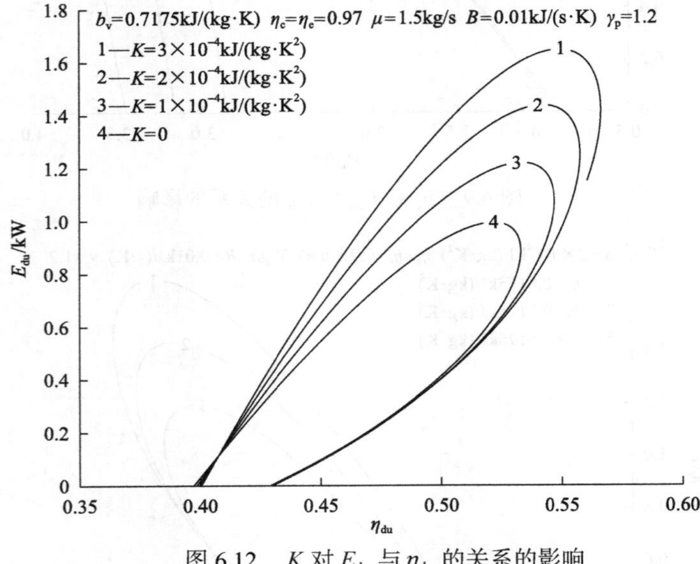

图 6.12　K 对 E_{du} 与 η_{du} 的关系的影响

由式(2.25)和式(2.26)可知 K 的大小反映了工质比热容随温度的变化程度，K 越大说明工质的比热容随温度变化得越剧烈。图 6.11 和图 6.12 分别给出了 K 对热机生态学函数与功率的关系和生态学函数与效率的关系的影响，其中 $K=0$ 为恒比热容时热机生态学函数与功率的关系和生态学函数与效率的关系。可以看出，循环的生态学函数、输出功率和效率随着 K 的增加而增加。

图 6.13～图 6.15 分别给出了工质比热容随温度变化的系数 K 对 $P_E/P_{\max}$、P_E/P_η、η_E/η_P、$\eta_E/\eta_{\max}$、$(\sigma_{du})_E/(\sigma_{du})_P$ 和 $(\sigma_{du})_E/(\sigma_{du})_\eta$ 随着摩擦损失系数 μ 的变化的影响，其中 $P_{\max}$、η_P 和 $(\sigma_{du})_P$ 分别为循环的最大输出功率以及相应的效率和熵产率；$\eta_{\max}$、P_η 和 $(\sigma_{du})_\eta$ 分别为循环的最大效率以及相应的输出功率和熵产率；P_E、η_E 和 $(\sigma_{du})_E$ 分别为循环生态学函数最大时的输出功率、效率和熵产率。

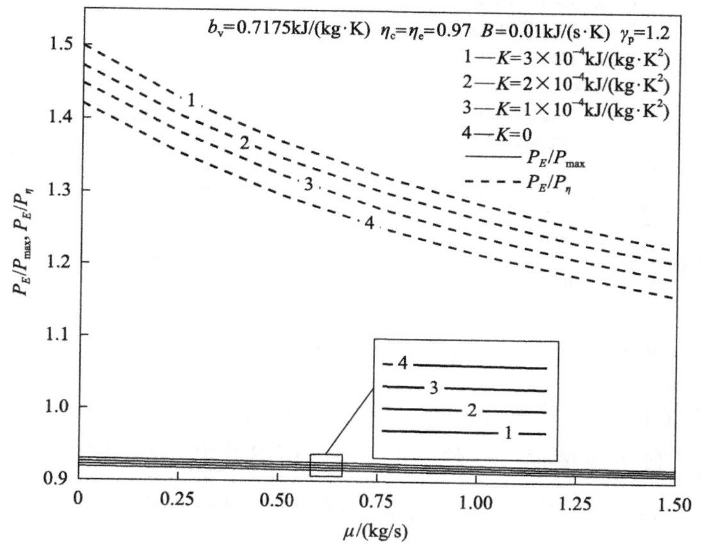

图 6.13　K 对 $P_E/P_{\max}$ 和 P_E/P_η 与 μ 的关系的影响

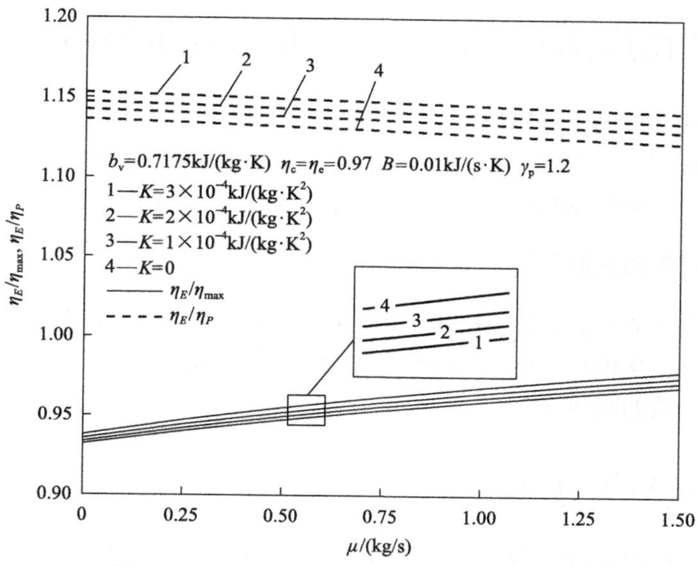

图 6.14　K 对 $\eta_E/\eta_{\max}$ 和 η_E/η_P 与 μ 的关系的影响

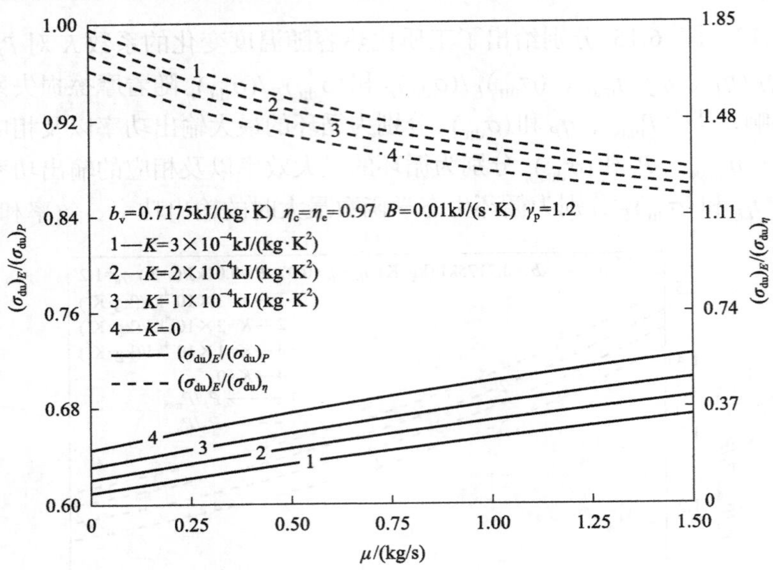

图 6.15 K 对 $(\sigma_{\mathrm{du}})_E/(\sigma_{\mathrm{du}})_P$ 和 $(\sigma_{\mathrm{du}})_E/(\sigma_{\mathrm{du}})_\eta$ 与 μ 的关系的影响

其中 $K=0$ 为恒比热容时 $P_E/P_{\max}$、P_E/P_η、η_E/η_P、$\eta_E/\eta_{\max}$、$(\sigma_{\mathrm{du}})_E/(\sigma_{\mathrm{du}})_P$ 和 $(\sigma_{\mathrm{du}})_E/(\sigma_{\mathrm{du}})_\eta$ 随着摩擦损失系数 μ 的变化，可以看出，在相同的摩擦损失系数情况下 $P_E/P_{\max}$、$\eta_E/\eta_{\max}$ 和 $(\sigma_{\mathrm{du}})_E/(\sigma_{\mathrm{du}})_P$ 随着 K 的增加而减小，而 P_E/P_η、η_E/η_P 和 $(\sigma_{\mathrm{du}})_E/(\sigma_{\mathrm{du}})_\eta$ 随着 K 的增加而增加。

6.4 工质比热容随温度非线性变化时 Dual 循环的最优性能

6.2 节和 6.3 节已经分别研究了工质恒比热容以及工质比热容随温度线性变化时 Dual 循环的生态学性能，本节将采用更接近工程实际的工质比热容随温度非线性变化模型，研究循环的功率、效率最优性能和循环的生态学最优性能。

6.4.1 循环模型和性能分析

本节考虑图 6.1 所示的不可逆 Dual 循环模型，采用 2.4.1 节中的工质比热容随温度非线性变化模型，则式(2.38)～式(2.40)仍然成立。

循环中工质的吸热率为

$$Q_{\mathrm{in}}=M\left(\int_{T_2}^{T_3}C_{\mathrm{v}}\mathrm{d}T+\int_{T_3}^{T_4}C_{\mathrm{p}}\mathrm{d}T\right)$$

$$=M\int_{T_2}^{T_3}(2.506\times10^{-11}T^2+1.454\times10^{-7}T^{1.5}-4.246\times10^{-7}T+3.162\times10^{-5}T^{0.5}$$

$$
\begin{aligned}
&+1.0433-1.512\times10^{4}T^{-1.5}+3.063\times10^{5}T^{-2}-2.212\times10^{7}T^{-3})\mathrm{d}T\\
&+M\int_{T_3}^{T_4}(2.506\times10^{-11}T^{2}+1.454\times10^{-7}T^{1.5}-4.246\times10^{-7}T+3.162\times10^{-5}T^{0.5}\\
&+1.3303-1.512\times10^{4}T^{-1.5}+3.063\times10^{5}T^{-2}-2.212\times10^{7}T^{-3})\,\mathrm{d}T\\
=&M[8.353\times10^{-12}T^{3}+5.816\times10^{-8}T^{2.5}-2.123\times10^{-7}T^{2}+2.108\times10^{-5}T^{1.5}\\
&+1.0433T+3.024\times10^{4}T^{-0.5}-3.063\times10^{5}T^{-1}+1.106\times10^{7}T^{-2}]_{T_2}^{T_3}\\
&+M[8.353\times10^{-12}T^{3}+5.816\times10^{-8}T^{2.5}-2.123\times10^{-7}T^{2}+2.108\times10^{-5}T^{1.5}\\
&+1.3303T+3.024\times10^{4}T^{-0.5}-3.063\times10^{5}T^{-1}+1.106\times10^{7}T^{-2}]_{T_3}^{T_4}
\end{aligned}
\tag{6.27}
$$

循环中工质的放热率为

$$
\begin{aligned}
Q_{\mathrm{out}}=&M\int_{T_1}^{T_5}C_{\mathrm{v}}\mathrm{d}T\\
=&M\int_{T_1}^{T_5}(2.506\times10^{-11}T^{2}+1.454\times10^{-7}T^{1.5}-4.246\times10^{-7}T+3.162\times10^{-5}T^{0.5}\\
&+1.0433-1.512\times10^{4}T^{-1.5}+3.063\times10^{5}T^{-2}-2.212\times10^{7}T^{-3})\,\mathrm{d}T\\
=&M[8.353\times10^{-12}T^{3}+5.816\times10^{-8}T^{2.5}-2.123\times10^{-7}T^{2}+2.108\times10^{-5}T^{1.5}\\
&+1.0433T+3.024\times10^{4}T^{-0.5}-3.063\times10^{5}T^{-1}+1.106\times10^{7}T^{-2}]_{T_1}^{T_5}
\end{aligned}
\tag{6.28}
$$

按照 2.4.1 节中对变比热容可逆绝热过程的处理方法，将变比热容的可逆绝热过程分解成无数个无限小的恒比热容可逆绝热过程，即式(2.43)和式(2.44)依然成立。

2.2.1 节中定义的循环压缩比以及 6.2.1 节中定义的循环升压比和内不可逆性损失，即式(2.3)和式(6.3)～式(6.5)仍然成立。

对于循环的两个可逆绝热过程 $1\to2\mathrm{S}$ 和 $4\to5\mathrm{S}$ 有

$$C_{\mathrm{v}}\ln\frac{T_{2\mathrm{S}}}{T_1}=R\ln\gamma \tag{6.29}$$

$$C_{\mathrm{v}}\ln\frac{T_4}{T_{5\mathrm{S}}}-R\ln\frac{T_2}{T_4}=R\ln(\gamma\gamma_{\mathrm{p}}) \tag{6.30}$$

不可逆 Dual 循环中存在的传热损失和摩擦损失，仍采用 6.2.1 节中的传热损失模型以及 2.2.1 节中摩擦损失模型，即假设通过气缸壁的传热损失与工质和环境的温差成正比、摩擦力与活塞运动的平均速度成正比，故式(6.8)和式(2.12)～式

(2.15)依然成立。

循环净功率输出为

$$
\begin{aligned}
P_{\mathrm{du}} &= Q_{\mathrm{in}} - Q_{\mathrm{out}} - P_{\mu} \\
&= M[8.353\times10^{-12}(T_4^3 + T_1^3 - T_2^3 - T_5^3) + 5.816\times10^{-8}(T_4^{2.5} + T_1^{2.5} - T_2^{2.5} - T_5^{2.5}) \\
&\quad - 2.123\times10^{-7}(T_4^2 + T_1^2 - T_2^2 - T_5^2) + 2.108\times10^{-5}(T_4^{1.5} + T_1^{1.5} - T_2^{1.5} - T_5^{1.5}) \\
&\quad + 1.0433(T_3 + T_1 - T_2 - T_5) + 1.3303(T_4 - T_3) + 3.024\times10^{4}(T_4^{-0.5} + T_1^{0.5} - T_2^{-0.5} - T_5^{-0.5}) \\
&\quad - 3.063\times10^{5}(T_4^{-1} + T_1^{-1} - T_2^{-1} - T_5^{-1}) + 1.106\times10^{7}(T_4^{-2} + T_1^{-2} - T_2^{-2} - T_5^{-2})] - 64\mu(Ln)^2
\end{aligned}
\tag{6.31}
$$

循环的效率为

$$
\begin{aligned}
\eta_{\mathrm{du}} &= \frac{P_{\mathrm{du}}}{Q_{\mathrm{in}} + Q_{\mathrm{leak}}} = \frac{Q_{\mathrm{in}} - Q_{\mathrm{out}} - P_{\mu}}{Q_{\mathrm{in}} + Q_{\mathrm{leak}}} \\
&= \frac{\begin{array}{l} M[8.353\times10^{-12}(T_4^3 + T_1^3 - T_2^3 - T_5^3) + 5.816\times10^{-8}(T_4^{2.5} + T_1^{2.5} - T_2^{2.5} - T_5^{2.5}) \\ -2.123\times10^{-7}(T_4^2 + T_1^2 - T_2^2 - T_5^2) + 2.108\times10^{-5}(T_4^{1.5} + T_1^{1.5} - T_2^{1.5} - T_5^{1.5}) \\ +1.0433(T_3 + T_1 - T_2 - T_5) + 1.3303(T_4 - T_3) + 3.024\times10^{4}(T_4^{-0.5} + T_1^{0.5} - T_2^{-0.5} - T_5^{-0.5}) \\ -3.063\times10^{5}(T_4^{-1} + T_1^{-1} - T_2^{-1} - T_5^{-1}) + 1.106\times10^{7}(T_4^{-2} + T_1^{-2} - T_2^{-2} - T_5^{-2})] - 64\mu(Ln)^2 \end{array}}{\begin{array}{l} M[8.353\times10^{-12}(T_4^3 - T_2^3) + 5.816\times10^{-8}(T_4^{2.5} - T_2^{2.5}) - 2.123\times10^{-7}(T_4^2 - T_2^2) \\ +2.108\times10^{-5}(T_4^{1.5} - T_2^{1.5}) + 1.0433(T_3 - T_2) + 1.3303(T_4 - T_3) + 3.024\times10^{4}(T_4^{-0.5} - T_2^{-0.5}) \\ -3.063\times10^{5}(T_4^{-1} - T_2^{-1}) + 1.106\times10^{7}(T_4^{-2} - T_2^{-2})] + B(T_2 + T_4 - 2T_0) \end{array}}
\end{aligned}
\tag{6.32}
$$

整个循环中由传热损失、摩擦损失、内不可逆性损失和排气过程导致的总熵产率为

$$
\begin{aligned}
\sigma_{\mathrm{du}} &= \sigma_{\mathrm{q}} + \sigma_{\mu} + \sigma_{2\mathrm{S}\to2} + \sigma_{5\mathrm{S}\to5} + \sigma_{\mathrm{pq}} \\
&= B(T_2 + T_4 - 2T_0)[1/T_0 - 2/(T_2 + T_4)] + 64\mu(Ln)^2/T_0 + M[C_{v2\mathrm{S}\to2}\ln(T_2/T_{2\mathrm{S}}) \\
&\quad + C_{v5\mathrm{S}\to5}\ln(T_5/T_{5\mathrm{S}})] - M[1.253\times10^{-11}(T_5^2 - T_1^2) + 9.693\times10^{-8}(T_5^{1.5} - T_1^{1.5}) \\
&\quad - 4.246\times10^{-7}(T_5 - T_1) + 6.324\times10^{-5}(T_5^{0.5} - T_1^{0.5}) + 1.0433\ln(T_5/T_1) + 1.0080 \\
&\quad \times10^{4}(T_5^{-1.5} - T_1^{-1.5}) - 1.5315\times10^{5}(T_5^{-2} - T_1^{-2}) + 7.373\times10^{6}(T_5^{-3} - T_1^{-3})] + M/T_0 \\
&\quad \times[8.353\times10^{-12}(T_5^3 - T_1^3) + 5.816\times10^{-8}(T_5^{2.5} - T_1^{2.5}) - 2.123\times10^{-7}(T_5^2 - T_1^2) + 2.108 \\
&\quad \times10^{-5}(T_5^{1.5} - T_1^{1.5}) + 1.0433(T_5 - T_1) + 3.024\times10^{4}(T_5^{-0.5} - T_1^{-0.5}) - 3.063\times10^{5}(T_5^{-1} \\
&\quad - T_1^{-1}) + 1.106\times10^{7}(T_5^{-2} - T_1^{-2})]
\end{aligned}
\tag{6.33}
$$

式中，定容比热容 $C_{v2S\to2}$ 中的温度 $T=(T_2-T_{2S})/\ln(T_2/T_{2S})$，为 2、2S 状态之间的对数平均温度；定容比热容 $C_{v5S\to5}$ 中的温度 $T=(T_5-T_{5S})/\ln(T_5/T_{5S})$，为 5、5S 状态之间的对数平均温度。

循环的生态学函数为

$$\begin{aligned}E_{du}&=P_{du}-T_0\sigma_{du}\\&=M[8.353\times10^{-12}(T_4^3+2T_1^3-T_2^3-2T_5^3)+5.816\times10^{-8}(T_4^{2.5}+2T_1^{2.5}-T_2^{2.5}-2T_5^{2.5})\\&\quad-2.123\times10^{-7}(T_4^2+2T_1^2-T_2^2-2T_5^2)+2.108\times10^{-5}(T_4^{1.5}+2T_1^{1.5}-T_2^{1.5}-2T_5^{1.5})\\&\quad+1.0433(T_3+2T_1-T_2-2T_5)+1.3303(T_4-T_3)+3.024\times10^4(T_4^{-0.5}+2T_1^{0.5}-T_2^{-0.5}\\&\quad-2T_5^{-0.5})-3.063\times10^5(T_4^{-1}+2T_1^{-1}-T_2^{-1}-2T_5^{-1})+1.106\times10^7(T_4^{-2}+2T_1^{-2}-T_2^{-2}\\&\quad-2T_5^{-2})]-B(T_2+T_4-2T_0)[1-2T_0/(T_2+T_4)]-128\mu(Ln)^2-MT_0[C_{v2S\to2}\ln(T_2/T_{2S})\\&\quad+C_{v5S\to5}\ln(T_5/T_{5S})]+MT_0[1.253\times10^{-11}(T_5^2-T_1^2)+9.693\times10^{-8}(T_5^{1.5}-T_1^{1.5})\\&\quad-4.246\times10^{-7}(T_5-T_1)+6.324\times10^{-5}(T_5^{0.5}-T_1^{0.5})+1.0433\ln(T_5/T_1)\\&\quad+1.0080\times10^4(T_5^{-1.5}-T_1^{-1.5})-1.5315\times10^5(T_5^{-2}-T_1^{-2})+7.373\times10^6(T_5^{-3}-T_1^{-3})]\end{aligned}\tag{6.34}$$

考虑到实际循环的意义：循环状态 3 必须位于状态 2 和 4 之间，因此升压比 γ_p 需满足的范围与 6.2.1 节中式(6.18)完全一样。当 $\gamma_p=(\gamma_p)_{di}=1$ 时 Dual 循环转化为 Diesel 循环，而当 $\gamma_p=(\gamma_p)_{ot}$ 时 Dual 循环转化为 Otto 循环，此时式(6.31)、式(6.32)和式(6.34)相应地成为工质比热容随温度非线性变化条件下 Diesel 循环和 Otto 循环的功率、效率和生态学函数表达式。

在给定压缩比 γ、升压比 γ_p、循环初温 T_1、循环最高温度 T_4、压缩效率 η_c 和膨胀效率 η_e 的情况下可以由式(6.29)解出 T_{2S}，然后再由式(6.4)解出 T_2，由式(6.3)得到 T_3，由式(6.30)解出 T_{5S}，最后由式(6.5)解出 T_5，将解出的 T_2、T_3 和 T_5 代入式(6.31)、式(6.32)和式(6.34)得到相应的功率、效率和生态学函数。由此可得到功率、效率和生态学函数与压缩比的关系及循环的其他特性关系。

6.4.2　数值算例与讨论

在计算中取 $T_1=350\text{K}$，$T_5=2200\text{K}$，$M=4.553\times10^{-3}\text{kg/s}$，$X_1=8\times10^{-2}\text{m}$，$X_2=1\times10^{-2}\text{m}$，$n=30$。图 6.16～图 6.18 给出了循环内不可逆性损失、传热损失和摩擦损失三种不可逆因素对循环功率、效率性能特性的影响(图中虚线表示由于 γ_p 的值超过 $(\gamma_p)_{ot}$ 而使循环无法进行的部位)。可以看出，在循环压缩比可工作的范围内，当完全不考虑上述三种不可逆因素时，循环的功率与压缩比曲线以及功率与效率曲线呈类抛物线型，而效率则随压缩比单调增加；当考虑一种及以上不可逆因素时，循环的功率与压缩比曲线、效率与压缩比曲线呈类抛物线型，而功率与效率曲线呈回原点的扭叶型，这反映了实际不可逆 Dual 循环的本质特性(即循环既存在最大功率工作点也存在最大效率工作点)。

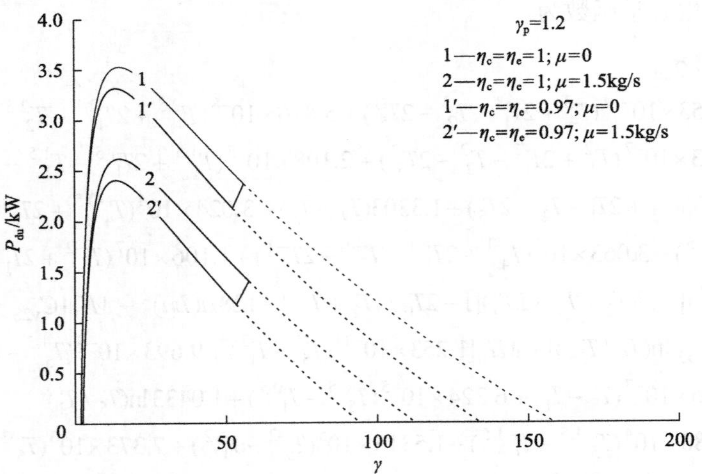

图 6.16　η_c、η_e 和 μ 对 P_{du} 与 γ 的关系的影响

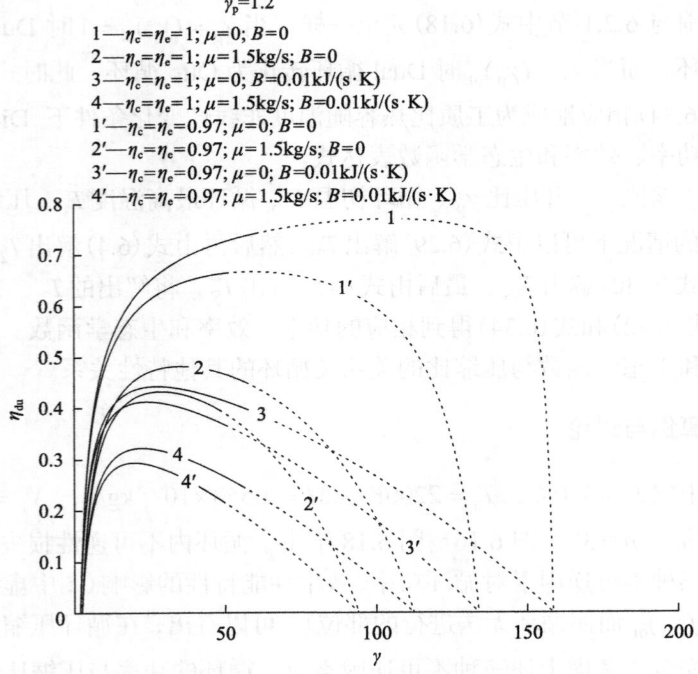

图 6.17　η_c、η_e、B 和 μ 对 η_{du} 与 γ 的关系的影响

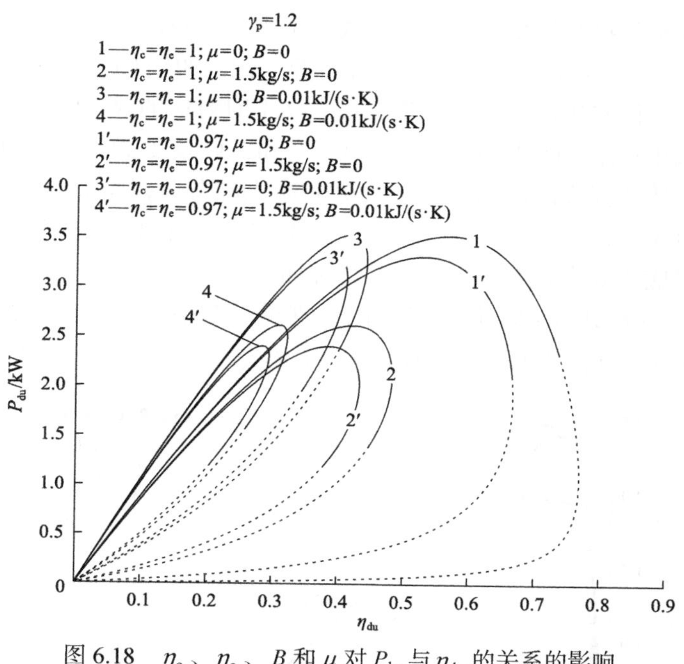

图 6.18 η_c、η_e、B 和 μ 对 P_{du} 与 η_{du} 的关系的影响

在固定循环最高温度的情况下，根据功率、效率的定义可知传热损失对循环的功率没有影响，因此图 6.16 给出了循环内不可逆性损失和摩擦损失对循环功率的影响。曲线1和1′给出了无摩擦损失时循环内不可逆性损失对循环功率的影响；曲线2和2′给出了有摩擦损失时循环内不可逆性损失对循环功率的影响。曲线1和2给出了无内不可逆性损失时摩擦损失对循环功率的影响；曲线1′和2′给出了有内不可逆性损失时摩擦损失对循环功率的影响。通过比较可以看出，无论是否存在摩擦损失，循环功率都随着内不可逆性损失的增加而减小；无论是否考虑循环内不可逆性损失，循环的功率都随着摩擦损失的增加而减小。

图 6.17 给出了内不可逆性损失、传热损失和摩擦损失对循环效率的影响。在循环的实际可工作范围内，曲线1是完全可逆时循环效率与压缩比的关系，此时循环效率随压缩比的增加而增加，而其他曲线是考虑一种及以上不可逆因素时效率与压缩比的关系，这些曲线均呈类抛物线型。比较曲线1和1′、2和2′、3和3′以及4和4′，可以看出循环效率随着内不可逆性损失的增加而减小；比较曲线1和3、2和4、1′和3′以及2′和4′，可以看出循环效率随着传热损失的增加而减小；比较曲线1和2、3和4、1′和2′以及3′和4′，可以看出循环效率随着摩擦损失的增加而减小。

图 6.18 给出了内不可逆性损失、传热损失和摩擦损失对循环功率与效率特性的影响。在循环的实际可工作范围内，曲线1是完全可逆时功率与效率的特性关

系，此时曲线呈类抛物线型，而其他曲线是考虑一种及以上不可逆因素时功率与效率的特性关系，这些曲线呈回原点的扭叶型。比较曲线1和1′、2和2′、3和3′以及4和4′，可以看出循环最大功率、最大功率时对应的效率随着内不可逆性损失的增加而减小；比较曲线1和3、2和4、1′和3′以及2′和4′，可以看出循环的最大功率不受传热损失的影响，而最大功率时对应的效率随着传热损失的增加而减小；比较曲线1和2、3和4、1′和2′以及3′和4′，可以看出循环的最大功率以及最大功率对应的效率随着摩擦损失的增加而减小。

图 6.19～图 6.21 给出了循环升压比γ_p对循环功率、效率及功率-效率特性的影响，$\gamma_p=(\gamma_p)_{di}=1$即为 Diesel 循环功率、效率及功率-效率特性，而$\gamma_p=(\gamma_p)_{ot}$为

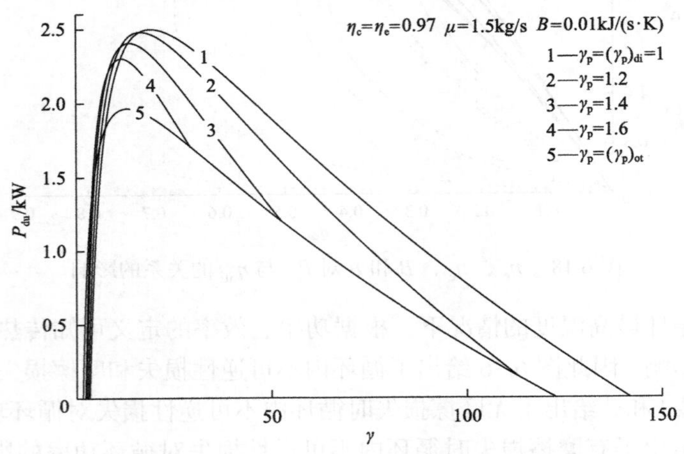

图 6.19　γ_p 对 P_{du} 与 γ 的关系的影响

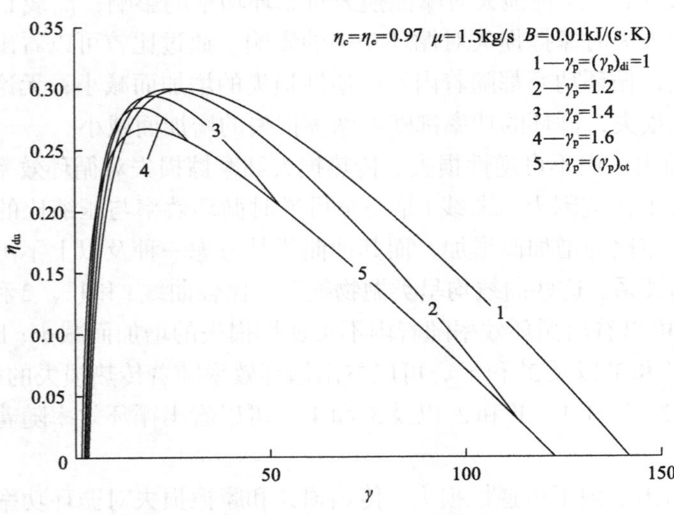

图 6.20　γ_p 对 η_{du} 与 γ 的关系的影响

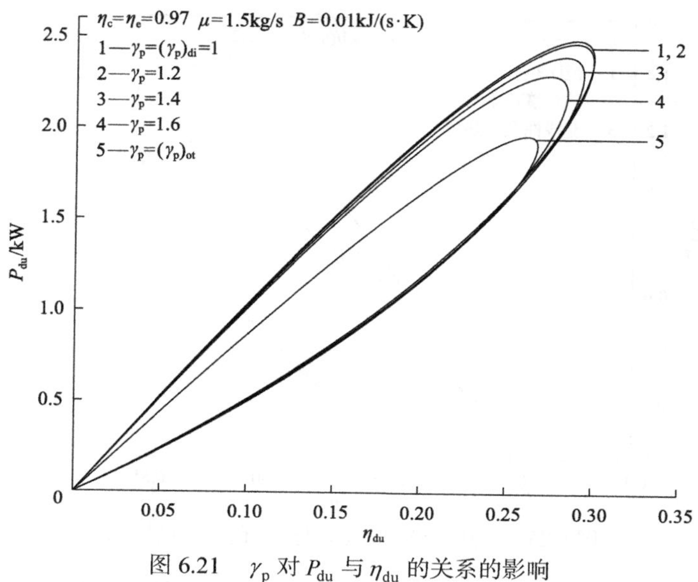

图 6.21　γ_p 对 P_{du} 与 η_{du} 的关系的影响

Otto 循环功率、效率及功率-效率特性，可以看出，Diesel 循环和 Otto 循环的功率、效率曲线成为 Dual 循环的最大和最小功率、效率包络线。当 γ_p 从1增加到 $(\gamma_p)_{ot}$ 时，循环的最大功率、最大效率、最大功率和最大效率时对应的压缩比以及循环实际工作的压缩比范围均是减小的。

图 6.22 和图 6.23 分别给出了工质比热容模型对循环生态学函数与功率的关系和生态学函数与效率的关系的影响。曲线 1 为恒比热容时循环生态学函数与功率

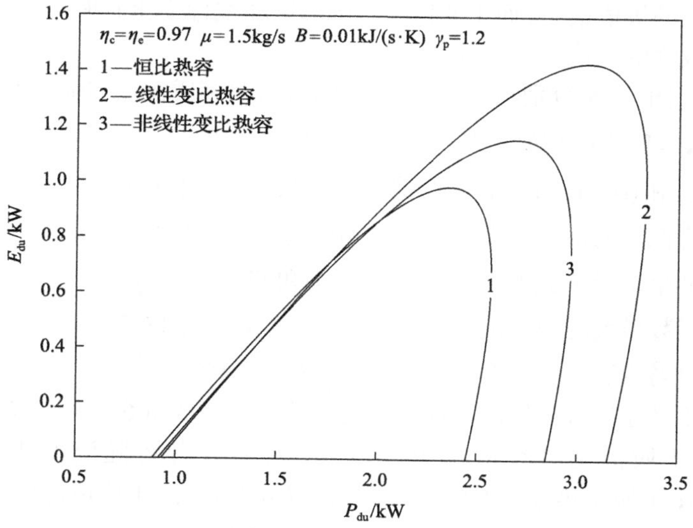

图 6.22　比热容模型对 E_{du} 与 P_{du} 的关系的影响

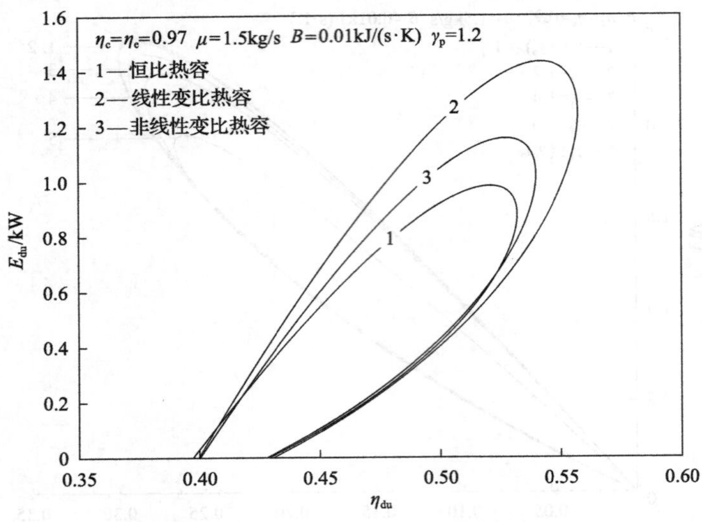

图 6.23 比热容模型对 E_{du} 与 η_{du} 的关系的影响

的关系和生态学函数与效率的关系，曲线 2 为工质比热容随温度线性变化（工质比热容随温度线性变化的系数 $K = 2\times10^{-4}\,\text{kJ}/(\text{kg}\cdot\text{K}^2)$）时循环生态学函数与功率的关系和生态学函数与效率的关系，曲线 3 为工质比热容随温度非线性变化时循环生态学函数与功率的关系和生态学函数与效率的关系。从图 6.22 和图 6.23 可以看出工质比热容模型对循环生态学函数与功率和效率的特性关系不产生定性的影响，仅产生定量的影响。三种比热容模型中，工质比热容随温度线性变化时循环生态学函数、输出功率和效率的极值最大，工质恒比热容时循环生态学函数、输出功率和效率的极值最小，而工质比热容随温度非线性变化时循环的生态学函数、输出功率和效率的极值介于两者之间。

图 6.24～图 6.26 分别给出了工质比热容模型（工质比热容随温度线性变化时的系数取 $K = 2\times10^{-4}\,\text{kJ}/(\text{kg}\cdot\text{K}^2)$）对 $P_E/P_{\max}$、P_E/P_η、η_E/η_P、$\eta_E/\eta_{\max}$、$(\sigma_{du})_E/(\sigma_{du})_P$ 和 $(\sigma_{du})_E/(\sigma_{du})_\eta$ 随摩擦损失系数 μ 的变化的影响，其中 $P_{\max}$、η_P 和 $(\sigma_{du})_P$ 分别为循环的最大输出功率以及相应的效率和熵产率；$\eta_{\max}$、P_η 和 $(\sigma_{du})_\eta$ 分别为循环的最大效率以及相应的输出功率和熵产率；P_E、η_E 和 $(\sigma_{du})_E$ 分别为循环生态学函数最大时的输出功率、效率和熵产率。从图 6.24～图 6.26 可以看出，比热容模型对 $P_E/P_{\max}$、P_E/P_η、η_E/η_P、$\eta_E/\eta_{\max}$、$(\sigma_{du})_E/(\sigma_{du})_P$ 和 $(\sigma_{du})_E/(\sigma_{du})_\eta$ 随 μ 的变化不产生定性的影响，仅产生定量的影响。从图 6.24 可以看出，三种比热容模型中工质恒比热容时 $P_E/P_{\max}$ 最大，工质比热容随温度非线性变化时 $P_E/P_{\max}$ 最小；工质比热容随温度线性变化时 P_E/P_η 最大，工质恒比热容时 P_E/P_η 最小。从图 6.25 可以看出，三种比热容模型中工质恒比热容时 $\eta_E/\eta_{\max}$ 最大，工质

比热容随温度线性变化时 $\eta_E/\eta_{\max}$ 最小；工质比热容随温度非线性变化时 η_E/η_P 最大，工质恒比热容时 η_E/η_P 最小。从图 6.26 可以看出，三种比热容模型中工质恒比热容时 $(\sigma_{du})_E/(\sigma_{du})_P$ 最大，工质比热容随温度非线性变化时 $(\sigma_{du})_E/(\sigma_{du})_P$ 最小；工质比热容随温度线性变化时 $(\sigma_{du})_E/(\sigma_{du})_\eta$ 最大，工质恒比热容时 $(\sigma_{du})_E/(\sigma_{du})_\eta$ 最小。

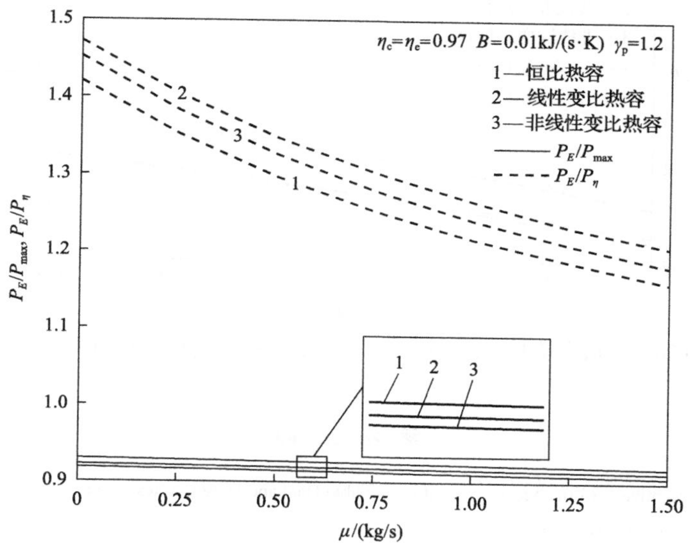

图 6.24　比热容模型对 $P_E/P_{\max}$ 和 P_E/P_η 与 μ 的关系的影响

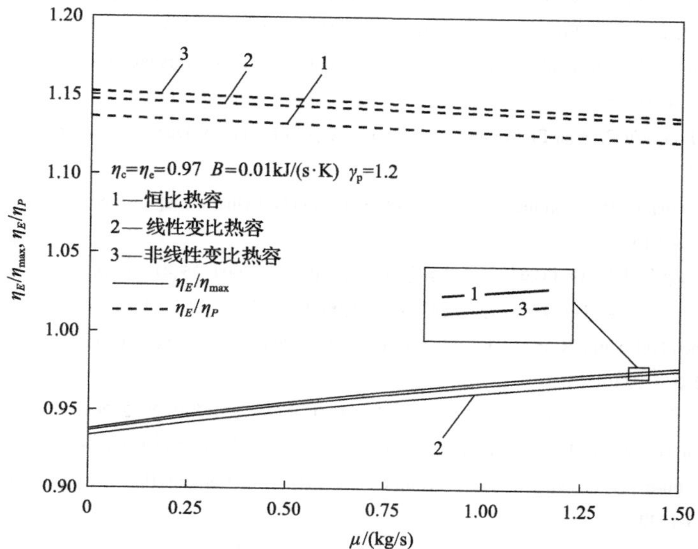

图 6.25　比热容模型对 $\eta_E/\eta_{\max}$ 和 η_E/η_P 与 μ 的关系的影响

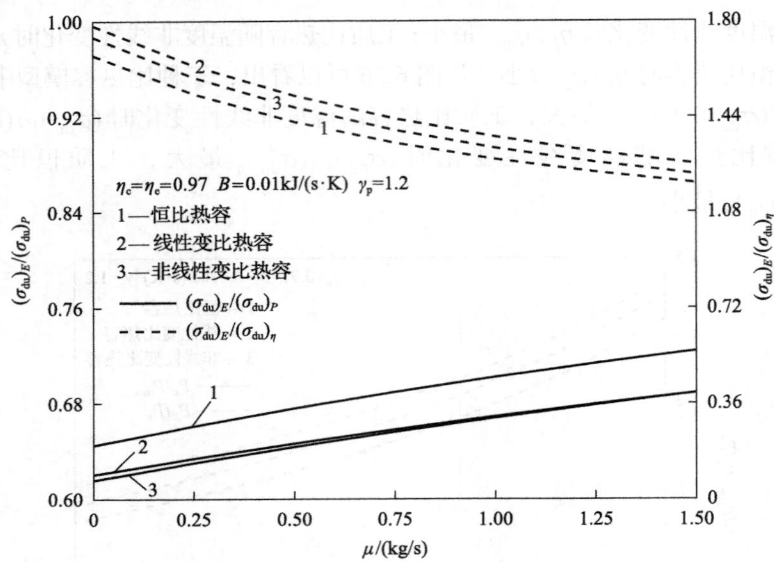

图 6.26　比热容模型对 $(\sigma_{du})_E/(\sigma_{du})_P$ 和 $(\sigma_{du})_E/(\sigma_{du})_\eta$ 与 μ 的关系的影响

参 考 文 献

[1] Parlak A. Comparative performance analysis of irreversible Dual and Diesel cycles under maximum power conditions [J]. Energy Convers. Manage., 2005, 46 (3) : 351-359.

[2] 訾琨, 杨秀奇, 江屏. 考虑机械损失时发动机功率效率特性[J]. 哈尔滨工业大学学报, 2009, 41 (6) : 209-212.

[3] Sahin B, Kesgin U, Kodal A, et al. Performance optimization of a new combined power cycle based on power density analysis of the Dual cycle[J]. Energy Convers. Manage., 2002, 43 (15) : 2019-2031.

[4] Blank D A, Wu C. The effects of combustion on a power-optimized endoreversible Dual cycle[J]. Energy Convers. Manage., 1994, 14 (3) : 98-103.

[5] Lin J X, Chen L G, Wu C, et al. Finite-time thermodynamic performance of Dual cycle[J]. Int. J. Energy Res., 1999, 23 (9) : 765-772.

[6] Hou S S. Heat transfer effects on the performance of an air standard Dual cycle[J]. Energy Convers. Manage., 2004, 45 (18/19) : 3003-3015.

[7] 邱伟光. 温压约束条件下内燃机循环的性能界限[J]. 内燃机工程, 2004, 25 (4) : 66-68.

[8] 秦建文. 内燃机混合加热 (Dual) 循环有限时间热力学分析[J]. 内燃机, 2007, (4) : 12-13.

[9] Wang W H, Chen L G, Sun F R, et al. The effects of friction on the performance of an air stand Dual cycle[J]. Exergy, An Int. J. 2002, 2 (4) : 340-344.

[10] 郑彤, 陈林根, 孙丰瑞. 不可逆 Dual 循环的功率效率特性[J]. 内燃机学报, 2002, 20 (5) : 408-412.

[11] Parlak A, Sahin B, Yasar H. Performance optimization of an irreversible Dual cycle with respect to pressure ratio and temperature ratio-experimental results of a ceramic coated IDI Diesel engine[J]. Energy Convers. Manage., 2004, 45 (7/8) : 1219-1232.

[12] Ebrahimi R. Effects of specific heat ratio on the power output and efficiency characteristics for an irreversible Dual cycle[J]. J. American Sci., 2010, 6 (2) : 181-184.

[13] Parlak A, Sahin B. Performance optimisation of reciprocating heat engine cycles with internal irreversibility[J]. J. Energy Inst., 2006, 79(4): 241-245.

[14] Zhao Y R, Chen J C. An irreversible heat engine model including three typical thermodynamic cycles and their optimum performance analysis[J]. Int. J. Therm. Sci., 2007, 46(6): 605-613.

[15] Ozsoysal O A. Effects of combustion efficiency on a Dual cycle[J]. Energy Convers. Manage., 2009, 50(9): 2400-2406.

[16] Ghatak A, Chakraborty S. Effect of external irreversibilities and variable thermal properties of working fluid on thermal performance of a Dual internal combustion engine cycle[J].Strojnicky Casopsis (J. Mechanical Energy), 2007, 58(1): 1-12.

[17] Chen L G, Ge Y L, Sun F R, et al. Effects of heat transfer, friction and variable specific heats of working fluid on performance of an irreversible Dual cycle[J]. Energy Convers. Manage., 2006, 47(18/19): 3224-3234.

[18] 王飞娜, 黄跃武, 高伟. 工质变比热对混合加热循环功率密度特性的影响[J]. 能源与环境, 2010, (2): 4-6.

[19] Ebrahimi R. Thermodynamic modeling of an irreversible dual cycle: Effect of mean piston speed[J]. Rep. and Opin., 2009, 1(5): 25-30.

[20] Ebrahimi R. Thermodynamic simulation of performance of an endoreversible Dual cycle with variable specific heat ratio of working fluid[J]. J. American Sci., 2009, 5(5): 175-180.

[21] Ebrahimi R. Effects of cut-off ratio on performance of an irreversible Dual cycle[J]. J. American Sci., 2009, 5(3): 83-90.

[22] Ebrahimi R. Performance analysis of a Dual cycle engine with considerations of pressure ratio and cut-off ratio[J]. Acta Phys. Pol. A, 2010, 118(4): 534-539.

[23] Ebrahimi R. Effects of pressure ratio on the net work output and efficiency characteristics for an endoreversible Dual cycle[J]. J. Energy Inst., 2011, 84(1): 30-33.

[24] Chen L G, Ge Y L, Liu C, et al. Performance of universal reciprocating heat-engine cycle with variable specific heats ratio of working fluid[J]. Entropy, 2020, 22(4): 397.

[25] Ust Y, Sahin B, Sogut O S. Performance analysis and optimization of an irreversible dual-cycle based on an ecological coefficient of performance criterion[J]. Appl. Energy, 2005, 82(1): 23-39.

[26] 戈延林. 工质变比热对内燃机循环性能的影响[D]. 武汉：海军工程大学, 2005.

[27] Abu-Nada E, Al-Hinti I, Al-Aarkhi A, et al. Thermodynamic modeling of spark-ignition engine: Effect of temperature dependent specific heats[J]. Int. Comm. Heat Mass Transfer, 2005, 33(10): 1264-1272.

[28] Abu-Nada E, Al-Hinti I, Akash B, et al. Thermodynamic analysis of spark-ignition engine using a gas mixture model for the working fluid[J]. Int. J. Energy Res., 2007, 37(11): 1031-1046.

[29] Abu-Nada E, Al-Hinti I, Al-Sarkhi A, et al. Effect of piston friction on the performance of SI engine: A new thermodynamic approach[J]. ASME Trans. J. Eng. Gas Turbine Pow., 2008, 130(2): 022802.

[30] Abu-Nada E, Akash B, Al-Hinti I, et al. Performance of spark-ignition engine under the effect of friction using gas mixture model[J]. J. Energy Inst., 2009, 82(4): 197-205.

第 7 章　空气标准不可逆 Miller 循环最优性能

7.1　引　　言

文献[1]～[13]考虑传统工质，在不同损失项(包括传热损失、摩擦损失、内不可逆性损失以及不同损失的组合)和工质恒比热容[1-3]、变比热容(包括工质比热容随温度线性变化[4-11]和非线性变化[12])以及工质变比热容比(比热容比随温度非线性变化[13])情况下研究了 Miller 循环的功率(功)、效率特性和功率密度特性。

本章用空气标准循环模型代替开式循环模型，建立存在传热损失、摩擦损失和内不可逆性损失的不可逆 Miller 循环模型，通过循环内存在的各种损失来计算熵产率，首先研究工质恒比热容情况下循环的生态学最优性能，并分析三种损失和循环另一压缩比对循环生态学最优性能的影响；其次采用文献[4]～[11]和[14]提出的工质比热容随温度线性变化模型，研究循环的生态学最优性能，并分析工质变比热容和循环另一压缩比对循环生态学最优性能的影响；最后采用 Abu-Nada 等[15-18]提出的工质比热容随温度非线性变化模型，研究循环的功率、效率最优性能和生态学最优性能，并分析工质比热容模型(包括工质恒比热容、比热容随温度线性变化和非线性变化)、三种损失和循环另一压缩比对循环的功率、效率最优性能和生态学最优性能的影响。

7.2　工质恒比热容时 Miller 循环的生态学最优性能

7.2.1　循环模型和性能分析

本节考虑图 7.1 所示的不可逆 Miller 循环模型，$1\rightarrow 2S$ 为可逆绝热压缩过程，$1\rightarrow 2$ 为不可逆绝热压缩过程，$2\rightarrow 3$ 为定容吸热过程，$3\rightarrow 4S$ 为可逆绝热膨胀过程；$3\rightarrow 4$ 为不可逆绝热膨胀过程，$4\rightarrow 5$ 定容放热过程，$5\rightarrow 1$ 为定压放热过程。

循环中工质的吸热率为

$$Q_{\text{in}} = MC_{\text{v}}(T_3 - T_2) \tag{7.1}$$

循环中工质的放热率为

$$Q_{\text{out}} = M[C_{\text{p}}(T_5 - T_1) + C_{\text{v}}(T_4 - T_5)] \tag{7.2}$$

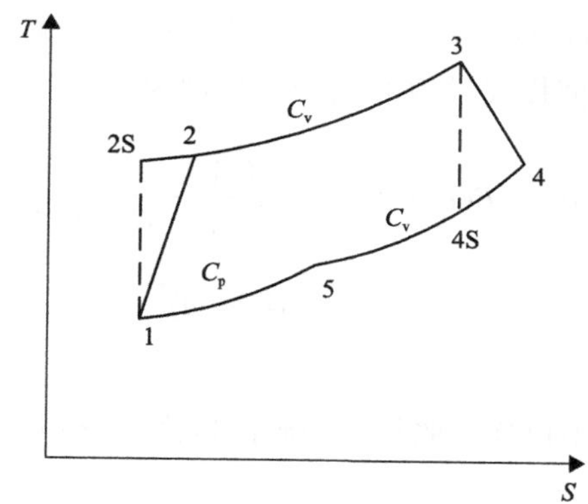

图 7.1　不可逆 Miller 循环模型 T - S 图

2.2.1 节定义的循环压缩比和内不可逆性损失，即式(2.3)、式(2.6)和式(2.7)仍然成立。

定义循环另一压缩比为

$$\gamma_c = V_5 / V_1 = T_5 / T_1 \tag{7.3}$$

式中，V_1和V_5分别为状态点 1 和 5 对应的工质的比容。

故对于循环不可逆绝热过程$1 \to 2$和$3 \to 4$有

$$T_2 = \frac{T_1(\gamma^{k-1} - 1)}{\eta_c} + T_1 \tag{7.4}$$

$$T_3\eta_e - [T_4 + (\eta_e - 1)T_3](\gamma\gamma_c)^{k-1} = 0 \tag{7.5}$$

不可逆 Miller 循环中存在的传热损失和摩擦损失依然采用 2.2.1 节中的模型，即假设通过气缸壁的传热损失与工质和环境的温差成正比、摩擦力与活塞运动的平均速度成正比，故式(2.11)～式(2.15)在本节依然成立。

循环净功率输出为

$$\begin{aligned} P_{mi} &= Q_{in} - Q_{out} - P_\mu \\ &= M[C_p(T_1 - T_5) + C_v(T_3 + T_5 - T_2 - T_4)] - 64\mu(Ln)^2 \end{aligned} \tag{7.6}$$

循环的效率为

$$\begin{aligned} \eta_{mi} &= \frac{P_{mi}}{Q_{in} + Q_{leak}} = \frac{Q_{in} - Q_{out} - P_\mu}{Q_{in} + Q_{leak}} \\ &= \frac{M[C_p(T_1 - T_5) + C_v(T_3 + T_5 - T_2 - T_4)] - 64\mu(Ln)^2}{MC_v(T_3 - T_2) + B(T_2 + T_3 - 2T_0)} \end{aligned} \tag{7.7}$$

实际的不可逆 Miller 循环中存在三种损失：摩擦损失、传热损失和内不可逆性损失。传热损失和摩擦损失导致的熵产率分别为

$$\sigma_{\mathrm{q}} = B(T_2 + T_3 - 2T_0)\left(\frac{1}{T_0} - \frac{2}{T_2 + T_3}\right) \tag{7.8}$$

$$\sigma_{\mu} = \frac{P_{\mu}}{T_0} = \frac{64\mu(Ln)^2}{T_0} \tag{7.9}$$

不可逆压缩损失和不可逆膨胀损失导致的熵产率分别由过程 $2\mathrm{S} \to 2$ 和 $4\mathrm{S} \to 4$ 的熵增率来计算：

$$\sigma_{2\mathrm{S}\to 2} = MC_{\mathrm{v}} \ln\frac{T_2}{T_{2\mathrm{S}}} = MC_{\mathrm{v}} \ln\frac{T_2}{\eta_{\mathrm{c}}(T_2 - T_1) + T_1} \tag{7.10}$$

$$\sigma_{4\mathrm{S}\to 4} = MC_{\mathrm{v}} \ln\frac{T_4}{T_{4\mathrm{S}}} = MC_{\mathrm{v}} \ln\frac{\eta_{\mathrm{e}}T_4}{T_4 + (\eta_{\mathrm{e}} - 1)T_3} \tag{7.11}$$

工质经过功率冲程做功后由排气冲程排往环境，该过程也会产生部分熵产率，该熵产率由式(7.12)计算：

$$\begin{aligned}\sigma_{\mathrm{pq}} &= M\int_{T_1}^{T_5} C_{\mathrm{p}}\mathrm{d}T\left(\frac{1}{T_0} - \frac{1}{T}\right) + \int_{T_5}^{T_4} C_{\mathrm{v}}\mathrm{d}T\left(\frac{1}{T_0} - \frac{1}{T}\right) \\ &= M\{[C_{\mathrm{p}}(T_5 - T_1) + C_{\mathrm{v}}(T_4 - T_5)] / T_0 - C_{\mathrm{p}} \ln(T_5 / T_1) - C_{\mathrm{v}} \ln(T_4 / T_5)\}\end{aligned} \tag{7.12}$$

因此整个循环的熵产率为

$$\begin{aligned}\sigma_{\mathrm{mi}} &= \sigma_{\mathrm{q}} + \sigma_{\mu} + \sigma_{2\mathrm{S}\to 2} + \sigma_{4\mathrm{S}\to 4} + \sigma_{\mathrm{pq}} \\ &= B(T_2 + T_3 - 2T_0)[1/T_0 - 2/(T_2 + T_3)] + 64\mu(Ln)^2/T_0 + MC_{\mathrm{v}} \ln[T_2/(\eta_{\mathrm{c}}T_2 \\ &\quad - \eta_{\mathrm{c}}T_1 + T_1)] + MC_{\mathrm{v}} \ln[\eta_{\mathrm{e}}T_4/(T_4 + \eta_{\mathrm{e}}T_3 - T_3)] + M\{[C_{\mathrm{p}}(T_5 - T_1) + C_{\mathrm{v}}(T_4 \\ &\quad - T_5)]/T_0 - C_{\mathrm{p}} \ln(T_5/T_1) - C_{\mathrm{v}} \ln(T_4/T_5)\}\end{aligned} \tag{7.13}$$

Miller 循环的生态学函数为

$$\begin{aligned}E_{\mathrm{mi}} &= P_{\mathrm{mi}} - T_0\sigma_{\mathrm{mi}} \\ &= M[C_{\mathrm{p}}(T_1 - T_5) + C_{\mathrm{v}}(T_3 + T_5 - T_2 - T_4)] - B(T_2 + T_3 - 2T_0)[1 - 2T_0/(T_2 + T_3)] \\ &\quad - 128\mu(Ln)^2 - MT_0C_{\mathrm{v}} \ln[T_2/(\eta_{\mathrm{c}}T_2 - \eta_{\mathrm{c}}T_1 + T_1)] - MT_0C_{\mathrm{v}} \ln[\eta_{\mathrm{e}}T_4/(T_4 + \eta_{\mathrm{e}}T_3 \\ &\quad - T_3)] - M[C_{\mathrm{p}}(T_5 - T_1) + C_{\mathrm{v}}(T_4 - T_5) - C_{\mathrm{p}}T_0 \ln(T_5/T_1) - C_{\mathrm{v}}T_0 \ln(T_4/T_5)]\end{aligned} \tag{7.14}$$

考虑实际循环的意义：循环状态 5 必须位于状态 1 和 4 之间，因此循环另一压缩比 γ_c 的范围为

$$1=(\gamma_c)_{ot}\leqslant\gamma_c\leqslant(\gamma_c)_{at}=T_4/T_1 \tag{7.15}$$

当 $\gamma_c=(\gamma_c)_{ot}=1$ 时 Miller 循环转化为 Otto 循环，而当 $\gamma_c=(\gamma_c)_{at}$ 时 Miller 循环转化为 Atkinson 循环，此时式(7.6)、式(7.7)和式(7.14)相应地成为工质恒比热容时 Otto 循环和 Atkinson 循环的功率、效率和生态学函数性能表达式。

在给定压缩比 γ、γ_c、循环初温 T_1、循环最高温度 T_3、压缩效率 η_c 和膨胀效率 η_e 的情况下可以由式(7.3)解出 T_5，由式(7.4)解出 T_2，最后再由式(7.5)解出 T_4，将解出的 T_2、T_4 和 T_5 代入式(7.6)、式(7.7)和式(7.14)得到相应的功率、效率和生态学函数。由此可得到功率、效率和生态学函数与压缩比的关系及循环的其他特性关系。

7.2.2　数值算例与讨论

在计算中取 $X_1=8\times10^{-2}\text{m}$，$X_2=1\times10^{-2}\text{m}$，$T_1=350\text{K}$，$T_3=2200\text{K}$，$T_0=300\text{K}$，$n=30$，$C_v=0.7175\text{kJ/(kg}\cdot\text{K)}$，$C_p=1.0045\text{kJ/(kg}\cdot\text{K)}$，$M=4.553\times10^{-3}\text{kg/s}$。图 7.2 和图 7.3 分别给出了不同传热损失、摩擦损失和内不可逆性损失情况下热机生态学函数与功率的关系和生态学函数与效率的关系。由图 7.2 可知，除了在最大功率点处，对应于热机任一生态学函数，输出功率都有两个值，因此实际运行时应使热机工作于输出功率较大的状态点；循环的生态学函数随着传热损失、摩擦损失和内不可逆性损失的增加而减小。图 7.3 中曲线 1 是完全可逆时

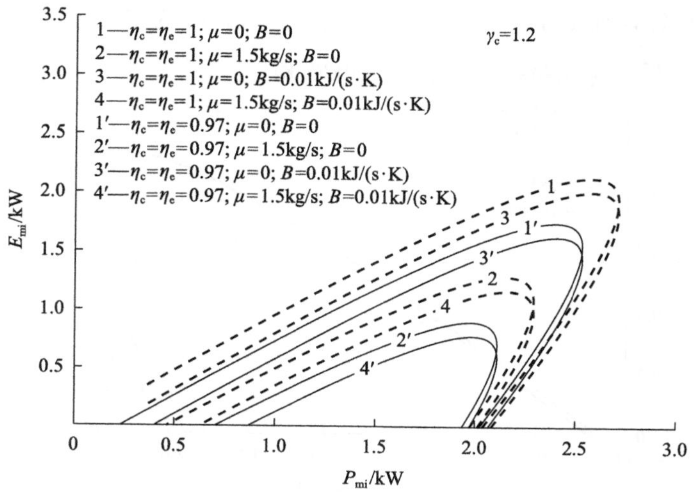

图 7.2　η_c、η_e、B 和 μ 对 E_{mi} 与 P_{mi} 的关系的影响

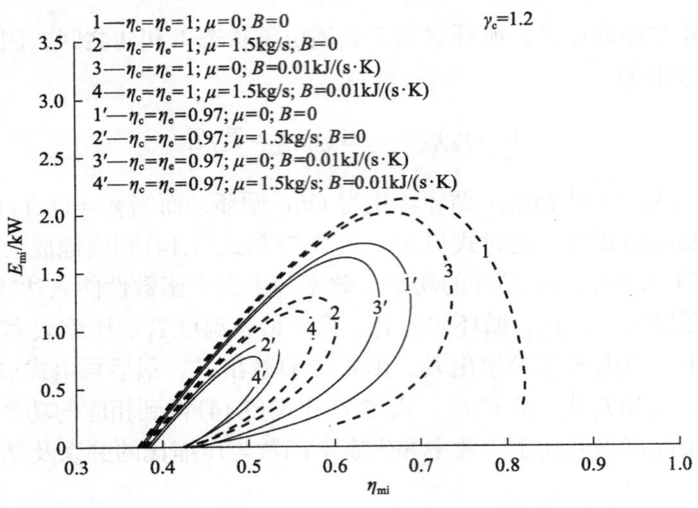

图 7.3 η_c、η_e、B 和 μ 对 E_{mi} 与 η_{mi} 的关系的影响

的循环生态学函数与效率关系，此时曲线呈类抛物线型(即循环生态学函数最大时对应的效率不为零，而效率最大时对应的生态学函数为零)，而其他曲线是考虑了一种及以上不可逆因素时的生态学函数与效率关系，此时曲线呈扭叶型(即循环生态学函数最大时对应的效率和效率最大时对应的生态学函数均不为零)。每一个生态学函数值(最大值点除外)都对应两个效率取值，显然，要设计使热机工作在效率较大的状态点。

图 7.4 和图 7.5 给出了循环另一压缩比 γ_c 对循环生态学函数与功率的关系和生态学函数与效率的关系的影响。$\gamma_c=(\gamma_c)_{at}$ 即为 Atkinson 循环的生态学函数与功率的关系和生态学函数与效率的关系，而 $\gamma_c=(\gamma_c)_{ot}=1$ 为 Otto 循环的生态学函数

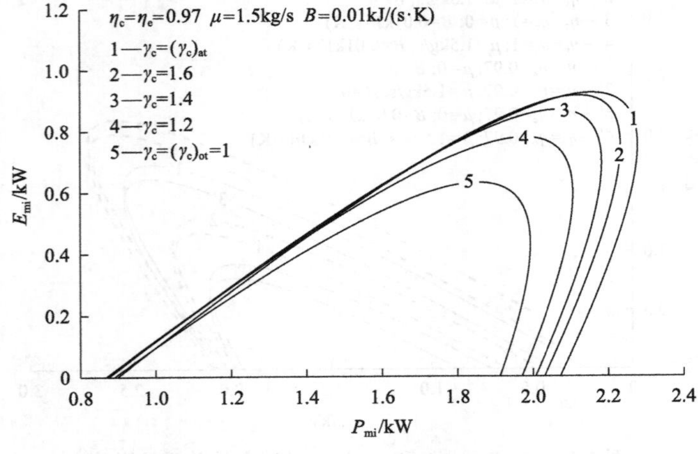

图 7.4 γ_c 对 E_{mi} 与 P_{mi} 的关系的影响

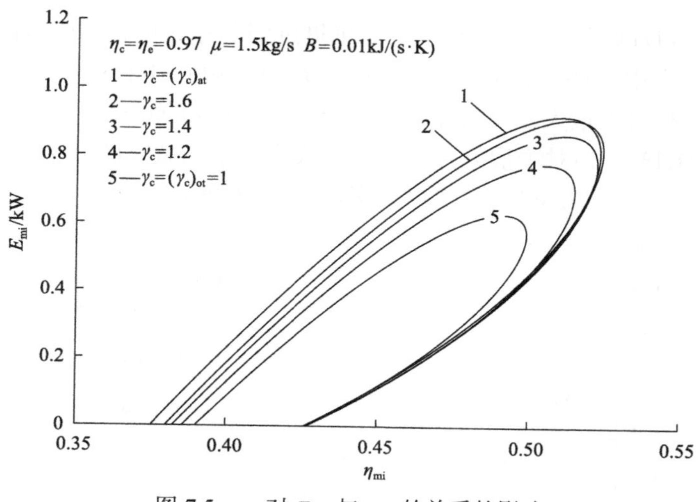

图 7.5　γ_c 对 E_{mi} 与 η_{mi} 的关系的影响

与功率的关系和生态学函数与效率的关系。可以看出，循环的生态学函数随着循环另一压缩比 γ_c 的增加而增加，因此 Atkinson 循环和 Otto 循环的生态学函数成为 Miller 循环生态学函数的最大和最小包络线。

图 7.6～图 7.8 给出了 P_E/P_{max}、P_E/P_η、η_E/η_P、η_E/η_{max}、$(\sigma_{mi})_E/(\sigma_{mi})_P$ 和 $(\sigma_{mi})_E/(\sigma_{mi})_\eta$ 随着摩擦损失系数 μ 的变化，其中 P_{max}、η_P 和 $(\sigma_{mi})_P$ 分别为循环的最大输出功率以及相应的效率和熵产率；η_{max}、P_η 和 $(\sigma_{mi})_\eta$ 分别为循环的最大效率以及相应的输出功率和熵产率；P_E、η_E 和 $(\sigma_{mi})_E$ 分别为循环生态学函数最大时的输出功率、效率和熵产率。从图 7.6 可以看出，不同 B 取值对应的 P_E/P_{max} - μ 曲线很接近，即 P_E/P_{max} 受传热损失影响很小；P_E/P_{max} 随 μ 的增大而减小，且值小于 1，即以生态学函数为目标函数优化时的输出功率 P_E 相对于热机的最大输出功率 P_{max} 有所降低，且摩擦损失越大降低越多。P_E 比 P_η 大，随着 B 增大，P_E/P_η 逐渐减小，P_E 有接近于 P_η 的趋势；P_E/P_η 随 μ 的增大而减小，且值大于 1。从图 7.7 可以看出，η_E 大于 η_P，对于给定的 B（μ），η_E/η_P 随 μ（B）的增大而减小。η_E 小于 η_{max}，对于给定的 B（μ），η_E/η_{max} 随 μ（B）的增大而增大，η_E 有接近于 η_{max} 的趋势。从图 7.8 可看出，$(\sigma_{mi})_E$ 要比 $(\sigma_{mi})_P$ 小得多；随着 B 的增大，$(\sigma_{mi})_E/(\sigma_{mi})_P$ 逐渐增大，$(\sigma_{mi})_E$ 有接近于 $(\sigma_{mi})_P$ 的趋势；$(\sigma_{mi})_E$ 要比 $(\sigma_{mi})_\eta$ 大，随着 B 的增大，$(\sigma_{mi})_E/(\sigma_{mi})_\eta$ 逐渐减小，$(\sigma_{mi})_E$ 有接近于 $(\sigma_{mi})_\eta$ 的趋势。比较图 7.6～图 7.8 可知，最大生态学函数值点与最大输出功率点相比，热机输出功率降低的量较小，而熵产率降低很多，效率提升较大，即以牺牲较小的输出功率，较大地降低了熵产率，一定程度上提高了热机的效率。最大生态学函数值点与最大效率点相比，热机效率有一定下降，熵产率增大较多，但输出功率增大的量很多，即以牺牲较小的效率，增加一定的熵产率，较大程度上提高了热机的输出功率。因此生态

学目标函数不仅反映了输出功率和熵产率之间的最佳折中，而且反映了输出功率和效率之间的最佳折中。例如，$\mu = 0.75\text{kg/s}$ ，$B = 0.02\text{kJ/(s}\cdot\text{K)}$ 时，最大生态学函数时的输出功率相对于最大输出功率减少了 5.2%，相应的效率提高了 9.4%，而熵产率减少了 21.1%。相对于最大效率点，最大生态学函数时的效率降低了 2.7%，相应的熵产率增大了 18.4%，而输出功率增大了 16.0%。

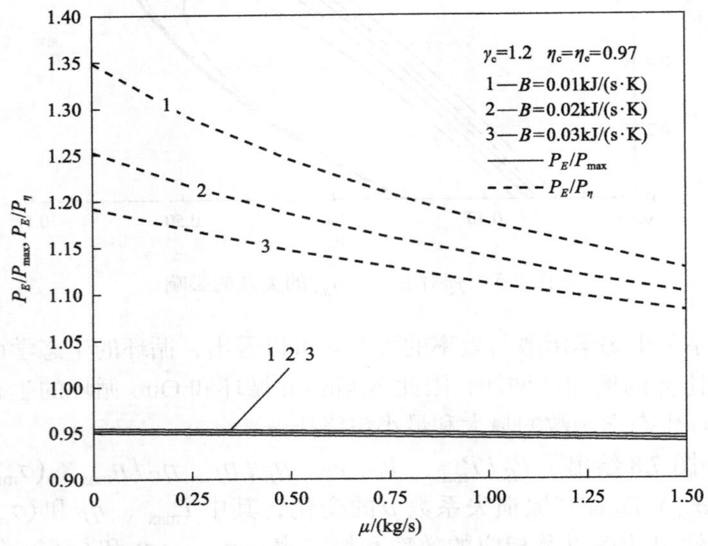

图 7.6　B 对 $P_E / P_{\max}$ 和 P_E / P_η 与 μ 的关系的影响

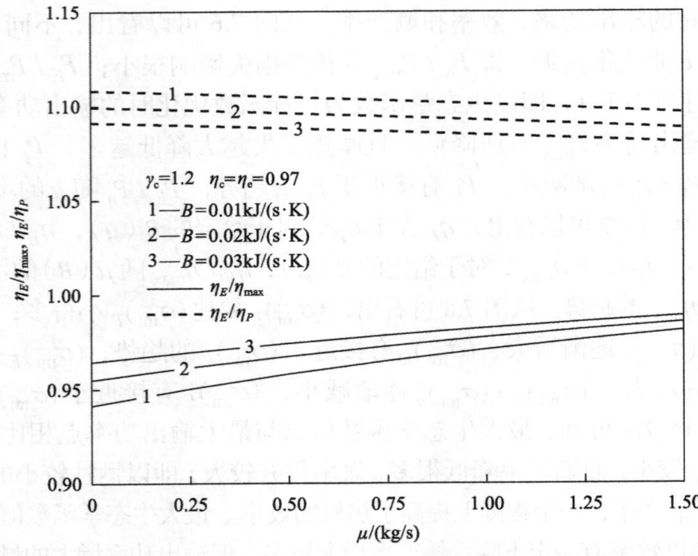

图 7.7　B 对 $\eta_E / \eta_{\max}$ 和 η_E / η_P 与 μ 的关系的影响

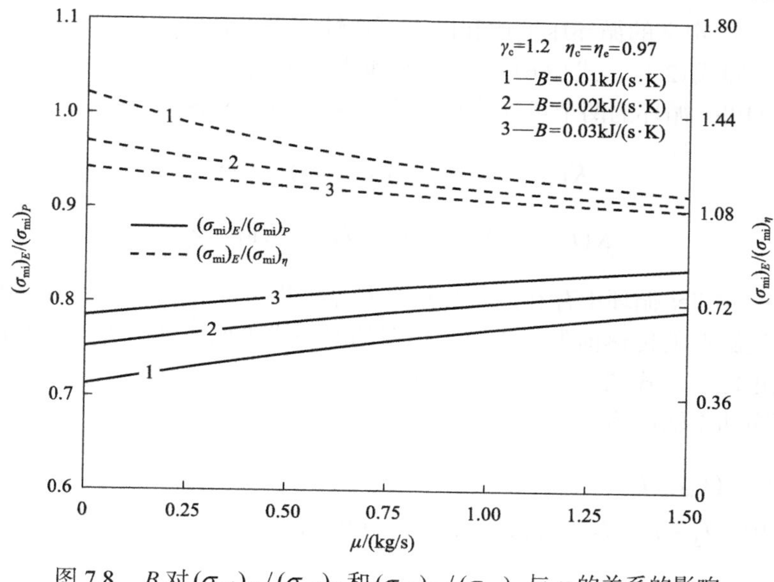

图 7.8 B 对 $(\sigma_{\text{mi}})_E/(\sigma_{\text{mi}})_P$ 和 $(\sigma_{\text{mi}})_E/(\sigma_{\text{mi}})_\eta$ 与 μ 的关系的影响

7.3 工质比热容随温度线性变化时 Miller 循环的生态学最优性能

7.3.1 循环模型和性能分析

本节考虑图 7.1 所示的不可逆 Miller 循环模型，采用 2.3.1 节中的工质比热容随温度线性变化模型，即式(2.25)～式(2.27)仍然成立。

循环中工质的吸热率为

$$Q_{\text{in}} = M\int_{T_2}^{T_3} C_{\text{v}}\text{d}T = M\int_{T_2}^{T_3}(b_{\text{v}} + KT)\text{d}T = M[b_{\text{v}}(T_3 - T_2) + 0.5K(T_3^2 - T_2^2)] \tag{7.16}$$

循环中工质的放热率为

$$\begin{aligned} Q_{\text{out}} &= M\left(\int_{T_5}^{T_4} C_{\text{v}}\text{d}T + \int_{T_1}^{T_5} C_{\text{p}}\text{d}T\right) = M\left[\int_{T_5}^{T_4}(b_{\text{v}} + KT)\text{d}T + \int_{T_1}^{T_5}(a_{\text{p}} + KT)\text{d}T\right] \\ &= M[b_{\text{v}}(T_4 - T_5) + a_{\text{p}}(T_5 - T_1) + 0.5K(T_4^2 - T_1^2)] \end{aligned} \tag{7.17}$$

按照 2.3.1 节中对变比热容可逆绝热过程的处理方法，将变比热容的可逆绝热过程分解成无数个无限小的恒比热容可逆绝热过程，即式(2.30)和式(2.31)依然成立。

2.2.1 节中定义的循环压缩比和内不可逆性损失以及 7.2.1 节中定义的循环另一压缩比，即式(2.3)、式(2.6)、式(2.7)和式(7.3)仍然成立。

对于 Miller 循环的两个可逆绝热过程 $1\rightarrow 2S$ 和 $3\rightarrow 4S$ 有

$$K(T_{2S}-T_1)+b_v\ln(T_{2S}/T_1)=R\ln\gamma \tag{7.18}$$

$$K(T_3-T_{4S})+b_v\ln(T_3/T_{4S})=R\ln(\gamma\gamma_c) \tag{7.19}$$

不可逆 Miller 循环中存在的传热损失和摩擦损失，采用 2.2.1 节中的模型，即假设通过气缸壁的传热损失与工质和环境的温差成正比、摩擦力与活塞运动的平均速度成正比，故式(2.11)～式(2.15)在本节依然成立。

循环净功率输出为

$$\begin{aligned}P_{mi}&=Q_{in}-Q_{out}-P_{\mu}\\&=M[b_v(T_3+T_5-T_2-T_4)+a_p(T_1-T_5)+0.5K(T_3^2+T_1^2-T_2^2-T_4^2)]-64\mu(Ln)^2\end{aligned} \tag{7.20}$$

循环的效率为

$$\begin{aligned}\eta_{mi}&=\frac{P_{mi}}{Q_{in}+Q_{leak}}\\&=\frac{M[b_v(T_3+T_5-T_2-T_4)+a_p(T_1-T_5)+0.5K(T_3^2+T_1^2-T_2^2-T_4^2)]-64\mu(Ln)^2}{M[b_v(T_3-T_2)+0.5K(T_3^2-T_2^2)]+B(T_2+T_3-2T_0)}\end{aligned} \tag{7.21}$$

整个循环中由传热损失、摩擦损失、内不可逆性损失和排气过程导致的总熵产率为

$$\begin{aligned}\sigma_{mi}&=\sigma_q+\sigma_{\mu}+\sigma_{2S\rightarrow 2}+\sigma_{4S\rightarrow 4}+\sigma_{pq}\\&=B(T_2+T_3-2T_0)[1/T_0-2/(T_2+T_3)]+64\mu(Ln)^2/T_0+M[C_{v2S\rightarrow 2}\\&\quad\ln(T_2/T_{2S})+C_{v4S\rightarrow 4}\ln(T_4/T_{4S})]+M\{[a_p(T_5-T_1)+b_v(T_4-T_5)]/T_0\\&\quad-a_p\ln(T_5/T_1)-b_v\ln(T_4/T_5)+0.5K(T_4^2-T_1^2)/T_0-K(T_4-T_1)\}\end{aligned} \tag{7.22}$$

式中，定容比热容 $C_{v2S\rightarrow 2}$ 中的温度 $T=\dfrac{T_2-T_{2S}}{\ln(T_2/T_{2S})}$，为 2 、2S 状态之间的对数平均温度；定容比热容 $C_{v4S\rightarrow 4}$ 中的温度 $T=\dfrac{T_4-T_{4S}}{\ln(T_4/T_{4S})}$，为 4 、4S 状态之间的对数平均温度。

循环的生态学函数为

$$
\begin{aligned}
E_{\mathrm{mi}} &= P_{\mathrm{mi}} - T_0\sigma_{\mathrm{mi}} \\
&= M[b_{\mathrm{v}}(T_3+T_5-T_2-T_4)+a_{\mathrm{p}}(T_1-T_5)+0.5K(T_3^2+T_1^2-T_2^2-T_4^2)]-B(T_2+T_3 \\
&\quad -2T_0)[1-2T_0/(T_2+T_3)]-128\mu(Ln)^2-MT_0[C_{\mathrm{v2S}\to 2}\ln(T_2/T_{2\mathrm{S}})+C_{\mathrm{v4S}\to 4} \\
&\quad \times\ln(T_4/T_{4\mathrm{S}})]-M[a_{\mathrm{p}}(T_5-T_1)+b_{\mathrm{v}}(T_4-T_5)-a_{\mathrm{p}}T_0\ln(T_5/T_1)-b_{\mathrm{v}}T_0\ln(T_4/T_5) \\
&\quad +0.5K(T_4^2-T_1^2)-KT_0(T_4-T_1)]
\end{aligned}
\tag{7.23}
$$

考虑到实际循环的意义：循环状态 5 必须位于状态 1 和 4 之间，因此循环另一压缩比 γ_{c} 需满足的范围与 7.2.1 节中式(7.15)完全一样。当 $\gamma_{\mathrm{c}}=(\gamma_{\mathrm{c}})_{\mathrm{ot}}=1$ 时 Miller 循环转化为 Otto 循环，而当 $\gamma_{\mathrm{c}}=(\gamma_{\mathrm{c}})_{\mathrm{at}}$ 时 Miller 循环转化为 Atkinson 循环，此时式(7.20)、式(7.21)和式(7.23)相应地成为工质比热容随温度线性变化时 Otto 循环和 Atkinson 循环的功率、效率和生态学函数性能表达式。

在给定压缩比 γ 和 γ_{c}、循环初温 T_1、循环最高温度 T_3、压缩效率 η_{c} 和膨胀效率 η_{e} 的情况下可以由式(7.3)得到 T_5，由式(7.18)解出 $T_{2\mathrm{S}}$，然后再由式(2.6)解出 T_2，由式(7.19)解出 $T_{4\mathrm{S}}$，最后由式(2.7)解出 T_4，将解出的 T_2、T_4 和 T_5 代入式(7.20)、式(7.21)和式(7.23)得到相应的功率、效率和生态学函数。由此可得到功率、效率和生态学函数与压缩比的关系及循环的其他特性关系。

7.3.2　数值算例与讨论

在计算中取 $X_1=8\times10^{-2}\,\mathrm{m}$，$X_2=1\times10^{-2}\,\mathrm{m}$，$T_1=350\mathrm{K}$，$T_3=2200\mathrm{K}$，$T_0=300\mathrm{K}$，$n=30$，$b_{\mathrm{v}}=0.6175\sim0.8175\mathrm{kJ/(kg\cdot K)}$，$a_{\mathrm{p}}=0.9045\sim1.1045\mathrm{kJ/(kg\cdot K)}$，$M=4.553\times10^{-3}\mathrm{kg/s}$。图 7.9～图 7.12 给出了工质变比热容对循环性能的影响。从式(2.25)和式(2.26)可知当 $K=0$ 时，式 $C_{\mathrm{p}}=a_{\mathrm{p}}$ 和 $C_{\mathrm{v}}=b_{\mathrm{v}}$ 将成为恒比热容的表达式，因此 a_{p} 和 b_{v} 的大小反映了工质本身的比热容大小。图 7.9 和图 7.10 给出了 b_{v}（b_{v} 和 a_{p} 关系固定，因此 a_{p} 会随着 b_{v} 的变化而变化）对热机生态学函数与功率的关系和生态学函数与效率的关系的影响，可以看出，循环的生态学函数、输出功率和效率随着 b_{v} 的增加而增加。

由式(2.25)和式(2.26)可知 K 的大小反映了工质比热容随温度变化的程度，K 越大说明工质的比热容随温度变化得越剧烈。图 7.11 和图 7.12 分别给出了 K 对热机生态学函数与功率的关系和生态学函数与效率的关系的影响，其中 $K=0$ 为恒比热容时热机生态学函数与功率的关系和生态学函数与效率的关系。可以看出，循环的生态学函数、输出功率和效率随着 K 的增加而增加。

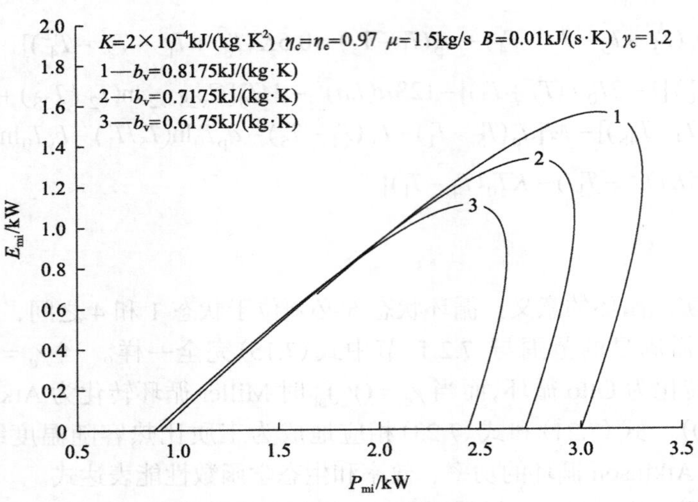

图 7.9　b_v 对 E_{mi} 与 P_{mi} 的关系的影响

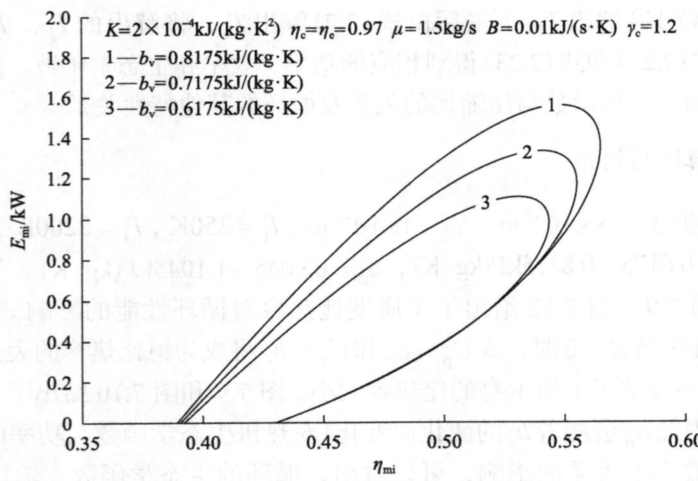

图 7.10　b_v 对 E_{mi} 与 η_{mi} 的关系的影响

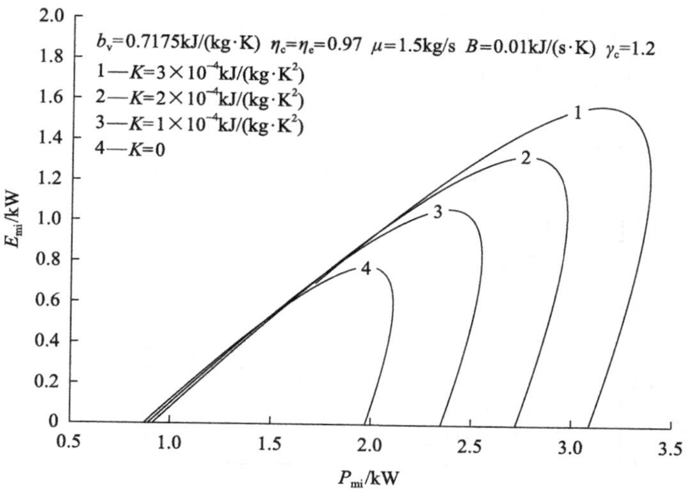

图 7.11　K 对 E_{mi} 与 P_{mi} 的关系的影响

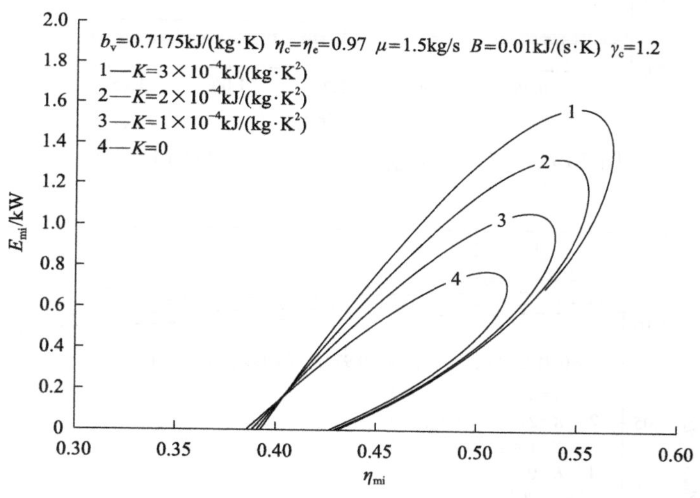

图 7.12　K 对 E_{mi} 与 η_{mi} 的关系的影响

图 7.13～图 7.15 分别给出了工质比热容随温度变化的系数 K 对 P_E/P_{max}、P_E/P_η、η_E/η_P、η_E/η_{max}、$(\sigma_{mi})_E/(\sigma_{mi})_P$ 和 $(\sigma_{mi})_E/(\sigma_{mi})_\eta$ 随着摩擦损失系数 μ 的变化的影响，其中 P_{max}、η_P 和 $(\sigma_{mi})_P$ 分别为循环的最大输出功率以及相应的效率和熵产率；η_{max}、P_η 和 $(\sigma_{mi})_\eta$ 分别为循环的最大效率以及相应的输出功率和熵产率；P_E、η_E 和 $(\sigma_{mi})_E$ 分别为循环生态学函数最大时的输出功率、效率和熵产率。其中 $K=0$ 为恒比热容时 P_E/P_{max}、P_E/P_η、η_E/η_P、η_E/η_{max}、$(\sigma_{mi})_E/(\sigma_{mi})_P$ 和 $(\sigma_{mi})_E/(\sigma_{mi})_\eta$ 随着摩擦损失系数 μ 的变化，可以看出，在相同的摩擦损失系数

下 P_E / P_{max}、η_E / η_{max} 和 $(\sigma_{mi})_E / (\sigma_{mi})_P$ 随着 K 的增加而减小，而 P_E / P_η、η_E / η_P 和 $(\sigma_{mi})_E / (\sigma_{mi})_\eta$ 随着 K 的增加而增加。

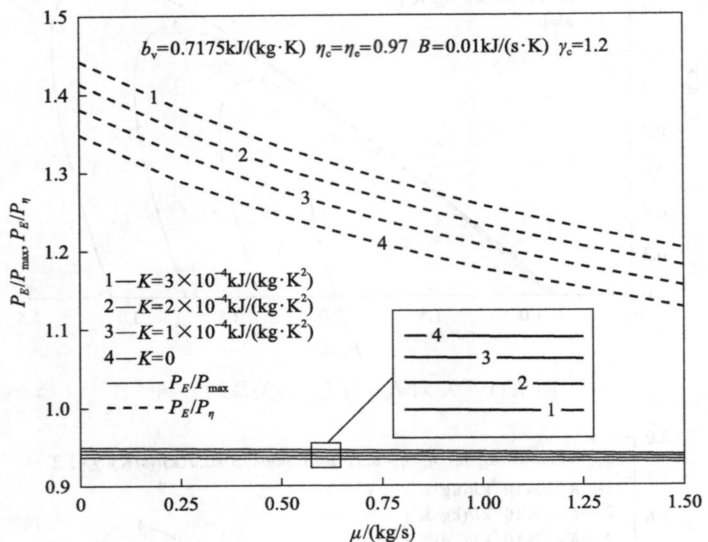

图 7.13　K 对 P_E / P_{max} 和 P_E / P_η 与 μ 的关系的影响

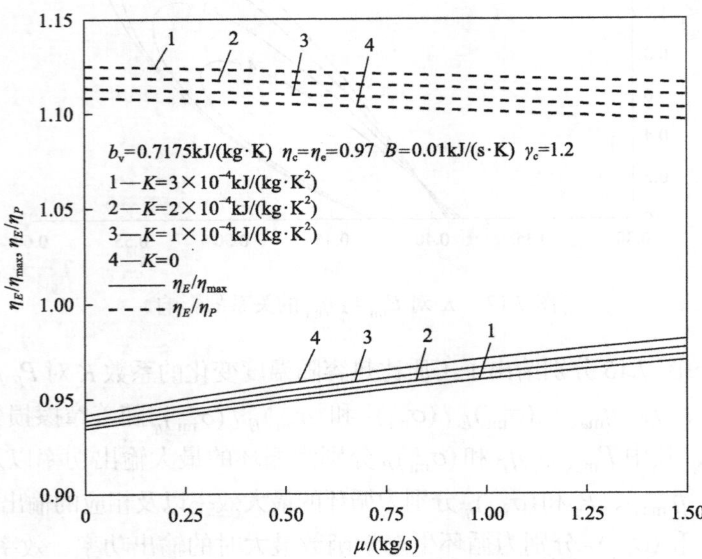

图 7.14　K 对 η_E / η_{max} 和 η_E / η_P 与 μ 的关系的影响

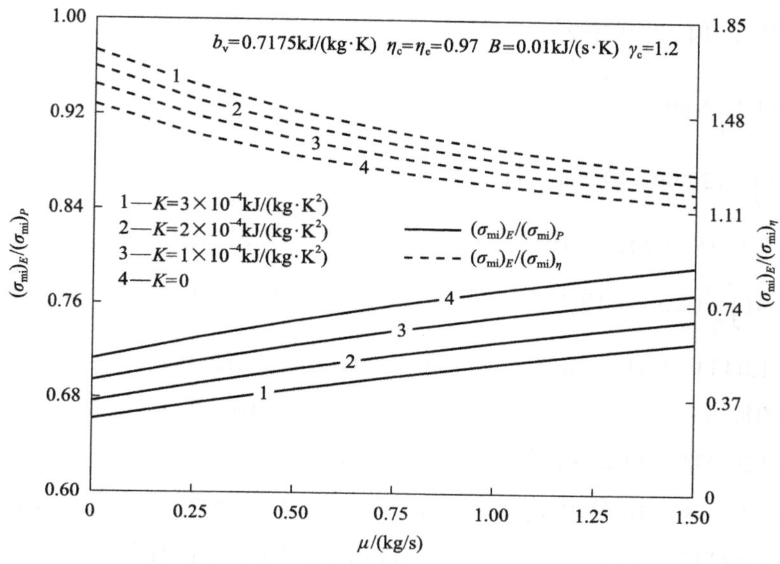

图 7.15　K 对 $(\sigma_{mi})_E/(\sigma_{mi})_P$ 和 $(\sigma_{mi})_E/(\sigma_{mi})_\eta$ 与 μ 的关系的影响

7.4　工质比热容随温度非线性变化时 Miller 循环的最优性能

7.2 节和 7.3 节已经分别研究了工质恒比热容以及工质比热容随温度线性变化时 Miller 循环的生态学最优性能，本节将采用更接近工程实际的工质比热容随温度非线性变化模型，研究循环的功率、效率最优性能和循环的生态学最优性能。

7.4.1　循环模型和性能分析

本节考虑图 7.1 所示的不可逆 Miller 循环模型，采用 2.4.1 节中的工质比热容随温度非线性变化模型，即式(2.38)～式(2.40)仍然成立。

循环中工质的吸热率为

$$
\begin{aligned}
Q_{in} &= M\int_{T_2}^{T_3} C_v \mathrm{d}T \\
&= M\int_{T_2}^{T_3} (2.506\times10^{-11}T^2 + 1.454\times10^{-7}T^{1.5} - 4.246\times10^{-7}T + 3.162\times10^{-5}T^{0.5} \\
&\quad + 1.0433 - 1.512\times10^4 T^{-1.5} + 3.063\times10^5 T^{-2} - 2.212\times10^7 T^{-3})\mathrm{d}T \\
&= M[8.353\times10^{-12}T^3 + 5.816\times10^{-8}T^{2.5} - 2.123\times10^{-7}T^2 + 2.108\times10^{-5}T^{1.5} \\
&\quad + 1.0433T + 3.024\times10^4 T^{-0.5} - 3.063\times10^5 T^{-1} + 1.106\times10^7 T^{-2}]_{T_2}^{T_3}
\end{aligned}
\tag{7.24}
$$

循环中工质的放热率为

$$
\begin{aligned}
Q_{\text{out}} &= M\left(\int_{T_1}^{T_5} C_{\text{p}}\text{d}T + \int_{T_5}^{T_4} C_{\text{v}}\text{d}T\right) \\
&= M\int_{T_1}^{T_5}(2.506\times10^{-11}T^2 + 1.454\times10^{-7}T^{1.5} - 4.246\times10^{-7}T + 3.162\times10^{-5}T^{0.5} \\
&\quad + 1.3303 - 1.512\times10^4T^{-1.5} + 3.063\times10^5T^{-2} - 2.212\times10^7T^{-3})\text{d}T \\
&\quad + M\int_{T_5}^{T_4}(2.506\times10^{-11}T^2 + 1.454\times10^{-7}T^{1.5} - 4.246\times10^{-7}T + 3.162\times10^{-5}T^{0.5} \\
&\quad + 1.0433 - 1.512\times10^4T^{-1.5} + 3.063\times10^5T^{-2} - 2.212\times10^7T^{-3})\text{d}T \\
&= M[8.353\times10^{-12}T^3 + 5.816\times10^{-7}T^{2.5} - 2.123\times10^{-7}T^2 + 2.108\times10^{-5}T^{1.5} \\
&\quad + 1.3303T + 3.024\times10^4T^{-0.5} - 3.063\times10^5T^{-1} + 1.106\times10^7T^{-2}]_{T_1}^{T_5} \\
&\quad + M[8.353\times10^{-11}T^3 + 5.816\times10^{-7}T^{2.5} - 2.123\times10^{-7}T^2 + 2.108\times10^{-5}T^{1.5} \\
&\quad + 1.0433T + 3.024\times10^4T^{-0.5} - 3.063\times10^5T^{-1} + 1.106\times10^7T^{-2}]_{T_5}^{T_4}
\end{aligned} \tag{7.25}
$$

按照 2.4.1 节中对变比热容可逆绝热过程的处理方法，将变比热容的可逆绝热过程分解成无数个无限小的恒比热容可逆绝热过程，即式(2.43)和式(2.44)依然成立。

2.2.1 节中定义的循环压缩比和内不可逆性以及 7.2.1 节中定义的循环另一压缩比，即式(2.3)、式(2.6)、式(2.7)和式(7.3)仍然成立。故对于循环的两个可逆绝热过程 $1 \to 2S$ 和 $3 \to 4S$ 有

$$C_{\text{v}}\ln(T_{2\text{S}}/T_1) = R\ln\gamma \tag{7.26}$$

$$C_{\text{v}}\ln(T_3/T_{4\text{S}}) = R\ln(\gamma\gamma_{\text{c}}) \tag{7.27}$$

不可逆 Miller 循环中存在的传热损失和摩擦损失可以采用 2.2.1 节中的模型，即假设通过气缸壁的传热损失与工质和环境的温差成正比、摩擦力与活塞运动的平均速度成正比，故式(2.11)～式(2.15)依然成立。

循环净功率输出为

$$
\begin{aligned}
P_{\text{mi}} &= Q_{\text{in}} - Q_{\text{out}} - P_\mu \\
&= M[8.353\times10^{-12}(T_1^3 + T_3^3 - T_2^3 - T_4^3) + 5.816\times10^{-7}(T_1^{2.5} + T_3^{2.5} - T_2^{2.5} - T_4^{2.5}) \\
&\quad - 2.123\times10^{-7}(T_1^2 + T_3^2 - T_2^2 - T_4^2) + 2.108\times10^{-5}(T_1^{1.5} + T_3^{1.5} - T_2^{1.5} - T_4^{1.5}) \\
&\quad + 1.0433(T_3 + T_5 - T_2 - T_4) - 1.3303(T_5 - T_1) + 3.024\times10^4(T_1^{-0.5} + T_3^{-0.5} - T_2^{-0.5} \\
&\quad - T_4^{-0.5}) - 3.063\times10^5(T_1^{-1} + T_3^{-1} - T_2^{-1} - T_4^{-1}) + 1.106\times10^7(T_1^{-2} + T_3^{-2} - T_2^{-2} \\
&\quad - T_4^{-2})] - 64\mu(Ln)^2
\end{aligned} \tag{7.28}
$$

循环的效率为

$$\eta_{\mathrm{mi}}=\frac{P_{\mathrm{mi}}}{Q_{\mathrm{in}}+Q_{\mathrm{leak}}}=\frac{Q_{\mathrm{in}}-Q_{\mathrm{out}}-P_{\mu}}{Q_{\mathrm{in}}+Q_{\mathrm{leak}}}$$

$$=\frac{\begin{array}{l}M[8.353\times10^{-12}(T_1^3+T_3^3-T_2^3-T_4^3)+5.816\times10^{-7}(T_1^{2.5}+T_3^{2.5}-T_2^{2.5}-T_4^{2.5})\\-2.123\times10^{-7}(T_1^2+T_3^2-T_2^2-T_4^2)+2.108\times10^{-5}(T_1^{1.5}+T_3^{1.5}-T_2^{1.5}-T_4^{1.5})\\+1.0433(T_3+T_5-T_2-T_4)-1.3303(T_5-T_1)+3.024\times10^4(T_1^{-0.5}+T_3^{-0.5}-T_2^{-0.5}-T_4^{-0.5})\\-3.063\times10^5(T_1^{-1}+T_3^{-1}-T_2^{-1}-T_4^{-1})+1.106\times10^7(T_1^{-2}+T_3^{-2}-T_2^{-2}-T_4^{2})]-64\mu(Ln)^2\end{array}}{\begin{array}{l}M[8.353\times10^{-12}(T_3^3-T_2^3)+5.816\times10^{-8}(T_3^{2.5}-T_2^{2.5})-2.123\times10^{-7}(T_3^2-T_2^2)\\+2.108\times10^{-5}(T_3^{1.5}-T_2^{1.5})+1.0433(T_3-T_2)+3.024\times10^4(T_3^{-0.5}-T_2^{-0.5})\\-3.063\times10^5(T_3^{-1}-T_2^{-1})+1.106\times10^7(T_3^{-2}-T_2^{-2})]+B(T_2+T_3-2T_0)\end{array}}$$

(7.29)

整个循环中由传热损失、摩擦损失、内不可逆性损失和排气过程导致的总熵产率为

$$\begin{aligned}\sigma_{\mathrm{mi}}&=\sigma_{\mathrm{q}}+\sigma_{\mu}+\sigma_{2\mathrm{S}\to2}+\sigma_{4\mathrm{S}\to4}+\sigma_{\mathrm{pq}}\\&=B(T_2+T_3-2T_0)[1/T_0-2/(T_2+T_3)]+64\mu(Ln)^2/T_0+M[C_{\mathrm{v2S}\to2}\ln(T_2/T_{2\mathrm{S}})\\&\quad+C_{\mathrm{v4S}\to4}\ln(T_4/T_{4\mathrm{S}})]-M[1.253\times10^{-11}(T_4^2-T_1^2)+9.693\times10^{-8}(T_4^{1.5}-T_1^{1.5})\\&\quad-4.246\times10^{-7}(T_4-T_1)+6.3240\times10^{-5}(T_4^{0.5}-T_1^{0.5})+1.0433\ln(T_4/T_5)\\&\quad+1.3303\ln(T_5/T_1)+1.0080\times10^4(T_4^{-1.5}-T_1^{-1.5})-1.5315\times10^5(T_4^{-2}-T_1^{-2})\\&\quad+7.373\times10^6(T_4^{-3}-T_1^{-3})]+M/T_0[8.353\times10^{-12}(T_4^3-T_1^3)+5.816\\&\quad\times10^{-8}(T_4^{2.5}-T_1^{2.5})-2.123\times10^{-7}(T_4^2-T_1^2)+2.108\times10^{-5}(T_4^{1.5}-T_1^{1.5})\\&\quad+1.0433(T_4-T_5)+1.3303(T_5-T_1)+3.024\times10^4(T_4^{-0.5}-T_1^{-0.5})-3.063\\&\quad\times10^5(T_4^{-1}-T_1^{-1})+1.106\times10^7(T_4^{-2}-T_1^{-2})]\end{aligned}$$

(7.30)

式中，定容比热容$C_{\mathrm{v2S}\to2}$中的温度$T=\dfrac{T_2-T_{2\mathrm{S}}}{\ln(T_2/T_{2\mathrm{S}})}$，为 2 、2S状态之间的对数平均温度；定容比热容$C_{\mathrm{v4S}\to4}$中的温度$T=\dfrac{T_4-T_{4\mathrm{S}}}{\ln(T_4/T_{4\mathrm{S}})}$，为 4 、4S状态之间的对数平均温度。

循环的生态学函数为

$$
\begin{aligned}
E_{\mathrm{mi}} &= P_{\mathrm{mi}} - T_0\sigma_{\mathrm{mi}} \\
&= M[8.353\times10^{-12}(2T_1^3 + T_3^3 - T_2^3 - 2T_4^3) + 5.816\times10^{-7}(2T_1^{2.5} + T_3^{2.5} - T_2^{2.5} \\
&\quad - 2T_4^{2.5}) - 2.123\times10^{-7}(2T_1^2 + T_3^2 - T_2^2 - 2T_4^2) + 2.108\times10^{-5}(2T_1^{1.5} + T_3^{1.5} \\
&\quad - T_2^{1.5} - 2T_4^{1.5}) + 1.0433(T_3 + 2T_5 - T_2 - 2T_4) - 1.3303(2T_5 - 2T_1) + 3.024 \\
&\quad \times10^4(2T_1^{-0.5} + T_3^{-0.5} - T_2^{-0.5} - 2T_4^{-0.5}) - 3.063\times10^5(2T_1^{-1} + T_3^{-1} - T_2^{-1} \\
&\quad - 2T_4^{-1}) + 1.106\times10^7(2T_1^{-2} + T_3^{-2} - T_2^{-2} - 2T_4^{-2})] - B(T_2 + T_3 - 2T_0) \\
&\quad \times[1 - 2T_0/(T_2 + T_3)] - 128\mu(Ln)^2 - MT_0[C_{\mathrm{p2S}\to2}\ln(T_2/T_{2\mathrm{S}}) + C_{\mathrm{p4S}\to4}\ln(T_4/T_{4\mathrm{S}})] \\
&\quad + MT_0[1.253\times10^{-11}(T_4^2 - T_1^2) + 9.693\times10^{-8}(T_4^{1.5} - T_1^{1.5}) - 4.246\times10^{-7}(T_4 - T_1) \\
&\quad + 6.3240\times10^{-5}(T_4^{0.5} - T_1^{0.5}) + 1.0433\ln(T_4/T_5) + 1.3303\ln(T_5/T_1) + 1.0080 \\
&\quad \times10^4(T_4^{-1.5} - T_1^{-1.5}) - 1.5315\times10^5(T_4^{-2} - T_1^{-2}) + 7.373\times10^6(T_4^{-3} - T_1^{-3})]
\end{aligned}
\tag{7.31}
$$

考虑到实际循环的意义：循环状态 5 必须位于状态 1 和 4 之间，因此循环另一压缩比 γ_{c} 需满足的范围与 7.2.1 节中式(7.15)完全一样。当 $\gamma_{\mathrm{c}} = (\gamma_{\mathrm{c}})_{\mathrm{ot}} = 1$ 时 Miller 循环转化为 Otto 循环，而当 $\gamma_{\mathrm{c}} = (\gamma_{\mathrm{c}})_{\mathrm{at}}$ 时 Miller 循环转化为 Atkinson 循环，此时式(7.28)、式(7.29)和式(7.31)相应地成为工质比热容随温度非线性变化时 Otto 循环和 Atkinson 循环的功率、效率和生态学函数性能表达式。

在给定压缩比 γ 和 γ_{c}、循环初温 T_1、循环最高温度 T_3、压缩效率 η_{c} 和膨胀效率 η_{e} 的情况下可以由式(7.3)得到 T_5，由式(7.26)解出 $T_{2\mathrm{S}}$，然后再由式(2.6)解出 T_2，由式(7.27)解出 $T_{4\mathrm{S}}$，最后由式(2.7)解出 T_4，将解出的 T_2、T_4 和 T_5 代入式(7.28)、式(7.29)和式(7.31)得到相应的功率、效率和生态学函数。由此可得到功率、效率和生态学函数与压缩比的关系及循环的其他特性关系。

7.4.2 数值算例与讨论

在计算中取 $T_1 = 350\mathrm{K}$，$T_3 = 2200\mathrm{K}$，$M = 4.553\times10^{-3}\mathrm{kg/s}$，$X_1 = 8\times10^{-2}\mathrm{m}$，$X_2 = 1\times10^{-2}\mathrm{m}$，$n = 30$。图 7.16～图 7.18 给出了循环内不可逆性损失、传热损失和摩擦损失三种不可逆因素对循环功率、效率性能的影响(图中虚线表示由于 γ_{c} 的值超过 $(\gamma_{\mathrm{c}})_{\mathrm{at}}$ 而使循环无法进行的部位)。从图中可以看出，在循环压缩比可工作的范围内，当完全不考虑上述三种不可逆因素时，循环的功率与压缩比曲线以及功率与效率曲线呈类抛物线型，而效率则随着压缩比的增加单调增加；当考虑了一种及以上不可逆因素时，循环的功率与压缩比曲线、效率与压缩比曲线呈抛物线型，而功率与效率曲线呈回原点的扭叶型(即循环既存在最大功率工作点也存在最大效率工作点）。

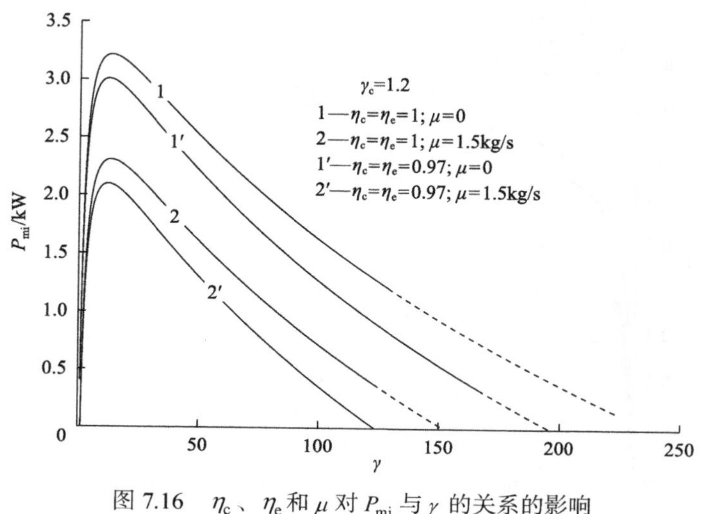

图 7.16　η_c、η_e 和 μ 对 P_{mi} 与 γ 的关系的影响

根据功率、效率的定义可知传热损失对循环的功率没有影响，因此图 7.16 仅给出了循环内不可逆性损失和摩擦损失对循环功率的影响。曲线1和1′给出了无摩擦损失时循环内不可逆性损失对循环功率的影响；曲线2和2′给出了有摩擦损失时循环内不可逆性损失对循环功率的影响。曲线1和2给出了无内不可逆性损失时摩擦损失对循环功率的影响；曲线1′和2′给出了有内不可逆性损失时摩擦损失对循环功率的影响。通过比较可以看出，无论是否存在摩擦损失，循环功率都随着内不可逆性损失的增加而减小；无论是否考虑循环内不可逆性损失，循环的功率都随着摩擦损失的增加而减小。

图 7.17 给出了内不可逆性损失、传热损失和摩擦损失对循环效率的影响。在循环实际可工作范围内，曲线1是完全可逆时的循环效率与压缩比的关系，此时循环效率随压缩比的增加而增加，而其他曲线是考虑一种及以上不可逆因素时的效率与压缩比关系，这些曲线均呈类抛物线型。比较曲线1和1′、2和2′、3和3′以及4和4′，可以看出循环效率随着内不可逆性损失的增加而减小；比较曲线1和3、2和4、1′和3′以及2′和4′，可以看出循环效率随着传热损失的增加而减小；比较曲线1和2、3和4、1′和2′以及3′和4′，可以看出循环效率随着摩擦损失的增加而减小。

图 7.18 给出了内不可逆性损失、传热损失和摩擦损失对循环功率与效率特性的影响。在循环实际可工作范围内，曲线1是完全可逆时的循环功率与效率特性关系，此时曲线呈类抛物线型，而其他曲线是考虑一种及以上不可逆因素时的功率

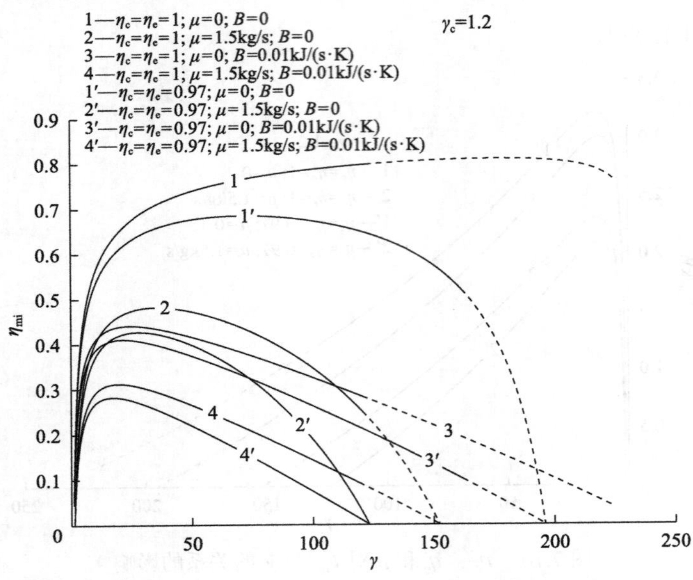

图 7.17　η_c、η_e、B 和 μ 对 η_{mi} 与 γ 的关系的影响

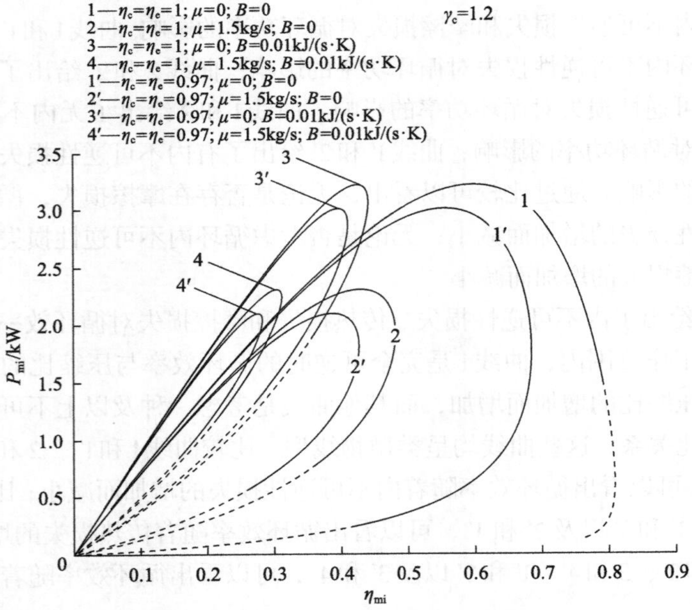

图 7.18　η_c、η_e、B 和 μ 对 P_{mi} 与 η_{mi} 的关系的影响

与效率特性关系，这些曲线呈回原点的扭叶型。比较曲线1和1′、2和2′、3和3′以及4和4′，可以看出循环最大功率、最大功率时对应的效率随着内不可逆性损失的增加而减小；比较曲线1和3、2和4、1′和3′以及2′和4′，可以看出循环的

最大功率不受传热损失的影响，而最大功率时对应的效率随着传热损失的增加而减小；比较曲线1和2 、3和4 、1′和2′以及3′和4′，可以看出循环的最大功率以及最大功率时对应的效率随着摩擦损失的增加而减小。

图 7.19～图 7.21 给出了循环另一压缩比γ_c对循环功率、效率以及功率-效率特性的影响，图中$\gamma_c = (\gamma_c)_{ot} = 1$即为 Otto 循环性能特性，而$\gamma_c = (\gamma_c)_{at}$即为 Atkinson 循环性能特性，从图中可以看出，Atkinson 循环和 Otto 循环的功率、效率曲线是 Miller 循环的最大和最小功率、效率包络线。当γ_c从1增加到$(\gamma_c)_{at}$时，循环的最大功率和最大效率是增加的，而最大功率和最大效率时对应的压缩比以及循环可实际工作的压缩比范围是减小的。

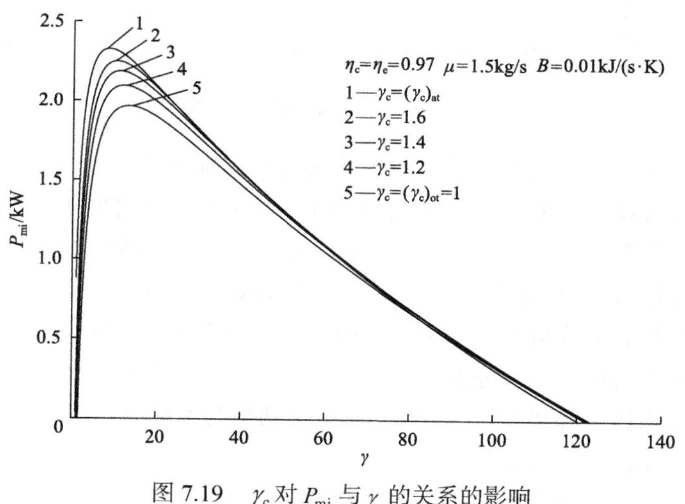

图 7.19　γ_c对P_{mi}与γ的关系的影响

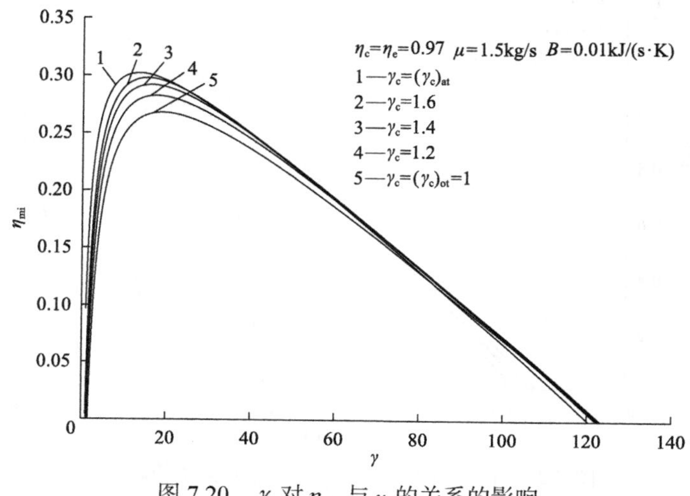

图 7.20　γ_c对η_{mi}与γ的关系的影响

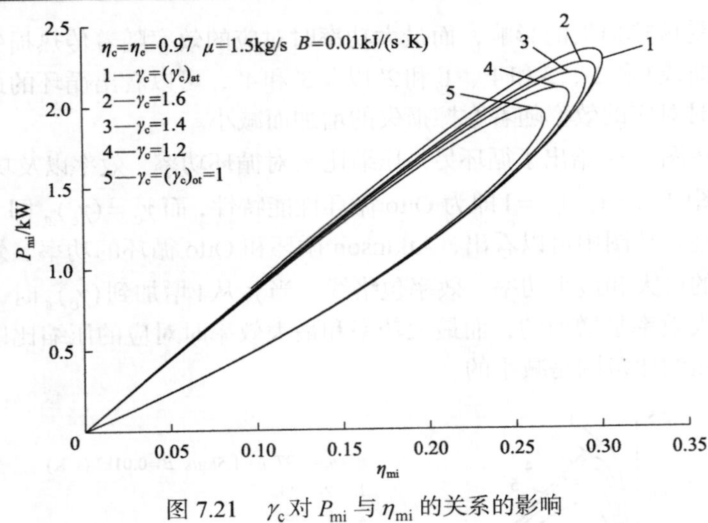

图 7.21　γ_c 对 P_{mi} 与 η_{mi} 的关系的影响

图 7.22 和图 7.23 分别给出了工质比热容模型对循环生态学函数与功率的关系和生态学函数与效率的关系的影响。图中曲线 1 为恒比热容时循环生态学函数与功率的关系和生态学函数与效率的关系，曲线 2 为工质比热容随温度线性变化（工质比热容随温度线性变化的系数 $K = 2\times10^{-4}\,\mathrm{kJ/(kg\cdot K^2)}$）时循环生态学函数与功率的关系和生态学函数与效率的关系，曲线 3 为工质比热容随温度非线性变化时循环生态学函数与功率的关系和生态学函数与效率的关系。从图 7.22 和图 7.23 可以看出工质比热容模型对循环生态学函数与功率的关系和生态学函数与效率的关

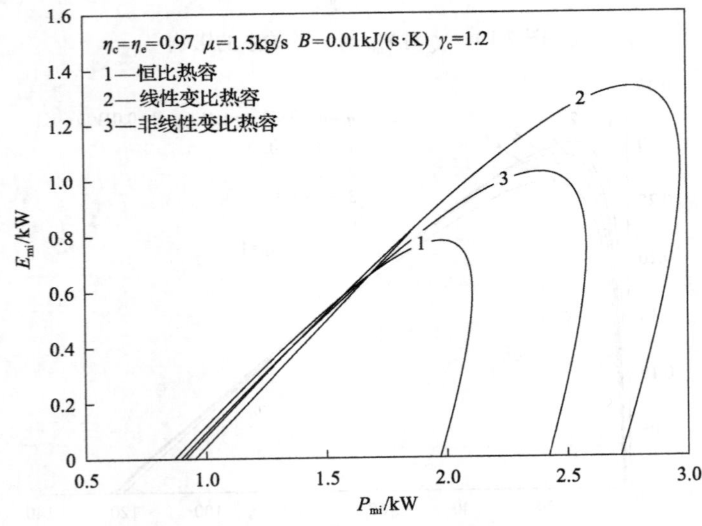

图 7.22　比热容模型对 E_{mi} 与 P_{mi} 的关系的影响

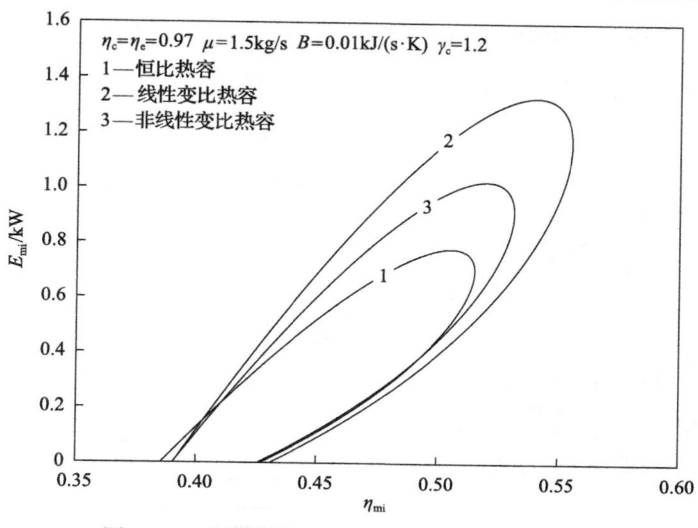

图 7.23　比热容模型对 E_{mi} 与 η_{mi} 的关系的影响

系不产生定性的影响，仅产生定量的影响。三种比热容模型中，工质比热容随温度线性变化时循环生态学函数、输出功率和效率的极值最大，工质恒比热容时循环生态学函数、输出功率和效率的极值最小，而工质比热容随温度非线性变化时循环的生态学函数、输出功率和效率的极值介于两者之间。

图 7.24～图 7.26 分别给出了工质比热容模型(工质比热容随温度线性变化时的系数取 $K = 2\times10^{-4}\text{kJ/(kg}\cdot\text{K}^2)$ ）对 P_E / P_{max} 、 P_E / P_η 、 η_E / η_P 、 η_E / η_{max} 、 $(\sigma_{mi})_E / (\sigma_{mi})_P$ 和 $(\sigma_{mi})_E / (\sigma_{mi})_\eta$ 随摩擦损失系数 μ 变化的影响，其中 P_{max} 、η_P 和 $(\sigma_{mi})_P$ 分别为循环的最大输出功率以及相应的效率和熵产率；η_{max} 、P_η 和 $(\sigma_{mi})_\eta$ 分别为循环的最大效率以及相应的输出功率和熵产率；P_E 、η_E 和 $(\sigma_{mi})_E$ 分别为循环生态学函数最大时的输出功率、效率和熵产率。从图 7.24～图 7.26 可以看出，比热容模型对 P_E / P_{max} 、P_E / P_η 、η_E / η_P 、η_E / η_{max} 、$(\sigma_{mi})_E / (\sigma_{mi})_P$ 和 $(\sigma_{mi})_E / (\sigma_{mi})_\eta$ 随 μ 的变化不产生定性的影响，仅产生定量的影响。从图 7.24 可以看出，三种比热容模型中工质恒比热容时 P_E / P_{max} 最大，工质比热容随温度非线性变化时 P_E / P_{max} 最小；工质比热容随温度线性变化时 P_E / P_η 最大，工质恒比热容时 P_E / P_η 最小。从图 7.25 可以看出，三种比热容模型中工质恒比热容时 η_E / η_{max} 最大，工质比热容随温度线性变化时 η_E / η_{max} 最小；工质比热容随温度非线性变化时 η_E / η_P 最大，工质恒比热容时 η_E / η_P 最小。从图 7.26 可以看出，三种比热容模型中工质恒比热容时 $(\sigma_{mi})_E / (\sigma_{mi})_P$ 最大，当摩擦损失系数 μ 小于 1.15 时工质比热容随温度非线性变化时 $(\sigma_{mi})_E / (\sigma_{mi})_P$ 最小，而当摩擦损失系数 μ 大于 1.15 时工

质比热容随温度线性变化时$(\sigma_{mi})_E/(\sigma_{mi})_P$最小；工质比热容随温度线性变化时$(\sigma_{mi})_E/(\sigma_{mi})_\eta$最大，工质恒比热容时$(\sigma_{mi})_E/(\sigma_{mi})_\eta$最小。

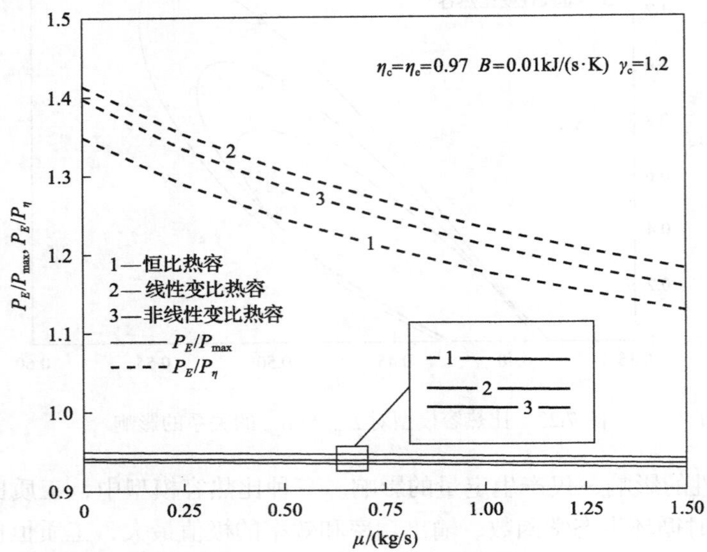

图 7.24　比热容模型对P_E/P_{max}和P_E/P_η与μ的关系的影响

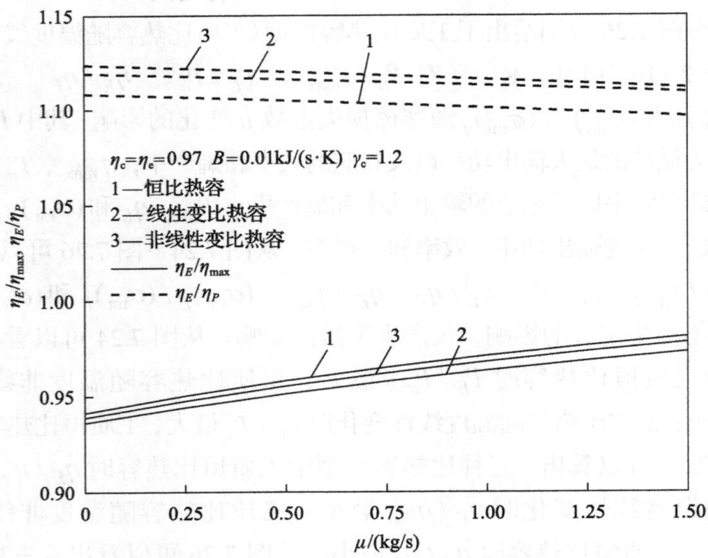

图 7.25　比热容模型对η_E/η_{max}和η_E/η_P与μ的关系的影响

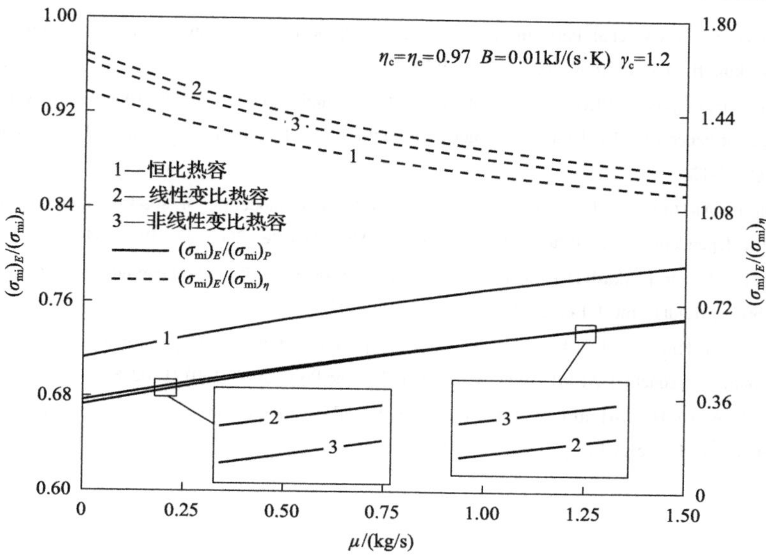

图 7.26　比热容模型对 $(\sigma_{mi})_E/(\sigma_{mi})_P$ 和 $(\sigma_{mi})_E/(\sigma_{mi})_\eta$ 与 μ 的关系的影响

参 考 文 献

[1] Al-Sarkhi A, Akash B, Jaber J O, et al. Efficiency of Miller engine at maximum power density[J]. Int. Comm. Heat Mass Transfer, 2002, 29(8): 1157-1159.

[2] Ge Y L, Chen L G, Sun F R, et al. Effects of heat transfer and friction on the performance of an irreversible air-standard Miller cycle[J]. Int. Comm. Heat Mass Transfer, 2005, 32(8): 1045-1056.

[3] Zhao Y R, Chen J C. Performance analysis of an irreversible Miller heat engine and its optimum criteria[J]. Appl. Therm. Eng., 2007, 27(11-12): 2051-2058.

[4] 戈延林. 工质变比热对内燃机循环性能的影响[D]. 武汉：海军工程大学, 2005.

[5] Ge Y L, Chen L G, Sun F R, et al. Effects of heat transfer and variable specific heats of working fluid on performance of a Miller cycle[J]. Int. J. Ambient Energy, 2005, 26(4): 203-214.

[6] Al-Sarkhi A, Jaber J O, Probert S D. Efficiency of a Miller engine[J]. Appl. Energy, 2006, 83(4): 343-351.

[7] Chen L G, Ge Y L, Sun F R, et al. The performance of a Miller cycle with heat transfer, friction and variable specific heats of working fluid[J]. Termotehnica, 2010, 14(2): 24-32.

[8] 杨蓓, 何济洲. 广义不可逆 Miller 热机循环的性能优化[J]. 南昌大学学报(工科版), 2009, 31(2): 135-138.

[9] Lin J C, Hou S S. Performance analysis of an air standard Miller cycle with considerations of heat loss as a percentage of fuel's energy, friction and variable specific heats of working fluid[J]. Int. J. Therm. Sci., 2008, 47(2): 182-191.

[10] 刘静宜. 多种不可逆性对 Miller 热机性能的影响[J]. 漳州师范学院学报(自然科学版), 2009, (3): 48-52.

[11] Liu J, Chen J. Optimum performance analysis of a class of typical irreversible heat engines with temperature-dependent heat capacities of the working substance[J]. Int. J. Ambient Energy, 2010, 31(2): 59-70.

[12] Al-Sarkhi A, Al-Hinti I, Abu-Nada E, et al. Performance evaluation of irreversible Miller engine under various specific heat models[J]. Int. Comm. Heat Mass Transfer, 2007, 34(7): 897-906.

[13] Chen L G, Ge Y L, Liu C, et al. Performance of universal reciprocating heat-engine cycle with variable specific heats ratio of working fluid[J]. Entropy, 2020, 22 (4) : 397.

[14] Ghatak A, Chakraborty S. Effect of external irreversibilities and variable thermal properties of working fluid on thermal performance of a Dual internal combustion engine cycle[J]. Strojnicky Casopsis (J. Mechanical Energy), 2007, 58 (1) : 1-12.

[15] Abu-Nada E, Al-Hinti I, Al-Aarkhi A, et al. Thermodynamic modeling of spark-ignition engine: Effect of temperature dependent specific heats[J]. Int. Comm. Heat Mass Transfer, 2005, 33 (10) : 1264-1272.

[16] Abu-Nada E, Al-Hinti I, Akash B, et al. Thermodynamic analysis of spark-ignition engine using a gas mixture model for the working fluid[J]. Int. J. Energy Res., 2007, 37 (11) : 1031-1046.

[17] Abu-Nada E, Al-Hinti I, Al-Sarkhi A, et al. Effect of piston friction on the performance of SI engine: A new thermodynamic approach[J]. ASME Trans. J. Eng. Gas Turbine Pow., 2008, 130 (2) : 022802.

[18] Abu-Nada E, Akash B, Al-Hinti I, et al. Performance of spark-ignition engine under the effect of friction using gas mixture model[J]. J. Energy Inst., 2009, 82 (4) : 197-205.

第 8 章　空气标准不可逆 PM 循环最优性能

8.1　引　　言

基于 PM 燃烧技术的超绝热发动机可以降低排放，在提高效率方面有很大潜力，同时兼有燃烧稳定、结构紧凑、负荷调节范围广等特点，已经引起广泛关注。文献[1]对恒比热容情况下，仅存在传热损失时的内可逆 PM 循环进行了分析。

本章用空气标准循环模型代替开式循环模型，建立存在传热损失、摩擦损失和内不可逆性损失的不可逆 PM 循环模型，通过循环内存在的各种损失来计算熵产率，首先研究工质恒比热容情况下循环的功率、效率最优性能和生态学最优性能，并分析三种损失和循环预胀比对循环功率、效率最优性能和生态学最优性能的影响；其次采用工质比热容随温度线性变化模型[2,3]，研究循环的功率、效率最优性能和生态学最优性能，并分析了工质变比热容和循环预胀比对循环功率、效率最优性能和生态学最优性能的影响；最后采用 Abu-Nada 等[4-7]提出的工质比热容随温度非线性变化模型，研究循环的功率、效率最优性能和生态学最优性能，并分析工质比热容模型(包括工质恒比热容、比热容随温度线性变化和非线性变化)、三种损失和循环预胀比对循环的功率、效率最优性能和生态学最优性能的影响。

8.2　工质恒比热容时 PM 循环的最优性能

8.2.1　循环模型和性能分析

PM 发动机的工作过程如图 8.1 所示[1]，PM 燃烧室安装在气缸顶部。在上死点附近，新鲜空气进入气缸，此时 PM 燃烧室与气缸隔离，PM 燃烧室内是燃油蒸气。PM 发动机的进气、压缩过程与传统发动机一样为绝热过程。压缩过程末期，PM 燃烧室阀门开放，压缩空气进入 PM 燃烧室发生瞬间回热，实现完全气化，回热过程近似为等容过程。空气与燃油蒸气在 PM 燃烧室迅速混合并自点火燃烧，燃烧过程放出的热量，一部分存储在 PM 燃烧室，另一部分推动活塞做功，燃烧过程近似为等温吸热过程。在绝热膨胀过程末期，PM 燃烧室阀门关闭，燃油喷射到 PM 燃烧室内，实现气化。经过定容排气过程后，开始新循环的进气过程。

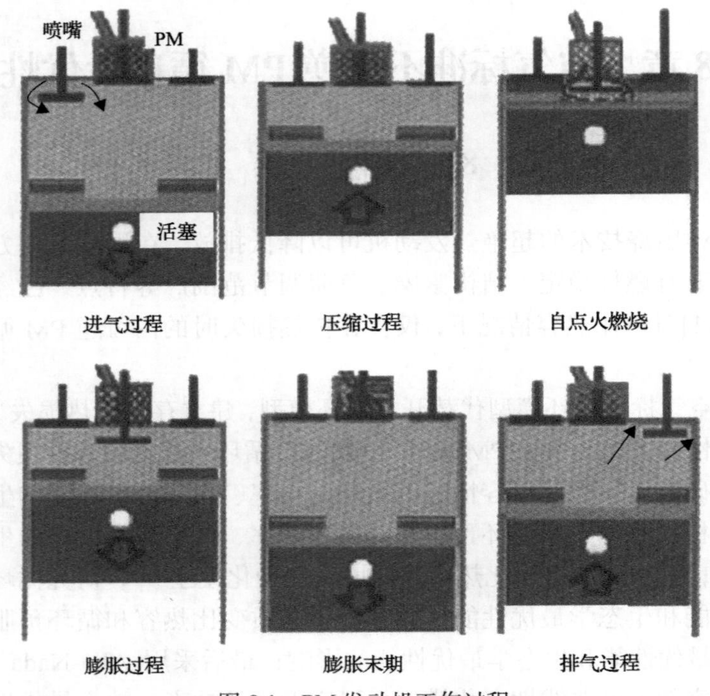

图 8.1 PM 发动机工作过程

图 8.2 给出了不可逆 PM 循环的 T - S 图，$1 \to 2S$ 为可逆绝热压缩过程，$1 \to 2$ 为不可逆绝热压缩过程，$2 \to 3$ 为定容回热过程，$3 \to 4$ 为等温吸热过程，$4 \to 5S$ 为可逆绝热膨胀过程，$4 \to 5$ 为不可逆绝热膨胀过程，$5 \to 1$ 定容放热过程。

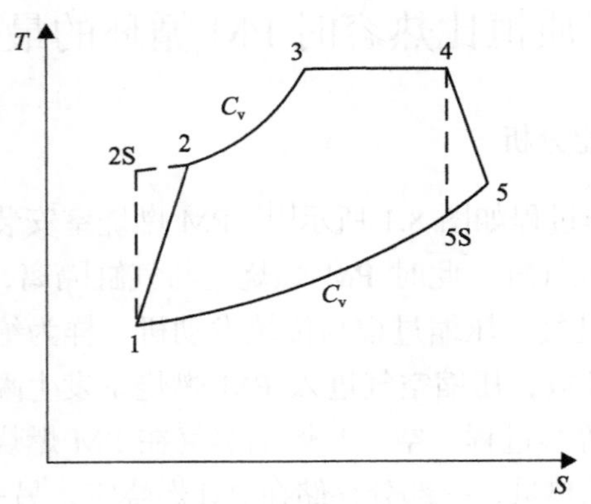

图 8.2 不可逆 PM 循环模型 T - S 图

循环中工质的吸热率为

$$Q_{\text{in}} = M\left[C_{\text{v}}(T_3 - T_2) + RT_3 \ln\frac{V_4}{V_3}\right] \tag{8.1}$$

式中，V_3和V_4分别为状态点 3 和 4 对应的比容。

循环中工质的放热率为

$$Q_{\text{out}} = MC_{\text{v}}(T_5 - T_1) \tag{8.2}$$

2.2.1 节中定义的循环压缩比，即式(2.3)仍然成立。

定义循环的预胀比ρ为

$$\rho = V_4/V_3 \tag{8.3}$$

分别定义循环的压缩效率和膨胀效率来反映循环的内不可逆性损失：

$$\eta_{\text{c}} = (T_{2\text{S}} - T_1)/(T_2 - T_1) \tag{8.4}$$

$$\eta_{\text{e}} = (T_5 - T_4)/(T_{5\text{S}} - T_4) \tag{8.5}$$

对于循环的不可逆绝热过程$1 \to 2$和$4 \to 5$有

$$T_2 = \frac{T_1(\gamma^{k-1} - 1)}{\eta_{\text{c}}} + T_1 \tag{8.6}$$

$$T_4\eta_{\text{e}}\rho^{k-1} - [T_5 + (\eta_{\text{e}} - 1)T_4]\gamma^{k-1} = 0 \tag{8.7}$$

不可逆 PM 循环中存在的传热损失和摩擦损失依然采用 2.2.1 节中的模型，即假设通过气缸壁的传热损失与工质和环境的温差成正比、摩擦力与活塞运动的平均速度成正比，故式(2.11)～式(2.15)依然成立。

循环净功率输出为

$$\begin{aligned} P_{\text{pm}} &= Q_{\text{in}} - Q_{\text{out}} - P_{\mu} \\ &= M[C_{\text{v}}(T_3 + T_1 - T_2 - T_5) + RT_3 \ln\rho] - 64\mu(Ln)^2 \end{aligned} \tag{8.8}$$

循环的效率为

$$\begin{aligned} \eta_{\text{pm}} &= \frac{P_{\text{pm}}}{Q_{\text{in}} + Q_{\text{leak}}} = \frac{Q_{\text{in}} - Q_{\text{out}} - P_{\mu}}{Q_{\text{in}} + Q_{\text{leak}}} \\ &= \frac{M[C_{\text{v}}(T_3 + T_1 - T_2 - T_5) + RT_3 \ln\rho] - 64\mu(Ln)^2}{M[C_{\text{v}}(T_3 - T_2) + RT_3 \ln\rho] + B(T_2 + T_3 - 2T_0)} \end{aligned} \tag{8.9}$$

实际的不可逆 PM 循环中存在三种损失：摩擦损失、传热损失和内不可逆性损失。传热损失和摩擦损失导致的熵产率分别为

$$\sigma_{\mathrm{q}} = B(T_2 + T_4 - 2T_0)\left(\frac{1}{T_0} - \frac{2}{T_2 + T_4}\right) \tag{8.10}$$

$$\sigma_{\mu} = \frac{P_{\mu}}{T_0} = \frac{64\mu(Ln)^2}{T_0} \tag{8.11}$$

对于不可逆压缩损失和不可逆膨胀损失导致的熵产率，分别由过程 $2\mathrm{S}\to 2$ 和 $5\mathrm{S}\to 5$ 的熵增率来计算：

$$\sigma_{2\mathrm{S}\to 2} = MC_{\mathrm{v}}\ln\frac{T_2}{T_{2\mathrm{S}}} = MC_{\mathrm{v}}\ln\frac{T_2}{\eta_{\mathrm{c}}(T_2 - T_1) + T_1} \tag{8.12}$$

$$\sigma_{5\mathrm{S}\to 5} = MC_{\mathrm{v}}\ln\frac{T_5}{T_{5\mathrm{S}}} = MC_{\mathrm{v}}\ln\frac{\eta_{\mathrm{e}}T_5}{T_5 + (\eta_{\mathrm{e}} - 1)T_4} \tag{8.13}$$

此外，工质经过功率冲程做功后由排气冲程排往环境，该过程也会产生部分熵产率，该熵产率由式(8.14)计算：

$$\sigma_{\mathrm{pq}} = M\int_{T_1}^{T_5} C_{\mathrm{v}}\mathrm{d}T\left(\frac{1}{T_0} - \frac{1}{T}\right) = M\left[\frac{C_{\mathrm{v}}(T_5 - T_1)}{T_0} - C_{\mathrm{v}}\ln\frac{T_5}{T_1}\right] \tag{8.14}$$

因此整个循环导致的熵产率为

$$\begin{aligned}\sigma_{\mathrm{pm}} &= \sigma_{\mathrm{q}} + \sigma_{\mu} + \sigma_{2\mathrm{S}\to 2} + \sigma_{5\mathrm{S}\to 5} + \sigma_{\mathrm{pq}} \\ &= B(T_2 + T_4 - 2T_0)[1/T_0 - 2/(T_2 + T_4)] + 64\mu(Ln)^2/T_0 + MC_{\mathrm{v}}\{\ln[T_2/(\eta_{\mathrm{c}}T_2 \\ &\quad - \eta_{\mathrm{c}}T_1 + T_1)] + \ln[\eta_{\mathrm{e}}T_5/(T_5 + \eta_{\mathrm{e}}T_4 - T_4)]\} + M[C_{\mathrm{v}}(T_5 - T_1)/T_0 - C_{\mathrm{v}}\ln(T_5/T_1)]\end{aligned} \tag{8.15}$$

PM 循环的生态学函数为

$$\begin{aligned}E_{\mathrm{pm}} &= P_{\mathrm{pm}} - T_0\sigma_{\mathrm{pm}} \\ &= M[C_{\mathrm{v}}(T_3 + T_1 - T_2 - T_5) + RT_3\ln\rho] - B(T_2 + T_4 - 2T_0)[1 - 2T_0/(T_2 + T_4)] \\ &\quad - 128\mu(Ln)^2 - MT_0C_{\mathrm{v}}\ln[T_2/(\eta_{\mathrm{c}}T_2 - \eta_{\mathrm{c}}T_1 + T_1)] - MT_0C_{\mathrm{v}}\ln[\eta_{\mathrm{e}}T_5/(T_5 + \eta_{\mathrm{e}}T_4 \\ &\quad - T_4)] - M[C_{\mathrm{v}}(T_5 - T_1) - C_{\mathrm{v}}T_0\ln(T_5/T_1)]\end{aligned} \tag{8.16}$$

考虑实际循环的意义：循环状态 3 必须位于状态 2 和 4 之间，因此预胀比 ρ 的

范围为

$$1 \leqslant \rho \leqslant V_4 / V_2 \tag{8.17}$$

当 $\rho = 1$ 时 PM 循环转化为 Otto 循环，此时式(8.8)、式(8.9)和式(8.16)相应地成为工质恒比热容时 Otto 循环的功率、效率和生态学函数性能表达式。

在给定压缩比 γ、预胀比 ρ、循环初温 T_1、循环最高温度 T_4（根据 PM 循环的特点有 $T_3 = T_4$）、压缩效率 η_c 和膨胀效率 η_e 的情况下可以由式(8.6)解出 T_2，然后再由式(8.7)解出 T_5，将解出的 T_2 和 T_5 代入式(8.8)、式(8.9)和式(8.16)得到相应的功率、效率和生态学函数。由此可得到功率、效率和生态学函数与压缩比的关系及循环的其他特性关系。

8.2.2　数值算例与讨论

在计算中取 $T_1 = 350\text{K}$，$X_1 = 0.08\text{m}$，$X_2 = 0.01\text{m}$，$T_3 = T_4 = 2200\text{K}$，$n = 30$，$T_0 = 300\text{K}$，$C_v = 0.7175\text{kJ/(kg}\cdot\text{K)}$，$C_p = 1.0045\text{kJ/(kg}\cdot\text{K)}$，$M = 4.553 \times 10^{-3}\text{kg/s}$。图 8.3～图 8.5 给出了循环内不可逆性损失、传热损失和摩擦损失三种不可逆因素对循环功率、效率性能特性的影响，可以看出，当完全不考虑传热损失、摩擦损失和内不可逆性损失三种不可逆因素时，循环的功率与压缩比曲线以及功率与效率曲线呈类抛物线型，而效率则随压缩比单调增加；当考虑一种及以上不可逆因素时，循环的功率与压缩比曲线、效率与压缩比曲线呈类抛物线型，而功率与效率曲线呈回原点的扭叶型。

根据功率、效率的定义可知传热损失对循环的功率没有影响，因此图 8.3 仅给

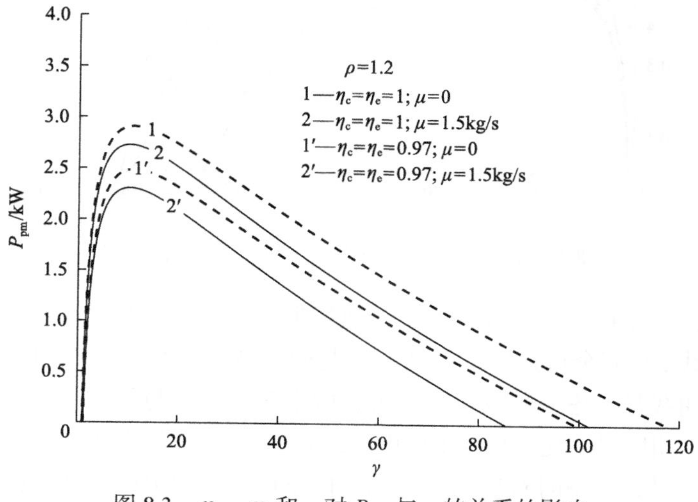

图 8.3　η_c、η_e 和 μ 对 P_{pm} 与 γ 的关系的影响

出了循环内不可逆性损失和摩擦损失对循环功率的影响。曲线 1 和 1′ 给出了无摩擦损失时循环内不可逆性损失对循环功率的影响；曲线 2 和 2′ 给出了有摩擦损失时循环内不可逆性损失对循环功率的影响。曲线 1 和 2 给出了无内不可逆性损失时摩擦损失对循环功率的影响；曲线 1′ 和 2′ 给出了有内不可逆性损失时摩擦损失对循环功率的影响。通过比较可以看出，无论是否存在摩擦损失，循环功率都随着内不可逆性损失的增加而减小；无论是否考虑循环内不可逆性损失，循环的功率都随着摩擦损失的增加而减小。

图 8.4 给出了内不可逆性损失、传热损失和摩擦损失对循环效率的影响。曲线 1 是完全可逆时的循环效率与压缩比关系，此时循环效率随压缩比的增加而增加，而其他曲线是考虑一种及以上不可逆因素时的效率与压缩比关系，这些曲线均呈类抛物线型。比较曲线 1 和 1′、2 和 2′、3 和 3′ 以及 4 和 4′，可以看出循环效率随着内不可逆性损失的增加而减小；比较曲线 1 和 3、2 和 4、1′ 和 3′ 以及 2′ 和 4′，可以看出循环效率随着传热损失的增加而减小；比较曲线 1 和 2、3 和 4、1′ 和 2′ 以及 3′ 和 4′，可以看出循环效率随着摩擦损失的增加而减小。

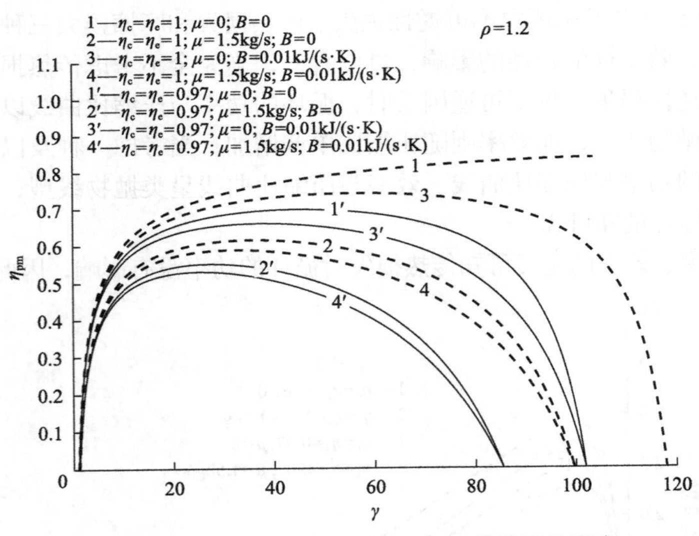

图 8.4　η_c、η_e、B 和 μ 对 η_{pm} 与 γ 的关系的影响

图 8.5 给出了内不可逆性损失、传热损失和摩擦损失对循环功率与效率特性的影响。曲线 1 是完全可逆时的循环功率与效率特性关系，此时曲线呈类抛物线型，而其他曲线是考虑一种及以上不可逆因素时的功率与效率特性关系，这些曲线呈回原点的扭叶型。比较曲线 1 和 1′、2 和 2′、3 和 3′ 以及 4 和 4′，可以看出循环最大功率、最大功率时对应的效率随着内不可逆性损失的增加而减小；比较曲线 1 和 3、2 和 4、1′ 和 3′ 以及 2′ 和 4′，可以看出循环的最大功率不受传热损失的

影响，而最大功率时对应的效率随着传热损失的增加而减小；比较曲线1和2 、3和4 、1′和2′以及3′和4′，可以看出循环的最大功率以及最大功率时对应的效率随着摩擦损失的增加而减小。

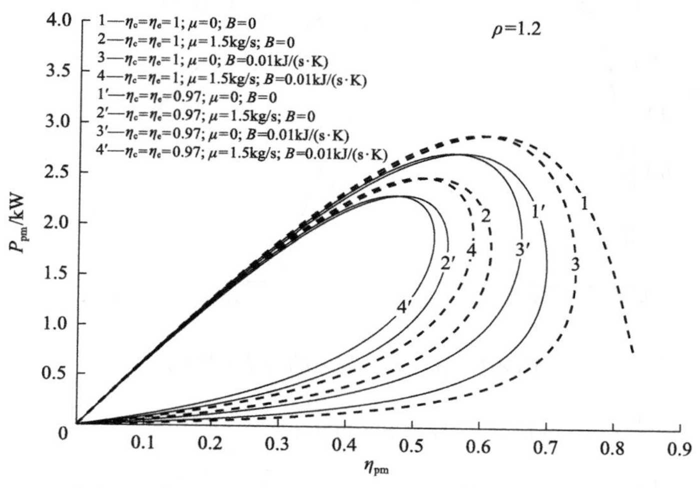

图 8.5　η_c、η_e、B 和 μ 对 P_{pm} 与 η_{pm} 的关系的影响

图 8.6～图 8.8 给出了循环预胀比对循环性能的影响，图中 $\rho=1.0$ 为 Otto 循环的性能曲线，可以看出，随着循环预胀比的增大，循环的功率、效率、最大功率时对应的效率、最大效率时对应的功率以及循环实际可以工作的压缩比范围增大，因此 PM 循环的性能明显要优于 Otto 循环的性能。

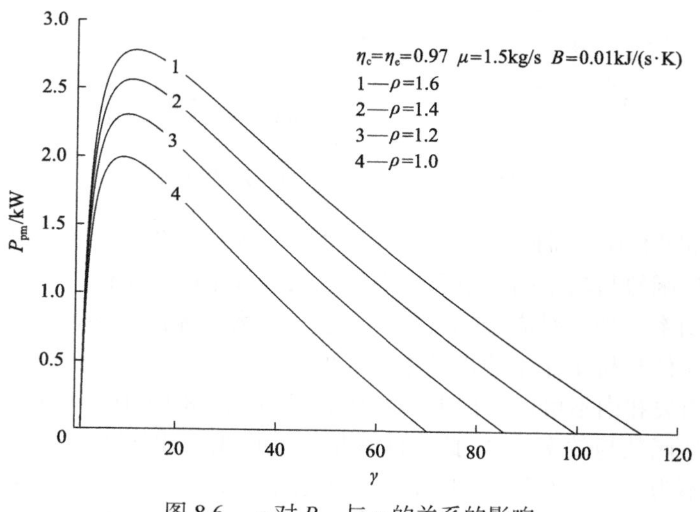

图 8.6　ρ 对 P_{pm} 与 γ 的关系的影响

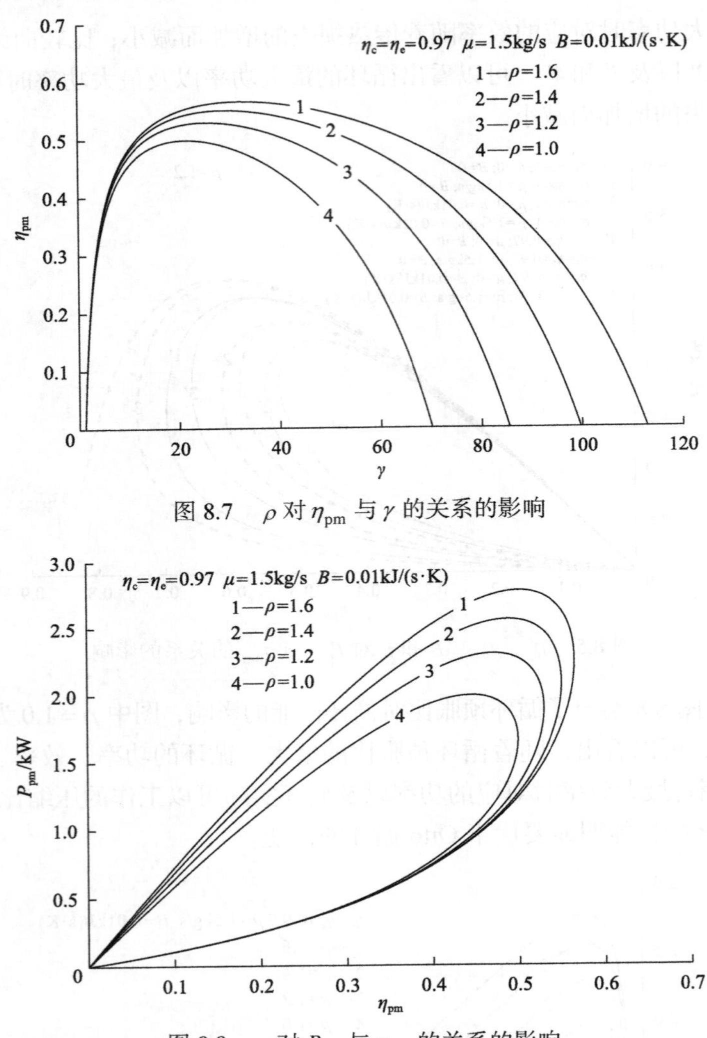

图 8.7　ρ 对 η_{pm} 与 γ 的关系的影响

图 8.8　ρ 对 P_{pm} 与 η_{pm} 的关系的影响

图 8.9 和图 8.10 分别给出了不同传热损失、摩擦损失和内不可逆性损失情况下热机生态学函数与功率的关系和生态学函数与效率的关系曲线。由图 8.9 可知，除了在最大功率点处，对应于热机任一生态学函数，输出功率都有两个值，因此实际运行时应使热机工作于输出功率较大的状态点；循环的生态学函数随着传热损失、摩擦损失和内不可逆性损失的增加而减小。图 8.10 中曲线 1 是完全可逆时的循环生态学函数与效率关系，此时曲线呈类抛物线型(即循环生态学函数最大时对应的效率不为零，而效率最大时对应的生态学函数为零)，而其他曲线是考虑了一种及以上不可逆因素时的生态学函数与效率关系，此时曲线呈扭叶型(即循环生

态学函数最大时对应的效率和效率最大时对应的生态学函数均不为零)。每一个生态学函数值(最大值点除外)都对应两个效率取值，显然，要设计使热机工作在效率较大的状态点。

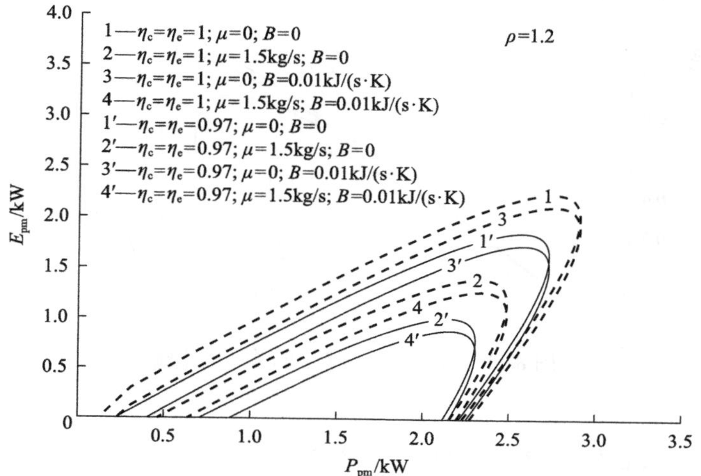

图 8.9　η_c、η_e、B 和 μ 对 E_{pm} 与 P_{pm} 的关系的影响

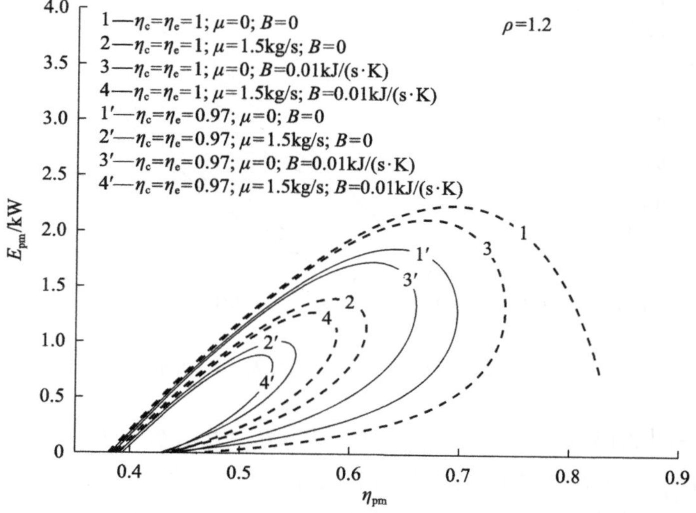

图 8.10　η_c、η_e、B 和 μ 对 E_{pm} 与 η_{pm} 的关系的影响

图 8.11 和图 8.12 给出了循环预胀比 ρ 对循环生态学函数与功率的关系和生态学函数与效率的关系的影响。图中 ρ=1 为 Otto 循环生态学函数与功率的关系和生态学函数与效率的关系。从图中可以看出，循环的生态学函数随着预胀比 ρ 的增加而增加。

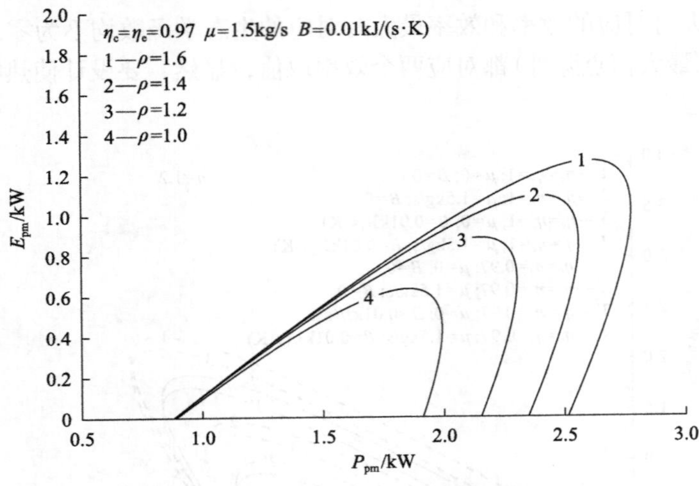

图 8.11　ρ 对 E_{pm} 与 P_{pm} 的关系的影响

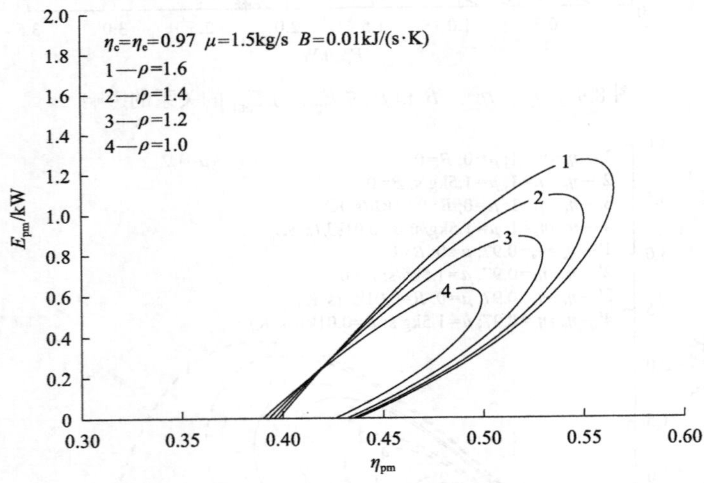

图 8.12　ρ 对 E_{pm} 与 η_{pm} 的关系的影响

图 8.13～图 8.15 给出了 P_E/P_{max}、P_E/P_η、η_E/η_P、η_E/η_{max}、$(\sigma_{pm})_E/(\sigma_{pm})_P$ 和 $(\sigma_{pm})_E/(\sigma_{pm})_\eta$ 随着摩擦损失系数 μ 的变化，其中 P_{max}、η_P 和 $(\sigma_{pm})_P$ 分别为循环的最大输出功率以及相应的效率和熵产率；η_{max}、P_η 和 $(\sigma_{pm})_\eta$ 分别为循环的最大效率以及相应的输出功率和熵产率；P_E、η_E 和 $(\sigma_{pm})_E$ 分别为循环生态学函数最大时的输出功率、效率和熵产率。从图 8.13 可以看出，不同 B 取值对应的 P_E/P_{max} - μ 曲线很接近，即 P_E/P_{max} 受传热损失影响很小；P_E/P_{max} 随 μ 的增大而减小，且值小于 1，即以生态学函数为目标函数优化时的输出功率 P_E 相对于热

机的最大输出功率 P_{max} 有所降低，且摩擦损失越大降低得越多。P_E 比 P_η 大；随着 B 增大，P_E / P_η 逐渐减小，P_E 有接近于 P_η 的趋势；P_E / P_η 随 μ 的增大而减小，且值大于 1。从图 8.14 可以看出，η_E 大于 η_P，对于给定的 B（μ），η_E / η_P 随 μ（B）的增大而减小。η_E 小于 η_{max}，对于给定的 B（μ），η_E / η_{max} 随 μ（B）的增大而增大，η_E 有接近于 η_{max} 的趋势。从图 8.15 可看出，$(\sigma_{pm})_E$ 要比 $(\sigma_{pm})_P$ 小得多；随着 B 的增大，$(\sigma_{pm})_E / (\sigma_{pm})_P$ 逐渐增大，$(\sigma_{pm})_E$ 有接近于 $(\sigma_{pm})_P$ 的趋势；$(\sigma_{pm})_E$ 要比 $(\sigma_{pm})_\eta$ 大，随着 B 的增大，$(\sigma_{pm})_E / (\sigma_{pm})_\eta$ 逐渐减小，$(\sigma_{pm})_E$ 有接近于 $(\sigma_{pm})_\eta$ 的趋势。比较图 8.13～图 8.15 可知，最大生态学函数值点与最大输出功率点相比，热机输出功率降低的量较小，而熵产率降低很多，效率提升较大，即以牺牲较小的输出功率，较大地降低了熵产率，一定程度上提高了热机的效率。最大生态学函数值点与最大效率点相比，热机效率有一定的下降，熵产率增大较多，但输出功率增大的量很多，即以牺牲较小的效率，增加了一定的熵产率，较大程度上提高了热机的输出功率。因此生态学函数不仅反映了输出功率和熵产率之间的最佳折中，而且反映了输出功率和效率之间的最佳折中。例如，$\mu = 0.75\text{kg/s}$，$B = 0.02\text{kJ/(s}\cdot\text{K)}$ 时，最大生态学函数时的输出功率相对于热机最大输出功率减少了 5.6%，相应的效率提高了 9.8%，而熵产率减少了 22.5%。相对于热机最大效率点，最大生态学函数时的效率降低了 2.7%，相应的熵产率增大了 20.2%，而输出功率增大了 17.0%。

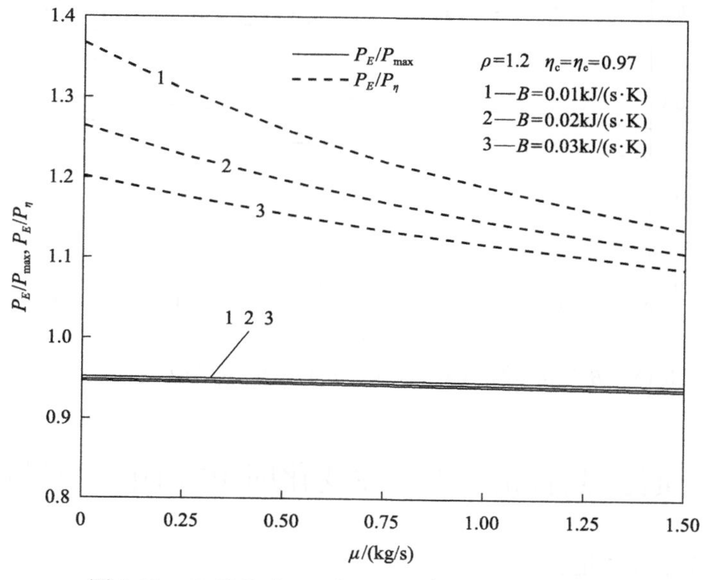

图 8.13　B 对 P_E / P_{max} 和 P_E / P_η 与 μ 的关系的影响

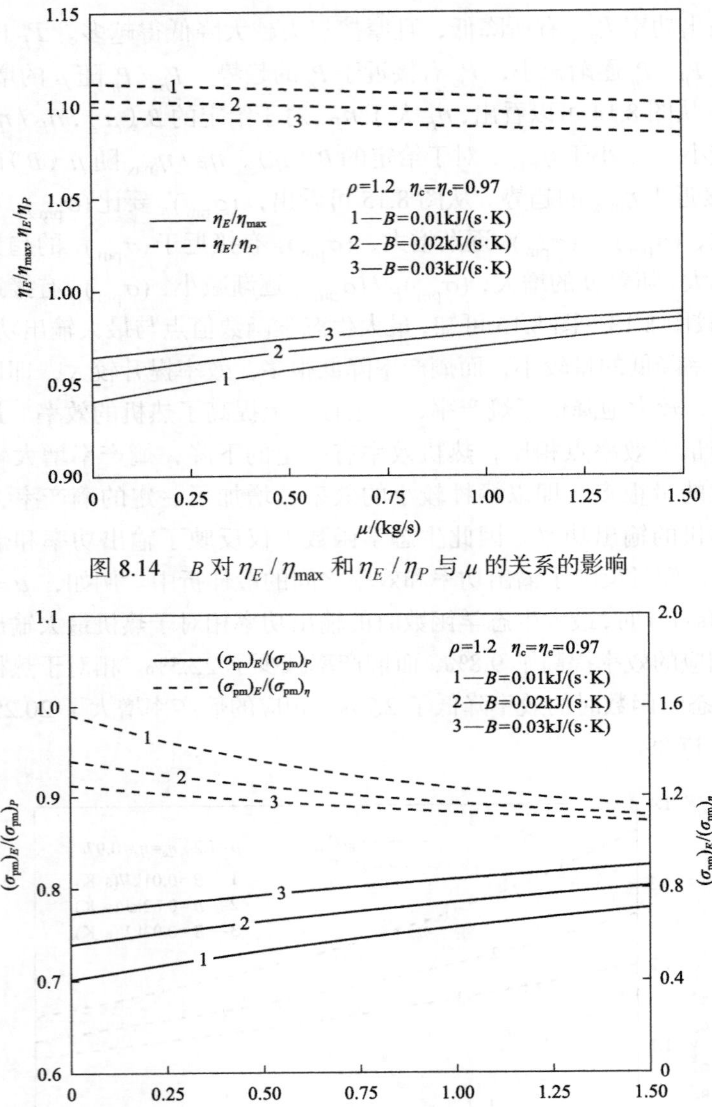

图 8.14　B 对 η_E/η_{max} 和 η_E/η_P 与 μ 的关系的影响

图 8.15　B 对 $(\sigma_{pm})_E/(\sigma_{pm})_P$ 和 $(\sigma_{pm})_E/(\sigma_{pm})_\eta$ 与 μ 的关系的影响

8.3　工质比热容随温度线性变化时 PM 循环的最优性能

8.3.1　循环模型和性能分析

本节考虑图 8.2 所示的不可逆 PM 循环模型，采用 2.3.1 节中的工质比热容随温度线性变化模型，即式(2.25)～式(2.27)仍然成立。

循环中工质的吸热率为

$$Q_{\text{in}} = M\left(\int_{T_2}^{T_3} C_{\text{v}}\mathrm{d}T + RT_3\ln\rho\right) == M[b_{\text{v}}(T_3 - T_2) + 0.5K(T_3^2 - T_2^2) + RT_3\ln\rho] \quad (8.18)$$

循环中工质的放热率为

$$Q_{\text{out}} = M\int_{T_1}^{T_5} C_{\text{v}}\mathrm{d}T = M\int_{T_1}^{T_5}(b_{\text{v}} + KT)\mathrm{d}T = M[b_{\text{v}}(T_5 - T_1) + 0.5K(T_5^2 - T_1^2)] \quad (8.19)$$

按照 2.3.1 节中对变比热容可逆绝热过程的处理方法，将变比热容的可逆绝热过程分解成无数个无限小的恒比热容可逆绝热过程，即式(2.30)和式(2.31)依然成立。

2.2.1 节中定义的循环压缩比以及 8.2.1 节中定义的循环预胀比和内不可逆性损失，即式(2.3)和式(8.3)～式(8.5)仍然成立。

对于 PM 循环的两个可逆绝热过程 $1\to 2\text{S}$ 和 $4\to 5\text{S}$ 有

$$K(T_{2\text{S}} - T_1) + b_{\text{v}}\ln(T_{2\text{S}}/T_1) = R\ln\gamma \quad (8.20)$$

$$K(T_{5\text{S}} - T_4) + b_{\text{v}}\ln(T_{5\text{S}}/T_4) = -R\ln\frac{\gamma}{\rho} \quad (8.21)$$

不可逆 PM 循环中存在的传热损失和摩擦损失依然采用 2.2.1 节中的模型，即假设通过气缸壁的传热损失与工质和环境的温差成正比、摩擦力与活塞运动的平均速度成正比，故式(2.11)～式(2.15)依然成立。

循环净功率输出为

$$\begin{aligned}P_{\text{pm}} &= Q_{\text{in}} - Q_{\text{out}} - P_\mu \\ &= M[b_{\text{v}}(T_1 + T_3 - T_2 - T_5) + 0.5K(T_1^2 + T_3^2 - T_2^2 - T_5^2) + RT_3\ln\rho] - 64\mu(Ln)^2\end{aligned} \quad (8.22)$$

循环的效率为

$$\begin{aligned}\eta_{\text{pm}} &= \frac{P_{\text{pm}}}{Q_{\text{in}} + Q_{\text{leak}}} \\ &= \frac{M[b_{\text{v}}(T_1 + T_3 - T_2 - T_5) + 0.5K(T_1^2 + T_3^2 - T_2^2 - T_5^2) + RT_3\ln\rho] - 64\mu(Ln)^2}{M[b_{\text{v}}(T_3 - T_2) + 0.5K(T_3^2 - T_2^2) + RT_3\ln\rho] + B(T_2 + T_3 - 2T_0)}\end{aligned} \quad (8.23)$$

整个循环中由传热损失、摩擦损失、内不可逆性损失和排气过程导致的总熵产率为

$$
\begin{aligned}
\sigma_{pm} &= \sigma_q + \sigma_\mu + \sigma_{2S\to2} + \sigma_{5S\to5} + \sigma_{pq} \\
&= B(T_2 + T_3 - 2T_0)[1/T_0 - 2/(T_2 + T_3)] + 64\mu(Ln)^2/T_0 + M[C_{v2S\to2} \\
&\quad \times \ln(T_2/T_{2S}) + C_{v5S\to5}\ln(T_5/T_{5S})] + M[b_v(T_5 - T_1)/T_0 - b_v\ln(T_5/T_1) \\
&\quad + 0.5K(T_5^2 - T_1^2)/T_0 - K(T_5 - T_1)]
\end{aligned}
\tag{8.24}
$$

式中，定容比热容 $C_{v2S\to2}$ 中的温度 $T=\dfrac{T_2-T_{2S}}{\ln(T_2/T_{2S})}$，为2 、2S状态之间的对数平均温度；定容比热容 $C_{v5S\to5}$ 中的温度 $T=\dfrac{T_5-T_{5S}}{\ln(T_5/T_{5S})}$，为5 、5S状态之间的对数平均温度。

循环的生态学函数为

$$
\begin{aligned}
E_{pm} &= P_{pm} - T_0\sigma_{pm} \\
&= M[b_v(T_1 + T_3 - T_2 - T_5) + 0.5K(T_1^2 + T_3^2 - T_2^2 - T_5^2) + RT_3\ln\rho] - B(T_2 + T_3 - 2T_0) \\
&\quad \times [1 - 2T_0/(T_2 + T_3)] - 128\mu(Ln)^2 - MT_0[C_{v2S\to2}\ln(T_2/T_{2S}) + C_{v5S\to5}\ln(T_5/T_{5S})] \\
&\quad - M[b_v(T_5 - T_1) - b_vT_0\ln(T_5/T_1) + 0.5K(T_5^2 - T_1^2) - T_0K(T_5 - T_1)]
\end{aligned}
\tag{8.25}
$$

考虑到实际循环的意义：循环状态 3 必须位于状态 2 和 4 之间，因此预胀比 ρ 需满足的范围与 8.2.1 节中式(8.17)完全一样。当 $\rho=1$ 时 PM 循环转化为 Otto 循环，此时式(8.22)、式(8.23)和式(8.25)相应地成为工质比热容随温度线性变化时 Otto 循环的功率、效率和生态学函数性能表达式。

在给定压缩比 γ 、循环初温 T_1 、预胀比 ρ 、循环最高温度 T_4 (根据 PM 循环的特点有 $T_3=T_4$)、压缩效率 η_c 和膨胀效率 η_e 的情况下可以由式(8.20)解出 T_{2S}，然后再由式(8.4)解出 T_2，由式(8.21)解出 T_{5S}，最后由式(8.5)解出 T_5，将解出的 T_2 和 T_5 代入式(8.22)、式(8.23)和式(8.25)得到相应的功率、效率和生态学函数。由此得到功率、效率和生态学函数与压缩比的关系及循环的其他特性关系。

8.3.2 数值算例与讨论

在计算中取 $X_1=0.08\text{m}$ ，$X_2=0.01\text{m}$ ，$T_1=350\text{K}$ ，$T_3=T_4=2200\text{K}$ ，$T_0=300\text{K}$ ，$n=30$ ，$b_v=0.6175\sim0.8175\text{kJ/(kg}\cdot\text{K)}$ ，$a_p=0.9045\sim1.1045\text{kJ/(kg}\cdot\text{K)}$ ，$M=4.553\times10^{-3}\text{kg/s}$ 。

从式(2.25)和式(2.26)可知当 $K=0$ 时，式 $C_{\mathrm{p}}=a_{\mathrm{p}}$ 和 $C_{\mathrm{v}}=b_{\mathrm{v}}$ 将成为恒比热容的表达式，因此 a_{p} 和 b_{v} 的大小反映了工质本身的比热容大小。图 8.16～图 8.18 给出了 b_{v} 对循环功率、效率性能特性的影响，从图 8.16 可以看出 b_{v} 增加将使循环功率和循环的工作范围增大。从图 8.17 可以看出，b_{v} 对循环效率的影响与 γ 有关，当 γ 小于一定值时，b_{v} 增加将使循环的效率降低；而当 γ 大于一定值时，b_{v} 增加将使循环的效率增大，但对循环的最大效率而言，其是随 b_{v} 的增加而增加的。从图 8.18 可以看出 b_{v} 增加使循环最大功率时对应的效率变化不大。

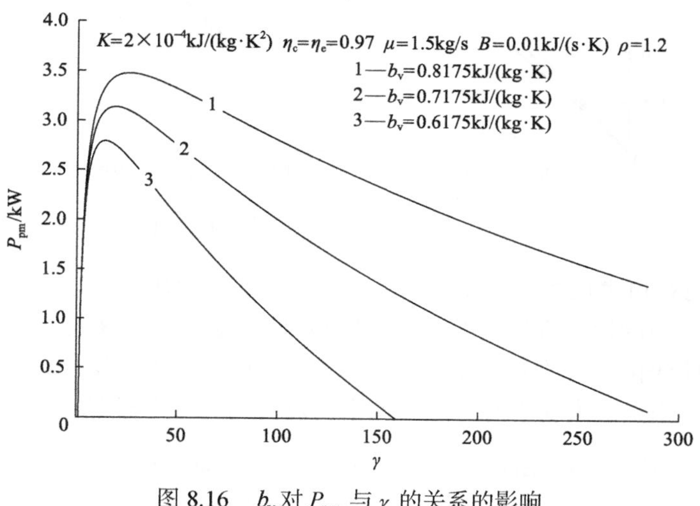

图 8.16　b_{v} 对 P_{pm} 与 γ 的关系的影响

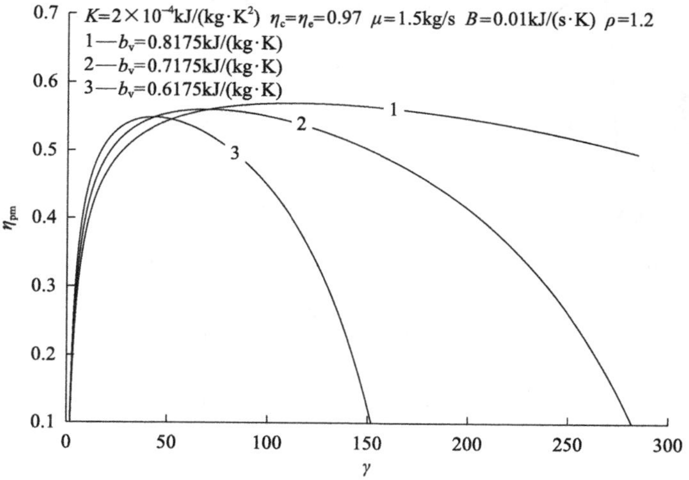

图 8.17　b_{v} 对 η_{pm} 与 γ 的关系的影响

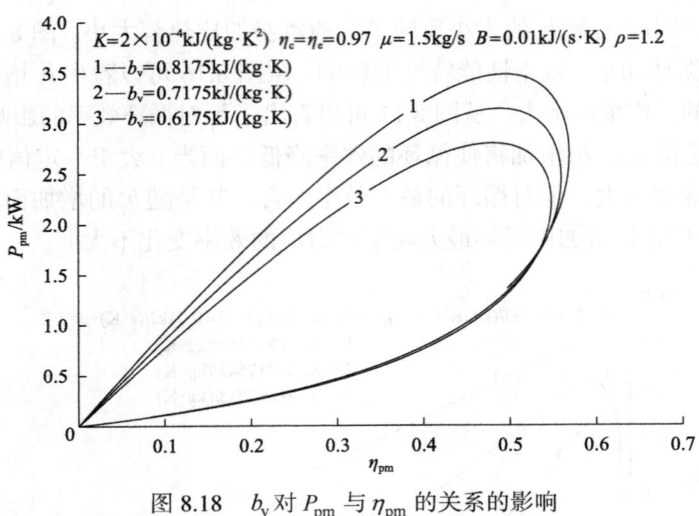

图 8.18　b_v 对 P_{pm} 与 η_{pm} 的关系的影响

由式(2.25)和式(2.26)可知 K 的大小反映了工质比热容随温度的变化程度，K 越大说明工质的比热容随温度变化得越剧烈。图 8.19～图 8.21 给出了工质比热容随温度线性变化的系数 K 对循环性能的影响。可以看出 K 增加将使循环的最大功率、最大效率、最大功率时对应的效率以及循环的工作范围增加。

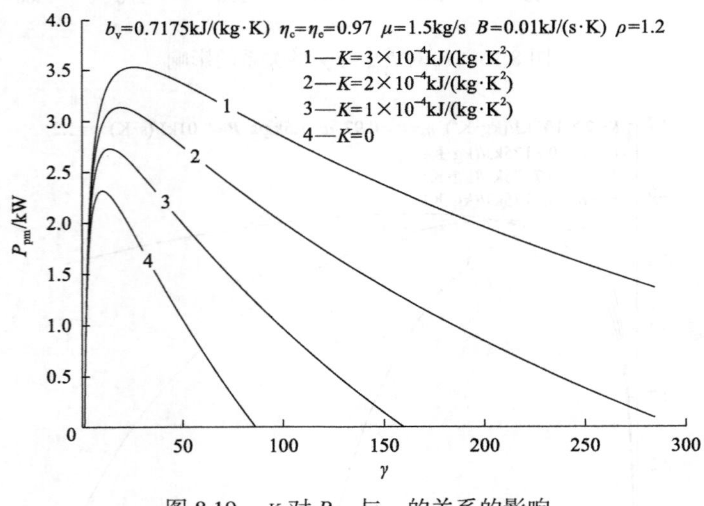

图 8.19　K 对 P_{pm} 与 γ 的关系的影响

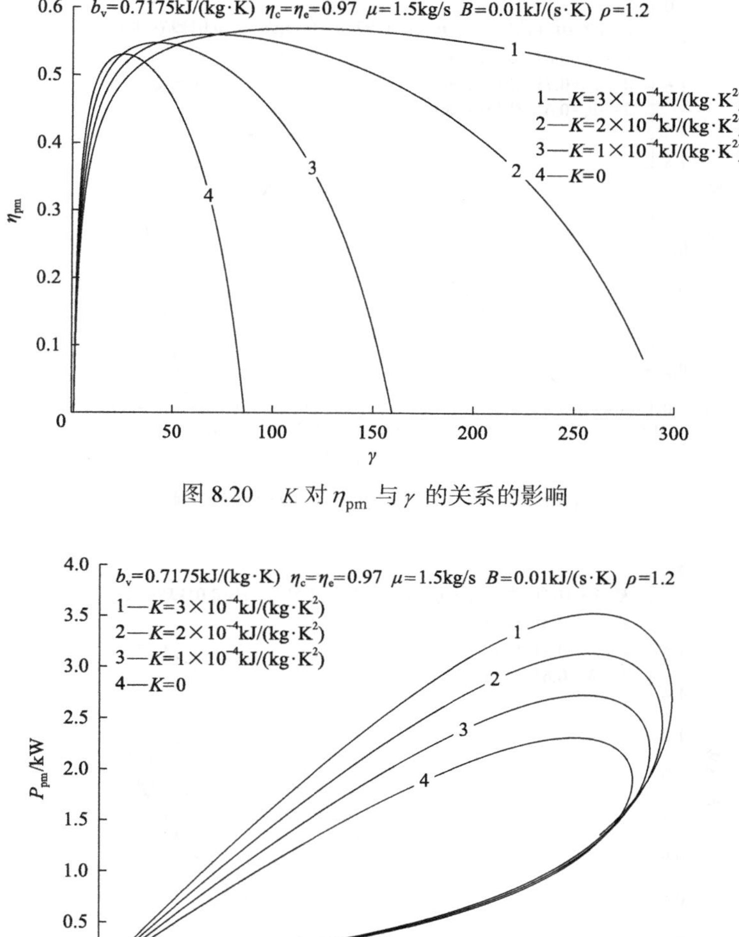

图 8.20　K 对 η_{pm} 与 γ 的关系的影响

图 8.21　K 对 P_{pm} 与 η_{pm} 的关系的影响

图 8.22 和图 8.23 给出了 b_v 对热机生态学函数与功率的关系和生态学函数与效率的关系的影响，从图中可以看出，循环的生态学函数随着 b_v 的增加而增加。

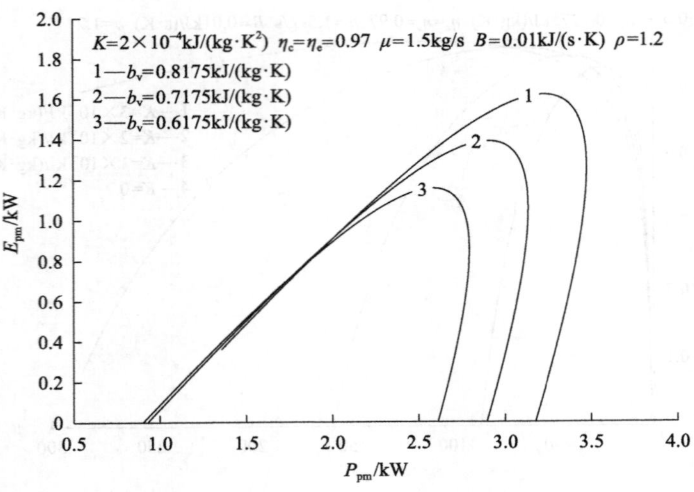

图 8.22　b_v 对 E_{pm} 与 P_{pm} 的关系的影响

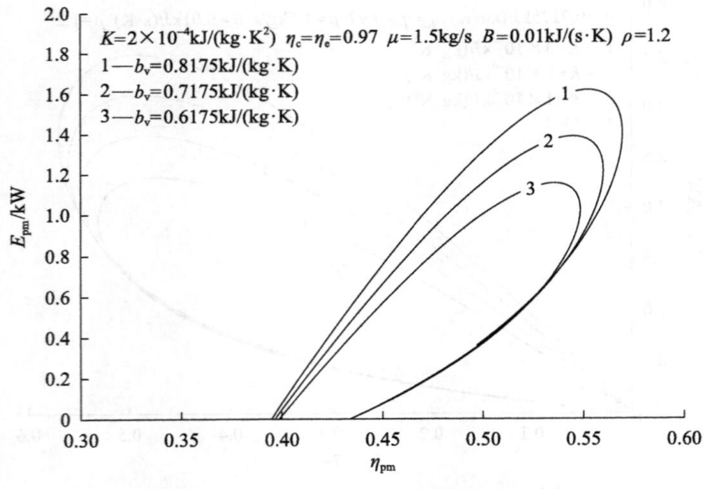

图 8.23　b_v 对 E_{pm} 与 η_{pm} 的关系的影响

图 8.24 和图 8.25 分别给出了工质比热容随温度变化的系数 K 对热机生态学函数与功率的关系和生态学函数与效率的关系的影响，从图中可以看出，循环的生态学函数随着 K 的增加而增加。

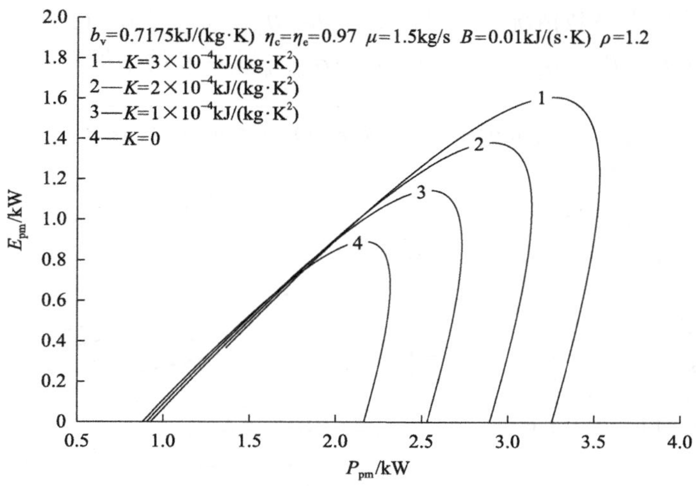

图 8.24　K 对 E_{pm} 与 P_{pm} 的关系的影响

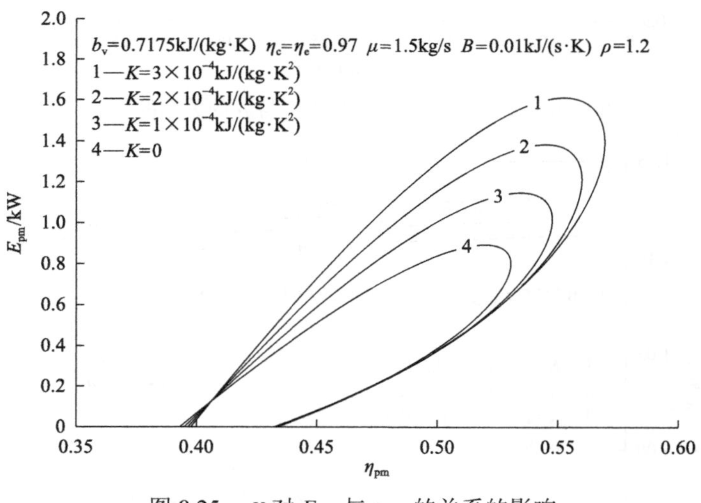

图 8.25　K 对 E_{pm} 与 η_{pm} 的关系的影响

图 8.26～图 8.28 分别给出了工质比热容随温度变化的系数 K 对 $P_E/P_{\max}$、P_E/P_η、η_E/η_P、$\eta_E/\eta_{\max}$、$(\sigma_{pm})_E/(\sigma_{pm})_P$ 和 $(\sigma_{pm})_E/(\sigma_{pm})_\eta$ 随着摩擦损失系数 μ 的变化的影响，其中 $P_{\max}$、η_P 和 $(\sigma_{pm})_P$ 分别为循环的最大输出功率以及相应的效率和熵产率；$\eta_{\max}$、P_η 和 $(\sigma_{pm})_\eta$ 分别为循环的最大效率以及相应的输出功率和熵产率；P_E、η_E 和 $(\sigma_{pm})_E$ 分别为循环生态学函数最大时的输出功率、效率和熵产率。其中 $K=0$ 为恒比热容时 $P_E/P_{\max}$、P_E/P_η、η_E/η_P、$\eta_E/\eta_{\max}$、

$(\sigma_{pm})_E / (\sigma_{pm})_P$ 和 $(\sigma_{pm})_E / (\sigma_{pm})_\eta$ 随摩擦损失系数 μ 的变化，从图中可以看出，在相同的摩擦损失系数情况下 P_E / P_{max}、η_E / η_{max} 和 $(\sigma_{pm})_E / (\sigma_{pm})_P$ 随着 K 的增加而减小，而 P_E / P_η、η_E / η_P 和 $(\sigma_{pm})_E / (\sigma_{pm})_\eta$ 随着 K 的增加而增加。

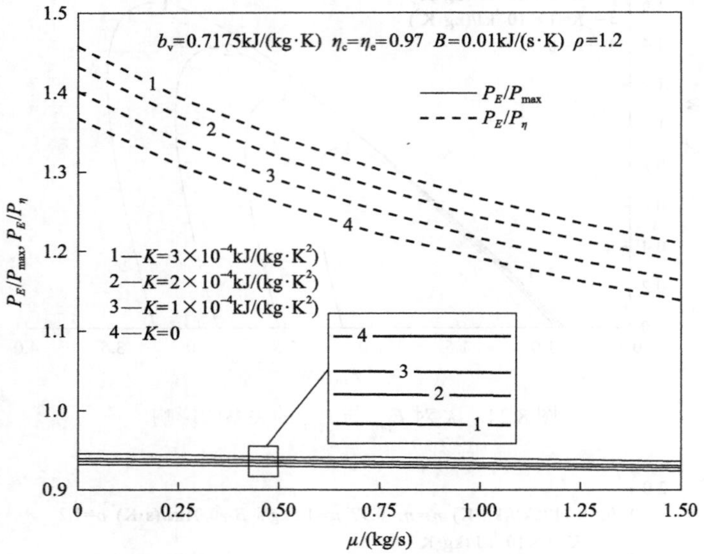

图 8.26　K 对 P_E / P_{max} 和 P_E / P_η 与 μ 的关系的影响

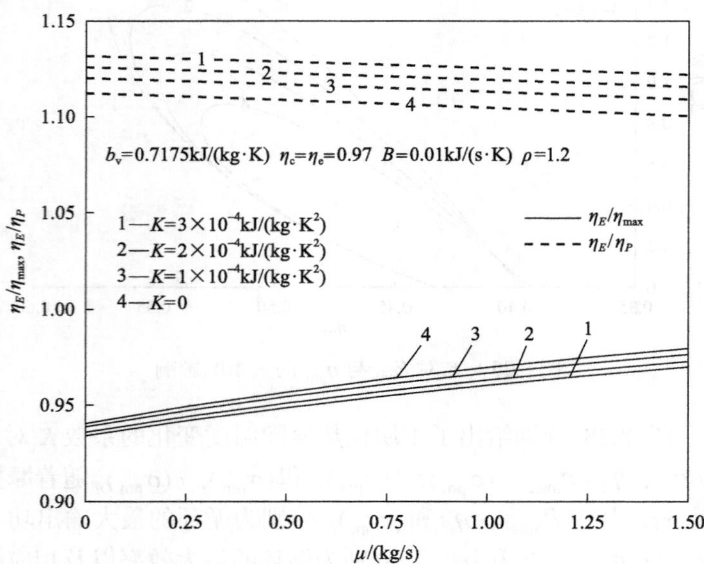

图 8.27　K 对 η_E / η_{max} 和 η_E / η_P 与 μ 的关系的影响

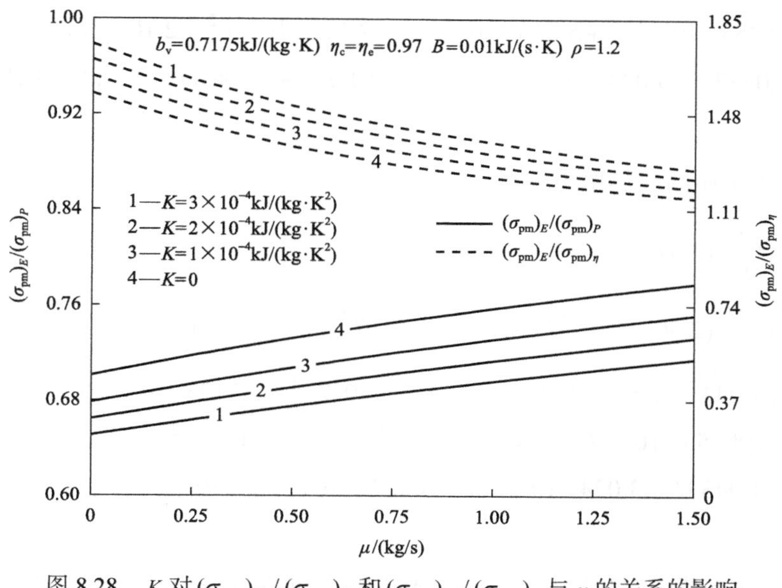

图 8.28　K 对 $(\sigma_{\text{pm}})_E/(\sigma_{\text{pm}})_P$ 和 $(\sigma_{\text{pm}})_E/(\sigma_{\text{pm}})_\eta$ 与 μ 的关系的影响

8.4　工质比热容随温度非线性变化时 PM 循环的最优性能

8.2 节和 8.3 节已经分别研究了工质恒比热容以及工质比热容随温度线性变化时 PM 循环的功率、效率最优性能及生态学最优性能，本节将采用更接近工程实际的工质比热容随温度非线性变化模型，研究循环的功率、效率最优性能和循环的生态学最优性能。

8.4.1　循环模型和性能分析

本节考虑图 8.2 所示的不可逆 PM 循环模型，采用 2.4.1 节中的工质比热容随温度非线性变化模型，即式(2.38)～式(2.40)仍然成立。

循环中工质的吸热率为

$$
\begin{aligned}
Q_{\text{in}} &= M\left(\int_{T_2}^{T_3} C_{\text{v}}\text{d}T + RT_3\ln\rho\right) \\
&= M\Bigg[\int_{T_2}^{T_3}(2.506\times10^{-11}T^2 + 1.454\times10^{-7}T^{1.5} - 4.246\times10^{-7}T + 3.162\times10^{-5}T^{0.5} \\
&\quad + 1.0433 - 1.512\times10^4T^{-1.5} + 3.063\times10^5T^{-2} - 2.212\times10^7T^{-3})\text{d}T + RT_3\ln\rho\Bigg]
\end{aligned}
$$

$$= M[8.353\times10^{-12}T^3 + 5.816\times10^{-8}T^{2.5} - 2.123\times10^{-7}T^2 + 2.108\times10^{-5}T^{1.5} + 1.0433T + 3.024\times10^4T^{-0.5} - 3.063\times10^5T^{-1} + 1.106\times10^7T^{-2}]_{T_2}^{T_3} + MRT_3\ln\rho \tag{8.26}$$

循环中工质的放热率为

$$\begin{aligned}
Q_{out} &= M\int_{T_1}^{T_5} C_v \mathrm{d}T \\
&= M\int_{T_1}^{T_5}(2.506\times10^{-11}T^2 + 1.454\times10^{-7}T^{1.5} - 4.246\times10^{-7}T + 3.162\times10^{-5}T^{0.5} \\
&\quad + 1.0433 - 1.512\times10^4T^{-1.5} + 3.063\times10^5T^{-2} - 2.212\times10^7T^{-3})\mathrm{d}T \\
&= M[8.353\times10^{-12}T^3 + 5.816\times10^{-8}T^{2.5} - 2.123\times10^{-7}T^2 + 2.108\times10^{-5}T^{1.5} \\
&\quad + 1.0433T + 3.024\times10^4T^{-0.5} - 3.063\times10^5T^{-1} + 1.106\times10^7T^{-2}]_{T_1}^{T_5}
\end{aligned} \tag{8.27}$$

按照 2.4.1 节中对变比热容可逆绝热过程的处理方法，将变比热容的可逆绝热过程分解成无数个无限小的恒比热容可逆绝热过程，即式(2.43)和式(2.44)依然成立。

2.2.1 节中定义的循环压缩比以及 8.2.1 节中定义的循环预胀比和内不可逆性损失，即式(2.3)和式(8.3)～式(8.5)仍然成立。

对于循环的两个可逆绝热过程 $1\rightarrow 2S$ 和 $4\rightarrow 5S$ 有

$$C_v\ln(T_{2S}/T_1) = R\ln\gamma \tag{8.28}$$

$$C_v\ln(T_4/T_{5S}) = R\ln(\gamma/\rho) \tag{8.29}$$

不可逆 PM 循环中存在的传热损失和摩擦损失依然采用 2.2.1 节中的模型，即假设通过气缸壁的传热损失与工质和环境的温差成正比、摩擦力与活塞运动的平均速度成正比，故式(2.11)～式(2.15)依然成立。

循环净功率输出为

$$\begin{aligned}
P_{pm} &= Q_{in} - Q_{out} - P_\mu \\
&= M[8.353\times10^{-12}(T_3^3 + T_1^3 - T_2^3 - T_5^3) + 5.816\times10^{-8}(T_3^{2.5} + T_1^{2.5} - T_2^{2.5} - T_5^{2.5}) \\
&\quad - 2.123\times10^{-7}(T_3^2 + T_1^2 - T_2^2 - T_5^2) + 2.108\times10^{-5}(T_3^{1.5} + T_1^{1.5} - T_2^{1.5} - T_5^{1.5}) \\
&\quad + 1.0433(T_3 + T_1 - T_2 - T_5) + 3.024\times10^4(T_3^{-0.5} + T_1^{0.5} - T_2^{-0.5} - T_5^{-0.5}) - 3.063 \\
&\quad \times10^5(T_3^{-1} + T_1^{-1} - T_2^{-1} - T_5^{-1}) + 1.106\times10^7(T_3^{-2} + T_1^{-2} - T_2^{-2} - T_5^{-2}) + RT_3\ln\rho] \\
&\quad - 64\mu(Ln)^2
\end{aligned} \tag{8.30}$$

循环的效率为

$$\eta_{\mathrm{pm}}=\frac{P_{\mathrm{pm}}}{Q_{\mathrm{in}}+Q_{\mathrm{leak}}}=\frac{Q_{\mathrm{in}}-Q_{\mathrm{out}}-P_{\mu}}{Q_{\mathrm{in}}+Q_{\mathrm{leak}}}$$

$$=\frac{\begin{array}{l}M[8.353\times10^{-12}(T_3^3+T_1^3-T_2^3-T_5^3)+5.816\times10^{-8}(T_3^{2.5}+T_1^{2.5}-T_2^{2.5}-T_5^{2.5})-2.123\\ \times10^{-7}(T_3^2+T_1^2-T_2^2-T_5^2)+2.108\times10^{-5}(T_3^{1.5}+T_1^{1.5}-T_2^{1.5}-T_5^{1.5})+1.0433(T_3+T_1\\ -T_2-T_5)+3.024\times10^4(T_3^{-0.5}+T_1^{0.5}-T_2^{-0.5}-T_5^{-0.5})-3.063\times10^5(T_3^{-1}+T_1^{-1}-T_2^{-1}-T_5^{-1})\\ +1.106\times10^7(T_3^{-2}+T_1^{-2}-T_2^{-2}-T_5^{-2})+RT_3\ln\rho]-64\mu(Ln)^2\end{array}}{\begin{array}{l}M[8.353\times10^{-12}(T_3^3-T_2^3)+5.816\times10^{-8}(T_3^{2.5}-T_2^{2.5})-2.123\times10^{-7}(T_3^2-T_2^2)\\ +2.108\times10^{-5}(T_3^{1.5}-T_2^{1.5})+1.0433(T_3-T_2)+3.024\times10^4(T_3^{-0.5}-T_2^{-0.5})\\ -3.063\times10^5(T_3^{-1}-T_2^{-1})+1.106\times10^7(T_3^{-2}-T_2^{-2})]+B(T_2+T_3-2T_0)\end{array}} \tag{8.31}$$

整个循环中由传热损失、摩擦损失、内不可逆性损失和排气过程导致的总熵产率为

$$\begin{aligned}\sigma_{\mathrm{pm}}&=\sigma_{\mathrm{q}}+\sigma_{\mu}+\sigma_{2\mathrm{S}\to2}+\sigma_{5\mathrm{S}\to5}+\sigma_{\mathrm{pq}}\\ &=B(T_2+T_3-2T_0)[1/T_0-2/(T_2+T_3)]+64\mu(Ln)^2/T_0+M[C_{\mathrm{v2S}\to2}\ln(T_2/T_{2\mathrm{S}})\\ &\quad+C_{\mathrm{v5S}\to5}\ln(T_5/T_{5\mathrm{S}})]-M[1.253\times10^{-11}(T_5^2-T_1^2)+9.693\times10^{-8}(T_5^{1.5}-T_1^{1.5})\\ &\quad-4.246\times10^{-7}(T_5-T_1)+6.3240\times10^{-5}(T_5^{0.5}-T_1^{0.5})+1.0433\ln(T_5/T_1)+1.0080\\ &\quad\times10^4(T_5^{-1.5}-T_1^{-1.5})-1.5315\times10^5(T_5^{-2}-T_1^{-2})+7.373\times10^6(T_5^{-3}-T_1^{-3})]\\ &\quad+M/T_0[8.353\times10^{-12}(T_5^3-T_1^3)+5.816\times10^{-8}(T_5^{2.5}-T_1^{2.5})-2.123\times10^{-7}(T_5^2\\ &\quad-T_1^2)+2.108\times10^{-5}(T_5^{1.5}-T_1^{1.5})+1.0433(T_5-T_1)+3.024\times10^4(T_5^{-0.5}-T_1^{-0.5})\\ &\quad-3.063\times10^5(T_5^{-1}-T_1^{-1})+1.106\times10^7(T_5^{-2}-T_1^{-2})]\end{aligned} \tag{8.32}$$

式中，定容比热容 $C_{\mathrm{v2S}\to2}$ 中的温度 $T=\dfrac{T_2-T_{2\mathrm{S}}}{\ln(T_2/T_{2\mathrm{S}})}$，为 2 、2S 状态之间的对数平均温度；定容比热容 $C_{\mathrm{v5S}\to5}$ 中的温度 $T=\dfrac{T_5-T_{5\mathrm{S}}}{\ln(T_5/T_{5\mathrm{S}})}$，为 5 、5S 状态之间的对数平均温度。

循环的生态学函数为

$$\begin{aligned}E_{\mathrm{pm}}&=P_{\mathrm{pm}}-T_0\sigma_{\mathrm{pm}}\\ &=M[8.353\times10^{-12}(T_3^3+2T_1^3-T_2^3-2T_5^3)+5.816\times10^{-8}(T_3^{2.5}+2T_1^{2.5}-T_2^{2.5}-2T_5^{2.5})\end{aligned}$$

$$-2.123\times10^{-7}(T_3^2+2T_1^2-T_2^2-2T_5^2)+2.108\times10^{-5}(T_3^{1.5}+2T_1^{1.5}-T_2^{1.5}-2T_5^{1.5})$$
$$+1.0433(T_3+2T_1-T_2-2T_5)+3.024\times10^4(T_3^{-0.5}+2T_1^{0.5}-T_2^{-0.5}-2T_5^{-0.5})$$
$$-3.063\times10^5(T_3^{-1}+2T_1^{-1}-T_2^{-1}-2T_5^{-1})+1.106\times10^7(T_3^{-2}+2T_1^{-2}-T_2^{-2}-2T_5^{-2})$$
$$+RT_3\ln\rho]-B(T_2+T_3-2T_0)[1-2T_0/(T_2+T_3)]-128\mu(Ln)^2-MT_0[C_{\mathrm{v2S}\to2}$$
$$\times\ln(T_2/T_{2\mathrm{S}})+C_{\mathrm{v5S}\to5}\ln(T_5/T_{5\mathrm{S}})]+MT_0[1.253\times10^{-11}(T_5^2-T_1^2)+9.693\times10^{-8}(T_5^{1.5}$$
$$-T_1^{1.5})-4.246\times10^{-7}(T_5-T_1)+6.3240\times10^{-5}(T_5^{0.5}-T_1^{0.5})+1.0433\ln(T_5/T_1)$$
$$+1.0080\times10^4(T_5^{-1.5}-T_1^{-1.5})-1.5315\times10^5(T_5^{-2}-T_1^{-2})+7.373\times10^6(T_5^{-3}-T_1^{-3})] \tag{8.33}$$

考虑到实际循环的意义：循环状态 3 必须位于状态 2 和 4 之间，因此预胀比 ρ 需满足的范围与 8.2.1 节中式(8.17)完全一样。当 $\rho=1$ 时 PM 循环转化为 Otto 循环，此时式(8.30)、式(8.31)和式(8.33)相应地成为工质比热容随温度非线性变化时 Otto 循环的功率、效率和生态学函数性能表达式。

在给定压缩比 γ、预胀比 ρ、循环初温 T_1、循环最高温度 T_4（根据 PM 循环的特点有 $T_3=T_4$）、压缩效率 η_{c} 和膨胀效率 η_{e} 的情况下由式(8.28)解出 $T_{2\mathrm{S}}$，然后再由式(8.4)解出 T_2，由式(8.29)解出 $T_{5\mathrm{S}}$，最后由式(8.5)解出 T_5，将解出的 T_2 和 T_5 代入式(8.30)、式(8.31)和式(8.33)得到相应的功率、效率和生态学函数。由此可得到功率、效率和生态学函数与压缩比的关系及循环的其他特性关系。

8.4.2 数值算例与讨论

在计算中取 $T_1=350\mathrm{K}$，$T_3=T_4=2200\mathrm{K}$，$M=4.553\times10^{-3}\mathrm{kg/s}$，$X_1=0.08\mathrm{m}$，$X_2=0.01\mathrm{m}$，$n=30$。

图 8.29 和图 8.30 分别给出了工质比热容模型对循环生态学函数与功率的关系和生态学函数与效率的关系的影响。图中曲线 1 为恒比热容时循环生态学函数与功率的关系和生态学函数与效率的关系，曲线 2 为工质比热容随温度线性变化(工质比热容随温度线性变化的系数 $K=2\times10^{-4}\mathrm{kJ/(kg\cdot K^2)}$)时循环生态学函数与功率的关系和生态学函数与效率的关系，曲线 3 为工质比热容随温度非线性变化时循环生态学函数与功率的关系和生态学函数与效率的关系。从图 8.29 和图 8.30 可以看出工质比热容模型对循环生态学函数与功率的关系和生态学函数与效率的关系不产生定性的影响，仅产生定量的影响。三种比热容模型中，工质比热容随温度线性变化时循环生态学函数、输出功率和效率的极值最大，工质恒比热容时循环生态学函数、输出功率和效率的极值最小，而工质比热容随温度非线性变化时循环的生态学函数、输出功率和效率的极值介于两者之间。

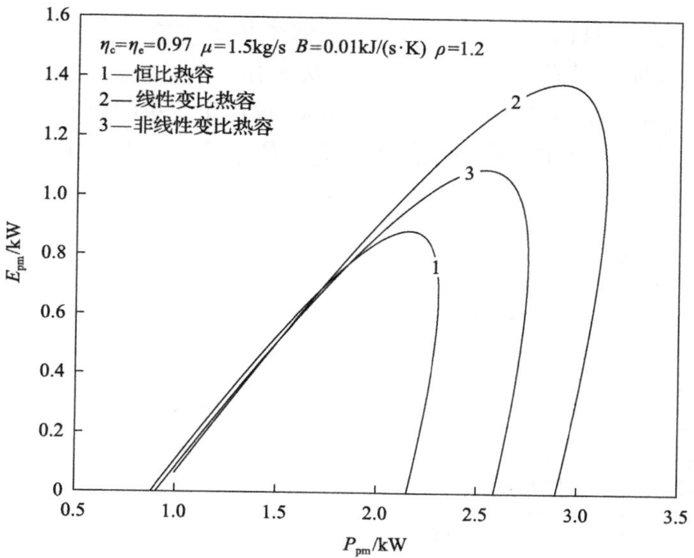

图 8.29　比热容模型对 E_{pm} 与 P_{pm} 的关系的影响

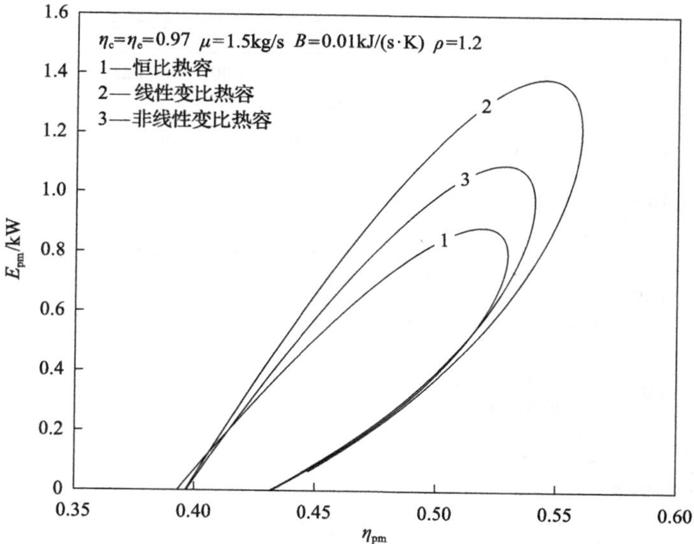

图 8.30　比热容模型对 E_{pm} 与 η_{pm} 的关系的影响

图 8.31～图 8.33 分别给出了工质比热容模型(工质比热容随温度线性变化时的系数取 $K=2\times10^{-4}\,\text{kJ/(kg}\cdot\text{K}^2)$)对 P_E/P_{max}、P_E/P_η、η_E/η_P、η_E/η_{max}、$(\sigma_{pm})_E/(\sigma_{pm})_P$ 和 $(\sigma_{pm})_E/(\sigma_{pm})_\eta$ 随摩擦损失系数 μ 的变化的影响，其中 P_{max}、η_P 和 $(\sigma_{pm})_P$ 分别为循环的最大输出功率以及相应的效率和熵产率；η_{max}、P_η 和 $(\sigma_{pm})_\eta$ 分别为循环的最大效率以及相应的输出功率和熵产率；P_E、η_E 和 $(\sigma_{pm})_E$

分别为循环生态学函数最大时的输出功率、效率和熵产率。从图 8.31～图 8.33 可以看出，比热容模型对 $P_E / P_{\max}$、P_E / P_η、η_E / η_P、$\eta_E / \eta_{\max}$、$(\sigma_{\rm pm})_E / (\sigma_{\rm pm})_P$ 和 $(\sigma_{\rm pm})_E / (\sigma_{\rm pm})_\eta$ 随 μ 的变化不产生定性的影响，仅产生定量的影响。从图 8.31 可以看出，三种比热容模型中工质恒比热容时 $P_E / P_{\max}$ 最大，工质比热容随温度非线

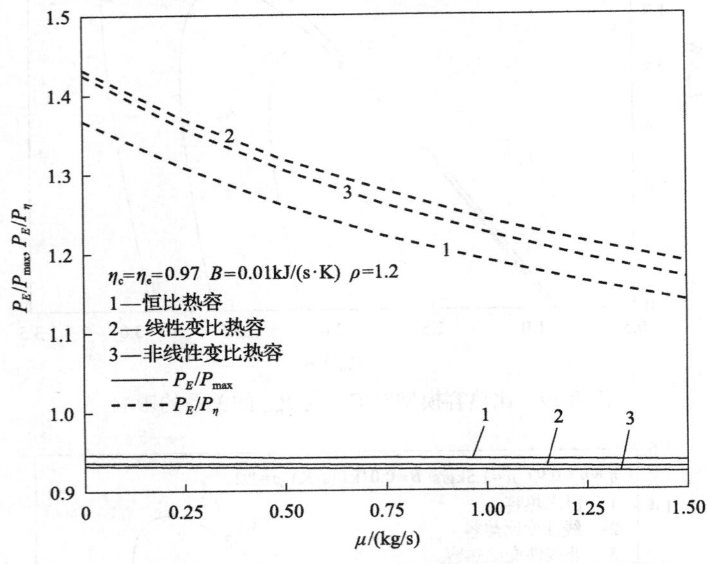

图 8.31　比热容模型对 $P_E / P_{\max}$ 和 P_E / P_η 与 μ 的关系的影响

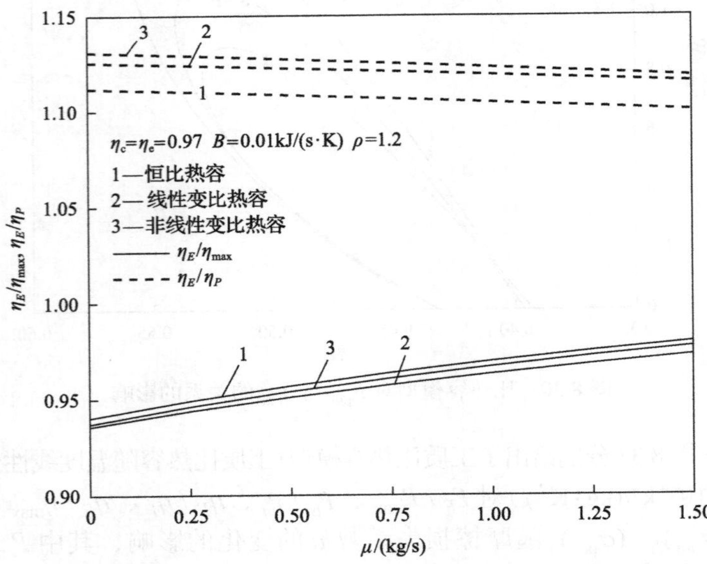

图 8.32　比热容模型对 $\eta_E / \eta_{\max}$ 和 η_E / η_P 与 μ 的关系的影响

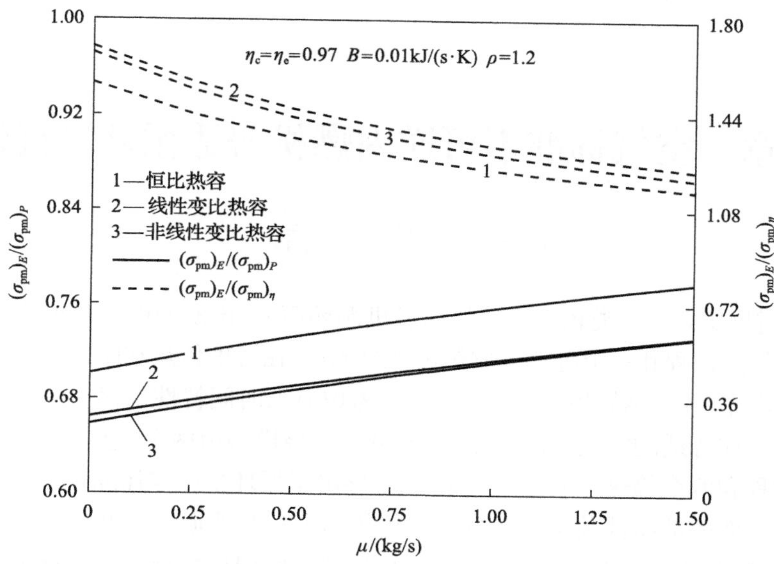

图 8.33　比热容模型对 $(\sigma_{pm})_E/(\sigma_{pm})_P$ 和 $(\sigma_{pm})_E/(\sigma_{pm})_\eta$ 与 μ 的关系的影响

性变化时 P_E/P_{max} 最小；工质比热容随温度线性变化时 P_E/P_η 最大，工质恒比热容时 P_E/P_η 最小。从图 8.32 可以看出，三种比热容模型中工质恒比热容时 η_E/η_{max} 最大，工质比热容随温度线性变化时 η_E/η_{max} 最小；工质比热容随温度非线性变化时 η_E/η_P 最大，工质恒比热容时 η_E/η_P 最小。从图 8.33 可以看出，三种比热容模型中工质恒比热容时 $(\sigma_{pm})_E/(\sigma_{pm})_P$ 最大，工质比热容随温度非线性变化时 $(\sigma_{pm})_E/(\sigma_{pm})_P$ 最小；工质比热容随温度线性变化时 $(\sigma_{pm})_E/(\sigma_{pm})_\eta$ 最大，工质恒比热容时 $(\sigma_{pm})_E/(\sigma_{pm})_\eta$ 最小。

参 考 文 献

[1] 刘宏升, 解茂昭, 陈石. 多孔介质发动机有限时间热力学分析[J]. 大连理工大学学报, 2008, 48(4): 14-18.

[2] Ghatak A, Chakraborty S. Effect of external irreversibilities and variable thermal properties of working fluid on thermal performance of a Dual internal combustion engine cycle[J].Strojnicky Casopsis (J. Mechanical Energy), 2007, 58(1): 1-12.

[3] 戈延林. 工质变比热对内燃机循环性能的影响[D]. 武汉: 海军工程大学, 2005.

[4] Abu-Nada E, Al-Hinti I, Al-Aarkhi A, et al. Thermodynamic modeling of spark-ignition engine: Effect of temperature dependent specific heats[J]. Int. Comm. Heat Mass Transfer, 2005, 33(10): 1264-1272.

[5] Abu-Nada E, Al-Hinti I, Akash B, et al. Thermodynamic analysis of spark-ignition engine using a gas mixture model for the working fluid[J]. Int. J. Energy Res., 2007, 37(11): 1031-1046.

[6] Abu-Nada E, Al-Hinti I, Al-Sarkhi A, et al. Effect of piston friction on the performance of SI engine: A new thermodynamic approach[J]. ASME Trans. J. Eng. Gas Turbine Pow., 2008, 130(2): 022802.

[7] Abu-Nada E, Akash B, Al-Hinti I, et al. Performance of spark-ignition engine under the effect of friction using gas mixture model[J]. J. Energy Inst., 2009, 82(4): 197-205.

第 9 章　空气标准不可逆内燃机普适循环最优性能

9.1　引　　言

Qin 等[1]建立了一类较为普适的内燃机循环模型(该模型由两个绝热过程、一个等热容加热过程和一个等热容放热过程组成)，在考虑传热和摩擦损失的情况下导出了其功率、效率特性；Ge 等[2]建立了考虑有限时间特性、存在摩擦损失和传热损失时更加普适的空气标准内燃机循环模型(该模型由两个绝热过程、两个等热容加热过程和两个等热容放热过程组成)，导出了循环功率与压缩比、效率与压缩比、功率与效率的特性关系，并分析了传热损失和摩擦损失对循环性能的影响；在文献[2]的基础上，Chen 等[3]建立了工质比热容随温度线性变化条件下，考虑有限时间特性、存在摩擦损失和传热损失时更加普适的空气标准内燃机循环模型，导出了循环功率、效率性能特性关系；Chen 等[4]建立了工质比热容比随温度非线性变化条件下，存在传热损失、摩擦损失和内不可逆性损失的空气标准内燃机普适循环模型，在固定循环最高温度的情况下，研究了循环功率、效率最优性能。

本章用空气标准循环模型代替开式循环模型，建立存在传热损失、摩擦损失和内不可逆性损失的不可逆内燃机普适循环模型，通过循环内存在的各种损失来计算熵产率，首先研究工质恒比热容情况下循环的生态学最优性能，并比较所包含的特例循环的生态学函数极值、功率极值和效率极值的大小关系；其次采用工质比热容随温度线性变化模型[3,5,6]，研究循环的生态学最优性能，并比较所包含的特例循环的生态学函数极值、功率极值和效率极值的大小关系；最后采用工质比热容随温度非线性变化模型[7-10]以及工质比热容比随温度线性变化模型[11,12]，研究循环的功率、效率最优性能和生态学最优性能，并比较所包含的特例循环的生态学函数极值、功率极值和效率极值的大小关系。

9.2　工质恒比热容时内燃机普适循环的生态学最优性能

9.2.1　循环模型和性能分析

本节考虑图 9.1 所示的空气标准不可逆内燃机普适循环模型，该模型由两个比热容分别为 C_{in1}、C_{in2} 的加热过程和两个比热容分别为 C_{out1}、C_{out2} 的放热过程构成。该循环模型具有相当的普适性，当 C_{in1}、C_{in2}、C_{out1}、C_{out2} 取不同值时，模型可以转化为各种特例情况下的内燃机循环模型。图中 $1 \to 2\text{S}$ 为可逆绝热压缩过程，$1 \to 2$ 为不可逆绝热压缩过程，$2 \to 3$ 和 $3 \to 4$ 为两个工质比热容分别为 C_{in1} 和 C_{in2} 的加热过程，$4 \to 5\text{S}$ 为可逆绝热膨胀过程；$4 \to 5$ 为不可逆绝热膨胀过程，$5 \to 6$ 和 $6 \to 1$ 为两个工质比热容分别为 C_{out1} 和 C_{out2} 的放热过程。

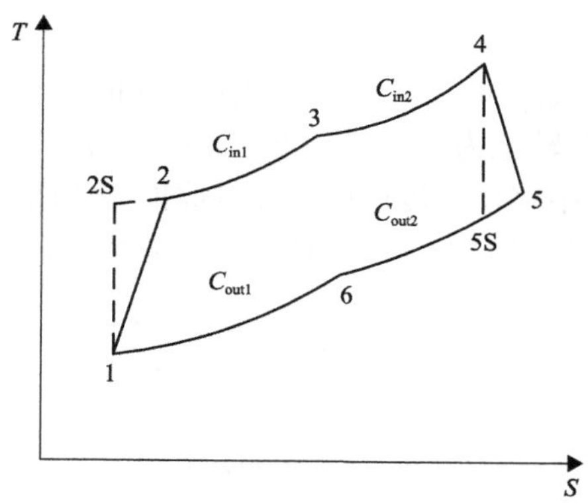

图 9.1　不可逆内燃机普适循环模型 T - S 图

循环中工质的吸热率为

$$Q_{\text{in}} = M[C_{\text{in1}}(T_3 - T_2) + C_{\text{in2}}(T_4 - T_3)] \tag{9.1}$$

循环中工质的放热率为

$$Q_{\text{out}} = M[C_{\text{out2}}(T_5 - T_6) + C_{\text{out1}}(T_6 - T_1)] \tag{9.2}$$

式中，C_{in1}、C_{in2}、C_{out1} 和 C_{out2} 在循环过程中保持恒定；M 为工质的质量流率；T_i 为循环状态点 i $(i=1,2,\cdots,6)$ 对应的工质的温度。

分别定义循环的压缩比、预胀比、升压比和另一压缩比如下：

$$\gamma = \frac{V_1}{V_2}, \quad \rho = \frac{V_4}{V_3}, \quad \gamma_{\text{p}} = \frac{T_3}{T_2}, \quad \gamma_{\text{c}} = \frac{T_6}{T_1} \tag{9.3}$$

式中，V_i 为循环状态点 i 对应的工质的比容。

对于两个不可逆绝热过程定义压缩效率和膨胀效率来反映循环的内不可逆性损失：

$$\eta_{\text{c}} = (T_{2\text{S}} - T_1)/(T_2 - T_1) \tag{9.4}$$

$$\eta_{\text{e}} = (T_4 - T_5)/(T_4 - T_{5\text{S}}) \tag{9.5}$$

对于循环的可逆绝热过程 $1 \to 2S$ 和 $4 \to 5S$ 有

$$\frac{T_{2S}}{T_1} = \left(\frac{V_1}{V_{2S}}\right)^{k-1} \tag{9.6}$$

$$\frac{T_4}{T_{5S}} = \left(\frac{V_{5S}}{V_4}\right)^{k-1} \tag{9.7}$$

如果 C_{in1}、C_{in2}、C_{out1} 和 C_{out2} 确定，则循环也相应固定，根据不同循环的特点，式(9.6)和式(9.7)就转化为相应循环下可逆绝热过程的表达式。

对于实际普适循环中存在的传热损失和摩擦损失依然采用 2.2.1 节中的模型，即假设通过气缸壁的传热损失与工质和环境的温差成正比、摩擦力与活塞运动的平均速度成正比，则有

$$Q_{leak} = B(T_2 + T_4 - 2T_0) \tag{9.8}$$

$$P_{\mu} = 4\mu\bar{v}^2 = 64\mu(Ln)^2 \tag{9.9}$$

循环净功率输出为

$$\begin{aligned} P_{un} &= Q_{in} - Q_{out} - P_{\mu} \\ &= M[C_{in1}(T_3 - T_2) + C_{in2}(T_4 - T_3) - C_{out2}(T_5 - T_6) - C_{out1}(T_6 - T_1)] - 64\mu(Ln)^2 \end{aligned} \tag{9.10}$$

循环的效率为

$$\begin{aligned} \eta_{un} &= \frac{P_{un}}{Q_{in} + Q_{leak}} = \frac{Q_{in} - Q_{out} - P_{\mu}}{Q_{in} + Q_{leak}} \\ &= \frac{M[C_{in1}(T_3 - T_2) + C_{in2}(T_4 - T_3) - C_{out2}(T_5 - T_6) - C_{out1}(T_6 - T_1)] - 64\mu(Ln)^2}{M[C_{in1}(T_3 - T_2) + C_{in2}(T_4 - T_3)] + B(T_2 + T_4 - 2T_0)} \end{aligned} \tag{9.11}$$

实际不可逆内燃机循环中存在三种损失：摩擦损失、传热损失和内不可逆性损失。传热损失和摩擦损失导致的熵产率分别为

$$\sigma_q = B(T_2 + T_4 - 2T_0)\left(\frac{1}{T_0} - \frac{2}{T_2 + T_4}\right) \tag{9.12}$$

$$\sigma_{\mu} = \frac{P_{\mu}}{T_0} = \frac{64\mu(Ln)^2}{T_0} \tag{9.13}$$

对于不可逆压缩损失和不可逆膨胀损失导致的熵产率，分别由过程 $2\text{S}\to 2$ 和 $5\text{S}\to 5$ 的熵增率来计算：

$$\sigma_{2\text{S}\to 2} = MC_{\text{in1}}\ln\frac{T_2}{T_{2\text{S}}} = MC_{\text{in1}}\ln\frac{T_2}{\eta_{\text{c}}(T_2 - T_1) + T_1} \tag{9.14}$$

$$\sigma_{5\text{S}\to 5} = MC_{\text{out2}}\ln\frac{T_5}{T_{5\text{S}}} = MC_{\text{out2}}\ln\frac{\eta_{\text{e}}T_5}{T_5 + (\eta_{\text{e}} - 1)T_4} \tag{9.15}$$

此外，工质经过功率冲程做功后由排气冲程排往环境，该过程也会产生部分熵产率，该熵产率由式(9.16)计算：

$$\begin{aligned}\sigma_{\text{pq}} &= M\int_{T_1}^{T_6} C_{\text{out1}}\text{d}T\left(\frac{1}{T_0} - \frac{1}{T}\right) + \int_{T_6}^{T_5} C_{\text{out2}}\text{d}T\left(\frac{1}{T_0} - \frac{1}{T}\right)\\ &= M\left[\frac{C_{\text{out1}}(T_6 - T_1) + C_{\text{out2}}(T_5 - T_6)}{T_0} - C_{\text{out1}}\ln\frac{T_6}{T_1} - C_{\text{out2}}\ln\frac{T_5}{T_6}\right]\end{aligned} \tag{9.16}$$

因此整个循环的熵产率为

$$\begin{aligned}\sigma_{\text{un}} &= \sigma_{\text{q}} + \sigma_{\mu} + \sigma_{2\text{S}\to 2} + \sigma_{5\text{S}\to 5} + \sigma_{\text{pq}}\\ &= B(T_2 + T_4 - 2T_0)\left(\frac{1}{T_0} - \frac{2}{T_2 + T_4}\right) + \frac{64\mu(Ln)^2}{T_0} + MC_{\text{in1}}\ln\frac{T_2}{\eta_{\text{c}}(T_2 - T_1) + T_1}\\ &\quad + MC_{\text{out2}}\ln\frac{\eta_{\text{e}}T_5}{T_5 + (\eta_{\text{e}} - 1)T_4} + M\left[\frac{C_{\text{out1}}(T_6 - T_1) + C_{\text{out2}}(T_5 - T_6)}{T_0} - C_{\text{out1}}\ln\frac{T_6}{T_1} - C_{\text{out2}}\ln\frac{T_5}{T_6}\right]\end{aligned} \tag{9.17}$$

循环的生态学函数为

$$\begin{aligned}E_{\text{un}} &= P_{\text{un}} - T_0\sigma_{\text{un}}\\ &= M[C_{\text{in1}}(T_3 - T_2) + C_{\text{in2}}(T_4 - T_3) - C_{\text{out2}}(T_5 - T_6) - C_{\text{out1}}(T_6 - T_1)] - B(T_2 + T_4 - 2T_0)\\ &\quad \times[1 - 2T_0/(T_2 + T_4)] - 128\mu(Ln)^2 - MT_0C_{\text{in1}}\ln[T_2/(\eta_{\text{c}}T_2 - \eta_{\text{c}}T_1 + T_1)] - MT_0C_{\text{out2}}\\ &\quad \times\ln[\eta_{\text{e}}T_5/(T_5 + \eta_{\text{e}}T_4 - T_4)] - M[C_{\text{out1}}(T_6 - T_1) + C_{\text{out2}}(T_5 - T_6) - C_{\text{out1}}T_0\ln(T_6/T_1)\\ &\quad - C_{\text{out2}}T_0\ln(T_5/T_6)]\end{aligned} \tag{9.18}$$

考虑实际循环的意义：循环状态 3 必须位于状态 2 和 4 之间，状态 6 必须位于状态 5 和 1 之间，因此循环预胀比、升压比和另一压缩比的范围为

$$1 \leqslant \rho \leqslant V_4 / V_2 \tag{9.19}$$

$$1 \leqslant \gamma_{\mathrm{p}} \leqslant T_4 / T_2 \tag{9.20}$$

$$1 \leqslant \gamma_{\mathrm{c}} \leqslant T_5 / T_1 \tag{9.21}$$

9.2.2 特例分析

式(9.18)具有相当的普适性，包含了各种内燃机循环在不同损失项下的生态学性能。

(1) 当 $C_{\mathrm{in1}} = C_{\mathrm{in2}} = C_{\mathrm{v}}$，$C_{\mathrm{out1}} = C_{\mathrm{out2}} = C_{\mathrm{v}}$ 时，式(9.18)简化为恒比热容条件下，存在内不可逆性损失、传热损失和摩擦损失的空气标准 Otto 循环的生态学性能，这与 2.2 节的结果相同。

(2) 当 $C_{\mathrm{in1}} = C_{\mathrm{in2}} = C_{\mathrm{p}}$，$C_{\mathrm{out1}} = C_{\mathrm{out2}} = C_{\mathrm{v}}$ 时，式(9.18)简化为恒比热容条件下，存在内不可逆性损失、传热损失和摩擦损失的空气标准 Diesel 循环的生态学性能，这与 3.2 节的结果相同。

(3) 当 $C_{\mathrm{in1}} = C_{\mathrm{in2}} = C_{\mathrm{v}}$，$C_{\mathrm{out1}} = C_{\mathrm{out2}} = C_{\mathrm{p}}$ 时，式(9.18)简化为恒比热容条件下，存在内不可逆性损失、传热损失和摩擦损失的空气标准 Atkinson 循环的生态学性能，这与 4.2 节的结果相同。

(4) 当 $C_{\mathrm{in1}} = C_{\mathrm{in2}} = C_{\mathrm{p}}$，$C_{\mathrm{out1}} = C_{\mathrm{out2}} = C_{\mathrm{p}}$ 时，式(9.18)简化为恒比热容条件下，存在内不可逆性损失、传热损失和摩擦损失的空气标准 Brayton 循环的生态学性能，这与 5.2 节的结果相同。

(5) 当 $C_{\mathrm{in1}} = C_{\mathrm{v}}$，$C_{\mathrm{in2}} = C_{\mathrm{p}}$，$C_{\mathrm{out1}} = C_{\mathrm{out2}} = C_{\mathrm{v}}$ 时，式(9.18)简化为恒比热容条件下，存在内不可逆性损失、传热损失和摩擦损失的空气标准 Dual 循环的生态学性能，这与 6.2 节的结果相同。

(6) 当 $C_{\mathrm{in1}} = C_{\mathrm{in2}} = C_{\mathrm{v}}$，$C_{\mathrm{out1}} = C_{\mathrm{p}}$，$C_{\mathrm{out2}} = C_{\mathrm{v}}$ 时，式(9.18)简化为恒比热容条件下，存在内不可逆性损失、传热损失和摩擦损失的空气标准 Miller 循环的生态学性能，这与 7.2 节的结果相同。

(7) 当 $C_{\mathrm{in1}} = C_{\mathrm{v}}$，$C_{\mathrm{in2}} \Rightarrow \infty$，$C_{\mathrm{out1}} = C_{\mathrm{out2}} = C_{\mathrm{v}}$ 时，式(9.18)简化为恒比热容条件下，存在内不可逆性损失、传热损失和摩擦损失的空气标准 PM 循环的生态学性能，这与 8.2 节的结果相同。

(8) 当 $\eta_{\mathrm{c}} = \eta_{\mathrm{e}} = 1$ 时，式(9.18)为恒比热容条件下，考虑传热损失和摩擦损失时内燃机普适循环的生态学性能，而特例(1)～(7)则分别为恒比热容条件下，考虑传热损失和摩擦损失时 Otto 循环、Diesel 循环、Atkinson 循环、Brayton 循环、

Dual 循环、Miller 循环和 PM 循环的生态学性能。

(9) 当 $B=0$ 时，式(9.18)为恒比热容条件下，考虑内不可逆性损失和摩擦损失时内燃机普适循环的生态学性能，而特例(1)～(7)则分别为恒比热容条件下，考虑内不可逆性损失和摩擦损失时 Otto 循环、Diesel 循环、Atkinson 循环、Brayton 循环、Dual 循环、Miller 循环和 PM 循环的生态学性能。

(10) 当 $\mu=0$ 时，式(9.18)为恒比热容条件下，考虑内不可逆性损失和传热损失时内燃机普适循环的生态学性能，而特例(1)～(7)则分别为恒比热容条件下，考虑内不可逆性损失和传热损失时 Otto 循环、Diesel 循环、Atkinson 循环、Brayton 循环、Dual 循环、Miller 循环和 PM 循环的生态学性能。

9.2.3　数值算例与讨论

在计算中取 $T_1=350\text{K}$，$T_4=2200\text{K}$，$M=4.553\times10^{-3}\text{kg/s}$，$B=0.01\text{kJ/(s}\cdot\text{K)}$，$\mu=1.5\text{kg/s}$，$X_1=0.08\text{m}$，$X_2=0.01\text{m}$，$n=30$，$\rho=1.2$，$\gamma_{\text{p}}=1.2$，$\gamma_{\text{c}}=1.2$，$C_{\text{v}}=0.7175\text{kJ/(kg}\cdot\text{K)}$，$C_{\text{p}}=1.0045\text{kJ/(kg}\cdot\text{K)}$，$\eta_{\text{c}}=\eta_{\text{e}}=0.97$。图 9.2 和图 9.3 分别给出了恒比热容时各种特例循环的生态学函数与功率的关系和生态学函数与效率的关系。可以看出，各种特例循环的生态学函数极值的大小关系为 $E_{\text{br}}>E_{\text{di}}>E_{\text{at}}>E_{\text{du}}>E_{\text{pm}}>E_{\text{mi}}>E_{\text{ot}}$；功率极值的大小关系为 $P_{\text{br}}>P_{\text{di}}>P_{\text{du}}>P_{\text{pm}}>P_{\text{at}}>P_{\text{mi}}>P_{\text{ot}}$；效率极值的大小关系为 $\eta_{\text{br}}>\eta_{\text{pm}}>\eta_{\text{di}}>\eta_{\text{at}}>\eta_{\text{du}}>\eta_{\text{mi}}>\eta_{\text{ot}}$。

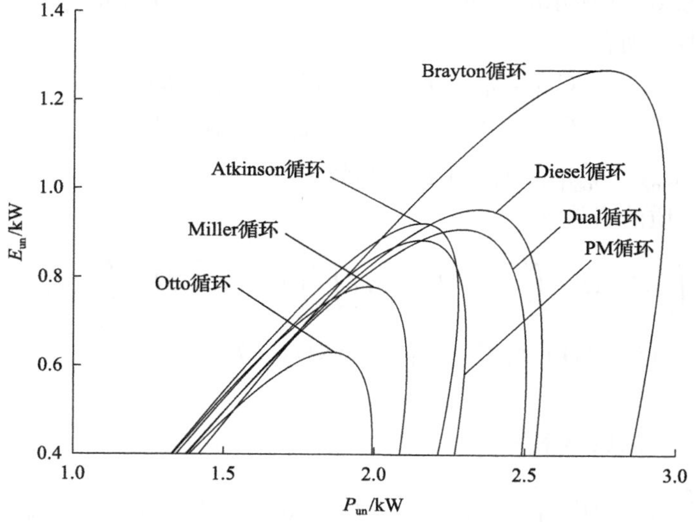

图 9.2　不同循环的 E_{un} 与 P_{un} 关系比较

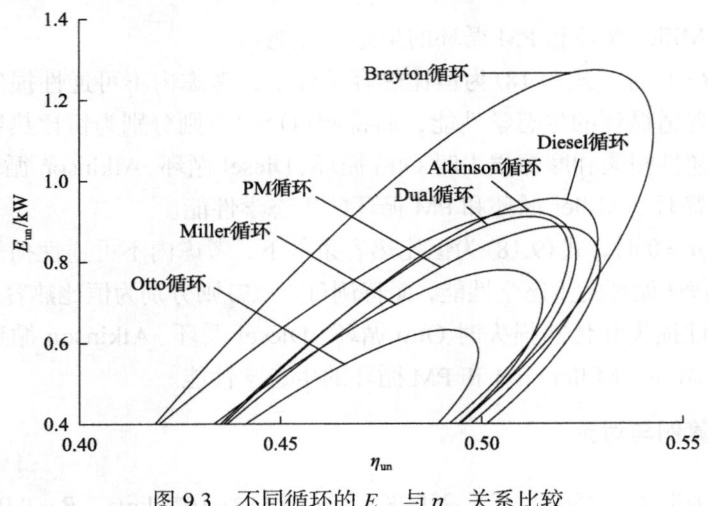

图 9.3　不同循环的 E_{un} 与 η_{un} 关系比较

9.3　工质比热容随温度线性变化时内燃机普适循环的生态学最优性能

9.3.1　循环模型和性能分析

本节考虑图 9.1 所示的不可逆循环模型，采用 2.3.1 节中的工质比热容随温度线性变化模型，则有

$$\begin{aligned} C_{\text{in1}} &= a_{\text{in1}} + KT, \qquad C_{\text{in2}} = a_{\text{in2}} + KT \\ C_{\text{out1}} &= b_{\text{out1}} + KT, \qquad C_{\text{out2}} = b_{\text{out2}} + KT \end{aligned} \tag{9.22}$$

式中，a_{in1}、a_{in2}、b_{out1}、b_{out2} 和 K 为常数。

循环中工质的吸热率为

$$\begin{aligned} Q_{\text{in}} &= M\left(\int_{T_2}^{T_3} C_{\text{in1}}\text{d}T + \int_{T_3}^{T_4} C_{\text{in2}}\text{d}T\right) = M\left[\int_{T_2}^{T_3}(a_{\text{in1}} + KT)\text{d}T + \int_{T_3}^{T_4}(a_{\text{in2}} + KT)\text{d}T\right] \\ &= M[a_{\text{in1}}(T_3 - T_2) + a_{\text{in2}}(T_4 - T_3) + 0.5K(T_4^2 - T_2^2)] \end{aligned} \tag{9.23}$$

循环中工质的放热率为

$$\begin{aligned} Q_{\text{out}} &= M\left(\int_{T_1}^{T_6} C_{\text{out1}}\text{d}T + \int_{T_6}^{T_5} C_{\text{out2}}\text{d}T\right) = M\left[\int_{T_1}^{T_6}(b_{\text{out1}} + KT)\text{d}T + \int_{T_6}^{T_5}(b_{\text{out2}} + KT)\text{d}T\right] \\ &= M[b_{\text{out1}}(T_6 - T_1) + b_{\text{out2}}(T_5 - T_6) + 0.5K(T_5^2 - T_1^2)] \end{aligned} \tag{9.24}$$

按照 2.3.1 节中对变比热容可逆绝热过程的处理方法，将变比热容的可逆绝热过程分解成无数个无限小的恒比热容可逆绝热过程，即式(2.30)和式(2.31)依然成立。

9.2.1 节中定义的循环压缩比、预胀比、升压比、另一压缩比和内不可逆性损失，即式(9.3)～式(9.5)仍然成立。

故对于普适循环的两个可逆绝热过程 $1\rightarrow 2\mathrm{S}$ 和 $4\rightarrow 5\mathrm{S}$ 有

$$K(T_{2\mathrm{S}}-T_1)+b_{\mathrm{v}}\ln(T_{2\mathrm{S}}/T_1)=R\ln(V_1/V_{2\mathrm{S}}) \tag{9.25}$$

$$K(T_{5\mathrm{S}}-T_4)+b_{\mathrm{v}}\ln(T_{5\mathrm{S}}/T_4)=R\ln(V_4/V_{5\mathrm{S}}) \tag{9.26}$$

对于实际普适循环中存在的传热损失和摩擦损失，依然采用 2.2.1 节中的模型，即假设通过气缸壁的传热损失与工质和环境的温差成正比、摩擦力与活塞运动的平均速度成正比，则有

$$Q_{\mathrm{leak}}=B(T_2+T_4-2T_0)$$
$$P_\mu=4\mu\bar{v}^2=64\mu(Ln)^2$$

循环净功率输出为

$$\begin{aligned}P_{\mathrm{un}}&=Q_{\mathrm{in}}-Q_{\mathrm{out}}-P_\mu\\&=M[a_{\mathrm{in}1}(T_3-T_2)+a_{\mathrm{in}2}(T_4-T_3)+0.5K(T_4^2+T_1^2-T_2^2-T_5^2)\\&\quad-b_{\mathrm{out}1}(T_6-T_1)-b_{\mathrm{out}2}(T_5-T_6)]-64\mu(Ln)^2\end{aligned} \tag{9.27}$$

循环的效率为

$$\begin{aligned}\eta_{\mathrm{un}}&=\frac{P_{\mathrm{un}}}{Q_{\mathrm{in}}+Q_{\mathrm{leak}}}\\&=\frac{\begin{array}{c}M[a_{\mathrm{in}1}(T_3-T_2)+a_{\mathrm{in}2}(T_4-T_3)+0.5K(T_4^2+T_1^2-T_2^2-T_5^2)\\-b_{\mathrm{out}1}(T_6-T_1)-b_{\mathrm{out}2}(T_5-T_6)]-64\mu(Ln)^2\end{array}}{M[a_{\mathrm{in}1}(T_3-T_2)+a_{\mathrm{in}2}(T_4-T_3)+0.5K(T_4^2-T_2^2)]+B(T_2+T_4-2T_0)}\end{aligned} \tag{9.28}$$

整个循环中由传热损失、摩擦损失、内不可逆性损失和排气过程导致的总熵产率为

$$\begin{aligned}\sigma_{\mathrm{un}}&=\sigma_{\mathrm{q}}+\sigma_\mu+\sigma_{2\mathrm{S}\to2}+\sigma_{5\mathrm{S}\to5}+\sigma_{\mathrm{pq}}\\&=B(T_2+T_4-2T_0)[1/T_0-2/(T_2+T_4)]+64\mu(Ln)^2/T_0\\&\quad+M[C_{\mathrm{in}1,2\mathrm{S}\to2}\ln(T_2/T_{2\mathrm{S}})+C_{\mathrm{out}2,5\mathrm{S}\to5}\ln(T_5/T_{5\mathrm{S}})]\\&\quad+M[b_{\mathrm{out}1}(T_6-T_1)/T_0-b_{\mathrm{out}1}\ln(T_6/T_1)+0.5K(T_6^2-T_1^2)/T_0\\&\quad-K(T_6-T_1)]+M[b_{\mathrm{out}2}(T_5-T_6)/T_0-b_{\mathrm{out}2}\ln(T_5/T_6)\\&\quad+0.5K(T_5^2-T_6^2)/T_0-K(T_5-T_6)]\end{aligned} \tag{9.29}$$

式中，比热容 $C_{in1,2S\to2}$ 中的温度 $T=\dfrac{T_2-T_{2S}}{\ln(T_2/T_{2S})}$，为2、2S状态之间的对数平均温度；比热容 $C_{out2,5S\to5}$ 中的温度 $T=\dfrac{T_5-T_{5S}}{\ln(T_5/T_{5S})}$，为5、5S状态之间的对数平均温度。

循环的生态学函数为

$$\begin{aligned}E_{un}&=P_{un}-T_0\sigma_{un}\\&=M[a_{in1}(T_3-T_2)+a_{in2}(T_4-T_3)+0.5K(T_4^2+T_1^2-T_2^2-T_5^2)-b_{out1}(T_6-T_1)\\&\quad-b_{out2}(T_5-T_6)]-B(T_2+T_4-2T_0)[1-2T_0/(T_2+T_4)]-128\mu(Ln)^2\\&\quad-MT_0[C_{in1,2S\to2}\ln(T_2/T_{2S})+C_{out2,5S\to5}\ln(T_5/T_{5S})]-M[b_{out1}(T_6-T_1)\\&\quad+b_{out2}(T_5-T_6)-b_{out1}T_0\ln(T_6/T_1)-b_{out2}T_0\ln(T_5/T_6)+0.5K(T_5^2-T_1^2)\\&\quad-T_0K(T_5-T_1)]\end{aligned} \tag{9.30}$$

考虑实际循环的意义：循环状态3必须位于状态2和4之间，状态6必须位于状态5和1之间，因此循环预胀比、升压比和另一压缩比的范围与9.2.1节中式(9.19)～式(9.21)完全一样。

9.3.2 特例分析

式(9.30)具有相当的普适性，包含了各种内燃机循环在不同损失项下的生态学性能。

(1) 当 $a_{in1}=a_{in2}=b_v$，$b_{out1}=b_{out2}=b_v$ 时，式(9.30)简化为工质比热容随温度线性变化条件下，存在内不可逆性损失、传热损失和摩擦损失的空气标准Otto循环的生态学性能，这与2.3节的结果相同。

(2) 当 $a_{in1}=a_{in2}=a_p$，$b_{out1}=b_{out2}=b_v$ 时，式(9.30)简化为工质比热容随温度线性变化条件下，存在内不可逆性损失、传热损失和摩擦损失的空气标准Diesel循环的生态学性能，这与3.3节的结果相同。

(3) 当 $a_{in1}=a_{in2}=b_v$，$b_{out1}=b_{out2}=a_p$ 时，式(9.30)简化为工质比热容随温度线性变化条件下，存在内不可逆性损失、传热损失和摩擦损失的空气标准Atkinson循环的生态学性能，这与4.3节的结果相同。

(4) 当 $a_{in1}=a_{in2}=a_p$，$b_{out1}=b_{out2}=a_p$ 时，式(9.30)简化为工质比热容随温度线性变化条件下，存在内不可逆性损失、传热损失和摩擦损失的空气标准Brayton循环的生态学性能，这与5.3节的结果相同。

(5) 当 $a_{in1}=b_v$，$a_{in2}=a_p$，$b_{out1}=b_{out2}=b_v$ 时，式(9.30)简化为工质比热容随温度线性变化条件下，存在内不可逆性损失、传热损失和摩擦损失的空气标准Dual

循环的生态学性能，这与 6.3 节的结果相同。

(6) 当 $a_{in1}=a_{in2}=b_v$，$b_{out1}=a_p$，$b_{out2}=b_v$ 时，式(9.30)简化为工质比热容随温度线性变化条件下，存在内不可逆性损失、传热损失和摩擦损失的空气标准 Miller 循环的生态学性能，这与 7.3 节的结果相同。

(7) 当 $a_{in1}=b_v$，$C_{in2}\Rightarrow\infty$，$b_{out1}=b_{out2}=b_v$ 时，式(9.30)简化为工质比热容随温度线性变化条件下，存在内不可逆性损失、传热损失和摩擦损失的空气标准 PM 循环的生态学性能，这与 8.3 节的结果相同。

(8) 当 $\eta_c=\eta_e=1$ 时，式(9.30)简化为工质比热容随温度线性变化条件下，考虑传热损失和摩擦损失时内燃机普适循环的生态学性能，而特例(1)～(7)则分别为工质比热容随温度线性变化条件下，考虑传热损失和摩擦损失时 Otto 循环、Diesel 循环、Atkinson 循环、Brayton 循环、Dual 循环、Miller 循环和 PM 循环的生态学性能。

(9) 当 $B=0$ 时，式(9.30)简化为工质比热容随温度线性变化条件下，考虑内不可逆性损失和摩擦损失时内燃机普适循环的生态学性能，而特例(1)～(7)则分别为工质比热容随温度线性变化条件下，考虑内不可逆性损失和摩擦损失时 Otto 循环、Diesel 循环、Atkinson 循环、Brayton 循环、Dual 循环、Miller 循环和 PM 循环的生态学性能。

(10) 当 $\mu=0$ 时，式(9.30)简化为工质比热容随温度线性变化条件下，考虑内不可逆性损失和传热损失时内燃机普适循环的生态学性能，而特例(1)～(7)则分别为工质比热容随温度线性变化条件下，考虑内不可逆性损失和传热损失时 Otto 循环、Diesel 循环、Atkinson 循环、Brayton 循环、Dual 循环、Miller 循环和 PM 循环的生态学性能。

9.3.3 数值算例与讨论

在计算中取 $T_1=350\text{K}$，$T_4=2200\text{K}$，$M=4.553\times10^{-3}\text{kg/s}$，$B=0.01\text{kJ/(s}\cdot\text{K)}$，$\mu=1.5\text{kg/s}$，$X_1=0.08\text{m}$，$X_2=0.01\text{m}$，$n=30$，$\rho=1.2$，$\gamma_p=1.2$，$\gamma_c=1.2$，$b_v=0.7175\text{kJ/(kg}\cdot\text{K)}$，$a_p=1.0045\text{kJ/(kg}\cdot\text{K)}$，$\eta_c=\eta_e=0.97$。图 9.4 和图 9.5 分别给出了工质比热容随温度线性变化时各种特例循环的生态学函数与功率的关系和生态学函数与效率的关系。可以看出，各种特例循环的生态学函数极值的大小关系为 $E_{br}>E_{at}>E_{di}>E_{du}>E_{pm}>E_{mi}>E_{ot}$；功率极值的大小关系为 $P_{br}>P_{di}>P_{du}>P_{at}>P_{pm}>P_{mi}>P_{ot}$；效率极值的大小关系为 $\eta_{br}>\eta_{pm}>\eta_{di}>\eta_{mi}>\eta_{du}>\eta_{at}>\eta_{ot}$。

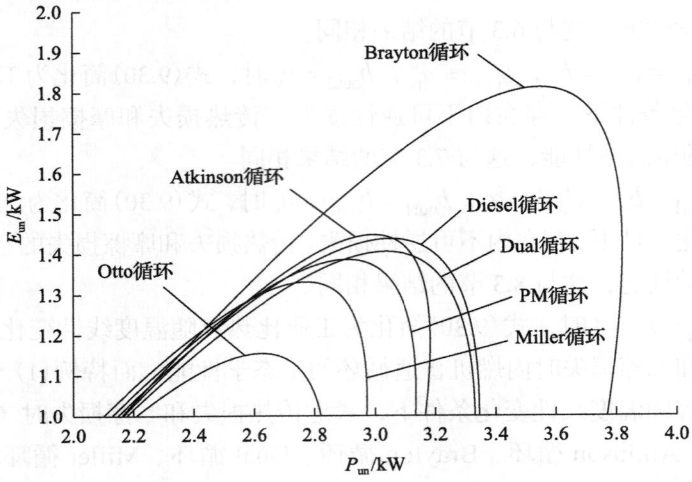

图 9.4 不同循环的 E_{un} 与 P_{un} 的关系比较

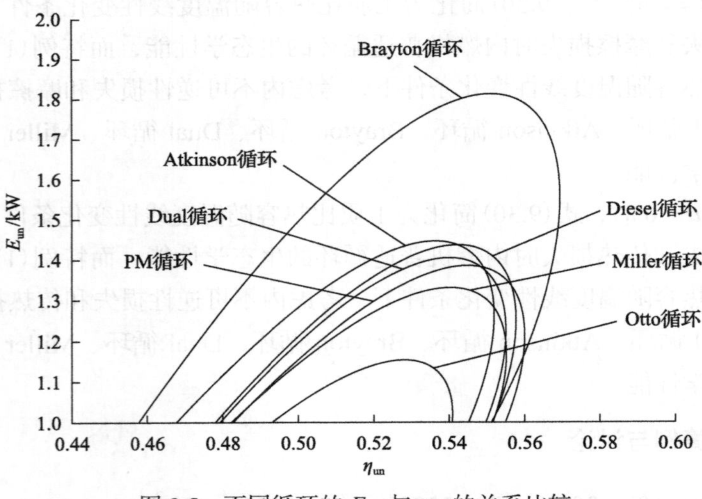

图 9.5 不同循环的 E_{un} 与 η_{un} 的关系比较

9.4 工质比热容随温度非线性变化时内燃机普适循环的最优性能

9.4.1 循环模型和性能分析

本节考虑图 9.1 所示的不可逆循环模型，采用 2.4.1 节中的工质比热容随温度非线性变化模型，则普适循环的两个加热和两个放热过程有

$$
\begin{aligned}
C_{\text{in1}} &= 2.506\times10^{-11}T^2 + 1.454\times10^{-7}T^{1.5} - 4.246\times10^{-7}T + 3.162\times10^{-5}T^{0.5} + e_{\text{in1}} \\
&\quad - 1.512\times10^4 T^{-1.5} + 3.063\times10^5 T^{-2} - 2.212\times10^7 T^{-3} \\
C_{\text{in2}} &= 2.506\times10^{-11}T^2 + 1.454\times10^{-7}T^{1.5} - 4.246\times10^{-7}T + 3.162\times10^{-5}T^{0.5} + e_{\text{in2}} \\
&\quad - 1.512\times10^4 T^{-1.5} + 3.063\times10^5 T^{-2} - 2.212\times10^7 T^{-3} \\
C_{\text{out1}} &= 2.506\times10^{-11}T^2 + 1.454\times10^{-7}T^{1.5} - 4.246\times10^{-7}T + 3.162\times10^{-5}T^{0.5} + e_{\text{out1}} \\
&\quad - 1.512\times10^4 T^{-1.5} + 3.063\times10^5 T^{-2} - 2.212\times10^7 T^{-3} \\
C_{\text{out2}} &= 2.506\times10^{-11}T^2 + 1.454\times10^{-7}T^{1.5} - 4.246\times10^{-7}T + 3.162\times10^{-5}T^{0.5} + e_{\text{out2}} \\
&\quad - 1.512\times10^4 T^{-1.5} + 3.063\times10^5 T^{-2} - 2.212\times10^7 T^{-3}
\end{aligned}
\tag{9.31}
$$

式中，e_{in1}、e_{in2}、e_{out1} 和 e_{out2} 为常数，等于1.3303或1.0433，当它们取不同值时，以上四个比热容可以转化为定压比热容或定容比热容：

$$
\begin{aligned}
C_{\text{p}} &= 2.506\times10^{-11}T^2 + 1.454\times10^{-7}T^{1.5} - 4.246\times10^{-7}T + 3.162\times10^{-5}T^{0.5} + 1.3303 \\
&\quad - 1.512\times10^4 T^{-1.5} + 3.063\times10^5 T^{-2} - 2.212\times10^7 T^{-3}
\end{aligned}
\tag{9.32}
$$

$$
\begin{aligned}
C_{\text{v}} &= 2.506\times10^{-11}T^2 + 1.454\times10^{-7}T^{1.5} - 4.246\times10^{-7}T + 3.162\times10^{-5}T^{0.5} + 1.0433 \\
&\quad - 1.512\times10^4 T^{-1.5} + 3.063\times10^5 T^{-2} - 2.212\times10^7 T^{-3}
\end{aligned}
\tag{9.33}
$$

循环中工质的吸热率为

$$
\begin{aligned}
Q_{\text{in}} &= M\int_{T_2}^{T_3} C_{\text{in1}}\mathrm{d}T + \int_{T_3}^{T_4} C_{\text{in2}}\mathrm{d}T \\
&= M[8.353\times10^{-12}T^3 + 5.816\times10^{-8}T^{2.5} - 2.123\times10^{-7}T^2 + 2.108\times10^{-5}T^{1.5} \\
&\quad + e_{\text{in1}}T + 3.024\times10^4 T^{-0.5} - 3.063\times10^5 T^{-1} + 1.106\times10^7 T^{-2}]_{T_2}^{T_3} \\
&\quad + M[8.353\times10^{-12}T^3 + 5.816\times10^{-8}T^{2.5} - 2.123\times10^{-7}T^2 + 2.108\times10^{-5}T^{1.5} \\
&\quad + \mathrm{e}_{\text{in2}}T + 3.024\times10^4 T^{-0.5} - 3.063\times10^5 T^{-1} + 1.106\times10^7 T^{-2}]_{T_3}^{T_4}
\end{aligned}
\tag{9.34}
$$

循环中工质的放热率为

$$
\begin{aligned}
Q_{\text{out}} &= M\int_{T_1}^{T_6} C_{\text{out1}}\mathrm{d}T + \int_{T_6}^{T_5} C_{\text{out2}}\mathrm{d}T \\
&= M[8.353\times10^{-12}T^3 + 5.816\times10^{-8}T^{2.5} - 2.123\times10^{-7}T^2 + 2.108\times10^{-5}T^{1.5}
\end{aligned}
$$

$$+ e_{\text{out1}}T + 3.024\times10^{4}T^{-0.5} - 3.063\times10^{5}T^{-1} + 1.106\times10^{7}T^{-2}]_{T_1}^{T_6}$$
$$+ M[8.353\times10^{-12}T^{3} + 5.816\times10^{-8}T^{2.5} - 2.123\times10^{-7}T^{2} + 2.108\times10^{-5}T^{1.5}$$
$$+ e_{\text{out2}}T + 3.024\times10^{4}T^{-0.5} - 3.063\times10^{5}T^{-1} + 1.106\times10^{7}T^{-2}]_{T_6}^{T_5} \tag{9.35}$$

按照 2.4.1 节中对变比热容可逆绝热过程的处理方法，将变比热容的可逆绝热过程分解成无数个无限小的恒比热容可逆绝热过程，即式(2.43)和式(2.44)依然成立。

9.2.1 节中定义的循环压缩比、预胀比、升压比、另一压缩比和内不可逆性损失，即式(9.3)～式(9.5)仍然成立。

对于两个可逆绝热过程 $1\rightarrow 2S$ 和 $4\rightarrow 5S$ 有

$$C_{\text{v}}\ln(T_1/T_{2S}) = R\ln(V_{2S}/V_1) \tag{9.36}$$

$$C_{\text{v}}\ln(T_4/T_{5S}) = R\ln(V_{5S}/V_4) \tag{9.37}$$

如果 e_{in1}、e_{in2}、e_{out1} 和 e_{out2} 确定，循环也相对固定，根据不同循环的特点，式(9.36)和式(9.37)就转化为相应循环下可逆绝热过程的表达式。

对于实际普适循环中存在的传热损失和摩擦损失，依然采用 2.2.1 节中模型，即假设通过气缸壁的传热损失与工质和环境的温差成正比、摩擦力与活塞运动的平均速度成正比，则有

$$Q_{\text{leak}} = B(T_2 + T_4 - 2T_0)$$
$$P_{\mu} = 4\mu\bar{v}^2 = 64\mu(Ln)^2$$

循环净功率输出为

$$\begin{aligned}P_{\text{un}} &= Q_{\text{in}} - Q_{\text{out}} - P_{\mu}\\ &= M[8.353\times10^{-12}(T_4^3 + T_1^3 - T_2^3 - T_5^3) + 5.816\times10^{-8}(T_4^{2.5} + T_1^{2.5} - T_2^{2.5} - T_5^{2.5})\\ &\quad - 2.123\times10^{-7}(T_4^2 + T_1^2 - T_2^2 - T_5^2) + 2.108\times10^{-5}(T_4^{1.5} + T_1^{1.5} - T_2^{1.5} - T_5^{1.5})\\ &\quad + e_{\text{in1}}(T_3 - T_2) + e_{\text{in2}}(T_4 - T_3) - e_{\text{out1}}(T_6 - T_1) - e_{\text{out2}}(T_5 - T_6) + 3.024\times10^{4}(T_4^{-0.5}\\ &\quad + T_1^{0.5} - T_2^{-0.5} - T_5^{-0.5}) - 3.063\times10^{5}(T_4^{-1} + T_1^{-1} - T_2^{-1} - T_5^{-1}) + 1.106\times10^{7}(T_4^{-2}\\ &\quad + T_1^{-2} - T_2^{-2} - T_5^{-2})] - 64\mu(Ln)^2\end{aligned} \tag{9.38}$$

循环的效率为

$$
\eta_{\mathrm{un}}=P_{\mathrm{un}}/(Q_{\mathrm{in}}+Q_{\mathrm{leak}})=(Q_{\mathrm{in}}-Q_{\mathrm{out}}-P_{\mu})/(Q_{\mathrm{in}}+Q_{\mathrm{leak}})
$$

$$
=\frac{\begin{array}{l}M[8.353\times10^{-12}(T_4^3+T_1^3-T_2^3-T_5^3)+5.816\times10^{-8}(T_4^{2.5}+T_1^{2.5}-T_2^{2.5}-T_5^{2.5})\\ -2.123\times10^{-7}(T_4^2+T_1^2-T_2^2-T_5^2)+2.108\times10^{-5}(T_4^{1.5}+T_1^{1.5}-T_2^{1.5}-T_5^{1.5})\\ +e_{\mathrm{in1}}(T_3-T_2)+e_{\mathrm{in2}}(T_4-T_3)-e_{\mathrm{out1}}(T_6-T_1)-e_{\mathrm{out2}}(T_5-T_6)+3.024\times10^4(T_4^{-0.5}\\ +T_1^{0.5}-T_2^{-0.5}-T_5^{-0.5})-3.063\times10^5(T_4^{-1}+T_1^{-1}-T_2^{-1}-T_5^{-1})+1.106\times10^7(T_4^{-2}\\ +T_1^{-2}-T_2^{-2}-T_5^{-2})]-64\mu(Ln)^2\end{array}}{\begin{array}{l}M[8.353\times10^{-12}(T_4^3-T_2^3)+5.816\times10^{-8}(T_4^{2.5}-T_2^{2.5})-2.123\times10^{-7}(T_4^2-T_2^2)\\ +2.108\times10^{-5}(T_4^{1.5}-T_2^{1.5})+e_{\mathrm{in1}}(T_3-T_2)+e_{\mathrm{in2}}(T_4-T_3)+3.024\times10^4(T_4^{-0.5}-T_2^{-0.5})\\ -3.063\times10^5(T_4^{-1}-T_2^{-1})+1.106\times10^7(T_4^{-2}-T_2^{-2})]+B(T_2+T_4-2T_0)\end{array}}
\tag{9.39}
$$

整个循环中由传热损失、摩擦损失、内不可逆性损失和排气过程导致的总熵产率为

$$
\begin{aligned}
\sigma_{\mathrm{un}}&=\sigma_{\mathrm{q}}+\sigma_{\mu}+\sigma_{2\mathrm{S}\to2}+\sigma_{5\mathrm{S}\to5}+\sigma_{\mathrm{pq}}\\
&=B(T_2+T_4-2T_0)[1/T_0-2/(T_2+T_4)]+64\mu(Ln)^2/T_0+M[C_{\mathrm{in1},2\mathrm{S}\to2}\\
&\quad\times\ln(T_2/T_{2\mathrm{S}})+C_{\mathrm{out2},5\mathrm{S}\to5}\ln(T_5/T_{5\mathrm{S}})]-M[1.253\times10^{-11}(T_5^2-T_1^2)+9.693\\
&\quad\times10^{-8}(T_5^{1.5}-T_1^{1.5})-4.246\times10^{-7}(T_5-T_1)+6.3240\times10^{-5}(T_5^{0.5}-T_1^{0.5})\\
&\quad+e_{\mathrm{out1}}\ln(T_6/T_1)+e_{\mathrm{out2}}\ln(T_5/T_6)+1.0080\times10^4(T_5^{-1.5}-T_1^{-1.5})-1.5315\times10^5\\
&\quad\times(T_5^{-2}-T_1^{-2})+7.373\times10^6(T_5^{-3}-T_1^{-3})]+M/T_0[8.353\times10^{-12}(T_5^3-T_1^3)\\
&\quad+5.816\times10^{-8}(T_5^{2.5}-T_1^{2.5})-2.123\times10^{-7}(T_5^2-T_1^2)+2.108\times10^{-5}(T_5^{1.5}-T_1^{1.5})\\
&\quad+e_{\mathrm{out1}}(T_6-T_1)+e_{\mathrm{out2}}(T_5-T_6)+3.024\times10^4(T_5^{-0.5}-T_1^{-0.5})-3.063\times10^5(T_5^{-1}\\
&\quad-T_1^{-1})+1.106\times10^7(T_5^{-2}-T_1^{-2})]
\end{aligned}
\tag{9.40}
$$

式中，比热容 $C_{\mathrm{in1},2\mathrm{S}\to2}$ 中的温度 $T=\dfrac{T_2-T_{2\mathrm{S}}}{\ln(T_2/T_{2\mathrm{S}})}$，为 2 、2S 状态之间的对数平均温度；比热容 $C_{\mathrm{out2},5\mathrm{S}\to5}$ 中的温度 $T=\dfrac{T_5-T_{5\mathrm{S}}}{\ln(T_5/T_{5\mathrm{S}})}$，为 5 、5S 状态之间的对数平均温度。

循环的生态学函数为

$$
\begin{aligned}
E_{\mathrm{un}}&=P_{\mathrm{un}}-T_0\sigma_{\mathrm{un}}\\
&=M[8.353\times10^{-12}(2T_1^3+T_4^3-T_2^3-2T_5^3)+5.816\times10^{-7}(2T_1^{2.5}+T_4^{2.5}-T_2^{2.5}
\end{aligned}
$$

$$
\begin{aligned}
&-2T_5^{2.5})-2.123\times10^{-7}(2T_1^2+T_4^2-T_2^2-2T_5^2)+2.108\times10^{-5}(2T_1^{1.5}+T_4^{1.5}\\
&-T_2^{1.5}-2T_5^{1.5})+e_{\text{in1}}(T_3-T_2)+e_{\text{in2}}(T_4-T_3)-2e_{\text{out1}}(T_6-T_1)-2e_{\text{out2}}(T_5\\
&-T_6)+3.024\times10^4(2T_1^{-0.5}+T_4^{-0.5}-T_2^{-0.5}-2T_5^{-0.5})-3.063\times10^5(2T_1^{-1}\\
&+T_4^{-1}-T_2^{-1}-2T_5^{-1})+1.106\times10^7(2T_1^{-2}+T_4^{-2}-T_2^{-2}-2T_5^{-2})]-B(T_2\\
&+T_4-2T_0)[1-2T_0/(T_2+T_4)]-128\mu(Ln)^2-MT_0[C_{\text{in1,2S}\to2}\ln(T_2/T_{2\text{S}})\\
&+C_{\text{out2,5S}\to5}\ln(T_5/T_{5\text{S}})]+MT_0[1.253\times10^{-11}(T_5^2-T_1^2)+9.693\times10^{-8}(T_5^{1.5}\\
&-T_1^{1.5})-4.246\times10^{-7}(T_5-T_1)+6.3240\times10^{-5}(T_5^{0.5}-T_1^{0.5})+e_{\text{out1}}\ln(T_6/T_1)\\
&+e_{\text{out2}}\ln(T_5/T_6)+1.0080\times10^4(T_5^{-1.5}-T_1^{-1.5})-1.5315\times10^5(T_5^{-2}-T_1^{-2})\\
&+7.373\times10^6(T_5^{-3}-T_1^{-3})]
\end{aligned}
\tag{9.41}
$$

考虑实际循环的意义：循环状态 3 必须位于状态 2 和 4 之间，状态 6 必须位于状态 5 和 1 之间，因此预胀比、升压比和另一压缩比的范围与 9.2.1 节中式(9.19)～式(9.21)完全一样。

9.4.2 特例分析

式(9.38)、式(9.39)和式(9.41)具有相当的普适性，包含了比热容随温度非线性变化条件下各种内燃机循环在不同损失项下的性能特性。

(1) 当 $e_{\text{in1}}=e_{\text{in2}}=e_{\text{out1}}=e_{\text{out2}}=1.0433$ 时，式(9.38)、式(9.39)和式(9.41)简化为比热容随温度非线性变化条件下，存在内不可逆性损失、传热损失和摩擦损失的空气标准 Otto 循环的功率、效率和生态学性能，这与 2.4 节的结果相同。

(2) 当 $e_{\text{in1}}=e_{\text{in2}}=1.3303$，$e_{\text{out1}}=e_{\text{out2}}=1.0433$ 时，式(9.38)、式(9.39)和式(9.41)简化为比热容随温度非线性变化条件下，存在内不可逆性损失、传热损失和摩擦损失的空气标准 Diesel 循环的功率、效率和生态学性能，这与 3.4 节的结果相同。

(3) 当 $e_{\text{in1}}=e_{\text{in2}}=1.3303$，$e_{\text{out1}}=e_{\text{out2}}=1.3303$ 时，式(9.38)、式(9.39)和式(9.41)简化为比热容随温度非线性变化条件下，存在内不可逆性损失、传热损失和摩擦损失的空气标准 Atkinson 循环的功率、效率和生态学性能，这与 4.4 节的结果相同。

(4) 当 $e_{\text{in1}}=e_{\text{in2}}=e_{\text{out1}}=e_{\text{out2}}=1.3303$ 时，式(9.38)、式(9.39)和式(9.41)简化为比热容随温度非线性变化条件下，存在内不可逆性损失、传热损失和摩擦损失的空气标准 Brayton 循环的功率、效率和生态学性能，这与 5.4 节的结果相同。

(5) 当 $e_{\text{in1}}=1.0433$，$e_{\text{in2}}=1.3303$，$e_{\text{out1}}=e_{\text{out2}}=1.0433$ 时，式(9.38)、式(9.39)和式(9.41)简化为比热容随温度非线性变化条件下，存在内不可逆性损失、传热损失和摩擦损失的空气标准 Dual 循环的功率、效率和生态学性能，这与 6.4 节的

结果相同。

(6) 当 $e_{\text{in1}} = e_{\text{in2}} = 1.0433$，$e_{\text{out1}} = 1.3303$，$e_{\text{out2}} = 1.0433$ 时，式(9.38)、式(9.39)和式(9.41)简化为比热容随温度非线性变化条件下，存在内不可逆性损失、传热损失和摩擦损失的空气标准 Miller 循环的功率、效率和生态学性能，这与 7.4 节的结果相同。

(7) 当 $e_{\text{in1}} = 1.0433$，$e_{\text{in2}} \Rightarrow \infty$，$e_{\text{out1}} = e_{\text{out2}} = 1.0433$ 时，式(9.38)、式(9.39)和式(9.41)简化为比热容随温度非线性变化条件下，存在内不可逆性损失、传热损失和摩擦损失的空气标准 PM 循环的功率、效率和生态学性能，这与 8.4 节的结果相同。

(8) 当 $\eta_{\text{c}} = \eta_{\text{e}} = 1$ 时，式(9.38)、式(9.39)和式(9.41)为比热容随温度非线性变化条件下，考虑传热损失和摩擦损失时内燃机普适循环的性能特性，而特例(1)～(7)则分别为比热容随温度非线性变化条件下，考虑传热损失和摩擦损失时 Otto 循环、Diesel 循环、Atkinson 循环、Brayton 循环、Dual 循环、Miller 循环和 PM 循环的性能特性。

(9) 当 $B = 0$ 时，式(9.38)、式(9.39)和式(9.41)为比热容随温度非线性变化条件下，考虑内不可逆性损失和摩擦损失时内燃机普适循环的性能特性，而特例(1)～(7)则分别为比热容随温度非线性变化条件下，考虑内不可逆性损失和摩擦损失时 Otto 循环、Diesel 循环、Atkinson 循环、Brayton 循环、Dual 循环、Miller 循环和 PM 循环的性能特性。

(10) 当 $\mu = 0$ 时，式(9.38)、式(9.39)和式(9.41)为比热容随温度非线性变化条件下，考虑内不可逆性损失和传热损失时内燃机普适循环的性能特性，而特例(1)～(7)则分别为比热容随温度非线性变化条件下，考虑内不可逆性损失和传热损失时 Otto 循环、Diesel 循环、Atkinson 循环、Brayton 循环、Dual 循环、Miller 循环和 PM 循环的性能特性。

9.4.3　数值算例与讨论

在计算中取 $T_1 = 350\text{K}$，$T_4 = 2200\text{K}$，$M = 4.553 \times 10^{-3}\text{kg/s}$，$B = 0.01\text{kJ/(s}\cdot\text{K)}$，$\mu = 1.5\text{kg/s}$，$X_1 = 0.08\text{m}$，$X_2 = 0.01\text{m}$，$n = 30$，$\rho = 1.2$，$\gamma_{\text{p}} = 1.2$，$\gamma_{\text{c}} = 1.2$，$\eta_{\text{c}} = \eta_{\text{e}} = 0.97$。

图 9.6 和图 9.7 分别给出了各种特例循环的生态学函数与功率的关系和生态学函数与效率的关系。可以看出，各种特例循环的生态学函数极值的大小关系为 $E_{\text{br}} > E_{\text{at}} > E_{\text{di}} > E_{\text{pm}} > E_{\text{du}} > E_{\text{mi}} > E_{\text{ot}}$；功率极值的大小关系为 $P_{\text{br}} > P_{\text{di}} > P_{\text{du}} > P_{\text{at}} > P_{\text{pm}} > P_{\text{mi}} > P_{\text{ot}}$；效率极值的大小关系为 $\eta_{\text{br}} > \eta_{\text{pm}} > \eta_{\text{at}} > \eta_{\text{di}} > \eta_{\text{mi}} > \eta_{\text{du}} > \eta_{\text{ot}}$。

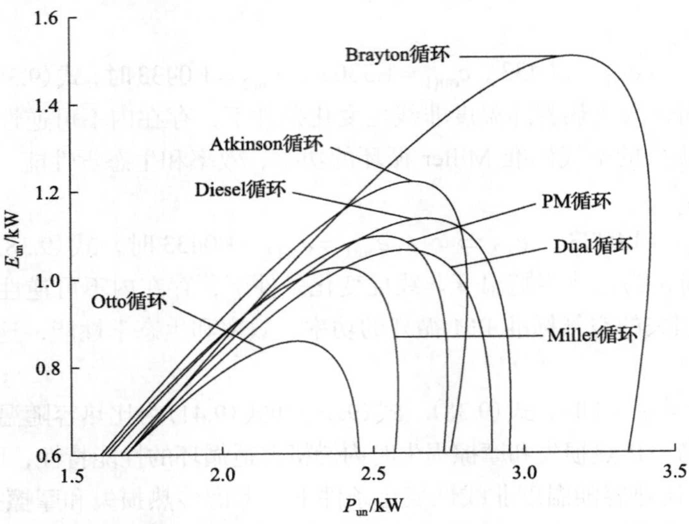

图 9.6 不同循环的 E_{un} 与 P_{un} 的关系比较

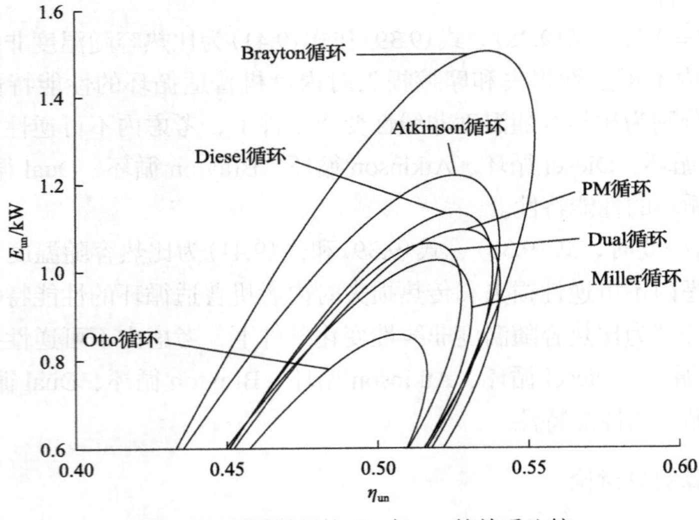

图 9.7 不同循环的 E_{un} 与 η_{un} 的关系比较

9.5 工质比热容比随温度线性变化时内燃机普适循环的最优性能

9.5.1 循环模型和性能分析

根据文献[11]和[12]，可以假设工质的比热容比 k 只与工质的温度 T 相关并且是温度的线性函数：

$$k = k_0 - uT \tag{9.42}$$

式中，k_0 和 u 为两个常数。

考虑图 9.1 所示的不可逆普适循环模型，假设普适循环模型的四个比热容分别为

$$C_{\text{in1}} = R\frac{a_{\text{in1}} + b_{\text{in1}}uT}{k_0 - uT - 1}, \quad C_{\text{in2}} = R\frac{a_{\text{in2}} + b_{\text{in2}}uT}{k_0 - uT - 1}$$

$$C_{\text{out1}} = R\frac{a_{\text{out1}} + b_{\text{out1}}uT}{k_0 - uT - 1}, \quad C_{\text{out2}} = R\frac{a_{\text{out2}} + b_{\text{out2}}uT}{k_0 - uT - 1} \tag{9.43}$$

式中，a_{in1}、a_{in2}、a_{out1}、a_{out2}、b_{in1}、b_{in2}、b_{out1} 和 b_{out2} 为常数，其中当 a_{in1}、a_{in2}、a_{out1} 和 a_{out2} 取 1 或 k_0 时，对应的 b_{in1}、b_{in2}、b_{out1} 和 b_{out2} 取 0 或 −1。当以上 8 个常数取不同值时，以上四个比热容可转换为工质的定压比热容或定容比热容：

$$C_{\text{v}} = \frac{R}{k_0 - uT - 1} \tag{9.44}$$

$$C_{\text{p}} = \frac{(k_0 - uT)R}{k_0 - uT - 1} \tag{9.45}$$

循环中工质的吸热率为

$$\begin{aligned} Q_{\text{in}} &= M\left(\int_{T_2}^{T_3} C_{\text{in1}}\text{d}T + \int_{T_3}^{T_4} C_{\text{in2}}\text{d}T\right) \\ &= MR\{[b_{\text{in1}}(1-k_0) - a_{\text{in1}}]u^{-1}\ln[(k_0 - uT_3 - 1)/(k_0 - uT_2 - 1)] + b_{\text{in1}}(T_2 - T_3) \\ &\quad + [b_{\text{in2}}(1-k_0) - a_{\text{in2}}]u^{-1}\ln[(k_0 - uT_4 - 1)/(k_0 - uT_3 - 1)] + b_{\text{in2}}(T_3 - T_4)\} \end{aligned} \tag{9.46}$$

循环中工质的放热率为

$$\begin{aligned} Q_{\text{out}} &= M\left(\int_{T_1}^{T_6} C_{\text{out1}}\text{d}T + \int_{T_6}^{T_5} C_{\text{out2}}\text{d}T\right) \\ &= MR\{[b_{\text{out1}}(1-k_0) - a_{\text{out1}}]u^{-1}\ln[(k_0 - uT_6 - 1)/(k_0 - uT_1 - 1)] + b_{\text{out1}}(T_1 - T_6) \\ &\quad + [b_{\text{out2}}(1-k_0) - a_{\text{out2}}]u^{-1}\ln[(k_0 - uT_5 - 1)/(k_0 - uT_6 - 1)] + b_{\text{out2}}(T_6 - T_5)\} \end{aligned} \tag{9.47}$$

9.2.1 节中定义的循环压缩比、预胀比、升压比、另一压缩比和内不可逆性损

失，即式(9.3)～式(9.5)仍然成立。

变比热容比可逆绝热过程可以按照文献[11]和[12]的方法处理：

$$T_i(k_0 - uT_j - 1) = T_j(k_0 - uT_i - 1)\left(\frac{V_j}{V_i}\right)^{k_0-1} \tag{9.48}$$

对于两个可逆绝热过程$1 \to 2\mathrm{S}$和$4 \to 5\mathrm{S}$有

$$T_1(k_0 - uT_{2\mathrm{S}} - 1) = T_{2\mathrm{S}}(k_0 - uT_1 - 1)\left(\frac{V_{2\mathrm{S}}}{V_1}\right)^{k_0-1} \tag{9.49}$$

$$T_4(k_0 - uT_{5\mathrm{S}} - 1) = T_{5\mathrm{S}}(k_0 - uT_4 - 1)\left(\frac{V_{5\mathrm{S}}}{V_4}\right)^{k_0-1} \tag{9.50}$$

如果a_{in1}、a_{in2}、a_{out1}、a_{out2}、b_{in1}、b_{in2}、b_{out1}和b_{out2}确定，则循环也相对固定，此时根据不同循环的特点，式(9.49)和式(9.50)就转化为相应循环下可逆绝热过程的表达式。

对于实际普适循环中存在的传热损失和摩擦损失，依然采用2.2.1节中的模型，即假设通过气缸壁的传热损失与工质和环境的温差成正比、摩擦力与活塞运动的平均速度成正比，则有

$$Q_{\mathrm{leak}} = B(T_2 + T_4 - 2T_0)$$

$$P_\mu = \mu\bar{v}^2 = 64\mu(Ln)^2$$

则循环净功率输出为

$$\begin{aligned}
P_{\mathrm{un}} &= Q_{\mathrm{in}} - Q_{\mathrm{out}} - P_\mu \\
&= MR\{[b_{\mathrm{in1}}(1-k_0) - a_{\mathrm{in1}}]u^{-1}\ln[(k_0 - uT_3 - 1)/(k_0 - uT_2 - 1)] + b_{\mathrm{in1}}(T_2 - T_3) \\
&\quad + [b_{\mathrm{in2}}(1-k_0) - a_{\mathrm{in2}}]u^{-1}\ln[(k_0 - uT_4 - 1)/(k_0 - uT_3 - 1)] + b_{\mathrm{in2}}(T_3 - T_4) \\
&\quad - [b_{\mathrm{out1}}(1-k_0) - a_{\mathrm{out1}}]u^{-1}\ln[(k_0 - uT_6 - 1)/(k_0 - uT_1 - 1)] - b_{\mathrm{out1}}(T_1 - T_6) \\
&\quad - [b_{\mathrm{out2}}(1-k_0) - a_{\mathrm{out2}}]u^{-1}\ln[(k_0 - uT_5 - 1)/(k_0 - uT_6 - 1)] - b_{\mathrm{out2}}(T_6 - T_5)\} \\
&\quad - 64\mu(Ln)^2
\end{aligned} \tag{9.51}$$

循环的效率为

$$
\begin{aligned}
\eta_{\text{un}} &= \frac{P_{\text{un}}}{Q_{\text{in}} + Q_{\text{leak}}} = \frac{Q_{\text{in}} - Q_{\text{out}} - P_{\mu}}{Q_{\text{in}} + Q_{\text{leak}}} \\
&= \frac{\begin{aligned} & MR\{[b_{\text{in1}}(1-k_0) - a_{\text{in1}}]u^{-1}\ln[(k_0 - uT_3 - 1)/(k_0 - uT_2 - 1)] + b_{\text{in1}}(T_2 - T_3) \\ & +[b_{\text{in2}}(1-k_0) - a_{\text{in2}}]u^{-1}\ln[(k_0 - uT_4 - 1)/(k_0 - uT_3 - 1)] + b_{\text{in2}}(T_3 - T_4) \\ & -[b_{\text{out1}}(1-k_0) - a_{\text{out1}}]u^{-1}\ln[(k_0 - uT_6 - 1)/(k_0 - uT_1 - 1)] - b_{\text{out1}}(T_1 - T_6) \\ & -[b_{\text{out2}}(1-k_0) - a_{\text{out2}}]u^{-1}\ln[(k_0 - uT_5 - 1)/(k_0 - uT_6 - 1)] - b_{\text{out2}}(T_6 - T_5)\} - 64\mu(Ln)^2 \end{aligned}}{\begin{aligned} & MR\{[b_{\text{in1}}(1-k_0) - a_{\text{in1}}]u^{-1}\ln[(k_0 - uT_3 - 1)/(k_0 - uT_2 - 1)] + b_{\text{in1}}(T_2 - T_3) + [b_{\text{in2}}(1-k_0) \\ & -a_{\text{in2}}]u^{-1}\ln[(k_0 - uT_4 - 1)/(k_0 - uT_3 - 1)] + b_{\text{in2}}(T_3 - T_4)\} + B(T_2 + T_4 - 2T_0) \end{aligned}}
\end{aligned} \tag{9.52}
$$

整个循环中由传热损失、摩擦损失、内不可逆性损失和排气损失导致的总熵产率为

$$
\begin{aligned}
\sigma_{\text{un}} &= \sigma_{\text{q}} + \sigma_{\mu} + \sigma_{2\text{S}\to 2} + \sigma_{5\text{S}\to 5} + \sigma_{\text{pq}} \\
&= B(T_2 + T_4 - 2T_0)[1/T_0 - 2/(T_2 + T_4)] + 64\mu(Ln)^2/T_0 \\
&\quad + M[C_{\text{in1},2\text{S}\to 2}\ln(T_2/T_{2\text{S}}) + C_{\text{out2},5\text{S}\to 5}\ln(T_5/T_{5\text{S}})] + MR\{[b_{\text{out1}}(1-k_0) \\
&\quad - a_{\text{out1}}]u^{-1}\ln[(k_0 - uT_6 - 1)/(k_0 - uT_1 - 1)] + b_{\text{out1}}(T_1 - T_6) + [b_{\text{out2}}(1-k_0) \\
&\quad - a_{\text{out2}}]u^{-1}\ln[(k_0 - uT_5 - 1)/(k_0 - uT_6 - 1)] + b_{\text{out2}}(T_6 - T_5)\}/T_0 + MR\{[a_{\text{out1}}(k_0 \\
&\quad - 1)^{-1} + b_{\text{out1}}]\ln[(k_0 - uT_6 - 1)/(k_0 - uT_1 - 1)] - a_{\text{out1}}(k_0 - 1)^{-1}\ln(T_6/T_1)\} \\
&\quad + MR\{[a_{\text{out2}}(k_0 - 1)^{-1} + b_{\text{out2}}]\ln[(k_0 - uT_5 - 1)/(k_0 - uT_6 - 1)] - a_{\text{out2}}(k_0 \\
&\quad - 1)^{-1}\ln(T_5/T_6)\}
\end{aligned} \tag{9.53}
$$

式中，比热容 $C_{\text{in1},2\text{S}\to 2}$ 中的温度 $T = \dfrac{T_2 - T_{2\text{S}}}{\ln(T_2/T_{2\text{S}})}$，为 2 、2S 状态之间的对数平均温度；比热容 $C_{\text{out2},5\text{S}\to 5}$ 中的温度 $T = \dfrac{T_5 - T_{5\text{S}}}{\ln(T_5/T_{5\text{S}})}$，为 5 、5S 状态之间的对数平均温度。

循环的生态学函数为

$$
\begin{aligned}
E_{\text{un}} &= P_{\text{un}} - T_0\sigma_{\text{un}} \\
&= MR\{[b_{\text{in1}}(1-k_0) - a_{\text{in1}}]u^{-1}\ln[(k_0 - uT_3 - 1)/(k_0 - uT_2 - 1)] + b_{\text{in1}}(T_2 - T_3) \\
&\quad + [b_{\text{in2}}(1-k_0) - a_{\text{in2}}]u^{-1}\ln[(k_0 - uT_4 - 1)/(k_0 - uT_3 - 1)] + b_{\text{in2}}(T_3 - T_4) \\
&\quad - 2[b_{\text{out1}}(1-k_0) - a_{\text{out1}}]u^{-1}\ln[(k_0 - uT_6 - 1)/(k_0 - uT_1 - 1)] - 2b_{\text{out1}}(T_1 - T_6) \\
&\quad - 2[b_{\text{out2}}(1-k_0) - a_{\text{out2}}]u^{-1}\ln[(k_0 - uT_5 - 1)/(k_0 - uT_6 - 1)] - 2b_{\text{out2}}(T_6 - T_5)\}
\end{aligned}
$$

$$-B(T_2+T_4-2T_0)[1-2T_0/(T_2+T_4)]-128\mu(Ln)^2-MT_0[C_{\text{in1,2S}\to 2}\ln(T_2/T_{2\text{S}})$$
$$+C_{\text{out2,5S}\to 5}\ln(T_5/T_{5\text{S}})]-MRT_0\{[a_{\text{out1}}(k_0-1)^{-1}+b_{\text{out1}}]\ln[(k_0-uT_6-1)/(k_0$$
$$-uT_1-1)]-a_{\text{out1}}(k_0-1)^{-1}\ln(T_6/T_1)\}-MRT_0\{[a_{\text{out2}}(k_0-1)^{-1}+b_{\text{out2}}]\ln[(k_0$$
$$-uT_5-1)/(k_0-uT_6-1)]-a_{\text{out2}}(k_0-1)^{-1}\ln(T_5/T_6)\} \tag{9.54}$$

考虑实际循环的意义：循环状态3必须位于状态2和4之间，状态6必须位于状态5和1之间，因此循环预胀比、升压比和另一压缩比的范围与9.2.1节中式(9.19)～式(9.21)完全一样。

9.5.2 特例分析

式(9.51)、式(9.52)和式(9.54)具有相当的普适性，包含了变比热容比条件下各种内燃机循环在不同损失项下的性能特性。

(1)当$a_{\text{in1}}=a_{\text{in2}}=a_{\text{out1}}=a_{\text{out2}}=1$，$b_{\text{in1}}=b_{\text{in2}}=b_{\text{out1}}=b_{\text{out2}}=0$时，式(9.51)、式(9.52)和式(9.54)简化为变比热容比条件下，存在内不可逆性损失、传热损失和摩擦损失的空气标准Otto循环的功率、效率和生态学性能，其中功率、效率性能结果与文献[12]的结果相同。

(2)当$a_{\text{in1}}=a_{\text{in2}}=k_0$，$b_{\text{in1}}=b_{\text{in2}}=-1$，$a_{\text{out1}}=a_{\text{out2}}=1$，$b_{\text{out1}}=b_{\text{out2}}=0$时，式(9.51)、式(9.52)和式(9.54)简化为变比热容比条件下，存在内不可逆性损失、传热损失和摩擦损失的空气标准Diesel循环的功率、效率和生态学性能。

(3)当$a_{\text{in1}}=a_{\text{in2}}=1$，$b_{\text{in1}}=b_{\text{in2}}=0$，$a_{\text{out1}}=a_{\text{out2}}=k_0$，$b_{\text{out1}}=b_{\text{out2}}=-1$时，式(9.51)、式(9.52)和式(9.54)简化为变比热容比条件下，存在内不可逆性损失、传热损失和摩擦损失的空气标准Atkinson循环的功率、效率和生态学性能。

(4)当$a_{\text{in1}}=a_{\text{in2}}=a_{\text{out1}}=a_{\text{out2}}=k_0$，$b_{\text{in1}}=b_{\text{in2}}=b_{\text{out1}}=b_{\text{out2}}=-1$时，式(9.51)、式(9.52)和式(9.54)简化为变比热容比条件下，存在内不可逆性损失、传热损失和摩擦损失的空气标准Brayton循环的功率、效率和生态学性能。

(5)当$a_{\text{in1}}=1$，$b_{\text{in1}}=0$，$a_{\text{in2}}=k_0$，$b_{\text{in2}}=-1$，$a_{\text{out1}}=a_{\text{out2}}=1$，$b_{\text{out1}}=b_{\text{out2}}=0$时，式(9.51)、式(9.52)和式(9.54)简化为变比热容比条件下，存在内不可逆性损失、传热损失和摩擦损失的空气标准Dual循环的功率、效率和生态学性能。

(6)当$a_{\text{in1}}=a_{\text{in2}}=1$，$b_{\text{in1}}=b_{\text{in2}}=0$，$a_{\text{out1}}=k_0$，$b_{\text{out1}}=-1$，$a_{\text{out2}}=1$，$b_{\text{out2}}=0$时，式(9.51)、式(9.52)和式(9.54)简化为变比热容比条件下，存在内不可逆性损失、传热损失和摩擦损失的空气标准Miller循环的功率、效率和生态学性能。

(7)当$a_{\text{in1}}=1$，$b_{\text{in1}}=0$，$a_{\text{in2}}\Rightarrow\infty$，$b_{\text{in2}}\Rightarrow\infty$，$a_{\text{out1}}=a_{\text{out2}}=1$，$b_{\text{out1}}=b_{\text{out2}}=0$时，式(9.51)、式(9.52)和式(9.54)简化为变比热容比条件下，存在内不可逆性损失、传热损失和摩擦损失的空气标准PM循环的功率、效率和生态学性能。

(8) 当 $\eta_c=\eta_e=1$ 时，式(9.51)、式(9.52)和式(9.54)为变比热容比条件下，考虑传热损失和摩擦损失时内燃机普适循环的性能特性，而特例(1)～(7)则分别为变比热容比条件下，考虑传热损失和摩擦损失时 Otto 循环、Diesel 循环、Atkinson 循环、Brayton 循环、Dual 循环、Miller 循环和 PM 循环的性能特性，此时 Diesel 循环和 Dual 循环的功率、效率性能结果分别与文献[13]和[14]的结果相同，进一步如果 $\mu=0$，此时 Otto 循环、Diesel 循环、Atkinson 循环和 Dual 循环的功率、效率性能结果分别与文献[11]、[15]、[16]和[17]的结果相同。

(9) 当 $B=0$ 时，式(9.51)、式(9.52)和式(9.54)为变比热容比条件下，考虑内不可逆性损失和摩擦损失时内燃机普适循环的性能特性，而特例(1)～(7)则分别为变比热容比条件下，考虑内不可逆性损失和摩擦损失时 Otto 循环、Diesel 循环、Atkinson 循环、Brayton 循环、Dual 循环、Miller 循环和 PM 循环的性能特性。

(10) 当 $\mu=0$ 时，式(9.51)、式(9.52)和式(9.54)为变比热容比条件下，考虑内不可逆性损失和传热损失时内燃机普适循环的性能特性，而特例(1)～(7)则分别为变比热容比条件下，考虑内不可逆性损失和传热损失时 Otto 循环、Diesel 循环、Atkinson 循环、Brayton 循环、Dual 循环、Miller 循环和 PM 循环的性能特性。

9.5.3　数值算例与讨论

在计算中取 $T_1=350\text{K}$，$T_4=2200\text{K}$，$M=4.553\times10^{-3}\text{kg/S}$，$B=0.02\text{kJ/(s}\cdot\text{K)}$，$X_1=8\times10^{-2}\text{m}$，$X_2=1\times10^{-2}\text{m}$，$n=30$，$\rho=1.2$，$\gamma_p=1.2$，$\gamma_c=1.2$，$\mu=12.9\text{kg/s}$，根据文献[11]和[12]确定 $k_0=1.33$，$u=4\times10^{-6}\text{K}^{-1}$。

图 9.8 和图 9.9 分别给出了工质比热容比随温度线性变化情况下，各种特例

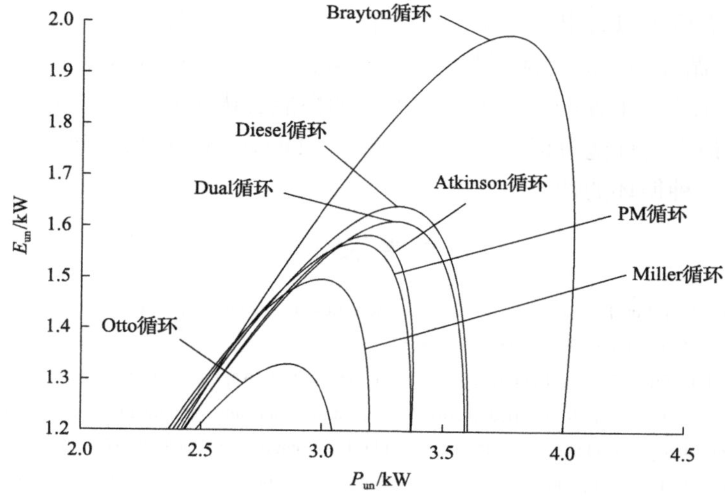

图 9.8　不同循环的 E_{un} 与 P_{un} 的关系比较

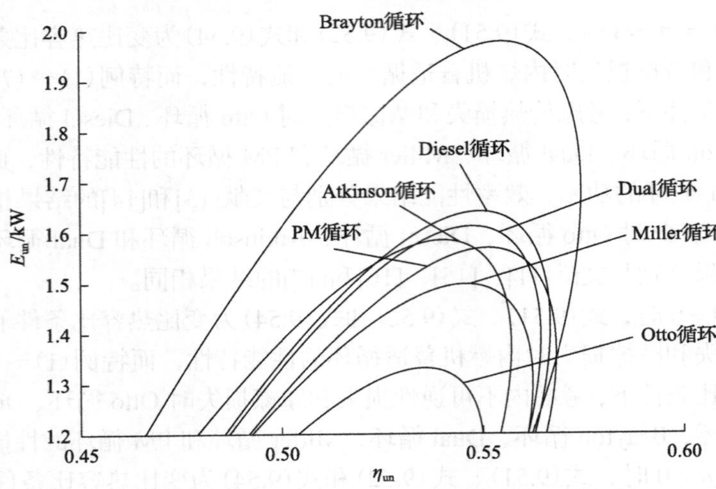

图 9.9　不同循环的 E_{un} 与 η_{un} 的关系比较

循环的生态学函数与功率的关系和生态学函数与效率的关系。可以看出，各种特例循环的生态学函数极值的大小关系为 $E_{br} > E_{di} > E_{du} > E_{at} > E_{pm} > E_{mi} > E_{ot}$；功率极值的大小关系为 $P_{br} > P_{di} > P_{du} > P_{at} > P_{pm} > P_{mi} > P_{ot}$，效率极值的大小关系为 $\eta_{br} > \eta_{pm} > \eta_{di} > \eta_{du} > \eta_{mi} > \eta_{at} > \eta_{ot}$。将结果与 9.2.3 节、9.3.3 节以及 9.4.3 节的结果相比较可以看出：采用不同的工质比热容模型时，各种特例循环的生态学函数极值和效率极值的大小关系将会发生变化。四种比热容模型中，工质比热容随温度线性变化、非线性变化以及比热容比随温度线性变化时，各种特例循环的功率极值大小关系相同。

综合考虑后可以看出，以循环功率最大为性能目标时，Brayton 循环、Diesel 循环和 Dual 循环的性能要优于其他四种循环的性能；以循环效率最大为性能目标时，Brayton 循环、PM 循环和 Diesel 循环的性能要优于其他四种循环的性能；以生态学函数最大为性能目标时 Brayton 循环、Diesel 循环和 Atkinson 循环的性能要优于其他四种循环的性能。

参 考 文 献

[1] Qin X Y, Chen L G, Sun F R. The universal power and efficiency characteristics for irreversible reciprocating heat engine cycles[J]. Eur. J. Phys., 2003, 24 (4) : 359-366.

[2] Ge Y L, Chen L G, Sun F R, et al. Reciprocating heat-engine cycles[J]. Appl. Energy, 2005, 81 (3) : 180-186.

[3] Chen L G, Ge Y L, Sun F R. Unified thermodynamic description and optimization for a class of irreversible reciprocating heat engine cycles[J]. Proc. IMechE, Part D: J. Automob. Eng., 2008, 222 (D8) : 1489-1500.

[4] Chen L G, Ge Y L, Liu C, et al. Performance of universal reciprocating heat-engine cycle with variable specific heats ratio of working fluid[J]. Entropy, 2020, 22 (4) : 397.

[5] Ghatak A, Chakraborty S. Effect of external irreversibilities and variable thermal properties of working fluid on thermal performance of a Dual internal combustion engine cycle[J]. Strojnicky Casopsis (J. Mechanical Energy), 2007, 58 (1): 1-12.

[6] 戈延林. 工质变比热对内燃机循环性能的影响[D]. 武汉: 海军工程大学, 2005.

[7] Abu-Nada E, Al-Hinti I, Al-Aarkhi A, et al. Thermodynamic modeling of spark-ignition engine: Effect of temperature dependent specific heats[J]. Int. Comm. Heat Mass Transfer, 2005, 33 (10): 1264-1272.

[8] Abu-Nada E, Al-Hinti I, Akash B, et al. Thermodynamic analysis of spark-ignition engine using a gas mixture model for the working fluid[J]. Int. J. Energy Res., 2007, 37 (11): 1031-1046.

[9] Abu-Nada E, Al-Hinti I, Al-Sarkhi A, et al. Effect of piston friction on the performance of SI engine: A new thermodynamic approach[J]. ASME Trans. J. Eng. Gas Turbine Pow., 2008, 130 (2): 022802.

[10] Abu-Nada E, Akash B, Al-Hinti I, et al. Performance of spark-ignition engine under the effect of friction using gas mixture model[J]. J. Energy Inst., 2009, 82 (4): 197-205.

[11] Ebrahimi R. Effects of variable specific heat ratio on performance of an endoreversible Otto cycle[J]. Acta Phys. Pol. A, 2010, 117 (6): 887-891.

[12] Ebrahimi R. Engine speed effects on the characteristic performance of Otto engines[J]. J. American Sci., 2009, 5 (8): 25-30.

[13] Ebrahimi R, Chen L. Effects of variable specific heat ratio of working fluid on performance of an irreversible Diesel cycle[J]. Int. J. Ambient Energy, 2010, 31 (2): 101-108.

[14] Ebrahimi R. Effects of cut-off ratio on performance of an irreversible Dual cycle[J]. J. American Sci., 2009, 5 (3): 83-90.

[15] Ebrahimi R. Effects of variable specific heat ratio of working fluid on performance of an endoreversible Diesel cycle[J]. J. Energy Inst., 2010, 83 (1): 1-5.

[16] Ebrahimi R. Performance of an endoreversible Atkinson cycle with variable specific heat ratio of working fluid[J]. J. American Sci., 2010, 6 (2): 12-17.

[17] Ebrahimi R. Thermodynamic simulation of performance of an endoreversible Dual cycle with variable specific heat ratio of working fluid[J]. J. American Sci., 2009, 5 (5): 175-180.

第 10 章　广义辐射传热规律下不可逆 Otto 循环活塞运动最优路径

10.1　引　　言

文献[1]～[3]分别研究了牛顿传热规律[$q \propto \Delta(T)$][1, 2]和线性唯象传热规律[$q \propto \Delta(T^{-1})$][3]下存在摩擦损失和热漏损失的四冲程 Otto 循环热机在给定循环总时间和耗油量下循环输出功最大时整个循环的活塞运动最优路径；Teh 等[4-6]将化学反应损失和传热损失作为热机的主要损失研究了内燃机最大输出功[4]和最大效率[5,6]时的活塞运动最优路径；Teh 和 Edwards[7,8]在没有考虑实际内燃机中由摩擦损失、传热损失和压降损失引起的熵产生的情况下，将内燃机中燃烧化学反应前后化学成分变化所引起的熵产生作为唯一的熵产源，以最小熵产生为目标研究了绝热热机中的活塞运动最优路径[7]以及给定压比约束下最小熵产生时的活塞运动最优路径[8]。

本章将以文献[1]～[3]建立的热机模型为基础，首先考虑文献[7]和[8]未计入的熵产生，以实际热机中由摩擦损失、传热损失和压降损失引起的熵产生最小为目标，研究工质与环境之间的传热服从广义辐射传热规律[$q \propto \Delta(T^n)\mathrm{sign}(n)$][9-11]时 Otto 循环活塞运动的最优路径；在此基础上，进一步以循环的生态学函数最大为目标，研究工质与环境之间的传热服从广义辐射传热规律时 Otto 循环活塞运动的最优路径，给出两种优化目标时三种特殊传热规律下($n=1$ ，牛顿传热规律； $n=-1$ ，线性唯象传热规律； $n=4$ ，辐射传热规律)的活塞运动最优构型，分析不同的传热规律和优化目标对活塞运动最优构型的影响。本章用到的最优控制理论算法详见文献[12]～[14]的附录。

10.2　熵产生最小时 Otto 循环活塞运动最优路径

10.2.1　Otto 循环热机模型

为了便于分析，对实际 Otto 循环做如下假设：①忽略燃油有限燃烧速率对循环参数的影响，并且燃烧过程瞬时完成；②燃油耗量固定，等效于功率冲程的初始温度固定；③气缸内的工质为理想气体，并且在活塞运动过程中始终保持内平衡。此外，文献[1]～[3]、[15]～[18]对 Otto 循环热机内的主要损失和传统热机运动规律进行了如下的定性和定量的描述和简化。

10.2.1.1　损失项

1. 传热损失[9-11]

实际热机中，工质和缸外环境之间的传热损失占总功率的 12%[17]。假定工质与缸外环境之间的传热服从广义辐射传热规律[9-11]。在图 10.1 所示的活塞式气缸模型中，T 为缸内工质的温度，T_{W} 为缸外的环境温度，b 为气缸的内径，X 为活塞所处的位置。设工质与环境之间的传热系数为 K，则广义辐射传热规律下热漏流率 $\dot{Q}$ 为

$$\dot{Q} = K\pi b(b/2 + X)(T^n - T_{\mathrm{W}}^n)\mathrm{sign}(n) \tag{10.1}$$

式中，$\mathrm{sign}(n)$ 为符号函数，当 $n > 0$ 时，$\mathrm{sign}(n) = 1$；当 $n < 0$ 时，$\mathrm{sign}(n) = -1$。传热损失只对功率冲程有重要影响，而对其他非功率冲程的影响可以忽略不计。

2. 其他各项损失[1-3,15,16]

实际热机中，摩擦损失约占热机总功率的 20%，其中 75%是由活塞环和气缸壁之间的摩擦引起的，另外 25%是由曲轴轴承的摩擦带来的[17]。仅考虑前一项摩擦损失，而不考虑后一项摩擦损失。假设摩擦力 f 与活塞运动速度 v 成正比，则活塞运动所产生的摩擦力为

$$f = \mu v \tag{10.2}$$

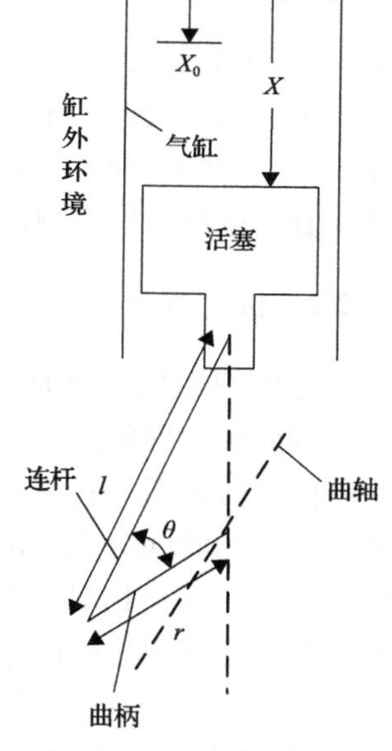

图 10.1　活塞式气缸模型

式中，μ 为活塞与气缸壁之间的摩擦损失系数。因此 t 时间内活塞运动所产生的摩擦损失为

$$W_{\mathrm{f}} = \int_0^t \mu v^2 \mathrm{d}t \tag{10.3}$$

在功率冲程中，活塞的上端面需承受内部工质的巨大压力作用，因此功率冲程中的摩擦力应该大于其他非功率冲程。通常假定其他非功率冲程的摩擦损失系数为 μ，而功率冲程的摩擦损失系数就为 2μ。

实际热机的进气冲程中，当气体通过进气阀时会由于黏性而引起压降进而产生损失，这一压降与速度成正比[17]，所以这一损失可以包含在进气冲程的摩擦损失项中。假定进气冲程中包含压降损失的等效摩擦损失系数为 3μ。

此外，对于功率冲程的燃油燃烧引起的时间损失、排气冲程结束前排气阀提前开启造成的排气损失，由于它们与传热损失和摩擦损失相比很小，可以忽略。

10.2.1.2 传统热机活塞运动规律[18]

图 10.1 所示为典型的活塞式气缸结构，X_0 为活塞上死点位置，l 为连杆长度，r 为曲柄长度，θ 为曲柄旋转角度。那么活塞的运动方程可以写为

$$v = \dot{X} = \frac{2\pi\Delta X \sin\theta}{\tau}\left\{1 + \frac{r\cos\theta}{l}\left[1 - \left(\frac{r}{l}\right)^2 \sin^2\theta\right]\right\}^{-1/2} \tag{10.4}$$

式中，$\theta = 4\pi t/\tau$；$\Delta X = 2r$；τ 为循环的总时间。若活塞的下死点位置为 X_{f}，显然有 $X_{\mathrm{f}} = X_0 + 2r$。当 $t = 0$ 时，$X = X_0$。当 $r/l = 0$ 时，活塞的运动为纯正弦运动规律，当 $r/l \neq 0$ 时活塞的运动为修正正弦运动，r/l 通常在 [0.16,0.40] 范围内并且其值变化对结果影响很小。

10.2.2 优化方法

这里的优化问题是要在固定耗油量和循环时间的情况下使循环的熵产生最小，因此优化后的热机和传统热机的唯一区别在于活塞的运行规律不同。优化过程由两部分组成：首先找出每个冲程的活塞最优运动路径，然后优化循环周期在各个冲程的时间分配。由于传热损失在非功率冲程中可以忽略不计，因此对于非功率冲程的优化相对简单，可以将进气、压缩和排气三个冲程作为一个整体在固定的非功率冲程总时间 t_{np} 下进行优化。然后以熵产生最小为目标优化单个非功率冲程的活塞运动规律，以非功率冲程总的熵产生最小为目标优化非功率冲程总时间 t_{np} 在各个非功率冲程的时间分配。对于功率冲程同样是以熵产生最小为目标，在进一步考虑传热损失的情况下优化功率冲程的活塞运动规律。最后对于整个循环以熵产生最小为目标优化循环周期在非功率冲程和功率冲程之间的时间分配。

10.2.2.1 非功率冲程优化

由于非功率冲程中不考虑传热损失，优化过程相对简单。

首先，以熵产生最小为目标优化每个非功率冲程的活塞运动规律。单个非功率冲程在冲程时间 t_1 内由摩擦损失产生的熵产生为

$$\Delta S_{\mathrm{f},t_1} = \frac{W_{\mathrm{f},t_1}}{T_0} = \frac{\int_0^{t_1} \mu v^2 \mathrm{d}t}{T_0} \tag{10.5}$$

式中，W_{f,t_1} 为非功率冲程摩擦损失产生的耗功。

由于T_0为环境温度，是一个常数，因此以熵产生最小为目标优化每个非功率冲程的活塞运动规律等效为以摩擦损失最小优化非功率冲程的活塞运动规律。由文献[1]～[3]、[15]、[16]中非功率冲程的优化结果可知，当无加速度约束时，非功率冲程的活塞最优运动规律为整个冲程活塞匀速运行，速度为冲程长度ΔX与该冲程所耗时间t_1之比；当限制加速度为a_m时，活塞运动的最优规律变为从初速度$v=0$开始，以最大加速度a_m加速运行直到某一时间t_a，然后以速度$v=a_m t_a$运行直到时刻t_1-t_a，最后再以最大加速度$-a_m$减速运行到终点，同时$v=0$。对于限制加速度条件下的非功率冲程活塞最优运动规律，时间t_a以及熵产生$\Delta S_{f,t_1}$按如下方法计算。时间t_1内活塞的运行距离为

$$\Delta X = a_m t_a^2 + a_m t_a (t_1 - 2t_a) \tag{10.6}$$

解得

$$t_a = t_1(1-y_1)/2 \tag{10.7}$$

式中，$y_1=(1-4\Delta X/a_m t_1^2)^{1/2}$。对式(10.5)分段积分可得

$$\Delta S_{f,t_1} = (\mu/T_0)\left[2\int_0^{t_a}(a_m t)^2\,dt + \int_{t_a}^{t_1-t_a}(a_m t_a)^2\,dt\right] \tag{10.8}$$

将式(10.7)代入式(10.8)求解得

$$\Delta S_{f,t_1} = \mu a_m^2 t_1^3(1+2y_1)(1-y_1)^2/(12T_0) \tag{10.9}$$

其次，以三个非功率冲程总的熵产生$\Delta S_{f,t_{np}}$最小为目标优化非功率冲程总时间t_{np}在各个非功率冲程的时间分配。由于排气冲程和压缩冲程的摩擦损失系数相同(均为μ)，所以这两个冲程消耗的时间是一样的(均为t_1)。进气冲程的摩擦损失系数为3μ，假设其冲程消耗的时间为t_2，则三个非功率冲程的总时间为$t_{np}=2t_1+t_2$。由式(10.9)可得三个非功率冲程总的熵产生为

$$\Delta S_{t_{np}} = \mu a_m^2[2t_1^3(1+2y_1)(1-y_1)^2 + 3t_2^3(1+2y_2)(1-y_2)^2]/(12T_0) \tag{10.10}$$

式中，$y_2=(1-4\Delta X/a_m t_2^2)^{1/2}$。

由极值条件$\partial\Delta S_{t_{np}}/\partial t_2=0$可得

$$t_1^2(1-y_1)^2 = 3t_2^2(1-y_2)^2 \tag{10.11}$$

给定非功率冲程总时间t_{np}，由式(10.11)通过数值计算可求得t_1和t_2。

对于无加速度约束也即$a_m\to\infty$的情形，式(10.11)变为

$$t_2 = \sqrt{3}t_1 \tag{10.12}$$

此时三个非功率冲程总的熵产生式(10.10)变为

$$\Delta S_{t_{\mathrm{np}}}=\mu(2+\sqrt{3})^2(\Delta X)^2\big/(t_{\mathrm{np}}T_0) \tag{10.13}$$

10.2.2.2 功率冲程优化

功率冲程不仅存在摩擦损失而且还存在传热损失，因此功率冲程中的熵产生是由摩擦损失和传热损失共同产生的。直接求解功率冲程无加速度约束情形下的活塞运动最优构型比较复杂，故先求出无时间约束情形下的最优解，为无加速度约束情形下的数值求解确定合理的初值。

1. 无时间约束情形

功率冲程中摩擦损失产生的熵产生用 $\Delta S_{\mathrm{f},t_{\mathrm{p}}}$ 来表示：

$$\Delta S_{\mathrm{f},t_{\mathrm{p}}}=\frac{\int_0^{t_{\mathrm{p}}}2\mu v^2\mathrm{d}t}{T_0} \tag{10.14}$$

式中，t_{p} 为功率冲程的时间。

广义辐射传热规律时，功率冲程中传热损失产生的熵产生为

$$\Delta S_{\mathrm{q},t_{\mathrm{p}}}=\int_0^{t_{\mathrm{p}}}\left(\frac{1}{T_0}-\frac{1}{T}\right)K\pi b(b/2+X)(T^n-T_{\mathrm{w}}^n)\mathrm{sign}(n)\,\mathrm{d}t \tag{10.15}$$

用活塞位置 X 代替时间，就不需要对功率冲程的时间范围做出特殊的限定了。为了使功率冲程熵产生 $\Delta S_{t_{\mathrm{p}}}$ 最小，相应的优化问题变为

$$\min\Delta S_{t_{\mathrm{p}}}=\Delta S_{\mathrm{f},t_{\mathrm{p}}}+\Delta S_{\mathrm{q},t_{\mathrm{p}}}=\int_{X_0}^{X_{\mathrm{f}}}\left[\frac{2\mu v}{T_0}+\left(\frac{1}{T_0}-\frac{1}{T}\right)\frac{K\pi b}{v}\left(\frac{b}{2}+X\right)(T^n-T_{\mathrm{w}}^n)\mathrm{sign}(n)\right]\mathrm{d}X \tag{10.16}$$

根据热力学第一定律有

$$\frac{\mathrm{d}T}{\mathrm{d}X}=-\frac{1}{NC}\left[\frac{NRT}{X}+\frac{K\pi b(b/2+X)(T^n-T_{\mathrm{w}}^n)\mathrm{sign}(n)}{v}\right] \tag{10.17}$$

式中，N 为工质的摩尔数；R 为气体常数；C 为工质的比热容。

建立哈密顿函数如下：

$$\begin{aligned}H=&\frac{2\mu v}{T_0}+\left(\frac{1}{T_0}-\frac{1}{T}\right)\frac{K\pi b}{v}\left(\frac{b}{2}+X\right)(T^n-T_{\mathrm{w}}^n)\mathrm{sign}(n)\\&-\frac{\lambda}{NC}\left[\frac{NRT}{X}+\frac{K\pi b(b/2+X)(T^n-T_{\mathrm{w}}^n)\mathrm{sign}(n)}{v}\right]\end{aligned} \tag{10.18}$$

式中，λ 为拉格朗日乘子。

式(10.18)所示哈密顿函数对应的正则方程为式(10.17)以及式(10.19)：

$$\frac{\mathrm{d}\lambda}{\mathrm{d}X}=-\frac{\partial H}{\partial T}=\frac{\lambda R}{CX}+\frac{K\pi b\mathrm{sign}(n)}{v}(b/2+X)\left[\frac{(n-1)T^n+T_{\mathrm{w}}^n}{T^2}+nT^{n-1}\left(\frac{\lambda}{NC}-\frac{1}{T_0}\right)\right] \tag{10.19}$$

由极值条件 $\partial H/\partial v=0$ 可得

$$v=\left\{\frac{K\pi b(b/2+X)(T^n-T_{\mathrm{w}}^n)\mathrm{sign}(n)[1-T_0/T-\lambda T_0/(NC)]}{2\mu}\right\}^{1/2} \tag{10.20}$$

边界条件为

$$T(X_0)=T_{0\mathrm{p}}\text{，}\quad \lambda(X_{\mathrm{f}})=0 \tag{10.21}$$

式中，$T_{0\mathrm{p}}$ 为功率冲程初始点时气缸内的工质温度。上述方程无解析解，需用数值方法计算，具体算法见 10.2.3.1 节。

2. 无加速度约束情形

该情形下优化问题变为求解对应于时间 t_{p} 内功率冲程熵产生 ΔS_{p} 最小时的活塞运动最优路径，即

$$\min\Delta S_{t_{\mathrm{p}}}=\int_0^{t_{\mathrm{p}}}\left[\frac{2\mu v^2}{T_0}+\left(\frac{1}{T_0}-\frac{1}{T}\right)K\pi b\left(\frac{b}{2}+X\right)(T^n-T_{\mathrm{w}}^n)\mathrm{sign}(n)\right]\mathrm{d}t \tag{10.22}$$

式(10.17)相应变为

$$\dot{T}=-\frac{1}{NC}\left[\frac{NRT\dot{X}}{X}+K\pi b\left(\frac{b}{2}+X\right)(T^n-T_{\mathrm{w}}^n)\mathrm{sign}(n)\right] \tag{10.23}$$

式中，$\dot{T}=\mathrm{d}T/\mathrm{d}t$，以下参数上带点也表示参数对时间的导数。

对于式(10.22)的最优控制问题，建立变更的拉格朗日函数：

$$\begin{aligned}L=&\frac{2\mu v^2}{T_0}+\left(\frac{1}{T_0}-\frac{1}{T}\right)K\pi b\left(\frac{b}{2}+X\right)(T^n-T_{\mathrm{w}}^n)\mathrm{sign}(n)\\&+\lambda\left[\dot{T}+\frac{RT\dot{X}}{CX}+\frac{K\pi b}{NC}(b/2+X)(T^n-T_{\mathrm{w}}^n)\mathrm{sign}(n)\right]\end{aligned} \tag{10.24}$$

式(10.22)取得最小值的必要条件为如下的欧拉-拉格朗日方程成立：

$$\frac{\partial L}{\partial X}-\frac{\mathrm{d}}{\mathrm{d}t}\left(\frac{\partial L}{\partial \dot{X}}\right)=0 \tag{10.25}$$

$$\frac{\partial L}{\partial T}-\frac{\mathrm{d}}{\mathrm{d}t}\left(\frac{\partial L}{\partial \dot{T}}\right)=0 \tag{10.26}$$

将式(10.24)分别代入式(10.25)和式(10.26)得

$$\begin{aligned}\dot{v}=\frac{K\pi b}{4\mu NXC^2}\{&CX(T^n-T_{\mathrm{w}}^n)\mathrm{sign}(n)(NCT-NCT_0+\lambda T_0T)-R(b/2+X)[nT^n\\&\times(NCT-NCT_0+\lambda T_0T)\mathrm{sign}(n)-(T^n-T_{\mathrm{w}}^n)\mathrm{sign}(n)T_0(\lambda T+NC)]\}\end{aligned} \tag{10.27}$$

$$\dot{\lambda}=\frac{\lambda Rv}{CX}+\mathrm{sign}(n)K\pi b\left(\frac{b}{2}+X\right)\left[nT^{n-1}\left(\frac{1}{T_0}-\frac{1}{T}+\frac{\lambda}{NC}\right)+\frac{1}{T^2}(T^n-T_{\mathrm{w}}^n)\right] \tag{10.28}$$

此外还有约束条件：

$$\dot{X}=v \tag{10.29}$$

式(10.23)、式(10.27)～式(10.29)组成了广义辐射传热规律下功率冲程无加速度约束时最优构型的微分方程组，微分方程组的边界条件为

$$X(0)=X_0,\ X(t_{\mathrm{p}})=X_{\mathrm{f}},\ T(0)=T_{0\mathrm{p}},\ \partial L/\partial T\Big|_{t=t_{\mathrm{p}}}=\lambda(t_{\mathrm{p}})=0 \tag{10.30}$$

上述微分方程组确定了最优问题的解，可求出作为时间 t_{p} 函数的最小熵产生 $\Delta S_{t_{\mathrm{p}}}$ 与功率冲程活塞运动最优路径即 v - X 最优关系。上述微分方程组无解析解，同样需要数值方法求解，具体算法见 10.2.3.2 节。

3. 加速度约束情形

必须考虑活塞在功率冲程的两个端点的速度为零，同时加速度限定在有限值。这种情形下的优化问题的目标函数和无加速度限制时相同，依然为式(10.22)，而对应的约束条件除了式(10.23)和式(10.29)外，还增加了下面两个：

$$\dot{v}=a \tag{10.31}$$

$$-a_{\mathrm{m}}\leqslant a\leqslant a_{\mathrm{m}} \tag{10.32}$$

式中，a 为活塞运动的加速度；$\pm a_{\mathrm{m}}$ 为加速度的极值。

建立如下的哈密顿函数：

$$\begin{aligned}H=&\frac{2\mu v^2}{T_0}+\left(\frac{1}{T_0}-\frac{1}{T}\right)K\pi b\left(\frac{b}{2}+X\right)(T^n-T_{\mathrm{w}}^n)\mathrm{sign}(n)\\&-\frac{\lambda_1}{NC}\left[\frac{NRTv}{X}+K\pi b(b/2+X)(T^n-T_{\mathrm{w}}^n)\mathrm{sign}(n)\right]+\lambda_2 v+\lambda_3 a\end{aligned}\tag{10.33}$$

式中，λ_1、λ_2、λ_3为拉格朗日乘子。

哈密顿函数式(10.33)对应的三个协态方程分别为

$$\begin{aligned}\dot{\lambda}_1=-\frac{\partial H}{\partial T}=&nT^{n-1}\mathrm{sign}(n)K\pi b\left(\frac{b}{2}+X\right)\left(\frac{\lambda_1}{NC}+\frac{1}{T}-\frac{1}{T_0}\right)\\&+\frac{\lambda_1 Rv}{CX}-\frac{1}{T^2}K\pi b\left(\frac{b}{2}+X\right)\mathrm{sign}(n)(T^n-T_{\mathrm{w}}^n)\end{aligned}\tag{10.34}$$

$$\dot{\lambda}_2=-\frac{\partial H}{\partial X}=K\pi b(T^n-T_{\mathrm{w}}^n)\mathrm{sign}(n)\left(\frac{\lambda_1}{NC}+\frac{1}{T}-\frac{1}{T_0}\right)-\frac{\lambda_1 RTv}{CX^2}\tag{10.35}$$

$$\dot{\lambda}_3=-\frac{\partial H}{\partial v}=-\frac{4\mu v}{T_0}+\frac{\lambda_1 RT}{CX}-\lambda_2\tag{10.36}$$

由极值条件$\partial H/\partial a=0$得

$$\lambda_3=0\tag{10.37}$$

如果式(10.37)不仅在加速度区间$[-a_{\mathrm{m}},a_{\mathrm{m}}]$上某个孤立点成立，可得

$$\dot{\lambda}_3=0\tag{10.38}$$

通过式(10.35)、式(10.36)和式(10.38)消去λ_2，就可以得到一组与相应无加速度约束情形相同的微分方程组。因此，广义辐射传热规律下加速度约束时功率冲程活塞运动的最优路径由两个边界运动段(最大加速初段和最大减速末段)和与它们相连的方程组为式(10.23)、式(10.27)～式(10.29)的中间段组成。对于加速度约束情形下的最优解只能求其数值解，具体计算方法见 10.2.3.3 节。

10.2.3　数值算法

10.2.3.1　无时间约束条件下的数值算法

无时间约束情形时最优解的算法：首先猜测一个初始$\lambda(X_0)$，由式(10.17)、式(10.19)、式(10.20)迭代计算$\lambda(X_{\mathrm{f}})$，然后改变$\lambda(X_0)$的值，直到$\lambda(X_{\mathrm{f}})=0$，这样就可以得到无时间约束情形时功率冲程活塞运动的最优运动规律。

10.2.3.2 无加速度约束条件下的数值算法

有了无时间约束情形时的最优解，就可以计算无加速度约束情形时的最优解。具体算法如下：①首先将无时间约束时活塞的初始速度 v_0 和加速度 a_0 代入式(10.27)得到 λ_0（下标 0 表示初始值），再将 v_0、a_0 和 λ_0 代入微分方程组式(10.23)、式(10.27)～式(10.29)，进行迭代计算，直到满足边界条件式(10.30)，由此可以得到无加速度约束条件下功率冲程的时间 t_p 和功率冲程的熵产生 ΔS_{t_p}，根据 $t_{np}=\tau-t_p=2t_1+t_2$ 以及式(10.10)和式(10.11)可以计算得到非功率冲程的熵产生 $\Delta S_{t_{np}}$，最后可以计算整个循环的熵产生 $\Delta S=\Delta S_{t_p}+\Delta S_{t_{np}}$；②增大 v_0，重复步骤①计算直到 ΔS 最小同时 $t_p<\tau$。

10.2.3.3 加速度约束条件下的数值算法

加速度约束条件下功率冲程活塞运动的最优构型由三段组成，因此加速度约束条件下的数值算例与无加速度约束时的正向数值计算方法不同，采用逆向计算（即将活塞末态位置作为计算的初始点）。具体计算方法如下：①最大减速段的计算，选取合理的最大减速段时间，猜测一个功率冲程末端温度 T_f，通过式(10.23)、式(10.29)和式(10.31)计算得到最大减速段初始点的各参数；②中间微分方程组运动段的计算，以最大减速段初始点的各参数作为计算的初始值，联立式(10.23)、式(10.27)～式(10.29)进行迭代计算，由于中间微分方程组运动段的初始点是最大加速段的末端，因此中间微分方程组运动段的初始速度与活塞的位置有关，最大加速段中活塞运动的位移与速度呈抛物线关系这个条件将作为第二步计算结束的终止条件，这样就可以得到中间微分方程组运动段的初始参数；③以中间微分方程组运动段的初始参数作为最大加速段的计算初始值，通过式(10.23)、式(10.29)和式(10.31)计算得到最大加速段的初始参数，也就是功率冲程开始时的参数，将计算得到的功率冲程开始的工质温度和已知的 T_{0p} 进行比较，若不等则改变第一步中末端温度 T_f 直到两者相等为止，若相等则计算出功率冲程的熵产生 ΔS_{t_p}；④根据第三步计算得到的功率冲程时间 t_p，计算非功率冲程的时间分配和熵产生 $\Delta S_{t_{np}}$，从而得到循环过程的总熵产生 ΔS；⑤改变第一步中最大减速段的时间，重复前面的四个步骤直到所有可能的减速段时间循环完为止；⑥比较各减速段时间条件下的循环熵产生 ΔS 取其最小值即为所求解。

10.2.4 特例分析

10.2.4.1 牛顿传热规律下的最优构型

牛顿传热规律下，传热指数 $n=1$，符号函数 $\mathrm{sign}(n)=1$。

1. 无时间约束情形

优化目标为

$$\min \Delta S_{t_p} = \Delta S_{f,t_p} + \Delta S_{q,t_p} = \int_{X_0}^{X_f} \left[\frac{2\mu v}{T_0} + \left(\frac{1}{T_0} - \frac{1}{T} \right) \frac{K\pi b}{v} \left(\frac{b}{2} + X \right) (T - T_w) \right] dX \tag{10.39}$$

建立的哈密顿函数为

$$\begin{aligned} H = & \frac{2\mu v}{T_0} + (1/T_0 - 1/T) \frac{K\pi b}{v} (b/2 + X)(T - T_w) \\ & - \frac{\lambda}{NC} \left[\frac{NRT}{X} + \frac{K\pi b(b/2 + X)(T - T_w)}{v} \right] \end{aligned} \tag{10.40}$$

最优路径满足的微分方程组为

$$\frac{dT}{dX} = -\frac{1}{NC} \left[\frac{NRT}{X} + \frac{K\pi b(b/2 + X)(T - T_w)}{v} \right] \tag{10.41}$$

$$\frac{d\lambda}{dX} = -\frac{\partial H}{\partial T} = \frac{\lambda R}{CX} + \frac{K\pi b}{v} (b/2 + X) \left[\frac{T_w}{T^2} + \left(\frac{\lambda}{NC} - \frac{1}{T_0} \right) \right] \tag{10.42}$$

极值条件为

$$v = \left\{ \frac{K\pi b(b/2 + X)(T - T_w)[1 - T_0/T - \lambda T_0/(NC)]}{2\mu} \right\}^{1/2} \tag{10.43}$$

2. 无加速度约束情形

优化目标为

$$\min \Delta S_{t_p} = \int_0^{t_p} \left[\frac{2\mu v^2}{T_0} + \left(\frac{1}{T_0} - \frac{1}{T} \right) K\pi b \left(\frac{b}{2} + X \right) (T - T_w) \right] dt \tag{10.44}$$

建立变更的拉格朗日函数为

$$\begin{aligned} L = & \frac{2\mu v^2}{T_0} + (1/T_0 - 1/T) K\pi b (b/2 + X)(T - T_w) \\ & + \lambda \left[\dot{T} + \frac{RT\dot{X}}{CX} + \frac{K\pi b}{NC} (b/2 + X)(T - T_w) \right] \end{aligned} \tag{10.45}$$

最优路径满足的微分方程组为

$$\dot{T}=-\frac{1}{NC}\left[\frac{NRT\dot{X}}{X}+K\pi b(b/2+X)(T-T_{\mathrm{w}})\right] \tag{10.46}$$

$$\begin{aligned}\dot{v}=&\frac{K\pi b}{4\mu NXC^2}\{CX(T-T_{\mathrm{w}})(NCT-NCT_0+\lambda T_0T)\\&-R(b/2+X)[T(NCT-NCT_0+\lambda T_0T)-T_0(T-T_{\mathrm{w}})(\lambda T+NC)]\}\end{aligned} \tag{10.47}$$

$$\dot{\lambda}=\frac{\lambda Rv}{CX}+K\pi b(b/2+X)\left[\left(\frac{1}{T_0}-\frac{1}{T}+\frac{\lambda}{NC}\right)+\frac{1}{T^2}(T-T_{\mathrm{w}})\right] \tag{10.48}$$

$$\dot{X}=v \tag{10.49}$$

3. 加速度约束情形

优化目标仍为式(10.44)。建立的哈密顿函数为

$$\begin{aligned}H=&\frac{2\mu v^2}{T_0}+(1/T_0-1/T)K\pi b(b/2+X)(T-T_{\mathrm{w}})\\&-\frac{\lambda_1}{NC}[NRTv/X+K\pi b(b/2+X)(T-T_{\mathrm{w}})]+\lambda_2v+\lambda_3a\end{aligned} \tag{10.50}$$

最优路径满足的微分方程组除了式(10.46)和式(10.49)，还有

$$\dot{\lambda}_1=-\frac{\partial H}{\partial T}=K\pi b(b/2+X)\left(\frac{\lambda_1}{NC}+\frac{1}{T}-\frac{1}{T_0}\right)+\frac{\lambda_1Rv}{CX}-\frac{1}{T^2}K\pi b(b/2+X)(T-T_{\mathrm{w}}) \tag{10.51}$$

$$\dot{\lambda}_2=-\frac{\partial H}{\partial X}=K\pi b(T-T_{\mathrm{w}})\left(\frac{\lambda_1}{NC}+\frac{1}{T}-\frac{1}{T_0}\right)-\frac{\lambda_1RTv}{CX^2} \tag{10.52}$$

$$\dot{\lambda}_3=-\frac{\partial H}{\partial v}=-\frac{4\mu v}{T_0}+\frac{\lambda_1RT}{CX}-\lambda_2 \tag{10.53}$$

由极值条件$\partial H/\partial a=0$得

$$\lambda_3=0 \tag{10.54}$$

如果式(10.54)不仅在加速度区间$[-a_{\mathrm{m}},a_{\mathrm{m}}]$上某个孤立点成立，可得

$$\dot{\lambda}_3=0 \tag{10.55}$$

10.2.4.2　线性唯象传热规律下的最优构型

线性唯象传热规律下，传热指数 $n=-1$，符号函数 $\mathrm{sign}(n)=-1$。

1. 无时间约束情形

优化目标为

$$\min \Delta S_{t_{\mathrm{p}}}=\Delta S_{\mathrm{f},t_{\mathrm{p}}}+\Delta S_{\mathrm{q},t_{\mathrm{p}}}=\int_0^{t_{\mathrm{p}}}\left[\frac{2\mu v}{T_0}+\left(\frac{1}{T_0}-\frac{1}{T}\right)\frac{K\pi b}{v}(b/2+X)(T_{\mathrm{w}}^{-1}-T^{-1})\right]\mathrm{d}t \tag{10.56}$$

建立的哈密顿函数为

$$\begin{aligned}H=&\frac{2\mu v}{T_0}+(1/T_0-1/T)\frac{K\pi b}{v}(b/2+X)(T_{\mathrm{w}}^{-1}-T^{-1})\\&-\frac{\lambda}{NC}\left[\frac{NRT}{X}+\frac{K\pi b(b/2+X)(T_{\mathrm{w}}^{-1}-T^{-1})}{v}\right]\end{aligned} \tag{10.57}$$

最优路径满足的微分方程组为

$$\frac{\mathrm{d}T}{\mathrm{d}X}=-\frac{1}{NC}\left[\frac{NRT}{X}+\frac{K\pi b(b/2+X)(T_{\mathrm{w}}^{-1}-T^{-1})}{v}\right] \tag{10.58}$$

$$\frac{\mathrm{d}\lambda}{\mathrm{d}X}=-\frac{\partial H}{\partial T}=\frac{\lambda R}{CX}+\frac{K\pi b}{vT^2}(b/2+X)\left[\frac{2}{T}-\frac{1}{T_{\mathrm{w}}}+\frac{\lambda}{NC}-\frac{1}{T_0}\right] \tag{10.59}$$

极值条件为

$$v=\left\{\frac{K\pi b(b/2+X)(T_{\mathrm{w}}^{-1}-T^{-1})[1-T_0/T-\lambda T_0/(NC)]}{2\mu}\right\}^{1/2} \tag{10.60}$$

2. 无加速度约束情形

优化目标为

$$\min \Delta S_{t_{\mathrm{p}}}=\int_0^{t_{\mathrm{p}}}\left[\frac{2\mu v^2}{T_0}+(1/T_0-1/T)K\pi b(b/2+X)(T_{\mathrm{w}}^{-1}-T^{-1})\right]\mathrm{d}t \tag{10.61}$$

建立变更的拉格朗日函数为

$$L=\frac{2\mu v^2}{T_0}+\left(\frac{1}{T_0}-\frac{1}{T}\right)K\pi b\left(\frac{b}{2}+X\right)(T_{\mathrm{w}}^{-1}-T^{-1})\\+\lambda\left[\dot{T}+\frac{RT\dot{X}}{CX}+\frac{K\pi b}{NC}(b/2+X)(T_{\mathrm{w}}^{-1}-T^{-1})\right] \tag{10.62}$$

最优路径满足的微分方程组为

$$\dot{T}=-\frac{1}{NC}\left[\frac{NRT\dot{X}}{X}+K\pi b\left(\frac{b}{2}+X\right)(T_{\mathrm{w}}^{-1}-T^{-1})\right] \tag{10.63}$$

$$\dot{v}=\frac{K\pi b}{4\mu NXC^2}\{CX(T_{\mathrm{w}}^{-1}-T^{-1})(NCT-NCT_0+\lambda T_0T)\\-R(b/2+X)[T^{-1}(NCT-NCT_0+\lambda T_0T)-(T_{\mathrm{w}}^{-1}-T^{-1})T_0(\lambda T+NC)]\} \tag{10.64}$$

$$\dot{\lambda}=\frac{\lambda Rv}{CX}+K\pi b(b/2+X)\frac{1}{T^2}\left(\frac{1}{T_0}-\frac{2}{T}+\frac{\lambda}{NC}+\frac{1}{T_{\mathrm{w}}}\right) \tag{10.65}$$

$$\dot{X}=v \tag{10.66}$$

3. 加速度约束情形

优化目标仍为式(10.61)。建立的哈密顿函数为

$$H=\frac{2\mu v^2}{T_0}+(1/T_0-1/T)K\pi b(b/2+X)(T_{\mathrm{w}}^{-1}-T^{-1})\\-\frac{\lambda_1}{NC}\left[\frac{NRTv}{X}+K\pi b(b/2+X)(T_{\mathrm{w}}^{-1}-T^{-1})\right]+\lambda_2 v+\lambda_3 a \tag{10.67}$$

最优路径满足的微分方程组除了式(10.63)和式(10.66)，还有

$$\dot{\lambda}_1=-\frac{\partial H}{\partial T}=\frac{1}{T^2}K\pi b\left(\frac{b}{2}+X\right)\left(\frac{\lambda_1}{NC}+\frac{2}{T}-\frac{1}{T_0}-\frac{1}{T_{\mathrm{w}}}\right)+\frac{\lambda_1 Rv}{CX} \tag{10.68}$$

$$\dot{\lambda}_2=-\frac{\partial H}{\partial X}=K\pi b(T_{\mathrm{w}}^{-1}-T^{-1})\left(\frac{\lambda_1}{NC}+\frac{1}{T}-\frac{1}{T_0}\right)-\frac{\lambda_1 RTv}{CX^2} \tag{10.69}$$

$$\dot{\lambda}_3=-\frac{\partial H}{\partial v}=-\frac{4\mu v}{T_0}+\frac{\lambda_1 RT}{CX}-\lambda_2 \tag{10.70}$$

由极值条件 $\partial H/\partial a=0$ 得

$$\lambda_3=0 \tag{10.71}$$

如果式(10.71)不仅在加速度区间$[-a_m, a_m]$上某个孤立点成立，可得

$$\dot{\lambda}_3 = 0 \tag{10.72}$$

10.2.4.3　辐射传热规律下的最优构型

辐射传热规律下，传热指数$n=4$，符号函数$\mathrm{sign}(n)=1$。

1. 无时间约束情形

优化目标为

$$\min \Delta S_{t_p} = \Delta S_{f,t_p} + \Delta S_{q,t_p} = \int_{X_0}^{X_f} \left[\frac{2\mu v}{T_0} + (1/T_0 - 1/T)\frac{K\pi b}{v}(b/2+X)(T^4 - T_w^4) \right] \mathrm{d}X \tag{10.73}$$

建立的哈密顿函数为

$$\begin{aligned} H = & \frac{2\mu v}{T_0} + (1/T_0 - 1/T)\frac{K\pi b}{v}(b/2+X)(T^4 - T_w^4) \\ & - \frac{\lambda}{NC}\left[\frac{NRT}{X} + \frac{K\pi b(b/2+X)(T^4 - T_w^4)}{v} \right] \end{aligned} \tag{10.74}$$

最优路径满足的微分方程组为

$$\frac{\mathrm{d}T}{\mathrm{d}X} = -\frac{1}{NC}\left[\frac{NRT}{X} + \frac{K\pi b(b/2+X)(T^4 - T_w^4)}{v} \right] \tag{10.75}$$

$$\frac{\mathrm{d}\lambda}{\mathrm{d}X} = -\frac{\partial H}{\partial T} = \frac{\lambda R}{CX} + \frac{K\pi b}{v}(b/2+X)\left[\frac{3T^4 + T_w^4}{T^2} + 4T^3\left(\frac{\lambda}{NC} - \frac{1}{T_0} \right) \right] \tag{10.76}$$

极值条件为

$$v = \left\{ \frac{K\pi b(b/2+X)(T^4 - T_w^4)[1 - T_0/T - \lambda T_0/(NC)]}{2\mu} \right\}^{1/2} \tag{10.77}$$

2. 无加速度约束情形

优化目标为

$$\min \Delta S_{t_p} = \int_0^{t_p} \left[\frac{2\mu v^2}{T_0} + (1/T_0 - 1/T)K\pi b(b/2+X)(T^4 - T_w^4) \right] \mathrm{d}t \tag{10.78}$$

建立变更的拉格朗日函数为

$$
\begin{aligned}
L = & \frac{2\mu v^2}{T_0} + \left(1/T_0 - 1/T\right) K\pi b\left(b/2 + X\right)(T^4 - T_{\mathrm{w}}^4) \\
& + \lambda\left[\dot{T} + \frac{RT\dot{X}}{CX} + \frac{K\pi b}{NC}(b/2 + X)(T^4 - T_{\mathrm{w}}^4)\right]
\end{aligned} \tag{10.79}
$$

最优路径满足的微分方程组为

$$
\dot{T} = -\frac{1}{NC}\left[\frac{NRTX}{X} + K\pi b\left(b/2 + X\right)(T^4 - T_{\mathrm{w}}^4)\right] \tag{10.80}
$$

$$
\begin{aligned}
\dot{v} = & \frac{K\pi b}{4\mu NXC^2}\{CX(T^4 - T_{\mathrm{w}}^4)(NCT - NCT_0 + \lambda T_0 T) - R(b/2 + X) \\
& \times [4T^4(NCT - NCT_0 + \lambda T_0 T) - (T^4 - T_{\mathrm{w}}^4)T_0(\lambda T + NC)]\}
\end{aligned} \tag{10.81}
$$

$$
\dot{\lambda} = \frac{\lambda Rv}{CX} + K\pi b\left(b/2 + X\right)\left[4T^3\left(\frac{1}{T_0} - \frac{1}{T} + \frac{\lambda}{NC}\right) + \frac{1}{T^2}(T^4 - T_{\mathrm{w}}^4)\right] \tag{10.82}
$$

$$
\dot{X} = v \tag{10.83}
$$

3. 加速度约束情形

优化目标仍为式(10.78)。建立的哈密顿函数为

$$
\begin{aligned}
H = & \frac{2\mu v^2}{T_0} + \left(1/T_0 - 1/T\right) K\pi b\left(b/2 + X\right)(T^4 - T_{\mathrm{w}}^4) \\
& - \frac{\lambda_1}{NC}\left[\frac{NRTv}{X} + K\pi b(b/2 + X)(T^4 - T_{\mathrm{w}}^4)\right] + \lambda_2 v + \lambda_3 a
\end{aligned} \tag{10.84}
$$

最优路径满足的微分方程组除了式(10.80)和式(10.83)，还有

$$
\dot{\lambda}_1 = -\frac{\partial H}{\partial T} = 4T^3 K\pi b\left(b/2 + X\right)\left(\frac{\lambda_1}{NC} + \frac{1}{T} - \frac{1}{T_0}\right) + \frac{\lambda_1 Rv}{CX} - \frac{1}{T^2}K\pi b\left(b/2 + X\right)(T^4 - T_{\mathrm{w}}^4) \tag{10.85}
$$

$$
\dot{\lambda}_2 = -\frac{\partial H}{\partial X} = K\pi b(T^4 - T_{\mathrm{w}}^4)\left(\frac{\lambda_1}{NC} + \frac{1}{T} - \frac{1}{T_0}\right) - \frac{\lambda_1 RTv}{CX^2} \tag{10.86}
$$

$$
\dot{\lambda}_3 = -\partial H / \partial v = -\frac{4\mu v}{T_0} + \frac{\lambda_1 RT}{CX} - \lambda_2 \tag{10.87}
$$

由极值条件 $\partial H / \partial a = 0$ 得

$$\lambda_3 = 0 \tag{10.88}$$

如果式(10.88)不仅在加速度区间 $[-a_{\mathrm{m}}, a_{\mathrm{m}}]$ 上某个孤立点成立，可得

$$\dot{\lambda}_3 = 0 \tag{10.89}$$

10.2.5 数值算例与讨论

本节给出牛顿传热规律、线性唯象传热规律以及辐射传热规律三种特例传热规律下活塞运动最优路径的数值算例。

10.2.5.1 计算参数和常数的确定

计算熵产生时环境温度取为 $T_0 = 300\mathrm{K}$，其他参数根据文献[1]～[3]确定，见表 10.1。在以下数值计算中 $v_{\max}$ 为功率冲程活塞运动的最大速度，T_{f} 为功率冲程结束时工质的温度。

表 10.1　计算中常数和参数的选取

名称	数值	名称	数值
初始位置	$X_0 = 0.01\mathrm{m}$	摩擦损失系数	$\mu = 12.9\mathrm{kg/s}$
终点位置	$X_{\mathrm{f}} = 0.08\mathrm{m}$	缸壁温度	$T_{\mathrm{w}} = 600\mathrm{K}$
冲程长度	$\Delta X = 0.07\mathrm{m}$	循环周期	$\tau = 33.3\mathrm{ms}$，对应的转速为 $n_0 = 3600\mathrm{r/min}$
气缸内径	$b = 0.0798\mathrm{m}$	气体摩尔数	压缩冲程 $N_{\mathrm{C}} = 0.0144$，功率冲程 $N_{\mathrm{P}} = 0.0157$
气体常数	$R = 8.314\mathrm{kJ/(kmol \cdot K)}$	工质初始温度	压缩冲程 $T_{0\mathrm{C}} = 333\mathrm{K}$，功率冲程 $T_{0\mathrm{p}} = 2795\mathrm{K}$
工质定容比热容	压缩冲程 $C_{\mathrm{vC}} = 2.5R$ 功率冲程 $C_{\mathrm{vP}} = 3.35R$	传热系数	$K = 1.305\mathrm{kW/(K \cdot m^2)}$（牛顿传热规律） $K = 1.41 \times 10^9 \mathrm{kW \cdot K/m^2}$（线性唯象传热规律） $K = 1.51 \times 10^{-7} \mathrm{kW/(K^4 \cdot m^2)}$（辐射传热规律）

10.2.5.2 无加速度约束条件下的数值算例

表 10.2 给出了三种传热规律在无加速度约束条件下各种情形中选取的一些参数（三种传热规律下只是传热系数不同，其他参数不变）。

表 10.2　无加速度约束条件下各种情形选取的计算参数值

情形	μ /(kg/s)	K 牛顿传热规律 /[kW/(K·m²)]	线性唯象传热规律 /(10⁹kW·K/m²)	辐射传热规律 /[10⁻⁷kW/(K⁴·m²)]	τ /ms	n_0 /(r/min)
1	12.9	1.305	1.41	1.51	33.33	3600
2	8.5	1.320	1.00	1.00	33.33	3600
3	17.5	1.290	1.80	2.00	33.33	3600
4	12.9	1.305	1.41	1.51	25.00	4800
5	12.9	1.305	1.41	1.51	50.00	2400

表 10.3～表 10.5 给出了这些参数下传统运动规律(表中用“传统”表示)和最优运动规律(表中用“最优”表示)相应的计算结果，其中传统运动规律取为修正正弦规律($r/l=0.25$)，由表可知各参数变化对活塞运动最优构型的影响。各种情形下，优化后活塞运动的最大速度v_{max}大于对应的传统运动规律下的值，功率冲程的时间t_p值小于对应的传统运动规律下的值，功率冲程末端温度T_f值高于对应的传统运动规律下的值。优化后功率冲程时间t_p的减小会产生两方面的影响：一方面，t_p的减小会使非功率冲程的时间增加，非功率冲程活塞的平均运行速度减小，从而使优化后非功率冲程中摩擦损失产生的熵产生减小，这个结果可以从$\Delta S_{t_{np}}$的变化来验证；另一方面，t_p的减小会使功率冲程高温工质与缸外环境接触的时间变短，从而使功率冲程中传热损失造成的熵产生减小，这个结果可以从$\Delta S_{q,t_p}$的变化看出。优化后活塞最大速度的增加、功率冲程时间的减小会使功率冲程中摩擦损失产生的熵产生增加，这个结果可以从$\Delta S_{f,t_p}$的变化看出。而从ΔS_{t_p}的变化可以看出：优化后功率冲程中摩擦损失产生的熵产生的增加值小于传热损失产生的熵产生减小值，因此优化后功率冲程的总熵产生ΔS减小。优化后非功率冲程和功率冲程的熵产生均是减小的，因此整个循环过程的熵产生在优化后是减小的。此外，随着摩擦损失、传热损失的增加，循环的熵产生增加；随着循环周期的增加，循环的熵产生减小。

表 10.3　牛顿传热规律时无加速度约束条件下的计算结果(熵产生最小)

情形		v_{max} /(m/s)	t_p /ms	$\Delta S_{t_{np}}$ /(10⁻³kJ/K)	$\Delta S_{f,t_p}$ /(10⁻³kJ/K)	$\Delta S_{q,t_p}$ /(10⁻³kJ/K)	ΔS_{t_p} /(10⁻³kJ/K)	ΔS /(10⁻³kJ/K)	T_f /K
1	传统	13.3	8.33	0.1561	0.0624	0.6012	0.6636	0.8197	1098
	最优	37.3	1.95	0.0936	0.2111	0.2026	0.4137	0.5073	1385
2	传统	13.3	8.33	0.1029	0.0412	0.6051	0.6463	0.7492	1096
	最优	49.9	1.58	0.0610	0.1734	0.1674	0.3408	0.4018	1404

续表

情形		v_{max} /(m/s)	t_p /ms	$\Delta S_{t_{np}}$ /(10^{-3}kJ/K)	$\Delta S_{f,t_p}$ /(10^{-3}kJ/K)	$\Delta S_{q,t_p}$ /(10^{-3}kJ/K)	ΔS_{t_p} /(10^{-3}kJ/K)	ΔS /(10^{-3}kJ/K)	T_f /K
3	传统	13.3	8.33	0.2118	0.0847	0.5969	0.6816	0.8934	1103
	最优	35.6	2.28	0.1283	0.2453	0.2324	0.4777	0.6060	1368
4	传统	17.7	6.25	0.2080	0.0746	0.5088	0.5834	0.7914	1179
	最优	37.4	1.94	0.1273	0.2122	0.2026	0.4148	0.5421	1385
5	传统	8.86	12.5	0.1040	0.0416	0.7480	0.7896	0.8936	969
	最优	35.5	2.06	0.0612	0.1998	0.2135	0.4133	0.4745	1379

表 10.4　线性唯象传热规律时无加速度约束条件下的计算结果(熵产生最小)

情形		v_{max} /(m/s)	t_p /ms	$\Delta S_{t_{np}}$ /(10^{-3}kJ/K)	$\Delta S_{f,t_p}$ /(10^{-3}kJ/K)	$\Delta S_{q,t_p}$ /(10^{-3}kJ/K)	ΔS_{t_p} /(10^{-3}kJ/K)	ΔS /(10^{-3}kJ/K)	T_f /K
1	传统	13.3	8.33	0.1585	0.0634	0.6998	0.7632	0.9217	1062
	最优	40.7	1.94	0.0936	0.2143	0.2038	0.4181	0.5117	1384
2	传统	13.3	8.33	0.1044	0.0418	0.5483	0.5901	0.6945	1183
	最优	51.2	1.48	0.0608	0.1858	0.1119	0.2977	0.3585	1431
3	传统	13.3	8.33	0.2150	0.0860	0.8012	0.8872	1.1022	960
	最优	38.7	2.05	0.1274	0.2752	0.2726	0.5478	0.6752	1345
4	传统	17.7	6.25	0.2111	0.0844	0.5728	0.6572	0.8683	1164
	最优	41.2	1.91	0.1271	0.2175	0.2008	0.4183	0.5454	1385
5	传统	8.86	12.5	0.1056	0.0422	0.8585	0.9007	1.0063	888
	最优	39.5	2.02	0.0612	0.2060	0.2118	0.4178	0.4790	1380

表 10.5　辐射传热规律时无加速度约束条件下的计算结果(熵产生最小)

情形		v_{max} /(m/s)	t_p /ms	$\Delta S_{t_{np}}$ /(10^{-3}kJ/K)	$\Delta S_{f,t_p}$ /(10^{-3}kJ/K)	$\Delta S_{q,t_p}$ /(10^{-3}kJ/K)	ΔS_{t_p} /(10^{-3}kJ/K)	ΔS /(10^{-3}kJ/K)	T_f /K
1	传统	13.3	8.33	0.1585	0.0634	0.5502	0.6136	0.7721	1157
	最优	60.9	2.19	0.0943	0.1948	0.2188	0.4136	0.5079	1377
2	传统	13.3	8.33	0.1044	0.0418	0.4444	0.4862	0.5906	1241
	最优	62.3	2.06	0.0619	0.1358	0.1446	0.2804	0.3423	1417
3	传统	13.3	8.33	0.2150	0.0860	0.6261	0.7121	0.9271	1095
	最优	59.7	2.31	0.1285	0.2518	0.2887	0.5405	0.6690	1340

续表

情形		v_{max} /(m/s)	t_p /ms	$\Delta S_{t_{np}}$ /(10^{-3}kJ/K)	$\Delta S_{f,t_p}$ /(10^{-3}kJ/K)	$\Delta S_{q,t_p}$ /(10^{-3}kJ/K)	ΔS_{t_p} /(10^{-3}kJ/K)	ΔS /(10^{-3}kJ/K)	T_f /K
4	传统	17.7	6.25	0.2111	0.0844	0.4757	0.5601	0.7712	1216
	最优	61.3	2.13	0.1283	0.1998	0.2141	0.4139	0.5422	1380
5	传统	8.9	12.5	0.1056	0.0422	0.6606	0.7028	0.8084	1066
	最优	60.7	2.22	0.0614	0.1926	0.2210	0.4136	0.4750	1376

10.2.5.3 加速度约束条件下的数值算例

根据文献[1]和[2]确定加速度变化范围为5×10^3~5×10^4 m/s^2。在摩擦损失系数$\mu=12.9$kg/s 和$\tau=33.3$ms 的情况下分别计算无加速度约束、限制加速度值$a_m=2\times10^4$ m/s^2、限制加速度值$a_m=5\times10^4$ m/s^{2}时功率冲程活塞运动的最优构型以及传统运动规律。表 10.6～表 10.8 给出了计算结果，图 10.2～图 10.4 给出了各种约束条件下活塞运动的最优构型。由图 10.2～图 10.4 可知，最大加速度限制为5×10^4 m/s^{2}时三种传热规律下活塞运动最优构型的中间段与无加速度约束时活塞运动的最优构型相似，这是因为这两段运动段所需满足的微分方程组是一样的，只是边界条件不同。两者在活塞运行的初态和末态不同，这是因为无加速度约束时，活塞在初态和末态位置时的速度可以实现瞬时突变，而加速度约束时，活塞在初态和末态位置时的速度不能实现瞬时突变，活塞在初态位置时的速度必须从零开始逐渐增加，在末态位置速度必须从某个值逐渐减小为零，这要消耗一定的时间。图 10.5～图 10.7 给出了一个循环周期内活塞运动的最优构型，其限制加速度值为$a_m=2\times10^4$ m/s^2。有多种途径可实现这种最优构型，如采用特殊轮廓线设计的凸轮轴机械传动或采用电磁联轴节[19]。

表 10.6 牛顿传热规律时限制加速度、无加速度约束和传统运动规律条件下的计算结果(熵产生最小)

情形		v_{max} /(m/s)	t_p /ms	$\Delta S_{t_{np}}$ /(10^{-3}kJ/K)	$\Delta S_{f,t_p}$ /(10^{-3}kJ/K)	$\Delta S_{q,t_p}$ /(10^{-3}kJ/K)	ΔS_{t_p} /(10^{-3}kJ/K)	ΔS /(10^{-3}kJ/K)	T_f /K
传统		13.30	8.33	0.1561	0.0624	0.6012	0.6636	0.8197	1098
限制加速度值 /(m/s^2)	5×10^4	35.71	2.70	0.0959	0.2014	0.2055	0.4069	0.5028	1393
	2×10^4	29.97	3.80	0.0995	0.1309	0.2321	0.3630	0.4625	1360
无加速度约束		37.30	1.95	0.0936	0.2111	0.2026	0.4137	0.5073	1385

表 10.7 线性唯象传热规律时限制加速度、无加速度约束和传统运动规律条件下的计算结果(熵产生最小)

情形		v_{max} /(m/s)	t_p /ms	$\Delta S_{t_{np}}$ /(10^{-3}kJ/K)	$\Delta S_{f,t_p}$ /(10^{-3}kJ/K)	$\Delta S_{q,t_p}$ /(10^{-3}kJ/K)	ΔS_{t_p} /(10^{-3}kJ/K)	ΔS /(10^{-3}kJ/K)	T_f /K
传统		13.30	8.33	0.1585	0.0634	0.6998	0.7632	0.9217	1062
限制加速度值 /(m/s²)	5×10^4	38.96	2.7	0.0959	0.1907	0.2793	0.4700	0.5659	1343
	2×10^4	35.96	3.7	0.0991	0.1497	0.3780	0.5277	0.6268	1289
无加速度约束		40.73	1.94	0.0936	0.2143	0.2038	0.4181	0.5117	1384

表 10.8 辐射传热规律时限制加速度、无加速度约束和传统运动规律条件下的计算结果(熵产生最小)

情形		v_{max} /(m/s)	t_p /ms	$\Delta S_{t_{np}}$ /(10^{-3}kJ/K)	$\Delta S_{f,t_p}$ /(10^{-3}kJ/K)	$\Delta S_{q,t_p}$ /(10^{-3}kJ/K)	ΔS_{t_p} /(10^{-3}kJ/K)	ΔS /(10^{-3}kJ/K)	T_f /K
传统		13.3	8.33	0.1585	0.0634	0.5502	0.6136	0.7721	1157
限制加速度值 /(m/s²)	5×10^4	38.31	2.9	0.0965	0.1683	0.3431	0.5114	0.6079	1336
	2×10^4	36.65	3.7	0.0991	0.1502	0.4273	0.5775	0.6766	1307
无加速度约束		60.81	2.19	0.0943	0.1949	0.2187	0.4136	0.5079	1377

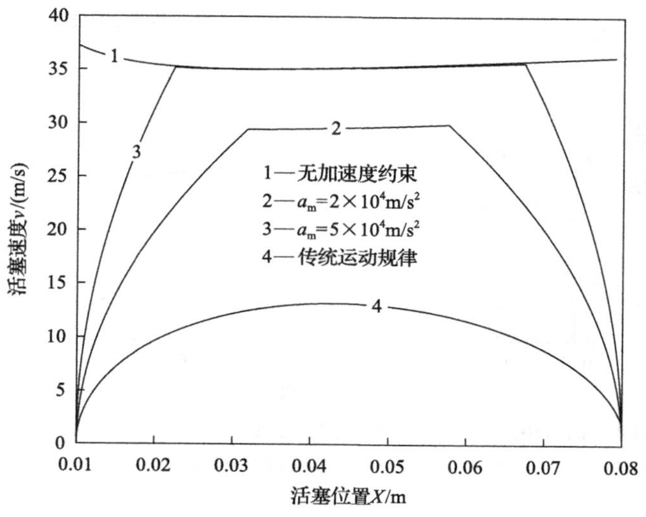

图 10.2 牛顿传热规律时各种加速度约束条件下活塞运动最优构型与传统运动规律的比较(熵产生最小)

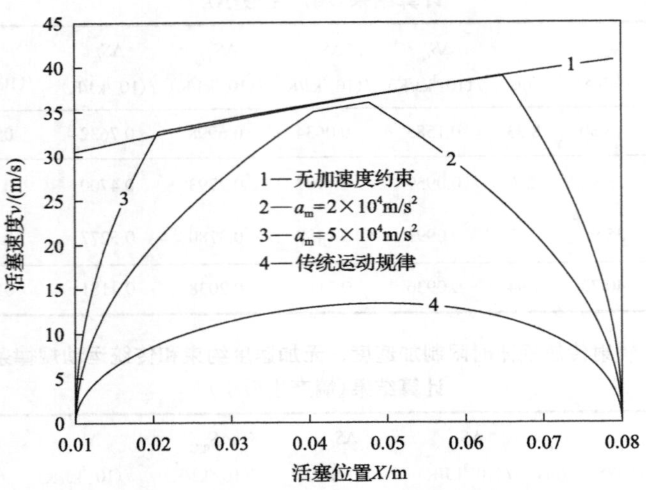

图 10.3　线性唯象传热规律时各种加速度约束条件下活塞运动最优构型与传统运动规律的比较(熵产生最小)

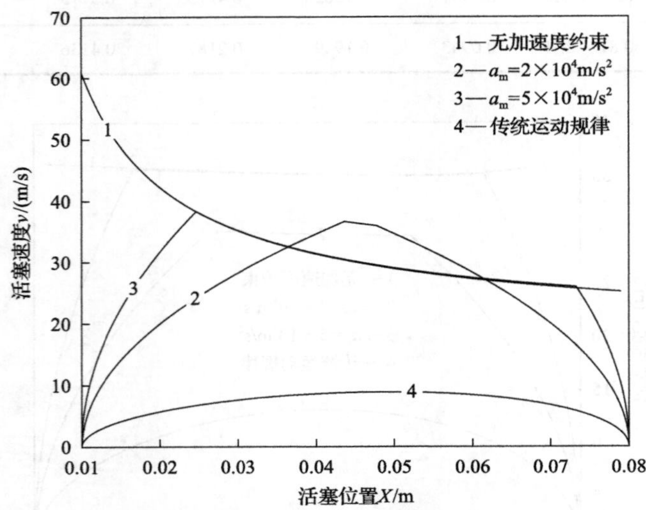

图 10.4　辐射传热规律时各种加速度约束条件下活塞运动最优构型与传统运动规律的比较(熵产生最小)

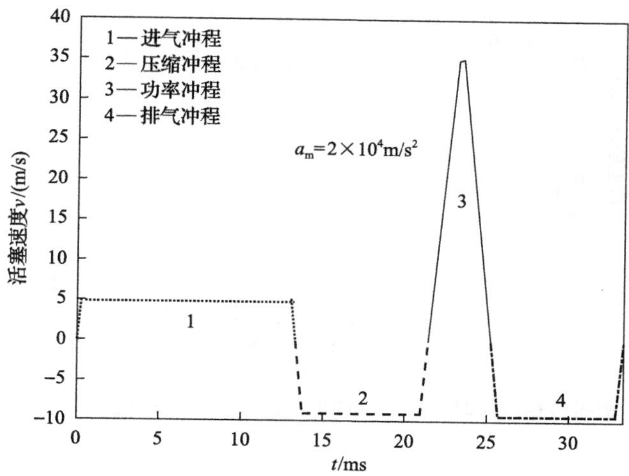

图 10.5 牛顿传热规律时一个循环周期内活塞运动的最优构型(熵产生最小)

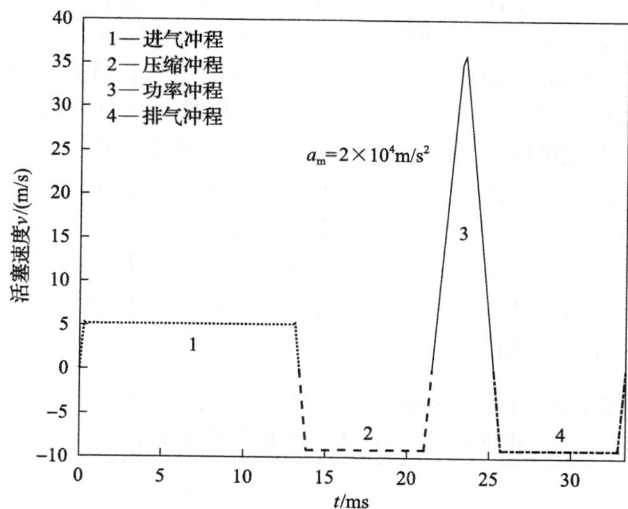

图 10.6 线性唯象传热规律时一个循环周期内活塞运动的最优构型(熵产生最小)

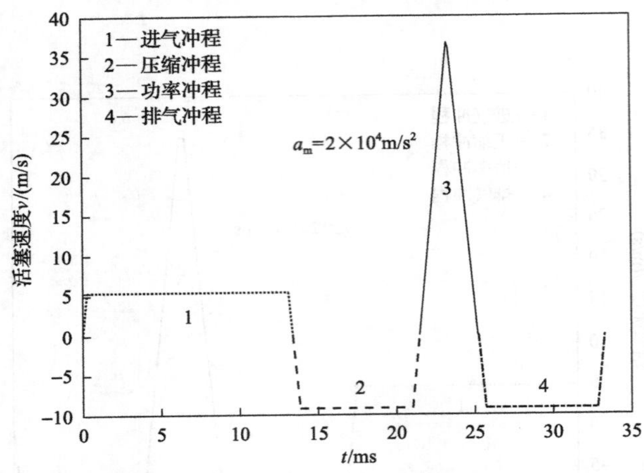

图 10.7 辐射传热规律时一个循环周期内活塞运动的最优构型(熵产生最小)

10.2.5.4 活塞运动最优构型与传统运动规律的比较

表 10.9～表 10.11 给出了牛顿传热规律、线性唯象传热规律和辐射传热规律时各种条件下活塞运动最优构型与传统运动规律的比较。由 $\Delta S_{t_{np}}$ 减小量和 $\Delta S_{f,t_p}$ 增加量可见，无论是限制加速度还是无加速度约束情形，优化活塞运动规律后非功率冲程中摩擦损失产生的熵产生 $\Delta S_{t_{np}}$ 减小的量都小于功率冲程中摩擦损失产生的熵产生 $\Delta S_{f,t_p}$ 增加的量，因此优化后整个循环过程中由摩擦损失产生的熵产生是增加的。虽然优化后摩擦损失产生的熵产生是增加的，但过程总的熵产是减小的。从 $\Delta S_{q,t_p}$ 减小量的值来看，优化后整个循环中传热产生的熵产生的减少量远大于摩擦产生的熵产生的增加量，因此整个优化过程主要是通过减小功率冲程初始阶段传热损失产生的熵产生来实现的。通过无加速度约束的 1、4 和 5 三种情形的优化效果比较，可以看出循环的周期越大，优化效果越明显。

表 10.9 牛顿传热规律时各种条件下活塞运动最优构型与传统运动规律的比较结果(熵产生最小)

情形		$\Delta S_{t_{np}}$ /(10^{-3}kJ/K)	$\Delta S_{f,t_p}$ /(10^{-3}kJ/K)	$\Delta S_{q,t_p}$ /(10^{-3}kJ/K)	ΔS_{t_p} /(10^{-3}kJ/K)	ΔS /(10^{-3}kJ/K)
限制加速度值/(m/s²)	5×10^4	0.0602	−0.1390	0.3957	0.2567	0.3169
	2×10^4	0.0566	−0.0685	0.3691	0.3006	0.3572
无加速度约束	1	0.0625	−0.1487	0.3986	0.2499	0.3124
	2	0.0419	−0.1322	0.4377	0.3055	0.3474
	3	0.0835	−0.1606	0.3645	0.2039	0.2874
	4	0.0807	−0.1376	0.3062	0.1686	0.2493
	5	0.0428	−0.1582	0.5345	0.3763	0.4191

注：表中正值表示熵产生减少，负值表示熵产生增加。

表 10.10　线性唯象传热规律时各种条件下活塞运动最优构型与传统运动规律的比较结果(熵产生最小)

情形		$\Delta S_{t_{np}}$ /$(10^{-3}$kJ/K)	$\Delta S_{f,t_p}$ /$(10^{-3}$kJ/K)	$\Delta S_{q,t_p}$ /$(10^{-3}$kJ/K)	ΔS_{t_p} /$(10^{-3}$kJ/K)	ΔS /$(10^{-3}$kJ/K)
限制加速度值/(m/s²)	5×10^4	0.0626	−0.1273	0.4205	0.2932	0.3558
	2×10^4	0.0594	−0.0863	0.3218	0.2355	0.2949
无加速度约束	1	0.0649	−0.1509	0.4960	0.3451	0.4100
	2	0.0436	−0.1440	0.4364	0.2924	0.3360
	3	0.0876	−0.1892	0.5286	0.3394	0.4270
	4	0.0840	−0.1331	0.3720	0.2389	0.3229
	5	0.0444	−0.1638	0.6467	0.4829	0.5273

注：表中正值表示熵产生减少，负值表示熵产生增加。

表 10.11　辐射传热规律时各种条件下活塞运动最优构型与传统运动规律的比较结果(熵产生最小)

情形		$\Delta S_{t_{np}}$ /$(10^{-3}$kJ/K)	$\Delta S_{f,t_p}$ /$(10^{-3}$kJ/K)	$\Delta S_{q,t_p}$ /$(10^{-3}$kJ/K)	ΔS_{t_p} /$(10^{-3}$kJ/K)	ΔS /$(10^{-3}$kJ/K)
限制加速度值/(m/s²)	5×10^4	0.0620	−0.1049	0.2071	0.1022	0.1642
	2×10^4	0.0594	−0.0868	0.1229	0.0361	0.0955
无加速度约束	1	0.0642	−0.1314	0.3314	0.2000	0.2642
	2	0.0425	−0.0940	0.2998	0.2058	0.2483
	3	0.0865	−0.1658	0.3374	0.1716	0.2581
	4	0.0828	−0.1154	0.2616	0.1462	0.2290
	5	0.0442	−0.1504	0.4396	0.2892	0.3334

注：表中正值表示熵产生减少，负值表示熵产生增加。

10.2.5.5　不同优化目标和传热规律下活塞运动最优构型比较

图 10.8 给出了不同优化目标、不同传热规律情况下功率冲程无加速度约束时活塞运动的最优构型，其中包括牛顿传热规律下输出功最大时的最优构型(文献[1]和[2]的结果)、线性唯象传热规律下输出功最大时的最优构型(文献[3]的结果)以及牛顿传热规律、线性唯象传热规律及辐射传热规律下熵产生最小时的最优构型(本书结果)。表 10.12 给出了对应于图 10.8 所示 5 种活塞运动规律下的数值计算结果。表 10.12 中 ε 为循环输出功 W_τ 与循环可逆功 W_R 之比，也即第二定律效率[20]，W_q 为由传热损失造成的功损失，Q 为传热损失。

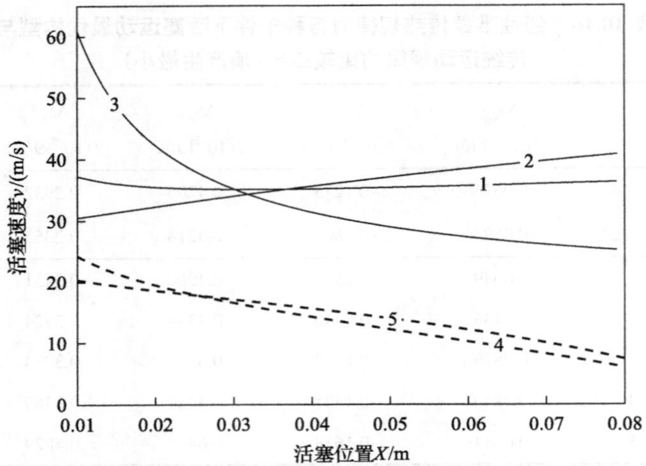

图 10.8 不同传热规律、不同优化目标下功率冲程活塞运动规律(熵产生最小)

1. 熵产生最小，牛顿传热规律；2. 熵产生最小，线性唯象传热规律；3. 熵产生最小，辐射传热规律；4. 输出功最大，牛顿传热规律；5. 输出功最大，线性唯象传热规律

表 10.12 不同目标、不同传热规律下功率冲程活塞运动最优构型的计算结果(熵产生最小)

情形	目标	传热规律	v_{max} /(m/s)	t_p /ms	ΔS_{t_p} /(10⁻³kJ/K)	W_R /10⁻³kJ	W_p /10⁻³kJ	W_τ /10⁻³kJ	$W_{f,\tau}$/10⁻³kJ $W_{f,t_{np}}$	$W_{f,\tau}$/10⁻³kJ W_{f,t_p}	W_q /10⁻³kJ	Q /10⁻³kJ	T_f /K	ε
1	熵产生最小	牛顿传热规律	37.3	1.95	0.4137	606.9	479.7	283.7	28.0	63.3	22.2	60.8	1385	0.467
2	熵产生最小	线性唯象传热规律	40.7	1.94	0.4181	607.4	481.7	285.7	28.1	64.3	19.2	61.1	1384	0.470
3	熵产生最小	辐射传热规律	60.9	2.19	0.4136	611.1	473.3	277.0	28.3	58.5	33.4	65.6	1377	0.453
4	输出功最大	牛顿传热规律	25.4	5.48	0.6236	703.5	518.0	307.0	33.4	24.6	21.0	156	1200	0.436
5	输出功最大	线性唯象传热规律	20.4	5.18	0.6371	716.0	516.0	317.0	31.3	26.6	22.7	164.8	1176	0.443

在考虑传热损失的情况下，优化功率冲程活塞运动路径后实际 Otto 循环的膨胀过程所对应的可逆过程不再是可逆绝热膨胀过程而应该是可逆多变过程，此时计算优化后循环实际过程所对应的可逆功 W_R 为

$$W_R = N_P R(T_{0p} - T_f)/(n-1) + N_C C_{vC} T_{0C}[1-(X_f/X_0)^{R/C_{vC}}] \tag{10.90}$$

式中，n 为多变指数。式(10.90)的前半部分 $N_P R(T_{0p} - T_f)/(n-1)$ 用于计算可逆多变过程循环的可逆膨胀功。由于在对循环活塞运动路径进行优化时假设了循环压

缩过程没有传热损失，那么 5 种情形下优化后循环实际压缩过程所对应的可逆过程均为可逆绝热压缩过程，所以式(10.90)后半部分 $N_C C_{vC} T_{0C}[1-(X_f/X_0)^{R/C_{vC}}]$ 用于计算可逆绝热压缩过程的可逆压缩功。根据文献[21]，多变指数在柴油机的膨胀过程中是变化的，通常情况下柴油机膨胀过程的平均膨胀多变指数为 $n=1.22\sim1.28$。代入参数后可得 5 种情形下对应的循环可逆功，如表 10.12 中 W_R 所示。循环的输出功 W_τ 等于功率冲程的输出功 W_p 减去非功率冲程的耗功以及非功率冲程的摩擦损失功 $W_{f,t_{np}}$。

比较图 10.8 中曲线 1、2、3 和 4、5 及表 10.12 中的计算结果可以看出，以熵产生最小为目标的活塞运动最优构型与以输出功最大为目标的活塞运动最优构型不同，与以输出功最大为目标的活塞运动最优构型相比，以熵产生最小为目标的活塞最优运动速度增加，功率冲程时间减小，功率冲程末端温度升高，因此实际热机如果以熵产生最小为目标进行设计，将对热机材料的耐高温性、抗冲击性以及活塞运动控制的精确性提出更高的要求。比较表 10.12 中情形 1 和 4 的计算结果可以看出，在牛顿传热规律下以熵产生最小为目标时热机的熵产生和输出功分别比以输出功最大为目标时的熵产生和输出功减小了 33.66%和 7.6%，而第二定律效率增加了 7.1%。

比较图 10.8 中曲线 1、2 和 3 可以看出，以熵产生最小为目标时三种传热规律下活塞运动的最优构型发生了很大变化。牛顿传热规律时，活塞运动速度在整个功率冲程中是先减小后增加的，但是速度在整个冲程中变化不大，最大速度和最小速度相差不到 2m/s，基本接近于匀速运动；线性唯象传热规律时，活塞运动速度在整个功率冲程中是单调增加的，最大速度和最小速度相差 10m/s；辐射传热规律时，活塞运动速度在整个功率冲程中是单调减小的，速度的变化是三种传热规律中最为剧烈的，最大速度和最小速度相差接近 35m/s。从表 10.12 中情形 1、2 和 3 的计算结果可以看出，以熵产生最小为目标时三种传热规律中线性唯象传热规律下热机的熵产生、输出功以及第二定律效率最大，而辐射传热规律下热机的熵产生、输出功以及第二定律效率最小。牛顿传热规律和线性唯象传热规律下输出功最大时最优构型的异同点详见文献[3]，不再赘述。不同优化目标下，不同传热规律时最优构型的功率冲程最佳时间 t_p 不同，也使循环总时间 τ 在各个冲程的时间分配不同。上述两个方面的差别均表明不同的优化目标、不同的传热规律影响活塞运动的最优构型。

10.3　生态学函数最大时 Otto 循环活塞运动最优路径

本节与 10.2 节相比只是改变了优化目标，因此 10.2.1 节使用的 Otto 循环热机模型完全适用于本节的分析。

10.3.1　优化目标

文献[22]在研究热机时证明 $T_L\sigma$ 反映了热机的功率耗散(其中 σ 为热机循环的熵产率，T_L 为低温热源温度)，故以

$$E' = P - T_L\sigma \tag{10.91}$$

为目标讨论热机的性能优化。式(10.91)中，P 为热机的输出功率。由于该目标在一定意义上与生态学长期目标有相似性，故称其为生态学最优性能。式(10.91)因为没有注意到能量(热量)与㶲(功)的本质区别，将功率(㶲)与非㶲损失放在一起做了比较是不完备的。Yan[23]认为当环境温度 T_0 与低温热源温度 T_L 不相等时，使用 $E'' = P - T_0\sigma$ 更合理，因为 E' 的定义中没有注意到能量和㶲的区别，将功率(㶲) P 和非㶲损失 $T_L\sigma$ 放在一起比较是不完备的。文献[24]基于㶲分析的观点，建立了各种循环统一的㶲分析生态学函数：

$$E = A/\tau - T_0\Delta S/\tau = A/\tau - T_0\sigma \tag{10.92}$$

式中，A 为循环输出㶲；T_0 为环境温度；ΔS 为循环熵产生；τ 为循环周期。对热机而言，输出功率 P 即为㶲流率 A/τ，故有

$$E = P - T_0\sigma \tag{10.93}$$

本书的优化目标是在固定耗油量和循环时间的条件下使循环的生态学函数最大，即使式(10.93)最大。在给定循环周期 τ 的情况下，循环的输出功率等于循环的输出功除以循环周期，即 $P = W_\tau/\tau$，循环的熵产率等于循环的熵产生除以循环周期，即 $\sigma = \Delta S/\tau$。循环的输出功等于循环功率冲程的输出功 W_p 减去非功率冲程的耗功 W_{np} 以及非功率冲程的摩擦损失功 $W_{f,t_{np}}$，即

$$W_\tau = W_p - W_{np} - W_{f,t_{np}} \tag{10.94}$$

根据文献[25]～[27]，循环的总熵产等于非功率冲程的熵产生 $\Delta S_{t_{np}}$ 加上功率冲程的熵产生 ΔS_{t_p}。非功率冲程的熵产生为

$$\Delta S_{t_{np}} = \frac{\int_0^{t_1} 2\mu v^2 \mathrm{d}t + \int_0^{t_2} 3\mu v^2 \mathrm{d}t}{T_0} \tag{10.95}$$

式中，t_1 为排气冲程和压缩冲程消耗的时间(两者消耗的时间都是 t_1)；t_2 为进气冲程消耗的时间。

功率冲程的熵产生为

$$\Delta S_{t_{\mathrm{p}}} = \int_0^{t_{\mathrm{p}}} \left[2\mu v^2 / T_0 + \left(1/T_0 - 1/T\right) K\pi b(b/2 + X)(T^n - T_{\mathrm{w}}^n)\mathrm{sign}(n) \right] \mathrm{d}t \tag{10.96}$$

循环功率冲程的输出功和非功率冲程的摩擦损失功分别为

$$W_{\mathrm{p}} = \int_0^{t_{\mathrm{p}}} \left(NRTv / X - 2\mu v^2 \right) \mathrm{d}t \tag{10.97}$$

$$W_{\mathrm{f},t_{\mathrm{np}}} = T_0 \Delta S_{t_{\mathrm{np}}} \tag{10.98}$$

式中，N 为工质摩尔数；R 为气体常数。循环非功率冲程的耗功是一个常数，可以由过程功的计算方法得到。

由式(10.93)～式(10.98)可得循环的生态学函数为

$$\begin{aligned} E = \tau^{-1} \Bigg\{ & \int_0^{t_{\mathrm{p}}} \left[NRTv / X - 4\mu v^2 - \left(1 - T_0 / T\right) K\pi b\left(b/2 + X\right)(T^n - T_{\mathrm{w}}^n)\mathrm{sign}(n) \right] \mathrm{d}t \\ & -2\left(\int_0^{t_1} 2\mu v^2 \mathrm{d}t + \int_0^{t_2} 3\mu v^2 \mathrm{d}t \right) - W_{\mathrm{np}} \Bigg\} \end{aligned} \tag{10.99}$$

分别令

$$E_1 = \int_0^{t_{\mathrm{p}}} \left[NRTv / X - 4\mu v^2 - \left(1 - T_0 / T\right) K\pi b\left(b/2 + X\right)(T^n - T_{\mathrm{w}}^n)\mathrm{sign}(n) \right] \mathrm{d}t \tag{10.100}$$

$$E_2 = 2T_0 \Delta S_{t_{\mathrm{np}}} = 2\left(\int_0^{t_1} 2\mu v^2 \mathrm{d}t + \int_0^{t_2} 3\mu v^2 \mathrm{d}t \right) \tag{10.101}$$

故优化目标为

$$\max E = \tau^{-1}(E_1 - E_2 - W_{\mathrm{np}}) \tag{10.102}$$

式中，循环周期 τ 固定，非功率冲程的耗功 W_{np} 为常数，因此式(10.102)等效为 E_1 最大且 E_2 最小。

10.3.2　优化方法

这里的优化问题是要在固定耗油量和循环时间的情况下使循环的生态学函数最大，因此优化后的热机和传统热机的唯一区别在于活塞的运行规律不同。优化过程由两部分组成：首先找出每个冲程的活塞最优运动路径，然后优化循环周期在各个冲程的时间分配。热机的冲程可分为功率冲程和非功率冲程两类。非功率冲程的优化目标是使 E_2 最小，由于 T_0 为常数，因此 E_2 最小等效为熵产生 $\Delta S_{t_{\mathrm{np}}}$ 最小。对于非功率冲程，先以熵产生最小为目标优化单个非功率冲程的活塞运动规律，然后以非功率冲程总的熵产生最小为目标优化非功率冲程时间 t_{np} 在各个非功率冲程的时间分配。对于功率冲程则是以 E_1 最大为目标优化活塞运动规律。最后对整个循环以生态学函数最大为目标优化循环周期在非功率冲程和功率冲程之间的时间分配。具体计算思路与 10.2 节的熵产生最小优化相同。

10.3.2.1 非功率冲程优化

由于非功率冲程的优化目标是使 E_2 最小，可以等效为熵产生 $\Delta S_{t_{\mathrm{np}}}$ 最小，因此优化可以按照 10.2.2.1 节非功率冲程的优化步骤进行。

优化后，可以得到三个非功率冲程总的熵产生为

$$\Delta S_{t_{\mathrm{np}}} = \mu a_{\mathrm{m}}^2 [2t_1^3(1+2y_1)(1-y_1)^2 + 3t_2^3(1+2y_2)(1-y_2)^2] / (12T_0) \tag{10.103}$$

给定非功率冲程总时间 t_{np}，由式(10.104)和式(10.105)得到非功率冲程的时间分配

$$t_{\mathrm{np}} = 2t_1 + t_2 \tag{10.104}$$

$$t_1^2(1-y_1)^2 = 3t_2^2(1-y_2)^2 \tag{10.105}$$

式中，$y_1 = (1-4\Delta X / a_{\mathrm{m}} t_1^2)^{1/2}$；$y_2 = (1-4\Delta X / a_{\mathrm{m}} t_2^2)^{1/2}$；$a_{\mathrm{m}}$ 为限制加速度值。

对于无加速度约束也即 $a_{\mathrm{m}} \to \infty$ 的情形，有

$$t_2 = \sqrt{3} t_1 \tag{10.106}$$

此时三个非功率冲程总的熵产生变为

$$\Delta S_{t_{\mathrm{np}}} = \mu(2+\sqrt{3})^2 (\Delta X)^2 / (t_{\mathrm{np}} T_0) \tag{10.107}$$

10.3.2.2 功率冲程优化

对于功率冲程，以 E_1 最大为目标优化活塞运动规律，也即确定 E_1 与 t_{p} 的最优关系。与非功率冲程单独考虑摩擦因素不同，功率冲程不仅需要考虑摩擦因素还需考虑传热损失对活塞运动最优构型的影响。直接求解功率冲程无加速度约束情形下的活塞运动最优构型比较复杂，故先求出无时间约束情形下的最优解，为无加速度约束情形下的数值求解确定合理的初值。

1. 无时间约束情形

用活塞位置 X 代替时间，就不需要对功率冲程的时间范围做出特殊的限定。为了使 E_1 最大，相应的优化问题变为

$$\max E_1=\int_{X_0}^{X_f}\left[NRT/X-4\mu v-\left(1-T_0/T\right)\frac{K\pi b}{v}\left(b/2+X\right)(T^n-T_w^n)\text{sign}(n)\right]\mathrm{d}X \tag{10.108}$$

根据热力学第一定律有

$$\frac{\mathrm{d}T}{\mathrm{d}X}=-\frac{1}{NC}\left[\frac{NRT}{X}+\frac{K\pi b(b/2+X)(T^n-T_w^n)\text{sign}(n)}{v}\right] \tag{10.109}$$

式中，C 为工质的比热容。

建立哈密顿函数如下：

$$\begin{aligned}H=&\frac{NRT}{X}-4\mu v-\left(1-T_0/T\right)\frac{K\pi b}{v}\left(b/2+X\right)(T^n-T_w^n)\text{sign}(n)\\&-\frac{\lambda}{NC}\left[\frac{NRT}{X}+\frac{k\pi b(b/2+X)(T^n-T_w^n)\text{sign}(n)}{v}\right]\end{aligned} \tag{10.110}$$

式(10.110)所示哈密顿函数对应的正则方程为式(10.109)以及式(10.111)：

$$\frac{\mathrm{d}\lambda}{\mathrm{d}X}=-\frac{\partial H}{\partial T}=\frac{\lambda R}{CX}-\frac{NR}{X}+\frac{K\pi b\text{sign}(n)}{v}(b/2+X)\left[\frac{(1-n)T^nT_0-T_0T_w^n}{T^2}+nT^{n-1}\left(\frac{\lambda}{NC}+1\right)\right] \tag{10.111}$$

由极值条件 $\partial H/\partial v=0$ 可得

$$v=\left(\frac{K\pi b(b/2+X)(T^n-T_w^n)\text{sign}(n)[1-T_0/T+\lambda/(NC)]}{4\mu}\right)^{1/2} \tag{10.112}$$

边界条件为

$$T(X_0)=T_{0p}\text{，}\quad \lambda(X_f)=0 \tag{10.113}$$

式中，T_{0p} 为功率冲程初始点时气缸内的工质温度。上述方程无解析解，需用数值方法计算，具体算法见 10.3.3.1 节。

2. 无加速度约束情形

该情形下优化问题变为求解对应于时间 t_p 内功率冲程 E_1 最大时的活塞运动

最优路径，即

$$\max E_1 = \int_0^{t_p} \left[NRTv/X - 4\mu v^2 - \left(1 - T_0/T\right) K\pi b\left(b/2 + X\right)(T^n - T_w^n)\mathrm{sign}(n) \right] \mathrm{d}t \tag{10.114}$$

式(10.109)相应变为

$$\dot{T} = -\frac{1}{NC}\left[\frac{NRT\dot{X}}{X} + K\pi b(b/2 + X)(T^n - T_w^n)\mathrm{sign}(n)\right] \tag{10.115}$$

式中，$\dot{T} = \mathrm{d}T/\mathrm{d}t$，以下参数上带点也表示参数对时间的导数。

对于式(10.114)的最优控制问题，建立变更的拉格朗日函数：

$$\begin{aligned} L = &\frac{NRT\dot{X}}{X} - 4\mu\dot{X}^2 - \left(1 - T_0/T\right)K\pi b\left(b/2 + X\right)(T^n - T_w^n)\mathrm{sign}(n) \\ &+ \lambda\left[\dot{T} + \frac{RT\dot{X}}{CX} + \frac{K\pi b}{NC}\left(b/2 + X\right)(T^n - T_w^n)\mathrm{sign}(n)\right] \end{aligned} \tag{10.116}$$

式(10.114)取得最大值的必要条件为如下的欧拉-拉格朗日方程成立：

$$\frac{\partial L}{\partial X} - \frac{\mathrm{d}}{\mathrm{d}t}\left(\frac{\partial L}{\partial \dot{X}}\right) = 0 \tag{10.117}$$

$$\frac{\partial L}{\partial T} - \frac{\mathrm{d}}{\mathrm{d}t}\left(\frac{\partial L}{\partial \dot{T}}\right) = 0 \tag{10.118}$$

将式(10.116)分别代入式(10.117)和式(10.118)得

$$\begin{aligned} \dot{v} = &\frac{K\pi b}{8\mu NXC^2}\{CX(NCT - \lambda T - NCT_0)(T^n - T_w^n)\mathrm{sign}(n) - R(b/2 + X) \\ &\times[nT^n(NCT - \lambda T - NCT_0)\mathrm{sign}(n) + (NCT + \lambda T + NCT_0)(T^n - T_w^n)\mathrm{sign}(n)]\} \end{aligned} \tag{10.119}$$

$$\begin{aligned} \dot{\lambda} = &\frac{\lambda Rv}{CX} + \frac{NRv}{X} - nK\pi bT^{n-1}\left(b/2 + X\right)\left(1 - \frac{T_0}{T} - \frac{\lambda}{NC}\right)\mathrm{sign}(n) \\ &- \frac{T_0}{T^2}K\pi b\left(b/2 + X\right)(T^n - T_w^n)\mathrm{sign}(n) \end{aligned} \tag{10.120}$$

此外还有约束条件：

$$\dot{X} = v \tag{10.121}$$

式(10.115)、式(10.119)～式(10.121)组成了广义辐射传热规律下功率冲程无加速度约束时最优构型的微分方程组，微分方程组的边界条件为

$$X(0) = X_0,\quad X(t_{\mathrm{p}}) = X_{\mathrm{f}},\quad T(0) = T_{0\mathrm{p}},\quad \partial L / \partial T\Big|_{t=t_{\mathrm{p}}} = \lambda(t_{\mathrm{p}}) = 0 \tag{10.122}$$

上述微分方程组确定了最优问题的解，可求出作为时间 t_{p} 函数的 E_1 与功率冲程活塞运动最优路径即 v - X 最优关系。上述微分方程组无解析解，同样需要数值方法求解，具体算法见 10.3.3.2 节。

3. 加速度约束情形

此外，必须考虑活塞在功率冲程的两个端点的速度为零，同时加速度限定在有限值。这种情形下优化问题的目标函数和无加速度限制时相同，依然为式(10.114)，而对应的约束条件除了式(10.115)和式(10.121)外，增加了下面两个：

$$\dot{v} = a \tag{10.123}$$

$$-a_{\mathrm{m}} \leqslant a \leqslant a_{\mathrm{m}} \tag{10.124}$$

建立如下的哈密顿函数：

$$\begin{aligned} H = {} & \frac{NRTv}{X} - 4\mu v^2 - \left(1 - T_0/T\right) K\pi b\left(b/2 + X\right)(T^n - T_{\mathrm{w}}^n)\mathrm{sign}(n) \\ & -(\lambda_1/NC)[(NRTv/X) + K\pi b(0.5b + X)(T^n - T_{\mathrm{w}}^n)\mathrm{sign}(n)] + \lambda_2 v + \lambda_3 a \end{aligned} \tag{10.125}$$

式(10.125)对应的三个协态方程分别为

$$\begin{aligned} \dot{\lambda}_1 = {} & -\frac{\partial H}{\partial T} = nT^{n-1}\mathrm{sign}(n) K\pi b\left(b/2 + X\right)\left(\frac{\lambda_1}{NC} + 1 - \frac{T_0}{T}\right) \\ & + \frac{T_0}{T^2} K\pi b\left(b/2 + X\right)(T^n - T_{\mathrm{w}}^n)\mathrm{sign}(n) + \frac{\lambda_1 Rv}{CX} - \frac{NRv}{X} \end{aligned} \tag{10.126}$$

$$\dot{\lambda}_2 = -\frac{\partial H}{\partial X} = K\pi b(T^n - T_{\mathrm{w}}^n)\mathrm{sign}(n)\left(\frac{\lambda_1}{NC} + 1 - \frac{T_0}{T}\right) - \frac{\lambda_1 RTv}{CX^2} + \frac{NRTv}{X^2} \tag{10.127}$$

$$\dot{\lambda}_3 = -\frac{\partial H}{\partial v} = 8\mu v + \frac{\lambda_1 RT}{CX} - \frac{NRT}{X} - \lambda_2 \tag{10.128}$$

由极值条件$\partial H / \partial a = 0$得

$$\lambda_3 = 0 \tag{10.129}$$

如果式(10.129)不仅在加速度区间$[-a_{\mathrm{m}}, a_{\mathrm{m}}]$上某个孤立点成立，可得

$$\dot{\lambda}_3 = 0 \tag{10.130}$$

通过式(10.127)、式(10.128)和式(10.130)消去λ_2，就可以得到一组与相应无加速度约束情形相同的微分方程组。因此，加速度约束时功率冲程活塞运动的最优路径由两个边界运动段(最大加速初段和最大减速末段)和与它们相连的满足式(10.115)、式(10.119)～式(10.121)的中间段组成。对于加速度约束情形下的最优解只能求其数值解，具体计算方法见 10.3.3.3 节。

10.3.3 数值算法

10.3.3.1 无时间约束条件下的数值算法

无时间约束条件下的最优解算法：首先猜测一个初始$\lambda(X_0)$，由式(10.109)、式(10.111)、式(10.112)迭代计算$\lambda(X_{\mathrm{f}})$，然后改变$\lambda(X_0)$的值，直到$\lambda(X_{\mathrm{f}}) = 0$，这样就可以得到无时间约束情形时功率冲程活塞运动的最优规律。

10.3.3.2 无加速度约束条件下的数值算法

有了无时间约束条件下的最优解，就可以计算无加速度约束条件下的最优解。具体计算方法如下：①首先将无时间约束时活塞的初始速度v_0和加速度a_0代入式(10.119)得到λ_0，再将v_0、a_0和λ_0代入微分方程组式(10.115)、式(10.119)～式(10.121)，进行迭代计算，直到满足边界条件式(10.122)，由此可以得到一个无加速度约束条件下功率冲程的时间t_{p}和E_1，根据$t_{\mathrm{np}} = \tau - t_{\mathrm{p}} = 2t_1 + t_2$以及式(10.103)和式(10.105)可以计算得到非功率冲程的时间分配和熵产生$\Delta S_{t_{\mathrm{np}}}$，最后可以计算整个循环的生态学函数$E$；②增大$v_0$，重复第一个步骤计算直到生态学函数$E$最大同时满足$t_{\mathrm{p}} < \tau$。

10.3.3.3 加速度约束条件下的数值算法

加速度约束条件下功率冲程活塞运动的最优构型由三段组成，因此加速度约束条件下的数值算例与无加速度约束时的正向数值计算方法不同，采用逆向计算(即将活塞末态位置作为计算的初始点)。具体计算方法如下：①最大减速段的计算，选取合理的最大减速段时间，猜测一个功率冲程末端温度T_{f}，通过式(10.115)、式(10.121)和式(10.123)计算得到最大减速段初始点的各参数；②中间微分方程组

运动段的计算，以最大减速段初始点的各参数作为计算的初始值，联立式(10.115)、式(10.119)～式(10.121)进行迭代计算，由于中间微分方程组运动段的初始点是最大加速段的末端，因此中间微分方程组运动段的初始速度与活塞的位置有关，最大加速段中活塞运动的位移与速度呈抛物线关系这个条件将作为本步计算结束的中止条件，这样就可以得到中间微分方程组运动段的初始参数；③以中间微分方程组运动段的初始参数作为最大加速段的计算初始值，通过式(10.11)、式(10.121)和式(10.123)计算得到最大加速段的初始参数，也就是功率冲程开始时的参数，将计算得到的功率冲程开始的工质温度和已知的 T_{0p} 进行比较，若不相等则改变第一步中的末端温度 T_f 直到两者相等为止，若相等则计算出功率冲程的 E_1；④根据第三步计算得到的功率冲程时间 t_p，计算非功率冲程的时间分配和熵产生 $\Delta S_{t_{np}}$，从而得到整个循环过程的生态学函数 E；⑤改变第一步中最大减速段的时间，重复前面的四个步骤直到所有可能的减速段时间循环完为止；⑥比较各减速段时间条件下的循环生态学函数 E，其最大值即为所求解。

10.3.4　特例分析

10.3.4.1　牛顿传热规律下的最优构型

牛顿传热规律下，传热指数 $n=1$；符号函数 $\mathrm{sign}(n)=1$。

1. 无时间约束情形

优化目标为

$$\max E_1=\int_{X_0}^{X_f}\left[NRT/X-4\mu v-\left(1-T_0/T\right)\frac{K\pi b}{v}\left(b/2+X\right)(T-T_w)\right]\mathrm{d}X \tag{10.131}$$

建立的哈密顿函数为

$$\begin{aligned}H=&NRT/X-4\mu v-\left(1-T_0/T\right)\frac{K\pi b}{v}\left(b/2+X\right)(T-T_w)\\&-\frac{\lambda}{NC}\left[\frac{NRT}{X}+\frac{k\pi b(b/2+X)(T-T_w)}{v}\right]\end{aligned} \tag{10.132}$$

最优路径满足的微分方程组为

$$\frac{\mathrm{d}T}{\mathrm{d}X}=-\frac{1}{NC}\left[\frac{NRT}{X}+\frac{K\pi b(b/2+X)(T-T_w)}{v}\right] \tag{10.133}$$

$$\frac{\mathrm{d}\lambda}{\mathrm{d}X}=-\frac{\partial H}{\partial T}=\frac{\lambda R}{CX}-\frac{NR}{X}+\frac{K\pi b}{v}\left(b/2+X\right)\left(\frac{\lambda}{NC}+1-\frac{T_0T_w}{T^2}\right) \tag{10.134}$$

极值条件为

$$v=\left\{\frac{K\pi b(b/2+X)(T-T_{\mathrm{w}})[1-T_0/T+\lambda/(NC)]}{4\mu}\right\}^{1/2} \tag{10.135}$$

2. 无加速度约束情形

优化目标为

$$\max E_1=\int_0^{t_{\mathrm{p}}}\left[NRTv/X-4\mu v^2-(1-T_0/T)K\pi b(b/2+X)(T-T_{\mathrm{w}})\right]\mathrm{d}X \tag{10.136}$$

建立变更的拉格朗日函数为

$$\begin{aligned}L=&\frac{NRT\dot{X}}{X}-4\mu\dot{X}^2-(1-T_0/T)K\pi b(b/2+X)(T-T_{\mathrm{w}})\\&+\lambda\left[\dot{T}+\frac{RT\dot{X}}{CX}+\frac{K\pi b}{NC}(b/2+X)(T-T_{\mathrm{w}})\right]\end{aligned} \tag{10.137}$$

最优路径满足的微分方程组为

$$\dot{T}=-\frac{1}{NC}\left[\frac{NRT\dot{X}}{X}+K\pi b(b/2+X)(T-T_{\mathrm{w}})\right] \tag{10.138}$$

$$\begin{aligned}\dot{v}=&\frac{K\pi b}{8\mu NXC^2}\{CX(NCT-\lambda T-NCT_0)(T-T_{\mathrm{w}})\\&-R(b/2+X)[T(NCT-\lambda T-NCT_0)+(NCT+\lambda T+NCT_0)(T-T_{\mathrm{w}})]\}\end{aligned} \tag{10.139}$$

$$\dot{\lambda}=\frac{\lambda Rv}{CX}+\frac{NRv}{X}-K\pi b\left(\frac{b}{2}+X\right)\left(1-\frac{T_0}{T}-\frac{\lambda}{NC}\right)-\frac{T_0}{T^2}K\pi b\left(\frac{b}{2}+X\right)(T-T_{\mathrm{w}}) \tag{10.140}$$

$$\dot{X}=v \tag{10.141}$$

3. 加速度约束情形

优化目标仍为式(10.136)。建立的哈密顿函数为

$$\begin{aligned}H=&\frac{NRTv}{X}-4\mu v^2-(1-T_0/T)K\pi b(b/2+X)(T-T_{\mathrm{w}})\\&-\frac{\lambda_1}{NC}\left[NRTv/X+K\pi b(b/2+X)(T-T_{\mathrm{w}})\right]+\lambda_2 v+\lambda_3 a\end{aligned} \tag{10.142}$$

最优路径满足的微分方程组除了式(10.138)和式(10.141)，还有

$$\dot{\lambda}_1 = -\frac{\partial H}{\partial T} = K\pi b(b/2+X)\left(\frac{\lambda_1}{NC}+1-\frac{T_0}{T}\right)+T_0/T^2 K\pi b(b/2+X)(T-T_{\rm w}) + \frac{\lambda_1 Rv}{CX} - \frac{NRv}{X} \tag{10.143}$$

$$\dot{\lambda}_2 = -\frac{\partial H}{\partial X} = K\pi b(T-T_{\rm w})\left(\frac{\lambda_1}{NC}+1-\frac{T_0}{T}\right) - \frac{\lambda_1 RTv}{CX^2} + \frac{NRTv}{X^2} \tag{10.144}$$

$$\dot{\lambda}_3 = -\frac{\partial H}{\partial v} = \frac{8\mu v}{T_0} + \frac{\lambda_1 RT}{CX} - \frac{NRT}{X} - \lambda_2 \tag{10.145}$$

由极值条件$\partial H/\partial a = 0$得

$$\lambda_3 = 0 \tag{10.146}$$

如果式(10.146)不仅在加速度区间$[-a_{\rm m}, a_{\rm m}]$上某个孤立点成立，可得

$$\dot{\lambda}_3 = 0 \tag{10.147}$$

10.3.4.2　线性唯象传热规律下的最优构型

线性唯象传热规律下，传热指数$n=-1$，符号函数$\mathrm{sign}(n)=-1$。

1. 无时间约束情形

优化目标为

$$\max E_1 = \int_{X_0}^{X_{\rm f}} \left[\frac{NRT}{X} - 4\mu v - (1-T_0/T)\frac{K\pi b}{v}(b/2+X)(T_{\rm w}^{-1}-T^{-1})\right]\mathrm{d}X \tag{10.148}$$

建立的哈密顿函数为

$$H = \frac{NRT}{X} - 4\mu v - (1-T_0/T)\frac{K\pi b}{v}(b/2+X)(T_{\rm w}^{-1}-T^{-1}) - \frac{\lambda}{NC}\left[\frac{NRT}{X} + \frac{K\pi b(b/2+X)(T_{\rm w}^{-1}-T^{-1})}{v}\right] \tag{10.149}$$

最优路径满足的微分方程组为

$$\frac{\mathrm{d}T}{\mathrm{d}X} = -\frac{1}{NC}\left[\frac{NRT}{X} + \frac{K\pi b(b/2+X)(T_{\rm w}^{-1}-T^{-1})}{v}\right] \tag{10.150}$$

$$\frac{\mathrm{d}\lambda}{\mathrm{d}X}=-\frac{\partial H}{\partial T}=\frac{\lambda R}{CX}-\frac{NR}{X}-\frac{K\pi b}{v}(b/2+X)\left[\frac{2T^{-1}T_0-T_0T_{\mathrm{w}}^{-1}}{T^2}-\frac{1}{T^2}\left(\frac{\lambda}{NC}+1\right)\right] \tag{10.151}$$

极值条件为

$$v=\left\{\frac{K\pi b(b/2+X)(T_{\mathrm{w}}^{-1}-T^{-1})[1-T_0/T+\lambda/(NC)]}{4\mu}\right\}^{1/2} \tag{10.152}$$

2. 无加速度约束情形

优化目标为

$$\max E_1=\int_0^{t_{\mathrm{p}}}\left[NRTv/X-4\mu v^2-\left(1-T_0/T\right)K\pi b\left(b/2+X\right)(T_{\mathrm{w}}^{-1}-T^{-1})\right]\mathrm{d}t \tag{10.153}$$

建立变更的拉格朗日函数为

$$\begin{aligned}L=&\frac{NRT\dot{X}}{X}-4\mu\dot{X}^2-\left(1-T_0/T\right)K\pi b\left(b/2+X\right)(T_{\mathrm{w}}^{-1}-T^{-1})\\&+\lambda\left[\dot{T}+\frac{RT\dot{X}}{CX}+\frac{K\pi b}{NC}(b/2+X)(T_{\mathrm{w}}^{-1}-T^{-1})\right]\end{aligned} \tag{10.154}$$

最优路径满足的微分方程组为

$$\dot{T}=-\frac{1}{NC}\left[\frac{NRT\dot{X}}{X}+K\pi b\left(b/2+X\right)(T_{\mathrm{w}}^{-1}-T^{-1})\right] \tag{10.155}$$

$$\begin{aligned}\dot{v}=&\frac{K\pi b}{8\mu NXC^2}\{CX(NCT-\lambda T-NCT_0)(T_{\mathrm{w}}^{-1}-T^{-1})-R(b/2+X)\\&\times[T^{-1}(NCT-\lambda T-NCT_0)+(NCT+\lambda T+NCT_0)(T_{\mathrm{w}}^{-1}-T^{-1})]\}\end{aligned} \tag{10.156}$$

$$\dot{\lambda}=\frac{\lambda Rv}{CX}+\frac{NRv}{X}-\frac{K\pi b}{T^2}(b/2+X)\left(1-\frac{T_0}{T}-\frac{\lambda}{NC}\right)-\frac{T_0}{T^2}K\pi b\left(b/2+X\right)(T_{\mathrm{w}}^{-1}-T^{-1}) \tag{10.157}$$

$$\dot{X}=v \tag{10.158}$$

3. 加速度约束情形

优化目标仍为式(10.153)。建立的哈密顿函数为

$$
\begin{aligned}
H=&\frac{NRTv}{X}-4\mu v^2-(1-T_0/T)K\pi b(b/2+X)(T_{\mathrm{w}}^{-1}-T^{-1})\\
&-\frac{\lambda_1}{NC}\left[\frac{NRTv}{X}+K\pi b(b/2+X)(T_{\mathrm{w}}^{-1}-T^{-1})\right]+\lambda_2 v+\lambda_3 a
\end{aligned}
\tag{10.159}
$$

最优路径满足的微分方程组除了式(10.155)和式(10.158)，还有

$$
\begin{aligned}
\dot{\lambda}_1=&-\frac{\partial H}{\partial T}=\frac{K\pi b}{T^2}(b/2+X)\left(\frac{\lambda_1}{NC}+1-\frac{T_0}{T}\right)\\
&+\frac{T_0}{T^2}K\pi b(b/2+X)(T_{\mathrm{w}}^{-1}-T^{-1})+\frac{\lambda_1 Rv}{CX}-\frac{NRv}{X}
\end{aligned}
\tag{10.160}
$$

$$
\dot{\lambda}_2=-\frac{\partial H}{\partial X}=K\pi b(T_{\mathrm{w}}^{-1}-T^{-1})\left(\frac{\lambda_1}{NC}+1-\frac{T_0}{T}\right)-\frac{\lambda_1 RTv}{CX^2}+\frac{NRTv}{X^2}
\tag{10.161}
$$

$$
\dot{\lambda}_3=-\frac{\partial H}{\partial v}=\frac{8\mu v}{T_0}+\frac{\lambda_1 RT}{CX}-\frac{NRT}{X}-\lambda_2
\tag{10.162}
$$

由极值条件 $\partial H/\partial a=0$ 得

$$
\lambda_3=0
\tag{10.163}
$$

如果式(10.163)不仅在加速度区间 $[-a_{\mathrm{m}},a_{\mathrm{m}}]$ 上某个孤立点成立，可得

$$
\dot{\lambda}_3=0
\tag{10.164}
$$

10.3.4.3　辐射传热规律下的最优构型

辐射传热规律下，传热指数 $n=4$，符号函数 $\mathrm{sign}(n)=1$。

1. 无时间约束情形

优化目标为

$$
\max E_1=\int_{X_0}^{X_{\mathrm{f}}}\left[NRT/X-4\mu v-(1-T_0/T)\frac{K\pi b}{v}(b/2+X)(T^4-T_{\mathrm{w}}^4)\right]\mathrm{d}X
\tag{10.165}
$$

建立的哈密顿函数为

$$
\begin{aligned}
H=&\frac{NRT}{X}-4\mu v-(1-T_0/T)\frac{K\pi b}{v}(b/2+X)(T^4-T_{\mathrm{w}}^4)\\
&-\frac{\lambda}{NC}\left[\frac{NRT}{X}+\frac{K\pi b(b/2+X)(T^4-T_{\mathrm{w}}^4)}{v}\right]
\end{aligned}
\tag{10.166}
$$

最优路径满足的微分方程组为

$$\frac{\mathrm{d}T}{\mathrm{d}X}=-\frac{1}{NC}\left[\frac{NRT}{X}+\frac{K\pi b(b/2+X)(T^4-T_{\mathrm{w}}^4)}{v}\right] \tag{10.167}$$

$$\frac{\mathrm{d}\lambda}{\mathrm{d}X}=-\frac{\partial H}{\partial T}=\frac{\lambda R}{CX}-\frac{NR}{X}+\frac{K\pi b}{v}(b/2+X)\left[4T^3\left(\frac{\lambda}{NC}+1\right)-\frac{3T^4T_0-T_0T_{\mathrm{w}}^4}{T^2}\right] \tag{10.168}$$

极值条件为

$$v=\left\{\frac{K\pi b(b/2+X)(T^4-T_{\mathrm{w}}^4)[1-T_0/T+\lambda/(NC)]}{4\mu}\right\}^{1/2} \tag{10.169}$$

2. 无加速度约束情形

优化目标为

$$\max E_1=\int_0^{t_{\mathrm{p}}}\left[NRTv/X-4\mu v^2-(1-T_0/T)K\pi b(b/2+X)(T^4-T_{\mathrm{w}}^4)\right]\mathrm{d}t \tag{10.170}$$

建立变更的拉格朗日函数为

$$\begin{aligned}L=&\frac{NRT\dot{X}}{X}-4\mu\dot{X}^2-(1-T_0/T)K\pi b(b/2+X)(T^4-T_{\mathrm{w}}^4)\\&+\lambda\left[\dot{T}+\frac{RT\dot{X}}{CX}+\frac{K\pi b}{NC}(b/2+X)(T^4-T_{\mathrm{w}}^4)\right]\end{aligned} \tag{10.171}$$

最优路径满足的微分方程组为

$$\dot{T}=-\frac{1}{NC}\left[NRT\dot{X}/X+K\pi b(b/2+X)(T^4-T_{\mathrm{w}}^4)\right] \tag{10.172}$$

$$\begin{aligned}\dot{v}=&\frac{K\pi b}{8\mu NXC^2}\{CX(NCT-\lambda T-NCT_0)(T^4-T_{\mathrm{w}}^4)\\&-R(b/2+X)[4T^4(NCT-\lambda T-NCT_0)+(NCT+\lambda T+NCT_0)(T^4-T_{\mathrm{w}}^4)]\}\end{aligned} \tag{10.173}$$

$$\dot{\lambda}=\frac{\lambda Rv}{CX}+\frac{NRv}{X}-4K\pi bT^3(b/2+X)\left(1-\frac{T_0}{T}-\frac{\lambda}{NC}\right)-\frac{T_0}{T^2}K\pi b(b/2+X)(T^4-T_{\mathrm{w}}^4) \tag{10.174}$$

$$\dot{X}=v \tag{10.175}$$

3. 加速度约束情形

优化目标仍为式(10.170)。建立的哈密顿函数为

$$
\begin{aligned}
H=&\frac{NRTv}{X}-4\mu v^2\left(1-T_0/T\right)K\pi b\left(b/2+X\right)(T^4-T_{\mathrm{w}}^4)\\
&-\frac{\lambda_1}{NC}\left[NRTv/X+K\pi b\left(b/2+X\right)(T^4-T_{\mathrm{w}}^4)\right]+\lambda_2 v+\lambda_3 a
\end{aligned}
\tag{10.176}
$$

最优路径满足的微分方程组除了式(10.172)和式(10.175)，还有

$$
\begin{aligned}
\dot{\lambda}_1=-\frac{\partial H}{\partial T}=&4T^3K\pi b\left(b/2+X\right)\left(\frac{\lambda_1}{NC}+1-\frac{T_0}{T}\right)\\
&+\frac{T_0}{T^2}K\pi b\left(b/2+X\right)(T^4-T_{\mathrm{w}}^4)+\frac{\lambda_1 Rv}{CX}-\frac{NRv}{X}
\end{aligned}
\tag{10.177}
$$

$$
\dot{\lambda}_2=-\frac{\partial H}{\partial X}=K\pi b(T^4-T_{\mathrm{w}}^4)\left(\frac{\lambda_1}{NC}+1-\frac{T_0}{T}\right)-\frac{\lambda_1 RTv}{CX^2}+\frac{NRTv}{X^2}
\tag{10.178}
$$

$$
\dot{\lambda}_3=-\frac{\partial H}{\partial v}=\frac{8\mu v}{T_0}+\frac{\lambda_1 RT}{CX}-\frac{NRT}{X}-\lambda_2
\tag{10.179}
$$

由极值条件 $\partial H/\partial a=0$ 得

$$
\lambda_3=0
\tag{10.180}
$$

如果式(10.180)不仅在加速度区间 $\left[-a_{\mathrm{m}},a_{\mathrm{m}}\right]$ 上某个孤立点成立，则可得

$$
\dot{\lambda}_3=0
\tag{10.181}
$$

10.3.5 数值算例与讨论

本节给出牛顿传热规律、线性唯象传热规律和辐射传热规律三种特例下的活塞运动最优路径数值算例。

10.3.5.1 计算参数和常数的确定

计算参数和常数仍如表 10.1 所示。在以下数值计算中 $v_{\max}$ 为功率冲程活塞运动的最大速度，T_{f} 为功率冲程结束时工质的温度。

10.3.5.2 无加速度约束条件下的数值算例

三种传热规律时无加速度约束条件下各种情形选取的一些参数仍如表 10.2 所示。

表 10.13～表 10.15 给出了这些参数下传统运动规律(表中用“传统”表示)和最优运动规律(表中用“最优”表示)相应的计算结果，其中传统运动规律取为修正正弦规律($r/l=0.25$)，从表中可知各参数变化对活塞运动最优构型的影响。各种情形下，优化后循环的生态学函数 E 大于对应的传统运动规律下的值，功率冲程的时间 t_p 的值小于对应的传统运动规律下的值，活塞运动最大速度 v_{max} 的值和功率冲程末端温度 T_f 值高于对应的传统运动规律下的值。相比于传统运动规律下循环的输出功率，优化后循环的输出功率既可能增加也可能减小。优化后循环非功率冲程和功率冲程的熵产生均减小，因此优化后循环的总熵产率减小。比较功率冲程和非功率冲程熵产生的减少量可以看出，功率冲程熵产生的减少量远大于非功率冲程熵产生的减少量，因此优化后循环的总熵产率减小主要是通过减小功率冲程的熵产生来实现的。综合以上分析可以看出，三种传热规律下优化过程主要是通过减小功率冲程循环的熵产率实现的。此外，从表中还可以看出，随着循环的周期增加，循环的输出功率和生态学函数减小。

表 10.13　牛顿传热规律时无加速度约束条件下的计算结果(生态学函数最大)

情形		v_{max} /(m/s)	t_p /ms	$\Delta S_{t_{np}}$ /(10^{-3}kJ/K)	ΔS_{t_p} /(10^{-3}kJ/K)	σ /(kW/K)	W_p /10^{-3}kJ	P /kW	E /kW	T_f /K
1	传统	13.3	8.33	0.1561	0.6636	0.0246	503.0	8.65	1.27	1098
	最优	30.7	2.74	0.0960	0.4303	0.0158	487.3	8.72	3.98	1337
2	传统	13.3	8.33	0.1029	0.6463	0.0225	529.6	9.93	3.18	1096
	最优	38.2	2.20	0.0622	0.3539	0.0125	504.8	9.55	5.80	1362
3	传统	13.3	8.33	0.2118	0.6816	0.0268	517.6	8.59	0.55	1103
	最优	26.3	3.20	0.1323	0.4936	0.0188	487.1	8.39	2.75	1316
4	传统	17.7	6.25	0.2080	0.5834	0.0317	529.2	11.96	2.45	1179
	最优	31.0	2.70	0.1316	0.4279	0.0224	495.0	11.51	4.79	1340
5	传统	8.86	12.5	0.1040	0.7896	0.0179	489.0	5.81	0.44	969
	最优	30.5	2.77	0.0621	0.4312	0.0099	496.0	6.20	3.23	1335

表 10.14　线性唯象传热规律时无加速度约束条件下的计算结果(生态学函数最大)

情形		v_{max} /(m/s)	t_p /ms	$\Delta S_{t_{np}}$ /(10^{-3}kJ/K)	ΔS_{t_p} /(10^{-3}kJ/K)	σ /(kW/K)	W_p /10^{-3}kJ	P /kW	E /kW	T_f /K
1	传统	13.3	8.33	0.1585	0.7632	0.0277	510.0	8.85	0.54	1062
	最优	26.8	2.71	0.0958	0.4356	0.0159	490.4	8.81	4.04	1337

续表

情形		v_{max} /(m/s)	t_p /ms	$\Delta S_{t_{np}}$ /(10^{-3}kJ/K)	ΔS_{t_p} /(10^{-3}kJ/K)	σ /(kW/K)	W_p /10^{-3}kJ	P /kW	E /kW	T_f /K
2	传统	13.3	8.33	0.1044	0.5901	0.0208	529.0	9.89	3.65	1183
	最优	28.4	2.58	0.0629	0.3006	0.0109	516.3	9.88	6.61	1387
3	传统	13.3	8.33	0.2150	0.8872	0.0331	491.5	7.78	−2.15	960
	最优	25.8	2.81	0.1306	0.5723	0.0211	479.5	8.18	1.85	1286
4	传统	17.7	6.25	0.2111	0.6572	0.0347	514.4	11.33	0.91	1164
	最优	27.1	2.68	0.1314	0.4356	0.0227	497.3	10.89	4.08	1338
5	传统	8.86	12.5	0.1056	0.9007	0.0201	495.4	5.92	−0.11	888
	最优	27.0	2.69	0.0620	0.4360	0.0100	497.4	6.23	3.23	1337

表 10.15　辐射传热规律时无加速度约束条件下的计算结果(生态学函数最大)

情形		v_{max} /(m/s)	t_p /ms	$\Delta S_{t_{np}}$ /(10^{-3}kJ/K)	ΔS_{t_p} /(10^{-3}kJ/K)	σ /(kW/K)	W_p /10^{-3}kJ	P /kW	E /kW	T_f /K
1	传统	13.3	8.33	0.1585	0.6136	0.0232	473.2	7.74	0.78	1157
	最优	49.9	3.40	0.0981	0.4274	0.0158	481.1	8.52	3.78	1328
2	传统	13.3	8.33	0.1044	0.4862	0.0177	501.2	9.06	3.75	1241
	最优	52.2	3.08	0.0640	0.2963	0.0108	507.5	9.61	6.37	1388
3	传统	13.3	8.33	0.2150	0.7121	0.0278	449.0	6.50	−1.84	1095
	最优	47.8	3.49	0.1336	0.5661	0.0210	471.6	7.91	1.61	1287
4	传统	17.7	6.25	0.2111	0.5501	0.0304	482.3	10.03	0.91	1216
	最优	49.5	3.59	0.1371	0.4455	0.0233	490.9	11.27	4.28	1318
5	传统	8.9	12.5	0.1056	0.7028	0.0162	453.7	5.08	0.23	1066
	最优	49.4	3.65	0.0633	0.4475	0.0102	491.2	6.08	3.02	1315

10.3.5.3　加速度约束条件下的数值算例

根据文献[1]和[2]确定加速度变化范围为 $5\times10^3 \sim 5\times10^4\,\text{m/s}^2$。在摩擦损失系数 $\mu = 12.9\text{kg/s}$ 和 $\tau = 33.3\text{ms}$ 的情况下分别计算无加速度约束、限制加速度值分别为 $a_m = 2\times10^4\,\text{m/s}^2$ 、$a_m = 5\times10^4\,\text{m/s}^2$ 时功率冲程活塞运动的最优构型以及传统活塞运动规律。表 10.16～表 10.18 给出了计算结果，图 10.9～图 10.11 分别给出了各种约束条件下活塞运动的最优构型。从图 10.9～图 10.11 可知，最大加速度限制为 $5\times10^4\,\text{m/s}^2$ 时三种传热规律下活塞运动最优构型的中间段与无加速度约束时活塞运动的最优构型相似，这是因为这两个运动段所需满足的微分方程组是一样的，只是边界条件不同。两者在活塞运行的初态和末态不同，这是因为无加速度约束时，活塞在初态和末态位置时的速度可以实现瞬时突变，而加速度约束时，活塞在初态和末态位置时的速度不能实现瞬时突变，活塞在初态位置时的速度必须从零开始逐渐加，在末态位置时的速度必须从某个值逐渐减小为零，这要消耗一定的时间。图 10.12～图 10.14 分别给出了三种传热规律下一个循环周期内活塞运动的最优构型，其加速度限制为 $a_m = 2\times10^4\,m/s^2$。有多种途径可实现这种最优构型，如采用特殊轮廓线设计的凸轮轴机械传动或采用电磁联轴节[19]。

表 10.16　牛顿传热规律时限制加速度、无加速度约束和传统运动规律条件下的计算结果(生态学函数最大)

情形		v_{max} /(m/s)	t_p /ms	$\Delta S_{t_{np}}$ /(10^{-3}kJ/K)	ΔS_{t_p} /(10^{-3}kJ/K)	σ /(kW/K)	W_p /10^{-3}kJ	P /kW	E /kW	T_f /K
传统		13.3	8.33	0.1561	0.6636	0.0246	503.0	8.65	1.27	1098
限制加速度值 /(m/s²)	5×10^4	27.4	4.50	0.1019	0.4244	0.0158	535.0	10.01	5.36	1282
	2×10^4	19.3	5.30	0.1048	0.4478	0.0166	535.7	10.01	5.12	1262
无加速度约束		30.7	2.74	0.0960	0.4303	0.0158	487.3	8.72	3.98	1337

表 10.17　线性唯象传热规律时限制加速度、无加速度约束和传统运动规律条件下的计算结果(生态学函数最大)

情形		v_{max} /(m/s)	t_p /ms	$\Delta S_{t_{np}}$ /(10^{-3}kJ/K)	ΔS_{t_p} /(10^{-3}kJ/K)	σ /(kW/K)	W_p /10^{-3}kJ	P /kW	E /kW	T_f /K
传统		13.3	8.33	0.1585	0.7632	0.0277	510.0	8.85	0.54	1062
限制加速度值 /(m/s²)	5×10^4	26.5	3.2	0.0975	0.4869	0.0175	504.3	9.21	3.96	1307
	2×10^4	22.0	4.4	0.1015	0.5674	0.0201	507.6	9.28	3.25	1248
无加速度约束		26.8	2.71	0.0958	0.4356	0.0159	490.4	8.81	4.04	1337

表 10.18　辐射传热规律时限制加速度、无加速度约束和传统运动规律条件下的计算结果(生态学函数最大)

情形		v_{max} /(m/s)	t_p /ms	$\Delta S_{t_{np}}$ /(10^{-3}kJ/K)	ΔS_{t_p} /(10^{-3}kJ/K)	σ /(kW/K)	W_p /10^{-3}kJ	P /kW	E /kW	T_f /K
传统		13.3	8.33	0.1585	0.6136	0.0232	473.2	7.74	0.78	1157
限制加速度值 /(m/s²)	5×10^4	30.8	4.20	0.1008	0.5335	0.0190	494.5	8.89	3.19	1291
	2×10^4	24.1	5.40	0.1052	0.6107	0.0215	487.4	8.64	2.19	1245
无加速度约束		49.9	3.40	0.0981	0.4274	0.0158	481.1	8.52	3.78	1328

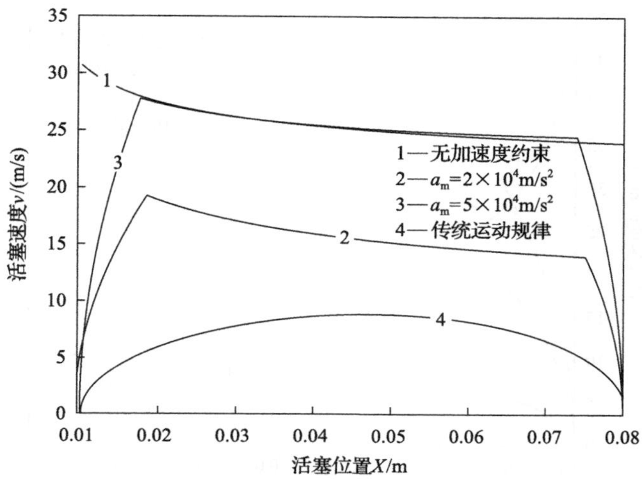

图 10.9　牛顿传热规律时各种加速度约束条件下活塞运动最优构型与传统运动规律的比较(生态学函数最大)

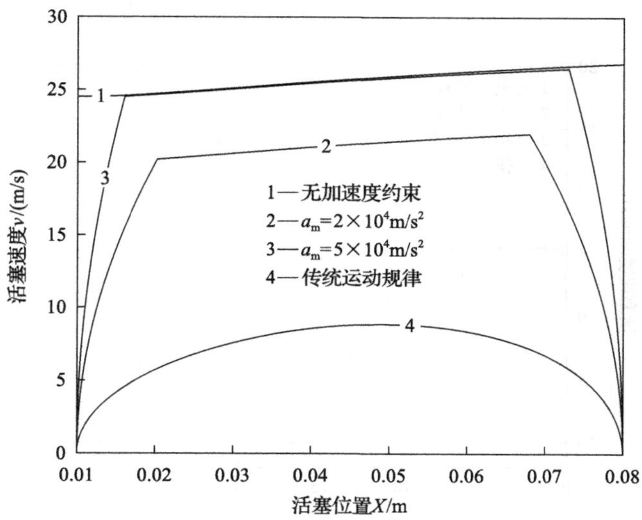

图 10.10　线性唯象传热规律时各种加速度约束条件下活塞运动最优构型与传统运动规律的比较(生态学函数最大)

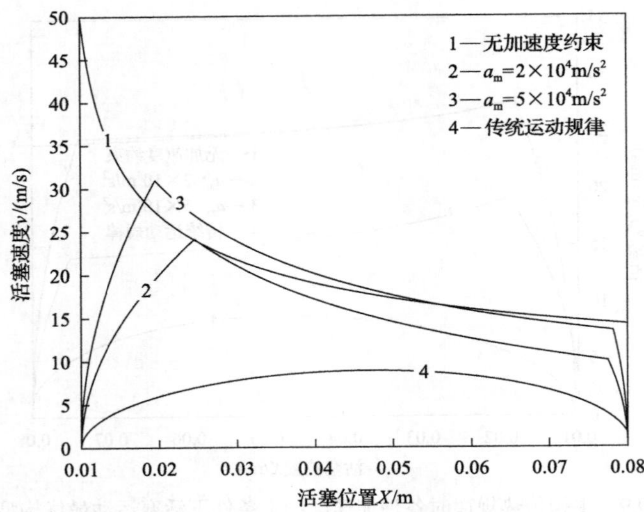

图 10.11　辐射传热规律时各种加速度约束条件下活塞运动最优构型与传统运动规律的比较(生态学函数最大)

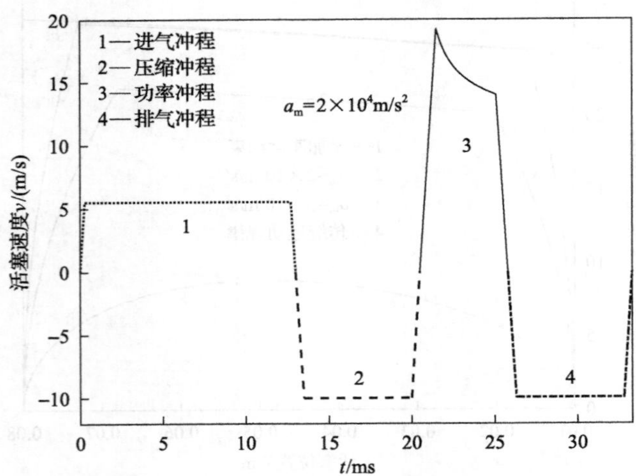

图 10.12　牛顿传热规律时一个循环周期内活塞运动的最优构型(生态学函数最大)

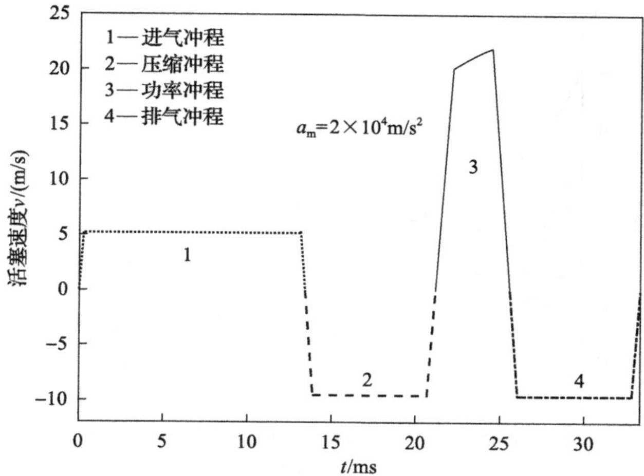

图 10.13　线性唯象传热规律时一个循环周期内活塞运动的最优构型(生态学函数最大)

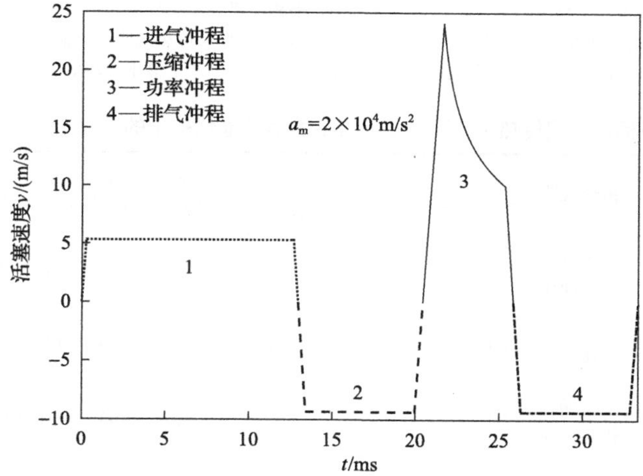

图 10.14　辐射传热规律时一个循环周期内活塞运动的最优构型(生态学函数最大)

10.4　不同优化目标和传热规律下活塞运动最优构型比较

图 10.15 给出了不同目标、不同传热规律情况下功率冲程无加速度约束时活塞运动的最优构型，其中包括牛顿传热规律下输出功最大时的最优构型(文献[1]和[2]的结果)、线性唯象传热规律下输出功最大时的最优构型(文献[3]的结果)以及牛顿传热规律、线性唯象传热规律和辐射传热规律下熵产生最小和生态学函数最大时的最优构型(本书的结果)。表 10.19 给出了对应于图 10.15 所示八种活塞运动规律下的数值计算结果。

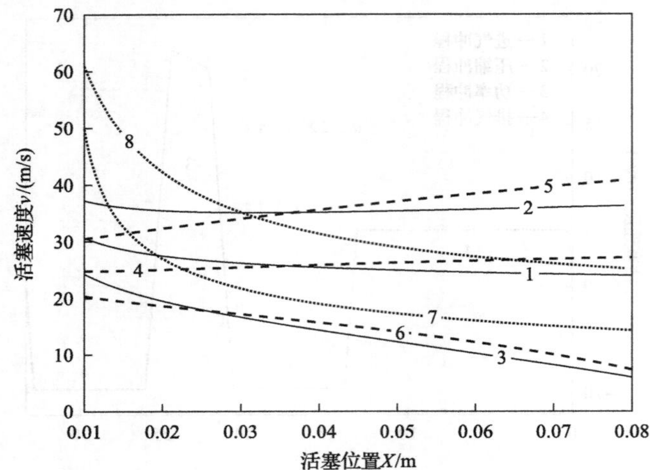

图 10.15　不同传热规律、不同优化目标下功率冲程活塞运动规律(生态学函数最大)

1. 生态学函数最大，牛顿传热规律；2. 熵产生最小，牛顿传热规律；3. 输出功最大，牛顿传热规律；4. 生态学函数最大，线性唯象传热规律；5. 熵产生最小，线性唯象传热规律；6. 输出功最大，线性唯象传热规律；7. 生态学函数最大，辐射传热规律；8. 熵产生最小，辐射传热规律

表 10.19　不同目标、不同传热规律下功率冲程活塞运动最优构型的计算结果(生态学函数最大)

情形	目标	传热规律	v_{max} /(m/s)	t_p /ms	$\Delta S_{t_{np}}$ /$(10^{-3}$kJ/K)	ΔS_{t_p} /$(10^{-3}$kJ/K)	σ /(kW/K)	W_R /10^{-3}kJ	W_p /10^{-3}kJ	P /kW	E /kW	T_f /K	ε
1	生态学函数最大	牛顿传热规律	30.7	2.74	0.0960	0.4303	0.0158	631.9	487.3	8.72	3.98	1337	0.460
2	熵产生最小	牛顿传热规律	37.3	1.95	0.0936	0.4137	0.0152	606.9	479.7	8.51	3.95	1385	0.466
3	输出功最大	牛顿传热规律	25.4	5.48	0.1055	0.6236	0.0219	703.5	518.0	9.22	2.65	1200	0.436
4	生态学函数最大	线性唯象传热规律	26.8	2.71	0.0958	0.4356	0.0159	631.9	490.4	8.81	4.04	1337	0.465
5	熵产生最小	线性唯象传热规律	40.7	1.94	0.0936	0.4181	0.0154	607.4	481.7	8.58	3.96	1384	0.470
6	输出功最大	线性唯象传热规律	20.4	5.18	0.1044	0.6371	0.0222	716.0	516.0	9.51	2.85	1176	0.443
7	生态学函数最大	辐射传热规律	49.9	3.40	0.0981	0.4274	0.0158	636.6	481.1	8.52	3.78	1328	0.446
8	熵产生最小	辐射传热规律	60.9	2.19	0.0943	0.4136	0.0152	611.1	473.3	8.31	3.75	1377	0.453

比较图 10.15 中曲线 1、2、3 和 4、5、6 以及表 10.19 中的计算结果可以看出，

相同传热规律下，与以输出功最大以及熵产生最小为目标时的活塞运动最优构型相比，以生态学函数最大为目标的活塞运动最优构型发生了较大变化。相同传热规律下，以生态学函数最大为目标时活塞最大运动速度、功率冲程时间、循环的总熵产率、循环对应的可逆功、循环功率冲程输出功、循环的输出功率、循环的第二定律效率以及功率冲程末端温度都处于以输出功最大和熵产生最小为目标时相对应的值的中间。比较表 10.19 中情形 1、2 和 3 的计算结果可以看出，牛顿传热规律下，与以输出功最大为目标相比，以生态学函数最大为目标时热机熵产率减小了 27.9%，输出功率减小了 5.4%，第二定律效率增加了 5.5%；与以熵产生最小为目标相比，以生态学函数最大为目标时热机的熵产率增加了 3.9%，输出功率增加了 2.5%，第二定律效率减小了 1.3%。比较表 10.19 中情形 4、5 和 6 的计算结果可以看出，线性唯象传热规律下，与以输出功最大为目标相比，以生态学函数最大为目标时热机的熵产率减小了 28.4%，输出功率减小了 7.4%，第二定律效率增加了 5.0%；与以熵产生最小为目标相比，以生态学函数最大为目标时热机的熵产率增加了 3.2%，输出功率增加了 2.7%，第二定律效率减小了 1.1%。从以上比较结果可以看出，以生态学函数最大为目标与以输出功最大为目标相比，热机输出功率略有减小，而熵产率大为减小，第二定律效率获得较大提升，即以牺牲较小的输出功率，较大地降低了熵产生，一定程度上提高了热机的第二定律效率；以生态学函数最大为目标与以熵产生最小为目标相比，热机第二定律效率有一定的下降，熵产率有一定增加，但输出功率也有一定增加，即以牺牲较小的第二定律效率，使熵产率有一定增加，但一定程度上提高了热机的输出功率，因此生态学函数不仅反映了输出功率和熵产率之间的最佳折中，而且反映了输出功率和第二定律效率之间的最佳折中。比较表 10.19 中情形 7 和 8 的计算结果可以看出，辐射传热规律下，与以熵产生最小为目标相比，以生态学函数最大为目标时热机的熵产率增加了 3.9%，输出功率增加了 2.5%，第二定律效率减小了 1.5%。

比较图 10.15 中的曲线 1、4、7 可以看出，以生态学函数最大为目标时不同传热规律下的活塞运动最优构型发生了很大的变化。三种传热规律中辐射传热规律时活塞运动初始速度最大并且在整个功率冲程中单调减小，线性唯象传热规律时的活塞初始速度最小并且在整个功率冲程中单调增加，而牛顿传热规律时的活塞初始速度位于两者中间并且在整个功率冲程中单调减小。三种传热规律中，辐射传热规律时活塞运动速度变化最剧烈，v-X 曲线相对陡峭，而牛顿和线性唯象传热规律时活塞运动速度变化不大，v-X 曲线变得平缓。从表 10.19 中情形 1、4 和 7 的计算结果可以看出，以生态学函数最大为目标时线性唯象传热规律下热机的生态学函数、输出功率以及第二定律效率要高于牛顿传热规律和辐射传热规律下相对应的值。通过以上比较可以看出传热规律影响活塞的最优运动规律。

加速度约束条件下不同目标、不同传热规律时的活塞最优运动规律的相同点是：不同目标、不同传热规律下各冲程活塞运动的最优构型均由两个边界运动段(最大加速段和最大减速段)和一个中间运动段组成，并且中间运动段均与对应的无加速度约束条件下的最优解满足的微分方程相同。由图 10.15 可以看出，不同优化目标和传热规律时无加速度约束条件下的最优构型是不同的，因此不同优化目标、不同传热规律时加速度约束条件下的最优构型也是不同的。图 10.12～图 10.14 分别给出了牛顿传热规律、线性唯象传热规律和辐射传热规律时以生态学函数最大为目标时一个循环周期内活塞运动的最优构型，与牛顿传热规律[1,2]和线性唯象传热规律[3]下输出功最大时的最优构型以及牛顿传热规律、线性唯象传热规律和辐射传热规律下熵产生最小时的最优构型进行比较，可以发现不同优化目标、不同传热规律下活塞运动的最优路径和循环总时间的分配值均不同，相应地，生态学函数、熵产率、输出功率和第二定律效率也均不同。

参 考 文 献

[1] Mozurkewich M, Berry R S. Finite-time thermodynamics: Engine performance improved by optimized piston motion[J]. Proc. Natl. Acad. Sci. U.S.A., 1981, 78 (4) : 1986-1988.

[2] Mozurkewich M, Berry R S. Optimal paths for thermodynamic systems: The ideal Otto cycle[J]. J. Appl. Phys., 1982, 53 (1) : 34-42.

[3] 夏少军, 陈林根, 孙丰瑞. 线性唯象传热定律下 Otto 循环热机活塞运动的最优路径[J]. 中国科学 G 辑: 物理学, 力学, 天文学, 2009, 39 (5) : 698-708.

[4] Teh K Y, Edwards C F. Optimizing piston velocity profile for maximum work output from an IC engine[C]//Proc. 2006 ASME Int. Mech. Eng. Congress and Exposition, Chicago, 2006.

[5] Teh K Y, Miller S L, Edwards C F. Thermodynamic requirements for maximum internal combustion engine cycle efficiency Part 1: Optimal combustion strategy[J]. Int. J. Engine Res., 2008, 9 (6) : 449-465.

[6] Teh K Y, Miller S L, Edwards C F. Thermodynamic requirements for maximum internal combustion engine cycle efficiency Part 2: Work extraction and reactant preparation strategies[J]. Int. J. Engine Res., 2008, 9 (6) : 467-481.

[7] Teh K Y, Edwards C F. An optimal control approach to minimizing entropy generation in an adiabatic internal combustion engine[J]. Trans. ASME J. Dyn. Sys. Meas. Control, 2008, 130 (4) : 041008.

[8] Teh K Y, Edwards C F. An optimal control approach to minimizing entropy generation in an adiabatic IC engine with fixed compression ratio[C]//2006 ASME Int. Mech. Eng. Congress and Exposition, Chicago, 2006.

[9] de Vos A. Efficiency of some heat engines at maximum power conditions[J]. Am. J. Phys., 1985, 53 (6) : 570-573.

[10] Song H J, Chen L G, Sun F R, et al. Configuration of heat engines for maximum power output with fixed compression ratio and generalized radiative heat transfer law[J]. J. Non-Equilib. Thermodyn., 2008, 33 (3) : 275-295.

[11] Song H J, Chen L G, Sun F R. Optimal expansion of a heated working fluid for maximum work output with generalized radiative heat transfer law[J]. J. Appl. Phys., 2007, 102 (9) : 94901.

[12] 陈林根, 夏少军. 不可逆过程的广义热力学动态优化[M]. 北京: 科学出版社, 2017.

[13] 陈林根, 夏少军. 不可逆循环的广义热力学动态优化——热力与化学理论循环[M]. 北京: 科学出版社, 2018.

[14] 陈林根, 夏少军. 不可逆循环的广义热力学动态优化——工程热力装置与广义机循环[M]. 北京: 科学出版社, 2018.

[15] Hoffman K H, Berry R S. Optimal paths for thermodynamic systems: The ideal Diesel cycle[J]. J. Appl. Phys., 1985, 58(6): 2125-2134.

[16] Blaudeck P, Hoffman K H. Optimization of the power output for the compression and power stroke of the Diesel engine[C]. Proc. Int. Conf. ECOS'95, Istanbul, 1995.

[17] Taylor C F. The Internal Combustion Engine in Theory and Practice Volumes 1 and 2[M]. Cambridge: MIT Press, 1977.

[18] Biezeno C B, Grammel R. Engineering Dynamics[M]. London: Blackie, 1955.

[19] Sieniutycz S, Salamon P. Advances in Thermodynamics. Volume 4: Finite Time Thermodynamics and Thermoeconomics[M]. New York: Taylor & Francis, 1990.

[20] Andresen B, Rubin M H, Berry R S. Availability for finite-time processes. General theory and a model[J]. J. Chem. Phys., 1983, 87(15): 2704-2713.

[21] 沈维道, 蒋智敏, 董钧耕. 工程热力学[M]. 3 版. 北京: 高等教育出版社, 2000.

[22] Angulo-Brown F. An ecological optimization criterion for finite-time heat engines[J]. J. Appl. Phys., 1991, 69(11): 7465-7469.

[23] Yan Z J. Comment on "ecological optimization criterion for finite-time heat engines"[J]. J. Appl. Phys., 1993, 73(7): 3583.

[24] 陈林根, 孙丰瑞, 陈文振. 热力循环的生态学品质因素[J]. 热能动力工程, 1994, 9(6): 374-376.

[25] 戈延林, 陈林根, 孙丰瑞. 熵产生最小时不可逆 Otto 循环热机活塞运动最优路径[J]. 中国科学: 物理学, 力学, 天文学, 2010, 40(9): 1115-1129.

[26] Ge Y L, Chen L G, Sun F R. The optimal path of piston motion of irreversible Otto cycle for minimum entropy generation with radiative heat transfer law[J]. J. Energy Inst., 2012, 85(3): 140-149.

[27] 戈延林, 陈林根, 孙丰瑞. 线性唯象传热规律下不可逆 Diesel 循环热机熵产生最小时活塞运动最优路径[C]// 中国工程热物理学会工程热力学与能源利用学术会议, 南京, 2010.

第 11 章 广义辐射传热规律下不可逆 Diesel 循环活塞运动最优路径

11.1 引 言

Hoffman 和 Berry[1]考虑燃料有限燃烧速率对热机最优构型的影响，研究了牛顿传热规律下存在摩擦损失、热漏损失的四冲程 Diesel 循环热机输出功最大时活塞运动的最优路径；Blaudeck 和 Hoffman[2]采用蒙特卡罗模拟的方法研究了牛顿传热规律下四冲程 Diesel 循环热机活塞运动的最优路径；Burzler[3]、Burzler 和 Hoffman[4]考虑对流辐射复合传热规律[$q \propto \Delta(T) + \Delta(T^4)$]引起的热漏及非理想工质(工质的各参数随着燃烧速率发生变化)等因素，以输出功最大为目标对四冲程 Diesel 循环热机压缩冲程及功率冲程活塞运动的最优路径进行了研究；Xia 等[5]和 Chen 等[6]考虑文献[1]所建立的燃料有限燃烧速率模型，以循环输出功最大为目标，研究了工质与环境之间的传热分别服从线性唯象传热规律[5]和广义辐射[6]传热规律时 Diesel 热机活塞运动的最优路径，并分析了传热规律对活塞运动最优路径的影响。

本章将以文献[1]建立的热机模型为基础，在第 10 章的基础上，进一步考虑燃料有限燃烧速率和文献[7]、[8]未计入的熵产生，首先以实际热机中的摩擦损失、传热损失和压降损失引起的熵产生最小为目标，研究工质与环境之间的传热服从广义辐射传热规律[$q \propto \Delta(T^n)\mathrm{sign}(n)$][9-11]时 Diesel 循环活塞运动的最优路径，在此基础上，进一步以循环的生态学函数最大为目标，研究工质与环境之间的传热服从广义辐射传热规律时 Diesel 循环活塞运动的最优路径，给出两种优化目标在三种特殊传热规律下（$n=1$，牛顿传热规律；$n=-1$，线性唯象传热规律；$n=4$，辐射传热规律）的活塞运动最优构型，分析不同的传热规律和优化目标对活塞运动最优构型的影响。

11.2 熵产生最小时 Diesel 循环活塞运动最优路径

11.2.1 Diesel 循环热机模型

为了便于分析，对实际 Diesel 循环做如下假设：①燃油耗量固定，等效于功率冲程的初始温度固定；②气缸内的工质为理想气体，并且在活塞运动过程中始终保持内平衡。此外，文献[1]、[2]、[12]～[16]对 Diesel 循环热机内的主要损失和传统热机运动规律进行了如下的定性和定量的描述和简化。

11.2.1.1 有限燃烧速率模型

现代 Diesel 热机中，燃料在压缩冲程末端喷射到气缸中并且在压缩后的热空气中迅速蒸发，经过一个短暂的延迟后，部分燃料被点燃开始迅速燃烧，气缸内的温度和压力急剧上升。剩余燃料要蒸发和扩散到气缸内氧气充足的区域，因此这部分燃料的燃烧相对缓慢。在中等负荷和大负荷柴油机中，燃烧过程要一直持续到功率冲程的末端。本书采用文献[1]对有限燃烧速率的定义，用一个与时间相关的函数来表示燃烧反应进行的程度：

$$\mathrm{Rn}(t) = F + (1-F)[1-\exp(-t/t_{\mathrm{b}})] \tag{11.1}$$

式中，F 为燃料初始阶段瞬时燃烧的部分；t_{b} 为燃料大部分燃烧时所需要的时间。相应的加热函数 $h(t)$ 为

$$h(t) = NQ_{\mathrm{c}}\dot{\mathrm{R}}\mathrm{n}(t) \tag{11.2}$$

式中，Q_{c} 为每摩尔燃料空气混合物燃烧所释放的热量，它与温度无关；N 为燃料空气混合物的摩尔数；$\dot{\mathrm{R}}\mathrm{n}(t) = \mathrm{dRn}(t)/\mathrm{d}t$ 。

燃烧反应进行的程度影响气缸内燃料空气混合物的摩尔数和比热容，因此考虑有限燃烧速率以后，气缸内工质的摩尔数和比热容可表示为

$$N = N(t) = N_{\mathrm{i}} + (N_{\mathrm{f}} - N_{\mathrm{i}})\mathrm{Rn}(t) \tag{11.3}$$

$$C = C(t) = C_{\mathrm{i}} + (C_{\mathrm{f}} - C_{\mathrm{i}})\mathrm{Rn}(t) \tag{11.4}$$

式中，下标 i 和 f 分别表示有限燃烧速率 $\mathrm{Rn}=0$ 和 $\mathrm{Rn}=1$ 时的情况。此外假设燃烧反应物和产物的比热容与温度无关。

11.2.1.2 损失项

1. 传热损失

传热损失仍为式(10.1)所示的热漏流率。

2. 不完全燃烧损失

不完全燃烧损失是由于排气阀在工质完全燃烧之前打开而产生的，它已经包含在有限燃烧速率的模型中[1]。

3. 其他各项损失

Diesel 循环热机中的摩擦损失和进气损失与 10.2.1.1 节完全一样。而对于功

率冲程中燃料燃烧引起的时间损失、排气冲程结束前排气阀提前开启造成的排气损失，由于它们与传热损失和摩擦损失相比很小，可以忽略。

11.2.2 优化方法

这里的优化问题同样是要在固定耗油量和循环时间的情况下使循环的熵产生最小，因此优化后的热机和传统热机的唯一区别在于活塞的运行规律不同。与 Otto 循环热机相比，Diesel 循环热机模型虽然增加了对有限燃烧速率模型的考虑，但是它们的优化方法完全一样，具体的优化方法见 10.2.2 节，不再赘述。

11.2.2.1 非功率冲程优化

非功率冲程的优化方法和步骤与 10.2.2.1 节完全一样。优化后，可以得到三个非功率冲程总的熵产生为

$$\Delta S_{t_{\mathrm{np}}} = \mu a_{\mathrm{m}}^2[2t_1^3(1+2y_1)(1-y_1)^2 + 3t_2^3(1+2y_2)(1-y_2)^2]/(12T_0) \tag{11.5}$$

式中，$y_1 = (1-4\Delta X/a_{\mathrm{m}}t_1^2)^{1/2}$；$y_2 = (1-4\Delta X/a_{\mathrm{m}}t_2^2)^{1/2}$；$a_{\mathrm{m}}$ 为限制加速度值。

给定非功率冲程总时间 t_{np}，由式(11.6)和式(11.7)得到非功率冲程的时间分配：

$$t_{\mathrm{np}} = 2t_1 + t_2 \tag{11.6}$$

$$t_1^2(1-y_1)^2 = 3t_2^2(1-y_2)^2 \tag{11.7}$$

对于无加速度约束也即 $a_{\mathrm{m}} \to \infty$ 的情形，式(11.7)变为

$$t_2 = \sqrt{3}t_1 \tag{11.8}$$

此时三个非功率冲程总的熵产生式(11.5)变为

$$\Delta S_{t_{\mathrm{np}}} = \mu(2+\sqrt{3})^2(\Delta X)^2/(t_{\mathrm{np}}T_0) \tag{11.9}$$

11.2.2.2 功率冲程优化

功率冲程不仅存在摩擦损失而且还存在传热损失，因此功率冲程中的熵产生是由摩擦损失和传热损失共同产生的。

功率冲程中摩擦损失产生的熵产生用 $\Delta S_{\mathrm{f},t_{\mathrm{p}}}$ 来表示：

$$\Delta S_{\mathrm{f},t_{\mathrm{p}}} = \frac{\int_0^{t_{\mathrm{p}}} 2\mu v^2 \mathrm{d}t}{T_0} \tag{11.10}$$

广义辐射传热规律时功率冲程中传热损失产生的熵产生为

$$\Delta S_{q,t_p}=\int_0^{t_p}(1/T_0-1/T)K\pi b(b/2+X)(T^n-T_w^n)\mathrm{sign}(n)\mathrm{d}t \tag{11.11}$$

对 Diesel 循环功率冲程最优路径的研究可分为两部分：无加速度约束时的最优构型研究和加速度约束时的最优构型研究。

1. 无加速度约束情形

为了使功率冲程的熵产生 ΔS_{t_p} 最小，相应的优化问题为

$$\min\Delta S_{t_p}=\Delta S_{f,t_p}+\Delta S_{q,t_p}=\int_0^{t_p}[2\mu v^2/T_0+(1/T_0-1/T)K\pi b(b/2+X)(T^n-T_w^n)\mathrm{sign}(n)]\mathrm{d}t \tag{11.12}$$

根据热力学第一定律有

$$\dot{T}=-\frac{1}{NC}[NRTv/X+K\pi b(b/2+X)(T^n-T_w^n)\mathrm{sign}(n)-h(t)] \tag{11.13}$$

式中，R 为气体常数；加热函数 $h(t)$ 为

$$h(t)=\frac{NQ_c(1-F)}{t_b}\exp(-t/t_b) \tag{11.14}$$

此外

$$\dot{X}=v \tag{11.15}$$

建立哈密顿函数如下：

$$\begin{aligned}H=&\frac{2\mu v^2}{T_0}+(1/T_0-1/T)K\pi b(b/2+X)(T^n-T_w^n)\mathrm{sign}(n)\\&-\frac{\lambda_1}{NC}[NRTv/X+K\pi b(b/2+X)(T^n-T_w^n)\mathrm{sign}(n)-h(t)]+\lambda_2 v\end{aligned} \tag{11.16}$$

式(11.16)所示哈密顿函数对应的正则方程为

$$\begin{aligned}\dot{\lambda}_1=-\frac{\partial H}{\partial T}=&nT^{n-1}\mathrm{sign}(n)K\pi b(b/2+X)\left(\frac{\lambda_1}{NC}-\frac{1}{T_0}+\frac{1}{T}\right)\\&-\frac{K\pi b}{T^2}(b/2+X)(T^n-T_w^n)\mathrm{sign}(n)+\frac{\lambda_1 Rv}{CX}\end{aligned} \tag{11.17}$$

$$\dot{\lambda}_2 = -\frac{\partial H}{\partial X} = K\pi b(T^n - T_{\rm w}^n){\rm sign}(n)\left(\frac{1}{T} + \frac{\lambda_1}{NC} - \frac{1}{T_0}\right) - \frac{\lambda_1 RTv}{CX^2} \quad (11.18)$$

由极值条件$\partial H / \partial v = 0$可得

$$v = \frac{T_0(\lambda_1 RT - \lambda_2 CX)}{4\mu CX} \quad (11.19)$$

边界条件为

$$T(0) = T_{0\rm p}，\ X(0) = X_0，\ X(t_{\rm p}) = X_{\rm f}，\ \lambda_1(t_{\rm p}) = 0 \quad (11.20)$$

式中，$T_{0\rm p}$为功率冲程初始点时气缸内的工质温度。式(11.13)、式(11.15)、式(11.17)和式(11.18)确定了广义辐射传热规律下功率冲程无加速度约束时最优构型的微分方程组，在固定功率冲程时间$t_{\rm p}$的情况下，可求出作为时间函数的最小熵产生$\Delta S_{t_{\rm p}}$与功率冲程活塞运动最优路径即v-t的最优关系。

此外，还需对活塞的初始位置做出限制，必须使活塞在整个功率冲程中的位置满足式(11.21)：

$$X \geqslant X_0 \quad (11.21)$$

如果没有式(11.21)限制，将会使活塞运动到上死点以上。对活塞位置做出限制以后，可以认为无加速度约束时活塞运动路径由两段组成，分别是对于$0 \leqslant t \leqslant t_{\rm d}$（$t_{\rm d}$为活塞运动延迟时间，在这个时间内活塞的位置将不满足式(11.21)，此时必须使活塞保持在初始位置静止不动，即$X = X_0$），有

$$v(t) = 0 \quad (11.22)$$

而对于$t_{\rm d} < t \leqslant t_{\rm p}$，此时活塞的位置满足式(11.21)，活塞运动速度的表达式为式(11.19)。

2. 加速度约束情形

此外，必须考虑活塞在功率冲程的两个端点的速度为零，同时加速度限定在有限值。这种情形下优化问题的目标函数和无加速度限制时相同，依然为式(11.12)，而约束条件除了式(11.13)和式(11.15)外，增加了下面两个：

$$\dot{v} = a \quad (11.23)$$

$$-a_{\rm m} \leqslant a \leqslant a_{\rm m} \quad (11.24)$$

建立如下哈密顿函数：

$$
\begin{aligned}
H=&\frac{2\mu v^2}{T_0}+(1/T_0-1/T)K\pi b(b/2+X)(T^n-T_{\mathrm{w}}^n)\mathrm{sign}(n)\\
&-\frac{\lambda_1}{NC}[NRTv/X+K\pi b(b/2+X)(T^n-T_{\mathrm{w}}^n)\mathrm{sign}(n)-h(t)]+\lambda_2 v+\lambda_3 a
\end{aligned}
\tag{11.25}
$$

哈密顿函数式(11.25)对应的协态方程除了式(11.17)和式(11.18)外，还包括：

$$
\dot{\lambda}_3=-\frac{\partial H}{\partial v}=-\frac{4\mu v}{T_0}+\frac{\lambda_1 RT}{CX}-\lambda_2 \tag{11.26}
$$

由极值条件 $\partial H/\partial a=0$ 得

$$
\lambda_3=0 \tag{11.27}
$$

如果式(11.27)不仅在加速度区间 $[-a_{\mathrm{m}},a_{\mathrm{m}}]$ 上某个孤立点成立，则可得

$$
\dot{\lambda}_3=0 \tag{11.28}
$$

通过式(11.26)和式(11.28)联立求解得到的速度表达式与式(11.19)完全相同。因此加速度约束时功率冲程活塞运动的最优路径存在两种情况。第一种情况是当存在活塞运动延迟时间 t_{d} 时，功率冲程活塞运动的最优路径由三个运动段组成：①从初始时间 $t=0$ 到延迟时间 $t=t_{\mathrm{d}}$，这期间的活塞处于静止状态，活塞位于初始位置；②从延迟时间 $t=t_{\mathrm{d}}$ 开始到转换时间 $t=t'$，活塞运动路径由满足微分方程组式(11.13)、式(11.15)、式(11.17)和式(11.18)的中间段组成；③从转换时间 $t=t'$ 到功率冲程所消耗的时间 $t=t_{\mathrm{p}}$，活塞运动路径为最大减速段。第二种情况是当不存在活塞运动延迟时间 t_{d} 时，即在整个功率冲程时间 $X\geqslant X_0$，此时活塞运动路径也由三段组成，分别为两个边界运动段(最大加速初段和最大减速末段)和与它们相连的满足微分方程组式(11.13)、式(11.15)、式(11.17)和式(11.18)的中间段。对于加速度约束情形下的最优解只能求其数值解，具体计算方法见 11.2.3 节。

11.2.3　数值算法

加速度约束条件下功率冲程活塞运动的最优构型由三段组成，因此加速度约束条件下的数值算例采用逆向计算(即将活塞末态位置作为计算的初始点)。同 Otto 循环热机相比，Diesel 循环热机模型增加了对有限燃烧速率模型的考虑，因此增加了一个时间约束条件，相应的算法与 10.2.3.3 节略有区别。可能存在活塞运动延迟时间 t_{d}，使得活塞运动的位移 $X<X_0$，因此具体计算方法分两种情况。

1. 存在活塞运动的延迟时间

具体计算方法如下：①在固定功率冲程时间 t_{p} 的情况下，先进行最大减速段的计算，猜测最大减速段时间 t_{p3} 和功率冲程末端温度 T_{f}，通过式(11.13)、式(11.15)和式(11.23)计算得到最大减速段初始点的各参数；②中间微分方程组运动段的计算，以最大减速段初始点的各参数作为计算的初始值，联立式(11.13)、式(11.15)、式(11.17)和式(11.18)进行迭代计算，计算过程中将 $X-X_0<0$ 作为计算的终止条件，这样可以得到中间运动段所需要的时间 t_{p2}，此时活塞运动的延迟时间 $t_{\mathrm{d}}=t_{\mathrm{p}}-t_{\mathrm{p3}}-t_{\mathrm{p2}}$；③在延迟时间 t_{d} 内，令 $X=X_0$，$v=0$，通过式(11.13)计算得到功率冲程开始的工质温度，将功率冲程开始的工质温度和已知的 $T_{0\mathrm{p}}$ 相比较，若相等则计算出功率冲程的熵产生 $\Delta S_{t_{\mathrm{p}}}$，若不等则改变第一步中的最大减速段时间 t_{p3} 和功率冲程末端温度 T_{f} 直到两者相等为止；④根据 $t_{\mathrm{np}}=\tau-t_{\mathrm{p}}=2t_1+t_2$ 计算得到非功率冲程的时间分配和熵产生 $\Delta S_{t_{\mathrm{np}}}$，从而得到整个循环过程的总熵产生 $\Delta S=\Delta S_{t_{\mathrm{p}}}+\Delta S_{t_{\mathrm{np}}}$；⑤改变功率冲程的时间 t_{p}，重复上述四个过程的计算，得到相应功率冲程时间下的循环过程的总熵产生；⑥比较不同功率冲程时间下循环过程的总熵产生，选择最小值即为所求解。

2. 不存在活塞运动的延迟时间

具体的计算方法如下：①在固定功率冲程时间 t_{p} 的情况下，先进行最大减速段的计算，猜测最大减速段时间 t_{p3} 和功率冲程末端温度 T_{f}，通过式(11.13)、式(11.15)和式(11.23)计算得到最大减速段初始点的各参数；②中间微分方程组运动段的计算，以最大减速段初始点的各参数作为计算的初始值，对式(11.13)、式(11.15)、式(11.17)和式(11.18)进行迭代计算，由于中间微分方程组运动段的初始点是最大加速段的末端，因此中间微分方程组运动段的初始速度与活塞的位置有关，最大加速段中活塞运动的位移与速度呈抛物线关系这个条件将作为本步计算的终止条件，这样得到中间微分方程组运动段的初始参数以及中间运动段所需要的时间 t_{p2}；③以中间微分方程组运动段的初始参数作为最大加速段的计算初始值，通过式(11.13)、式(11.15)和式(11.23)计算得到最大加速段的初始参数也就是功率冲程开始时的参数以及最大加速段所需的时间 t_{p1}，将计算得到的三个运动段所需的时间之和 $t_{\mathrm{p1}}+t_{\mathrm{p2}}+t_{\mathrm{p3}}$ 与固定的功率冲程时间 t_{p} 相比较，并将功率冲程开始的工质温度和已知的 $T_{0\mathrm{p}}$ 相比较，若相等则计算出功率冲程的熵产生 $\Delta S_{t_{\mathrm{p}}}$，若不等则改变第一步中的最大减速段时间 t_{p3} 和功率冲程末端温度 T_{f} 直到两者相等为止；④根据 $t_{\mathrm{np}}=\tau-t_{\mathrm{p}}=2t_1+t_2$ 计算得到非功率冲程的时间分配和熵产生 $\Delta S_{t_{\mathrm{np}}}$，最后计算整个循环过程的总熵产生 $\Delta S=\Delta S_{t_{\mathrm{p}}}+\Delta S_{t_{\mathrm{np}}}$；⑤改变功率冲程的时间 t_{p}，重复上述四个过程的计算，得到相应功率冲程时间下的循环过程的总熵产生；⑥比较不同功率冲程时间下循环过程的总熵产生，选择最小值即为所求解。

11.2.4　特例分析

11.2.4.1　牛顿传热规律下的最优构型

牛顿传热规律下，传热指数 $n=1$，符号函数 $\mathrm{sign}(n)=1$。

1. 无加速度约束情形

优化目标为

$$\min \Delta S_{t_\mathrm{p}} = \Delta S_{\mathrm{f},t_\mathrm{p}} + \Delta S_{\mathrm{q},t_\mathrm{p}} = \int_0^{t_\mathrm{p}} [2\mu v^2/T_0 + (1/T_0 - 1/T)K\pi b(b/2+X)(T-T_\mathrm{w})]\,\mathrm{d}t \tag{11.29}$$

建立的哈密顿函数为

$$\begin{aligned} H = {} & \frac{2\mu v^2}{T_0} + (1/T_0 - 1/T)K\pi b(b/2+X)(T-T_\mathrm{w}) \\ & - \frac{\lambda_1}{NC}[NRTv/X + K\pi b(b/2+X)(T-T_\mathrm{w}) - h(t)] + \lambda_2 v \end{aligned} \tag{11.30}$$

最优路径满足的微分方程组为

$$\dot{T} = -\frac{1}{NC}[NRTv/X + K\pi b(b/2+X)(T-T_\mathrm{w}) - h(t)] \tag{11.31}$$

$$\begin{aligned} \dot{\lambda}_1 = -\frac{\partial H}{\partial T} = {} & K\pi b(b/2+X)\left(\frac{\lambda_1}{NC} - \frac{1}{T_0} + \frac{1}{T}\right) \\ & - \frac{K\pi b}{T^2}(b/2+X)(T-T_\mathrm{w}) + \frac{\lambda_1 Rv}{CX} \end{aligned} \tag{11.32}$$

$$\dot{\lambda}_2 = -\frac{\partial H}{\partial X} = K\pi b(T-T_\mathrm{w})\left(\frac{1}{T} + \frac{\lambda_1}{NC} - \frac{1}{T_0}\right) - \frac{\lambda_1 RTv}{CX^2} \tag{11.33}$$

$$\dot{X} = v \tag{11.34}$$

极值条件为

$$v = \frac{T_0(\lambda_1 RT - \lambda_2 CX)}{4\mu CX} \tag{11.35}$$

2. 加速度约束情形

优化目标仍为式(11.29)，建立的哈密顿函数为

$$H = \frac{2\mu v^2}{T_0} + (1/T_0 - 1/T)K\pi b(b/2+X)(T-T_{\mathrm{w}}) \\ -\frac{\lambda_1}{NC}[NRTv/X + K\pi b(b/2+X)(T-T_{\mathrm{w}}) - h(t)] + \lambda_2 v + \lambda_3 a \tag{11.36}$$

最优路径满足的微分方程组除了式(11.31)～式(11.34)，还有

$$\dot{\lambda}_3 = -\frac{\partial H}{\partial v} = -\frac{4\mu v}{T_0} + \frac{\lambda_1 RT}{CX} - \lambda_2 \tag{11.37}$$

由极值条件$\partial H/\partial a = 0$得

$$\lambda_3 = 0 \tag{11.38}$$

如果式(11.38)不仅在加速度区间$[-a_{\mathrm{m}}, a_{\mathrm{m}}]$上某个孤立点成立，则可得

$$\dot{\lambda}_3 = 0 \tag{11.39}$$

11.2.4.2 线性唯象传热规律下的最优构型

线性唯象传热规律下，传热指数$n=-1$，符号函数$\mathrm{sign}(n)=-1$。

1. 无加速度约束情形

优化目标为

$$\min \Delta S_{t_{\mathrm{p}}} = \Delta S_{\mathrm{f},t_{\mathrm{p}}} + \Delta S_{\mathrm{q},t_{\mathrm{p}}} = \int_0^{t_{\mathrm{p}}} [2\mu v^2/T_0 + (1/T_0 - 1/T)K\pi b(b/2+X)(T_{\mathrm{w}}^{-1} - T^{-1})]\,\mathrm{d}t \tag{11.40}$$

建立的哈密顿函数为

$$H = \frac{2\mu v^2}{T_0} + (1/T_0 - 1/T)K\pi b(b/2+X)(T_{\mathrm{w}}^{-1} - T^{-1}) \\ -\frac{\lambda_1}{NC}[NRTv/X + K\pi b(b/2+X)(T_{\mathrm{w}}^{-1} - T^{-1}) - h(t)] + \lambda_2 v \tag{11.41}$$

最优路径满足的微分方程组为

$$\dot{T} = -\frac{1}{NC}[NRTv/X + K\pi b(b/2+X)(T_{\mathrm{w}}^{-1} - T^{-1}) - h(t)] \tag{11.42}$$

$$\dot{\lambda}_1 = -\frac{\partial H}{\partial T} = \frac{1}{T^2}K\pi b(b/2+X)\left(\frac{\lambda_1}{NC} - \frac{1}{T_0} + \frac{1}{T}\right) \\ -\frac{K\pi b}{T^2}(b/2+X)(T_{\mathrm{w}}^{-1} - T^{-1}) + \frac{\lambda_1 Rv}{CX} \tag{11.43}$$

$$\dot{\lambda}_2 = -\frac{\partial H}{\partial X} = K\pi b(T_{\mathrm{w}}^{-1} - T^{-1})\left(\frac{1}{T} + \frac{\lambda_1}{NC} - \frac{1}{T_0}\right) - \frac{\lambda_1 RTv}{CX^2} \tag{11.44}$$

$$\dot{X} = v \tag{11.45}$$

极值条件为

$$v = \frac{T_0(\lambda_1 RT - \lambda_2 CX)}{4\mu CX} \tag{11.46}$$

2. 加速度约束情形

优化目标仍为式(11.40)，建立的哈密顿函数为

$$\begin{aligned} H = {} & \frac{2\mu v^2}{T_0} + (1/T_0 - 1/T)K\pi b(b/2 + X)(T_{\mathrm{w}}^{-1} - T^{-1}) \\ & - \frac{\lambda_1}{NC}[NRTv/X + K\pi b(b/2 + X)(T_{\mathrm{w}}^{-1} - T^{-1}) - h(t)] + \lambda_2 v + \lambda_3 a \end{aligned} \tag{11.47}$$

最优路径满足的微分方程组除了式(11.42)～式(11.45)，还有

$$\dot{\lambda}_3 = -\frac{\partial H}{\partial v} = -\frac{4\mu v}{T_0} + \frac{\lambda_1 RT}{CX} - \lambda_2 \tag{11.48}$$

由极值条件 $\partial H/\partial a = 0$ 得

$$\lambda_3 = 0 \tag{11.49}$$

如果式(11.49)不仅在加速度区间 $[-a_{\mathrm{m}}, a_{\mathrm{m}}]$ 上某个孤立点成立，则可得

$$\dot{\lambda}_3 = 0 \tag{11.50}$$

11.2.4.3　辐射传热规律下的最优构型

辐射传热规律下，传热指数 $n = 4$，符号函数 $\mathrm{sign}(n) = 1$。

1. 无加速度约束情形

优化目标为

$$\min \Delta S_{t_{\mathrm{p}}} = \Delta S_{\mathrm{f},t_{\mathrm{p}}} + \Delta S_{\mathrm{q},t_{\mathrm{p}}} = \int_0^{t_{\mathrm{p}}} [2\mu v^2/T_0 + (1/T_0 - 1/T)K\pi b(b/2 + X)(T^4 - T_{\mathrm{w}}^4)]\,\mathrm{d}t \tag{11.51}$$

建立的哈密顿函数为

$$
\begin{aligned}
H = {} & \frac{2\mu v^2}{T_0} + (1/T_0 - 1/T)K\pi b(b/2 + X)(T^4 - T_{\mathrm{w}}^4) \\
& - \frac{\lambda_1}{NC}[NRTv/X + K\pi b(b/2 + X)(T^4 - T_{\mathrm{w}}^4) - h(t)] + \lambda_2 v
\end{aligned} \tag{11.52}
$$

最优路径满足的微分方程组为

$$
\dot{T} = -\frac{1}{NC}[NRTv / X + K\pi b(0.5b + X)(T^4 - T_{\mathrm{w}}^4) - h(t)] \tag{11.53}
$$

$$
\begin{aligned}
\dot{\lambda}_1 = -\frac{\partial H}{\partial T} = {} & 4T^3 K\pi b(b/2 + X)\left(\frac{\lambda_1}{NC} - \frac{1}{T_0} + \frac{1}{T}\right) \\
& - \frac{K\pi b}{T^2}(b/2 + X)(T^4 - T_{\mathrm{w}}^4) + \frac{\lambda_1 Rv}{CX}
\end{aligned} \tag{11.54}
$$

$$
\dot{\lambda}_2 = -\frac{\partial H}{\partial X} = K\pi b(T^4 - T_{\mathrm{w}}^4)\left(\frac{1}{T} + \frac{\lambda_1}{NC} - \frac{1}{T_0}\right) - \frac{\lambda_1 RTv}{CX^2} \tag{11.55}
$$

$$
\dot{X} = v \tag{11.56}
$$

极值条件为

$$
v = \frac{T_0(\lambda_1 RT - \lambda_2 CX)}{4\mu CX} \tag{11.57}
$$

2. 加速度约束情形

优化目标仍为式(11.51)，建立的哈密顿函数为

$$
\begin{aligned}
H = {} & \frac{2\mu v^2}{T_0} + (1/T_0 - 1/T)K\pi b(b/2 + X)(T^4 - T_{\mathrm{w}}^4) \\
& - \frac{\lambda_1}{NC}[NRTv/X + K\pi b(b/2 + X)(T^4 - T_{\mathrm{w}}^4) - h(t)] + \lambda_2 v + \lambda_3 a
\end{aligned} \tag{11.58}
$$

最优路径满足的微分方程组除了式(11.53)～式(11.56)，还有

$$
\dot{\lambda}_3 = -\frac{\partial H}{\partial v} = -\frac{4\mu v}{T_0} + \frac{\lambda_1 RT}{CX} - \lambda_2 \tag{11.59}
$$

由极值条件 $\partial H / \partial a = 0$ 得

$$\lambda_3 = 0 \tag{11.60}$$

如果式(11.60)不仅在加速度区间$[-a_{\mathrm{m}}, a_{\mathrm{m}}]$上某个孤立点成立，则可得

$$\dot{\lambda}_3 = 0 \tag{11.61}$$

11.2.5　数值算例与讨论

本节给出牛顿传热规律、线性唯象传热规律和辐射传热规律三种特例下的活塞运动最优路径数值算例。

11.2.5.1　计算参数和常数的确定

计算参数和常数根据文献[1]和 10.2.5.1 节确定，见表 11.1。在以下数值计算中$v_{\max}$为功率冲程活塞运动的最大速度，T_{f}为功率冲程结束时工质的温度。

表 11.1　计算中常数和参数的选取

名称	数值	名称	数值
初始位置	$X_0 = 0.005\mathrm{m}$	摩擦损失系数	$\mu = 12.9\mathrm{kg/s}$
终点位置	$X_{\mathrm{f}} = 0.08\mathrm{m}$	缸壁温度	$T_{\mathrm{w}} = 600\mathrm{K}$
燃烧时间	$t_{\mathrm{b}} = 2.5\mathrm{ms}$	气缸内径	$b = 0.0798\mathrm{m}$
气体常数	$R = 8.314\mathrm{kJ/(kmol \cdot K)}$	燃料初始阶段瞬时燃烧部分	$F = 0.5$
气体摩尔数	$N_{\mathrm{i}} = 0.0144$ $N_{\mathrm{f}} = 0.0157$	循环周期	$\tau = 33.3\mathrm{ms}$ 对应转速为 $n_0 = 3600\mathrm{r/min}$
工质定容比热容	$C_{\mathrm{i}} = 2.5R$ $C_{\mathrm{f}} = 3.35R$	工质初始温度	压缩冲程 $T_{0\mathrm{C}} = 329\mathrm{K}$ 功率冲程 $T_{0\mathrm{p}} = 2360\mathrm{K}$
传热系数	$K = 1.305\mathrm{kW/(K \cdot m^2)}$ (牛顿传热规律) $K = 1.41\times10^9\mathrm{kW \cdot K/m^2}$ (线性唯象传热规律) $K = 1.51\times10^{-7}\mathrm{kW/(K^4 \cdot m^2)}$ (辐射传热规律)	每摩尔空气燃料混合物燃烧所释放的热量	$Q_{\mathrm{c}} = 5.75\times10^4\mathrm{kJ/kmol}$

11.2.5.2　加速度约束条件下的数值算例

表 11.2 给出了加速度约束条件下各种情形选取的一些参数。表 11.3～表 11.5 给出了这些参数下传统运动规律(表中用“传统”表示)和最优运动规律(表中用“最优”表示)相应的计算结果(限制加速度值取为$a_{\mathrm{m}} = 3\times10^4\mathrm{m/s^2}$)，其中传统运动规律取为修正正弦规律($r/l = 0.25$)。各种情形下，优化后活塞运动的最大速度$v_{\max}$值大于对应的传统运动规律下的值，功率冲程的时间$t_{\mathrm{p}}$值小于对应的传统运动规律下的值。优化后功率冲程时间t_{p}的减小会产生两方面的影响：一方面，

使非功率冲程的时间增加，非功率冲程活塞的平均运行速度减小，相同摩擦损失系数的情况下活塞的平均运行速度减小会使优化后非功率冲程中摩擦损失产生的熵产生减小，这个结果可以从 $\Delta S_{t_{np}}$ 的变化来验证；另一方面，使功率冲程中高温工质与缸外环境接触的时间变短，从而使功率冲程中传热损失造成的熵产生减小，这个结果可以从 $\Delta S_{q,t_p}$ 的变化看出。优化后活塞最大速度的增加、功率冲程时间的缩短会使功率冲程中摩擦损失产生的熵产生增加，这个结果可以从 $\Delta S_{f,t_p}$ 的变化看出。而从 ΔS_{t_p} 的变化可以看出，优化后功率冲程中摩擦损失产生的熵产生的增加值小于传热损失产生的熵产生的减小值，因此优化后功率冲程的总熵产生减小。优化后非功率冲程和功率冲程的熵产生均是减小的，因此整个循环过程的熵产生在优化后是减小的，这些可以通过 ΔS 的变化可以看出。此外，随着摩擦损失、传热损失的增加以及燃烧时间的减小，循环的熵产生增加；随着循环周期的增加，循环的熵产生减小。

表 11.2 各种情形选取的参数值

情形	与表 11.1 相比发生改变的参数
1	与表 11.1 中的参数完全相同
2	$t_b = 0.1\text{ms}$
3	$t_b = 1.0\text{ms}$
4	$t_b = 5.0\text{ms}$
5	$\tau = 66.66\text{ms}$ 对应的转速为 1800r/min
6	$K = 2.61\text{kW/(K}\cdot\text{m}^2)$ $(K = 1.8\times10^9\text{kW/(K}\cdot\text{m}^2)$, $K=2\times10^{-7}\text{kW/(K}^4\cdot\text{m}^2))$
7	$\mu = 25.8\text{kg/s}$

表 11.3 熵产生最小时牛顿传热规律下加速度约束时各种条件下的计算结果

情形		v_{max} /(m/s)	t_p /ms	$\Delta S_{t_{np}}$ /(10^{-3}kJ/K)	$\Delta S_{f,t_p}$ /(10^{-3}kJ/K)	$\Delta S_{q,t_p}$ /(10^{-3}kJ/K)	ΔS_{t_p} /(10^{-3}kJ/K)	ΔS /(10^{-3}kJ/K)	T_f /K
1	传统	13.3	8.33	0.1585	0.0634	0.6576	0.7210	0.8795	1242
	最优	39.6	3.20	0.1119	0.1962	0.2724	0.4686	0.5805	1371
2	传统	13.3	8.33	0.1585	0.0634	0.6637	0.7271	0.8856	1165
	最优	40.5	3.20	0.1119	0.1971	0.3598	0.5569	0.6688	1619
3	传统	13.3	8.33	0.1585	0.0634	0.6472	0.7106	0.8691	1182
	最优	39.9	3.20	0.1119	0.1964	0.3268	0.5232	0.6351	1501

续表

情形		v_{max} /(m/s)	t_p /ms	$\Delta S_{t_{np}}$ /(10^{-3}kJ/K)	$\Delta S_{f,t_p}$ /(10^{-3}kJ/K)	$\Delta S_{q,t_p}$ /(10^{-3}kJ/K)	ΔS_{t_p} /(10^{-3}kJ/K)	ΔS /(10^{-3}kJ/K)	T_f /K
4	传统	13.3	8.33	0.1585	0.0634	0.6329	0.6963	0.8548	1223
	最优	40.2	3.20	0.1119	0.1972	0.2287	0.4259	0.5378	1200
5	传统	6.7	16.65	0.0792	0.0317	0.9299	0.9616	1.0408	949
	最优	39.6	3.20	0.0531	0.1962	0.2724	0.4686	0.5217	1371
6	传统	13.3	8.33	0.1585	0.0634	0.9411	1.0045	1.1630	1000
	最优	40.5	3.20	0.1119	0.1976	0.4989	0.6965	0.8084	1242
7	传统	13.3	8.33	0.3170	0.1268	0.6576	0.7844	1.1014	1247
	最优	28.2	3.60	0.2269	0.3196	0.3089	0.6285	0.8554	1371

表 11.4　熵产生最小时线性唯象传热规律下加速度约束时各种条件下的计算结果

情形		v_{max} /(m/s)	t_p /ms	$\Delta S_{t_{np}}$ /(10^{-3}kJ/K)	$\Delta S_{f,t_p}$ /(10^{-3}kJ/K)	$\Delta S_{q,t_p}$ /(10^{-3}kJ/K)	ΔS_{t_p} /(10^{-3}kJ/K)	ΔS /(10^{-3}kJ/K)	T_f /K
1	传统	13.3	8.33	0.1585	0.0634	0.7346	0.7980	0.9565	1192
	最优	33.0	3.30	0.1123	0.1853	0.3204	0.5057	0.6180	1337
2	传统	13.3	8.33	0.1585	0.0634	0.7209	0.7843	0.9428	1131
	最优	27.7	3.42	0.1127	0.1757	0.3667	0.5424	0.6551	1487
3	传统	13.3	8.33	0.1585	0.0634	0.7191	0.7825	0.9410	1139
	最优	28.8	3.40	0.1127	0.1772	0.3530	0.5302	0.6429	1442
4	传统	13.3	8.33	0.1585	0.0634	0.7163	0.7797	0.9382	1146
	最优	28.3	3.40	0.1129	0.1706	0.3075	0.4781	0.5910	1164
5	传统	6.65	16.7	0.0792	0.0317	1.0631	1.0948	1.1740	866
	最优	33.0	3.30	0.0532	0.1853	0.3204	0.5057	0.5589	1337
6	传统	13.3	8.33	0.1585	0.0634	0.8438	0.9072	1.0657	1047
	最优	35.1	3.25	0.1121	0.1911	0.3969	0.5880	0.7001	1288
7	传统	13.3	8.33	0.3170	0.1268	0.7163	0.8431	1.1601	1146
	最优	21.6	3.90	0.1146	0.2861	0.3801	0.6662	0.7808	1337

表 11.5 熵产生最小时辐射传热规律下加速度约束时各种条件下的计算结果

情形		v_{max} /(m/s)	t_p /ms	$\Delta S_{t_{np}}$ /(10^{-3}kJ/K)	$\Delta S_{f,t_p}$ /(10^{-3}kJ/K)	$\Delta S_{q,t_p}$ /(10^{-3}kJ/K)	ΔS_{t_p} /(10^{-3}kJ/K)	ΔS /(10^{-3}kJ/K)	T_f /K
1	传统	13.3	8.33	0.1585	0.0634	0.6584	0.7218	0.8803	1318
	最优	33.0	3.55	0.1132	0.1641	0.2531	0.4172	0.5304	1419
2	传统	13.3	8.33	0.1585	0.0634	0.7528	0.8162	0.9747	1150
	最优	44.5	3.20	0.1119	0.1986	0.3967	0.5953	0.7072	1655
3	传统	13.3	8.33	0.1585	0.0634	0.6558	0.7192	0.8777	1218
	最优	39.1	3.30	0.1123	0.1861	0.3318	0.5179	0.6302	1512
4	传统	13.3	8.33	0.1585	0.0634	0.6542	0.7176	0.8761	1322
	最优	28.9	3.90	0.1146	0.1438	0.2063	0.3501	0.4647	1285
5	传统	6.65	16.60	0.0792	0.0317	0.8544	0.8861	0.9653	1084
	最优	33.0	3.55	0.0534	0.1641	0.2531	0.4172	0.4706	1419
6	传统	13.3	8.33	0.1585	0.0634	0.7366	0.8000	0.9585	1258
	最优	36.0	3.40	0.1127	0.1772	0.3036	0.4808	0.5935	1383
7	传统	13.3	8.33	0.3170	0.1268	0.6584	0.7852	1.1022	1318
	最优	24.2	4.40	0.1174	0.2306	0.3391	0.5697	0.6871	1433

11.2.5.3 活塞运动最优构型与传统运动规律的比较

表 11.6～表 11.8 给出了各种条件下活塞运动最优构型与传统运动规律的比较结果。由 $\Delta S_{t_{np}}$ 和 $\Delta S_{f,t_p}$ 的变化可见，大部分情形下优化活塞运动规律后非功率冲程中摩擦损失产生的熵产生 $\Delta S_{t_{np}}$ 减小的量小于功率冲程中摩擦损失产生的熵产生 $\Delta S_{f,t_p}$ 增加的量，因此优化后整个循环过程中由摩擦损失产生的熵产生是增加的，虽然优化后摩擦损失产生的熵产生是增加的，但过程总的熵产生是减小的。从 $\Delta S_{q,t_p}$ 的减少量来看，优化后整个循环中传热产生的熵产生的减少量远大于摩擦产生的熵产生的增加量，因此整个优化过程主要是通过减小功率冲程初始阶段的传热损失产生的熵产生来实现的。通过 1～4 四种情形的优化效果比较，可以看出牛顿传热规律和线性唯象传热规律下循环的燃烧时间越长，优化效果越明显。通过 1 和 5 两种情形的优化效果比较，可以看出循环的周期越大，优化效果越明显。通过 1 和 6 两种情形的优化效果比较，可以看出循环的传热损失越大，优化效果越明显。图 11.1～图 11.9 给出了情形 1 时活塞最优运动规律与传统运动规律的比较。其中图 11.1～图 11.3 给出了三种传热规律下活塞最优运动规律时活塞速度变化规律与传统运动规律时活塞速度变化规律的比较，从图中可以看出，相比于传统运

动规律，活塞最优运动规律均由三段组成，这三段分别是一个最大加速段、一个最大减速段以及一个中间运动段；三种传热规律下最优运动规律时的活塞最大运动速度远高于相对应的传统运动规律时的活塞运动最大速度。图 11.4～图 11.6 给出了三种传热规律下活塞最优运动规律时缸内工质温度变化规律与传统运动规律时缸内工质温度变化规律的比较，从图中可以看出，三种传热规律下传统运动规律时缸内工质的温度在功率冲程开始阶段都有一个明显的上升过程，而最优运动规律时缸内工质的温度没有该过程；三种传热规律下在功率冲程末端，最优运动规律时缸内工质的温度高于传统运动规律时缸内工质的温度。图 11.7～图 11.9 给出了三种传热规律下活塞最优运动规律时活塞运动位移变化规律与传统运动规律时活塞运动位移变化规律的比较，从图中可以看出，相比于传统运动规律，最优运动规律时活塞运动位移变化规律没有发生定性的变化，仅运动时间发生了变化。

表 11.6　熵产生最小时牛顿传热规律、加速度约束时各种条件下活塞运动最优构型与传统运动规律的比较结果　(单位：10^{-3}kJ/K)

情形	$\Delta S_{t_{np}}$	$\Delta S_{f,t_{np}}$	$\Delta S_{q,t_p}$	ΔS_{t_p}	ΔS
1	0.0466	−0.1328	0.3852	0.2524	0.2990
2	0.0466	−0.1337	0.3039	0.1702	0.2168
3	0.0466	−0.1330	0.3204	0.1874	0.2340
4	0.0466	−0.1338	0.4042	0.2704	0.3170
5	0.0261	−0.1645	0.6575	0.4930	0.5191
6	0.0466	−0.1333	0.4422	0.3089	0.3555
7	0.0901	−0.1928	0.3487	0.1559	0.2460

注：表中正值表示熵产生减少，负值表示熵产生增加。

表 11.7　熵产生最小时线性唯象传热规律、加速度约束时各种条件下活塞运动最优构型与传统运动规律的比较结果　(单位：10^{-3}kJ/K)

情形	$\Delta S_{t_{np}}$	$\Delta S_{f,t_{np}}$	$\Delta S_{q,t_p}$	ΔS_{t_p}	ΔS
1	0.0462	−0.1219	0.4142	0.2923	0.3385
2	0.0458	−0.1123	0.3542	0.2419	0.2877
3	0.0458	−0.1138	0.3661	0.2523	0.2981
4	0.0456	−0.1072	0.4088	0.3016	0.3472
5	0.0260	−0.1536	0.7427	0.5891	0.6151
6	0.0464	−0.1277	0.4469	0.3192	0.3656
7	0.2024	−0.1593	0.3362	0.1769	0.3793

注：表中正值表示熵产生减少，负值表示熵产生增加。

表 11.8　熵产生最小时辐射传热规律、加速度约束时各种条件下活塞运动最优构型与传统运动规律的比较结果　（单位：10^{-3}kJ/K）

情形	$\Delta S_{t_{np}}$	$\Delta S_{f,t_{np}}$	$\Delta S_{q,t_p}$	ΔS_{t_p}	ΔS
1	0.0453	−0.1007	0.4053	0.3046	0.3499
2	0.0466	−0.1352	0.3561	0.2209	0.2675
3	0.0462	−0.1227	0.3240	0.2013	0.2475
4	0.0439	−0.0804	0.4479	0.3675	0.4114
5	0.0258	−0.1324	0.6013	0.4689	0.4947
6	0.0458	−0.1138	0.4330	0.3192	0.3650
7	0.1996	−0.1038	0.3193	0.2155	0.4151

注：表中正值表示熵产生减少，负值表示熵产生增加。

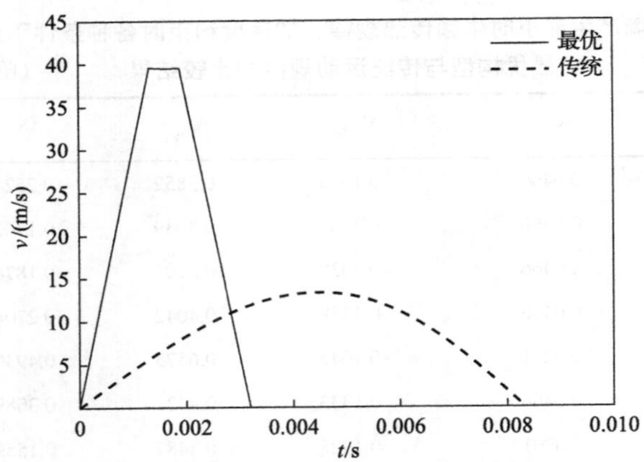

图 11.1　熵产生最小时牛顿传热规律时活塞最优运动规律与传统运动规律比较(速度)

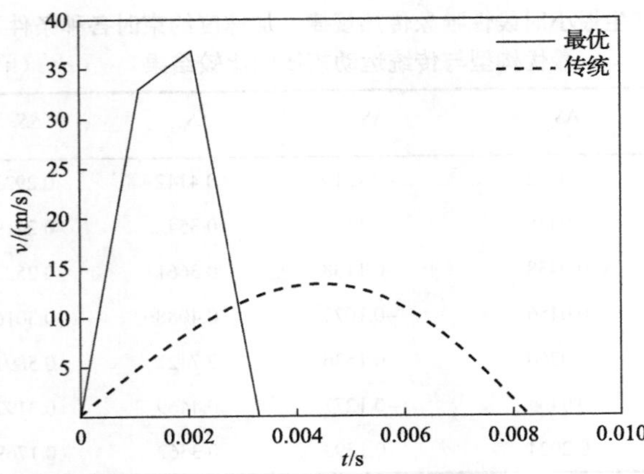

图 11.2　熵产生最小时线性唯象传热规律时活塞最优运动规律与传统运动规律比较(速度)

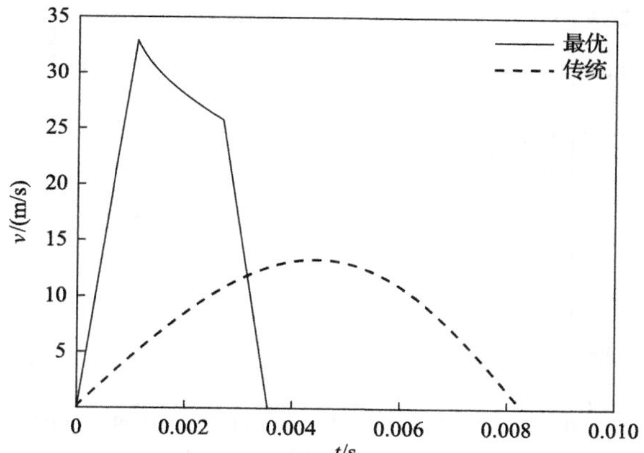

图 11.3　熵产生最小时辐射传热规律时活塞最优运动规律与传统运动规律比较(速度)

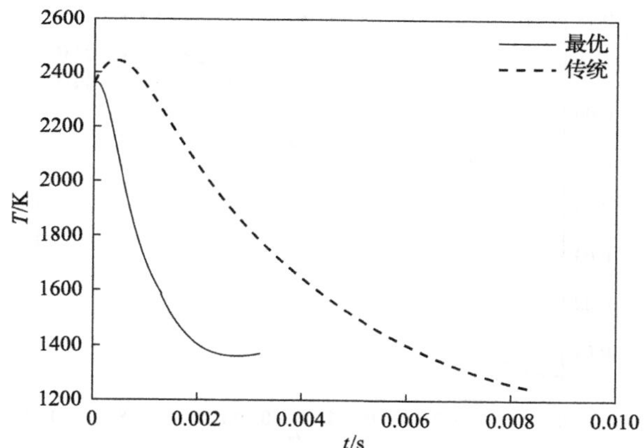

图 11.4　熵产生最小时牛顿传热规律时活塞最优运动规律与传统运动规律比较(温度)

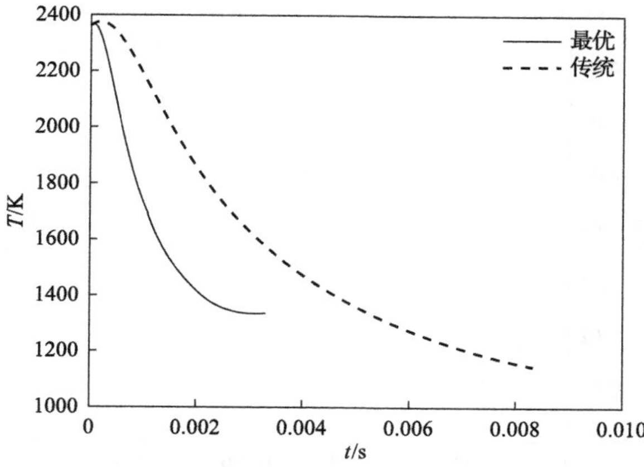

图 11.5　熵产生最小时线性唯象传热规律时活塞最优运动规律与传统运动规律比较(温度)

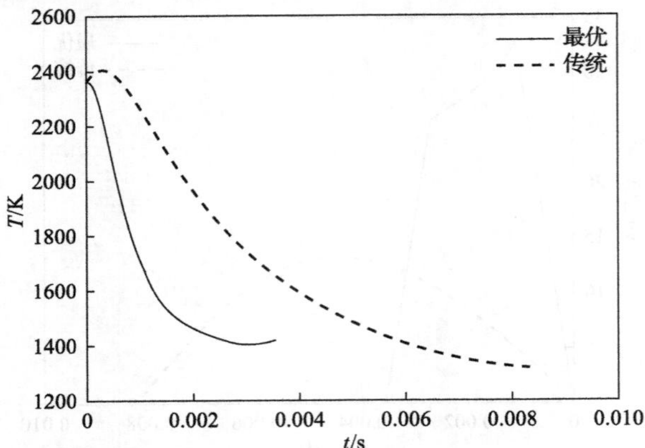

图 11.6　熵产生最小时辐射传热规律时活塞最优运动规律与传统运动规律比较(温度)

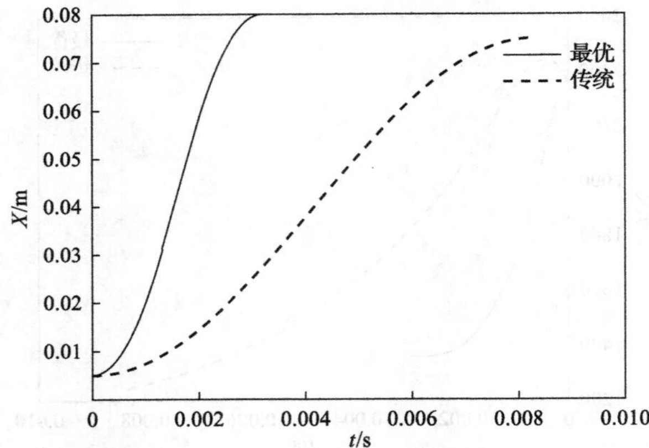

图 11.7　熵产生最小时牛顿传热规律时活塞最优运动规律与传统运动规律比较(位移)

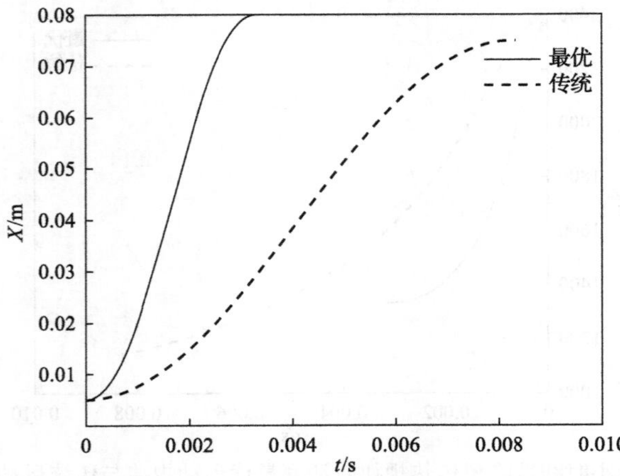

图 11.8　熵产生最小时线性唯象传热规律时活塞最优运动规律与传统运动规律比较(位移)

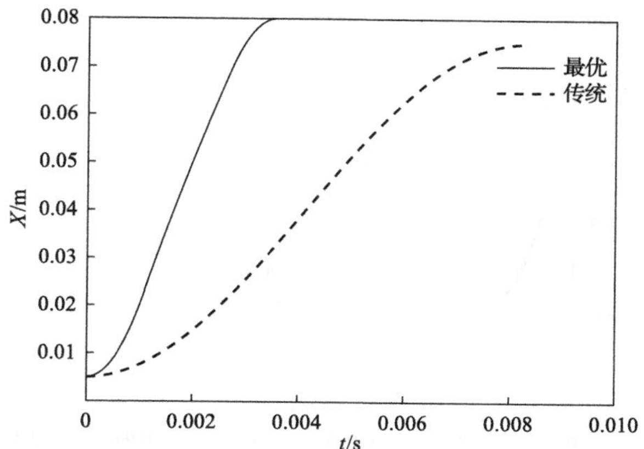

图 11.9　熵产生最小时辐射传热规律时活塞最优运动规律与传统运动规律比较(位移)

11.2.5.4　不同优化目标和传热规律下活塞运动最优构型比较

图 11.10～图 11.12 给出了不同优化目标、不同传热规律情况下功率冲程加速度约束时活塞运动的最优构型，其中包括牛顿传热规律下输出功最大时的最优构型(文献[1]的结果)以及牛顿传热规律、线性唯象传热规律和辐射传热规律下熵产生最小时的最优构型(本书结果)。表 11.9 给出了对应于图 11.10～图 11.12 四种活塞运动规律的数值计算结果。比较表 11.9 中情形 1 和 4 两种优化目标下的计算结果可以看出，以熵产生最小为目标时，热机的熵产生、输出功分别比以输出功最大为目标时的熵产生、输出功减小了 47%、45%，但是第二定律效率增加了 19.2%。比较图 11.10～图 11.12 中情形 1 和 4 两种优化目标下的最优构型可以看

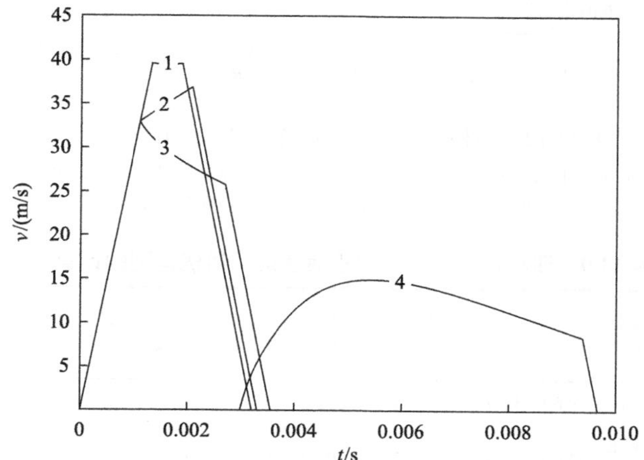

图 11.10　四种情形下活塞最优运动规律比较(速度)

1. 熵产生最小，牛顿传热规律；2. 熵产生最小，线性唯象传热规律；3. 熵产生最小，辐射传热规律；4. 输出功最大，牛顿传热规律

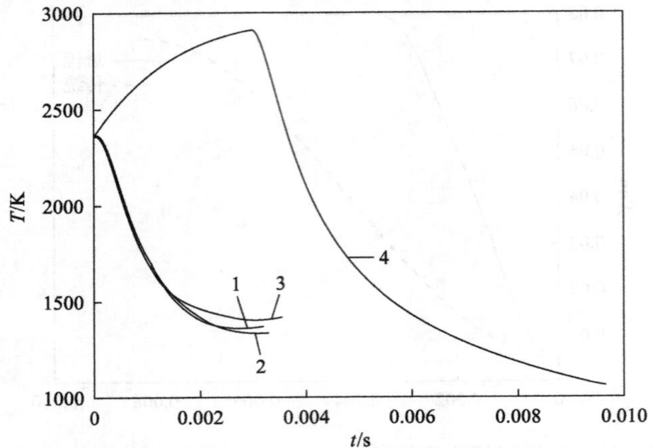

图 11.11 四种情形下活塞最优运动规律比较(温度)

1. 熵产生最小，牛顿传热规律；2. 熵产生最小，线性唯象传热规律；3. 熵产生最小，辐射传热规律；4. 输出功最大，牛顿传热规律

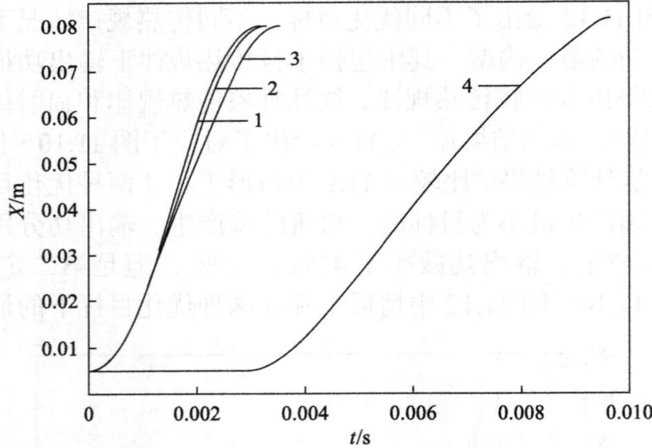

图 11.12 四种情形下活塞最优运动规律比较(位移)

1. 熵产生最小，牛顿传热规律；2. 熵产生最小，线性唯象传热规律；3. 熵产生最小，辐射传热规律；4. 输出功最大，牛顿传热规律

表 11.9 四种情形下功率冲程活塞运动最优构型的计算结果

情形	目标	传热规律	v_{max} /(m/s)	t_p /ms	ΔS_{t_p} /(10^{-3}kJ/K)	W_R /10^{-3}kJ	W_p /10^{-3}kJ	W_τ /10^{-3}kJ	$W_{f,\tau}$/10^{-3}kJ $W_{f,t_{np}}$	$W_{f,\tau}$/10^{-3}kJ W_{f,t_p}	Q /10^{-3}kJ	T_f /K	ε
1	熵产生最小	牛顿	39.60	3.20	0.4686	388.6	507.3	277.4	33.6	58.9	81.7	1371	0.714
2	熵产生最小	线性唯象	33.00	3.30	0.5057	406.4	522.5	292.5	33.7	55.6	96.1	1337	0.720
3	熵产生最小	辐射	33.00	3.55	0.4172	363.6	547.6	317.3	34.0	49.2	75.9	1419	0.873
4	输出功最大	牛顿	14.97	9.66	0.8838	837.1	740.2	501.1	42.8	24.5	241	1061	0.599

出，以熵产生最小为目标的活塞运动最优构型与以输出功最大为目标的活塞运动最优构型相比发生了很大变化，既有相同点也有不同点。相同点是：两种目标下活塞运动的最优构型均由两个边界运动段和一个中间运动段组成，两种目标下后两个运动段都是由一个最大减速段和一个中间运动段组成并且中间运动段均与对应的无加速度约束条件下的最优解满足的微分方程相同。不同点是：以熵产生最小为目标时，活塞最优运动规律的第一个运动段是一个最大加速度段，而以输出功最大为目标时，活塞最优运动规律的第一个运动段是一个完全静止段，即活塞运动的速度和位移均为零。造成这种不同的原因是：以输出功最大为目标时，在功率冲程开始的时候活塞运动有一个延迟时间，在这个延迟时间内，由于活塞静止不动，因此气缸内工质的温度会急剧上升(这可以从图 11.11 中工质的温度变化看出)，这样就相当于提高了功率冲程开始时工质的温度，从而增加功率冲程的活塞运动膨胀功。

比较表 11.9 中情形 1、2 和 3 三种传热规律下的计算结果可以看出，辐射传热规律时热机的熵产生最小、第二定律效率最高。比较图 11.10～图 11.12 中情形 1、2 和 3 三种传热规律下的最优构型可以看出，三种传热规律下的最优构型的差别主要在中间运动段，牛顿传热规律下活塞的速度在中间段基本保持不变，线性唯象传热规律下活塞的速度在中间段是增加的，而辐射传热规律下活塞的速度在中间段是减小的。

11.3　生态学函数最大时 Diesel 循环活塞运动最优路径

本节同 11.2 节相比只是改变了优化目标，因此 11.2.1 节使用的 Diesel 循环热机模型完全适用于本节的分析。

11.3.1　优化目标

广义辐射传热规律下 Diesel 循环的生态学函数目标为

$$E=\tau^{-1}\left\{\int_0^{t_{\mathrm{p}}}\left[NRTv/X-4\mu v^2-(1-T_0/T)K\pi b(b/2+X)(T^n-T_{\mathrm{w}}^n)\mathrm{sign}(n)\right]\mathrm{d}t\right.$$
$$\left.-2\left[\int_0^{t_1}2\mu v\mathrm{d}t+\int_0^{t_2}3\mu v\mathrm{d}t\right]-W_{\mathrm{np}}\right\} \tag{11.62}$$

分别令

$$E_1=\int_0^{t_{\mathrm{p}}}[NRTv/X-4\mu v^2-(1-T_0/T)K\pi b(b/2+X)(T^n-T_{\mathrm{w}}^n)\mathrm{sign}(n)]\mathrm{d}t \tag{11.63}$$

$$E_2 = 2T_0\Delta S_{t_{\rm np}} = 2\left[\int_0^{t_1} 2\mu v \mathrm{d}t + \int_0^{t_2} 3\mu v \mathrm{d}t\right] \tag{11.64}$$

则优化目标为

$$\max E = \tau^{-1}(E_1 - E_2 - W_{\rm np}) \tag{11.65}$$

式(11.65)中，循环周期τ固定，非功率冲程的耗功$W_{\rm np}$为常数，因此式(11.65)等效为E_1最大且E_2最小。

11.3.2 优化方法

这里的优化问题同样是要在固定耗油量和循环时间的情况下使循环的生态学函数最大，因此优化后的热机和传统热机的唯一区别在于活塞的运行规律不同。与Otto循环热机相比，Diesel循环热机模型虽然增加了对有限燃烧速率模型的考虑，但是优化方法完全一样，具体的优化方法见10.3.2节，不再赘述。

11.3.2.1 非功率冲程优化

由于非功率冲程的优化目标是使E_2最小，可以等效为熵产生$\Delta S_{t_{\rm np}}$最小，因此优化步骤可以按照11.2.2.1节非功率冲程的优化步骤进行。

优化后，可以得到三个非功率冲程总的熵产生为

$$\Delta S_{t_{\rm np}} = \mu a_{\rm m}^2[2t_1^3(1+2y_1)(1-y_1)^2 + 3t_2^3(1+2y_2)(1-y_2)^2]/(12T_0) \tag{11.66}$$

给定非功率冲程总时间$t_{\rm np}$，由式(11.67)和式(11.68)得到非功率冲程的时间分配：

$$t_{\rm np} = 2t_1 + t_2 \tag{11.67}$$

$$t_1^2(1-y_1)^2 = 3t_2^2(1-y_2)^2 \tag{11.68}$$

式中，$y_1 = (1-4\Delta X/a_{\rm m}t_1^2)^{1/2}$；$y_2 = (1-4\Delta X/a_{\rm m}t_2^2)^{1/2}$；$a_{\rm m}$为限制加速度值。

对于无加速度约束也即$a_{\rm m}\to\infty$的情形，式(11.68)变为

$$t_2 = \sqrt{3}t_1 \tag{11.69}$$

此时三个非功率冲程总的熵产生式(11.66)变为

$$\Delta S_{t_{\rm np}} = \mu(2+\sqrt{3})^2(\Delta X)^2/(t_{\rm np}T_0) \tag{11.70}$$

11.3.2.2　功率冲程优化

对于功率冲程，以 E_1 最大为目标优化活塞运动规律，也即确定 E_1 与 t_p 的最优关系。与非功率冲程单独考虑摩擦因素不同，功率冲程不仅需要考虑摩擦因素还需考虑传热损失对活塞运动最优构型的影响。

1. 无加速度约束情形

为了使功率冲程 E_1 最大，相应的优化问题为

$$\max E_1 = \int_0^{t_p} [NRTv/X - 4\mu v^2 - (1-T_0/T)K\pi b(b/2+X)(T^n - T_w^n)\mathrm{sign}(n)]\mathrm{d}t \tag{11.71}$$

根据热力学第一定律有

$$\dot{T} = -\frac{1}{NC}[NRTv/X + K\pi b(b/2+X)(T^n - T_w^n)\mathrm{sign}(n) - h(t)] \tag{11.72}$$

式中，R 为气体常数；N 为燃料空气混合物的摩尔数；加热函数 $h(t)$ 为

$$h(t) = \frac{NQ_c(1-F)}{t_b}\exp(-t/t_b) \tag{11.73}$$

式中，F 为燃料初始阶段瞬时燃烧的部分；t_b 为燃料大部分燃烧时所需要的时间；Q_c 为每摩尔燃料空气混合物燃烧所释放的热量，它与温度无关。

此外，由运动方程有

$$\dot{X} = v \tag{11.74}$$

建立哈密顿函数如下：

$$\begin{aligned} H = {} & \frac{NRTv}{X} - 4\mu v^2 - (1-T_0/T)K\pi b(b/2+X)(T^n - T_w^n)\mathrm{sign}(n) \\ & - \frac{\lambda_1}{NC}[NRTv/X + K\pi b(b/2+X)(T^n - T_w^n)\mathrm{sign}(n) - h(t)] + \lambda_2 v \end{aligned} \tag{11.75}$$

正则方程为

$$\begin{aligned} \dot{\lambda}_1 = {} & -\frac{\partial H}{\partial T} = nT^{n-1}\mathrm{sign}(n)K\pi b(b/2+X)\left(1 - \frac{T_0}{T} + \frac{\lambda_1}{NC}\right) \\ & + \frac{T_0}{T^2}\mathrm{sign}(n)K\pi b(b/2+X)(T^n - T_w^n) + \frac{\lambda_1 Rv}{CX} - \frac{NRv}{X} \end{aligned} \tag{11.76}$$

$$\dot{\lambda}_2 = -\frac{\partial H}{\partial X} = K\pi b(T^n - T_{\mathrm{w}}^n)\mathrm{sign}(n)\left(1 - \frac{T_0}{T} + \frac{\lambda_1}{NC}\right) - \frac{\lambda_1 RTv}{CX^2} + \frac{NRTv}{X^2} \tag{11.77}$$

由极值条件 $\partial H / \partial v = 0$ 可得

$$v = \frac{T(NRC - \lambda_1 R) + \lambda_2 CX}{8\mu CX} \tag{11.78}$$

边界条件为

$$T(0) = T_{0\mathrm{p}},\ X(0) = X_0,\ X(t_{\mathrm{p}}) = X_{\mathrm{f}},\ \lambda_1(t_{\mathrm{p}}) = 0 \tag{11.79}$$

式中，$T_{0\mathrm{p}}$ 为功率冲程初始点时气缸内工质的温度。式(11.72)、式(11.74)、式(11.76)和式(11.77)确定了广义辐射传热规律下功率冲程无加速度约束时最优构型的微分方程组，在固定功率冲程时间 t_{p} 的情况下，可求出作为时间函数的 E_1 与功率冲程活塞运动最优路径即 v - t 最优关系。

此外，还需对活塞的初始位置做出限制，必须使活塞在整个功率冲程中的位置满足式(11.80)：

$$X \geqslant X_0 \tag{11.80}$$

如果没有式(11.80)的限制，将会使活塞运动到上死点以上。对活塞位置做出限制以后，可以认为无加速度约束时活塞运动路径由两段组成，分别是对于 $0 \leqslant t \leqslant t_{\mathrm{d}}$（$t_{\mathrm{d}}$ 为活塞运动延迟时间，在这个时间内活塞的位置将不满足式(11.80)，此时必须使活塞保持在初始位置静止不动，即 $X = X_0$）：

$$v(t) = 0 \tag{11.81}$$

而对于 $t_{\mathrm{d}} < t \leqslant t_{\mathrm{p}}$，此时活塞的位置满足式(11.80)，活塞运动速度的表达式为式(11.78)。

2. 加速度约束情形

此外，必须考虑活塞在功率冲程的两个端点的速度为零，同时加速度限定在有限值。该情形下优化问题的目标函数和无加速度约束时相同，依然为式(11.71)，而约束条件除了式(11.72)和式(11.74)外，增加了下面两个：

$$\dot{v} = a \tag{11.82}$$

$$-a_{\mathrm{m}} \leqslant a \leqslant a_{\mathrm{m}} \tag{11.83}$$

式中，a 为活塞运动的加速度；$\pm a_{\mathrm{m}}$ 为加速度的极值。

建立如下哈密顿函数：

$$
\begin{aligned}
H = {} & \frac{NRTv}{X} - 4\mu v^2 - (1 - T_0/T)K\pi b(b/2 + X)(T^n - T_{\mathrm{w}}^n)\mathrm{sign}(n) \\
& - \frac{\lambda_1}{NC}\left[\frac{NRTv}{X} + K\pi b(b/2 + X)(T^n - T_{\mathrm{w}}^n)\mathrm{sign}(n) - h(t)\right] + \lambda_2 v + \lambda_3 a
\end{aligned} \tag{11.84}
$$

哈密顿函数式(11.84)对应的协态方程除了式(11.76)和式(11.77)外，还包括：

$$
\dot{\lambda}_3 = -\frac{\partial H}{\partial v} = 8\mu v + \frac{\lambda_1 RT}{CX} - \frac{NRT}{X} - \lambda_2 \tag{11.85}
$$

由极值条件 $\partial H/\partial a = 0$ 得

$$
\lambda_3 = 0 \tag{11.86}
$$

如果式(11.86)不仅在加速度区间 $[-a_{\mathrm{m}}, a_{\mathrm{m}}]$ 上某个孤立点成立，则可得

$$
\dot{\lambda}_3 = 0 \tag{11.87}
$$

通过式(11.85)和式(11.87)联立求解得到的速度表达式与式(11.78)完全相同。因此加速度约束时功率冲程活塞运动的最优路径存在两种情况。第一种情况是当存在活塞运动延迟时间 t_{d} 时，功率冲程活塞运动的最优路径由三个运动段组成：①从初始时间 $t = 0$ 到延迟时间 $t = t_{\mathrm{d}}$，这期间活塞处于静止状态，活塞处于初始位置；②从延迟时间 $t = t_{\mathrm{d}}$ 开始到转换时间 $t = t'$，活塞运动路径由满足微分方程组式(11.72)、式(11.74)、式(11.76)和式(11.77)的中间段组成；③从转换时间 $t = t'$ 到功率冲程所消耗的时间 $t = t_{\mathrm{p}}$，活塞运动路径为最大减速段。第二种情况是当不存在活塞运动延迟时间 t_{d} 时，即在整个功率冲程时间内 $X \geqslant X_0$，此时活塞运动路径也由三段组成，分别为两个边界运动段(最大加速初段和最大减速末段)和与它们相连的满足微分方程组式(11.72)、式(11.74)、式(11.76)和式(11.77)的中间段。对于加速度约束情形下的最优解只能求其数值解，具体计算方法见 11.3.3 节。

11.3.3　数值算法

加速度约束条件下功率冲程活塞运动的最优构型由三段组成，因此加速度约束条件下的数值算例采用逆向计算(即将活塞末态位置作为计算的初始点)。可能存在活塞运动延迟时间 t_{d}，使得活塞运动的位移 $X < X_0$，因此具体计算方法有两种情况。

1. 存在活塞运动的延迟时间

具体计算方法如下：①在固定功率冲程时间t_p的情况下，先进行最大减速段的计算，猜测最大减速段时间t_{p3}和功率冲程末端温度T_f，通过式(11.72)、式(11.74)和式(11.82)计算得到最大减速段初始点的各参数；②中间微分方程组运动段的计算，以最大减速段初始点的各参数作为计算的初始值，联立式(11.72)、式(11.74)、式(11.76)和式(11.77)进行迭代计算，计算过程中将$X-X_0<0$作为终止条件，这样可以得到中间运动段所需要的时间t_{p2}，此时活塞运动的延迟时间$t_d=t_p-t_{p3}-t_{p2}$；③在延迟时间t_d内，令$X=X_0$，$v=0$，通过式(11.72)计算得到功率冲程开始的工质温度，将功率冲程开始的工质温度和已知的T_{0p}相比较，若相等则计算出功率冲程的E_1，若不等则改变第一步中的最大减速段时间t_{p3}和功率冲程末端温度T_f直到两者相等为止；④根据$t_{np}=\tau-t_p=2t_1+t_2$计算得到非功率冲程的时间分配和熵产生$\Delta S_{t_{np}}$，从而得到整个循环过程的生态学函数E；⑤改变功率冲程的时间t_p，重复上述四个过程的计算，得到相应功率冲程时间下的循环过程的生态学函数；⑥比较不同功率冲程时间下循环过程的生态学函数，最大值即为所求解。

2. 不存在活塞运动的延迟时间

具体的计算方法如下：①在固定功率冲程时间t_p的情况下，先进行最大减速段的计算，猜测最大减速段时间t_{p3}和功率冲程末端温度T_f，通过式(11.72)、式(11.74)和式(11.82)计算得到最大减速段初始点的各参数；②中间微分方程组运动段的计算，以最大减速段初始点的各参数作为计算的初始值，对式(11.72)、式(11.74)、式(11.76)和式(11.77)进行迭代计算，由于中间微分方程组运动段的初始点是最大加速段的末端，因此中间微分方程组运动段的初始速度与活塞的位置有关，最大加速段中活塞运动的位移与速度呈抛物线关系这个条件将作为本步计算结束的终止条件，这样得到中间微分方程组运动段的初始参数以及中间运动段所需要的时间t_{p2}；③以中间微分方程组运动段的初始参数作为最大加速段的计算初始值，通过式(11.72)、式(11.74)和式(11.82)计算得到最大加速段的初始参数也就是功率冲程开始时的参数以及最大加速段所需的时间t_{p1}，将计算得到的三个运动段所需的时间之和$t_{p1}+t_{p2}+t_{p3}$与固定的功率冲程时间t_p相比较，功率冲程开始的工质温度和已知的T_{0p}相比较，若相等则计算出功率冲程的E_1，若不等则改变第一步中的最大减速段时间t_{p3}和功率冲程末端温度T_f直到两者相等为止；④根据$t_{np}=\tau-t_p=2t_1+t_2$计算得到非功率冲程的时间分配和熵产生$\Delta S_{t_{np}}$，最后计算整个循环过程的生态学函数E；⑤改变功率冲程的时间t_p，重复上述四个步骤的计算，得到相应功率冲程时间下的循环过程的生态学函数；⑥比较不同功率冲程时间下循环过程的生态学函数，最大值即为所求解。

11.3.4　特例分析

11.3.4.1　牛顿传热规律下的最优构型

牛顿传热规律下，传热指数 $n=1$，符号函数 $\operatorname{sign}(n)=1$。

1. 无加速度约束情形

优化目标为

$$\max E_1 = \int_0^{t_p} [NRTv/X - 4\mu v^2 - (1-T_0/T)K\pi b(b/2+X)(T-T_w)]\mathrm{d}t \tag{11.88}$$

建立的哈密顿函数为

$$\begin{aligned} H = &\frac{NRTv}{X} - 4\mu v^2 - (1-T_0/T)K\pi b(b/2+X)(T-T_w) \\ &- \frac{\lambda_1}{NC}[NRTv/X + K\pi b(b/2+X)(T-T_w) - h(t)] + \lambda_2 v \end{aligned} \tag{11.89}$$

最优路径满足的微分方程组为

$$\dot{T} = -\frac{1}{NC}[NRTv/X + K\pi b(b/2+X)(T-T_w) - h(t)] \tag{11.90}$$

$$\dot{\lambda}_1 = -\frac{\partial H}{\partial T} = (b/2+X)\left(1-\frac{T_0}{T}+\frac{\lambda_1}{NC}\right) + \frac{\lambda_1 Rv}{CX} - \frac{NRv}{X} + \frac{T_0}{T^2}K\pi b(b/2+X)(T-T_w) \tag{11.91}$$

$$\dot{\lambda}_2 = -\frac{\partial H}{\partial X} = K\pi b(T-T_w)\left(1-\frac{T_0}{T}+\frac{\lambda_1}{NC}\right) - \frac{\lambda_1 RTv}{CX^2} + \frac{NRTv}{X^2} \tag{11.92}$$

$$\dot{X} = v \tag{11.93}$$

极值条件为

$$v = \frac{T(NRC - \lambda_1 R) + \lambda_2 CX}{8\mu CX} \tag{11.94}$$

2. 加速度约束情形

优化目标仍为式(11.88)，建立的哈密顿函数为

$$\begin{aligned} H = &\frac{NRTv}{X} - 4\mu v^2 - (1-T_0/T)K\pi b(b/2+X)(T-T_w) \\ &- \frac{\lambda_1}{NC}[NRTv/X + K\pi b(b/2+X)(T-T_w) - h(t)] + \lambda_2 v + \lambda_3 a \end{aligned} \tag{11.95}$$

最优路径满足的微分方程组除了式(11.90)～式(11.93)，还有

$$\dot{\lambda}_3 = -\frac{\partial H}{\partial v} = 8\mu v + \frac{\lambda_1 RT}{CX} - \frac{NRT}{X} - \lambda_2 \tag{11.96}$$

由极值条件 $\partial H/\partial a = 0$ 得

$$\lambda_3 = 0 \tag{11.97}$$

如果式(11.97)不仅在加速度区间 $[-a_{\mathrm{m}}, a_{\mathrm{m}}]$ 上某个孤立点成立，则可得

$$\dot{\lambda}_3 = 0 \tag{11.98}$$

11.3.4.2　线性唯象传热规律下的最优构型

线性唯象传热规律下，传热指数 $n=-1$，符号函数 $\mathrm{sign}(n)=-1$。

1. 无加速度约束情形

优化目标为

$$\max E_1 = \int_0^{t_{\mathrm{p}}} [NRTv/X - 4\mu v^2 - (1 - T_0/T)K\pi b(b/2 + X)(T_{\mathrm{w}}^{-1} - T^{-1})]\,\mathrm{d}t \tag{11.99}$$

建立的哈密顿函数为

$$\begin{aligned} H = {} & \frac{NRTv}{X} - 4\mu v^2 - (1 - T_0/T)K\pi b(b/2 + X)(T_{\mathrm{w}}^{-1} - T^{-1}) \\ & - \frac{\lambda_1}{NC}[NRTv/X + K\pi b(b/2 + X)(T_{\mathrm{w}}^{-1} - T^{-1}) - h(t)] + \lambda_2 v \end{aligned} \tag{11.100}$$

最优路径满足的微分方程组为

$$\dot{T} = -\frac{1}{NC}[NRTv/X + K\pi b(b/2 + X)(T_{\mathrm{w}}^{-1} - T^{-1}) - h(t)] \tag{11.101}$$

$$\begin{aligned} \dot{\lambda}_1 = {} & -\frac{\partial H}{\partial T} = \frac{K\pi b}{T^2}(b/2 + X)\left(1 - \frac{T_0}{T} + \frac{\lambda_1}{NC}\right) \\ & + \frac{T_0}{T^2}K\pi b(b/2 + X)(T_{\mathrm{w}}^{-1} - T^{-1}) + \frac{\lambda_1 Rv}{CX} - \frac{NRv}{X} \end{aligned} \tag{11.102}$$

$$\dot{\lambda}_2 = -\frac{\partial H}{\partial X} = K\pi b(T_{\mathrm{w}}^{-1} - T^{-1})\left(1 - \frac{T_0}{T} + \frac{\lambda_1}{NC}\right) - \frac{\lambda_1 RTv}{CX^2} + \frac{NRTv}{X^2} \tag{11.103}$$

$$\dot{X} = v \tag{11.104}$$

极值条件为

$$v = \frac{T_0(\lambda_1 RT - \lambda_2 CX)}{4\mu CX} \tag{11.105}$$

2. 加速度约束情形

优化目标仍为式(11.99)，建立的哈密顿函数为

$$\begin{aligned} H = &\frac{NRTv}{X} - 4\mu v^2 - (1 - T_0/T)K\pi b(b/2 + X)(T_{\mathrm{w}}^{-1} - T^{-1}) \\ &- \frac{\lambda_1}{NC}[NRTv/X + K\pi b(b/2 + X)(T_{\mathrm{w}}^{-1} - T^{-1}) - h(t)] + \lambda_2 v + \lambda_3 a \end{aligned} \tag{11.106}$$

最优路径满足的微分方程组除了式(11.101)～式(11.104)，还有

$$\dot{\lambda}_3 = -\frac{\partial H}{\partial v} = 8\mu v + \frac{\lambda_1 RT}{CX} - \frac{NRT}{X} - \lambda_2 \tag{11.107}$$

由极值条件 $\partial H / \partial a = 0$ 得

$$\lambda_3 = 0 \tag{11.108}$$

如果式(11.108)不仅在加速度区间 $[-a_{\mathrm{m}}, a_{\mathrm{m}}]$ 上某个孤立点成立，则可得

$$\dot{\lambda}_3 = 0 \tag{11.109}$$

11.3.4.3 辐射传热规律下的最优构型

辐射传热规律下，传热指数 $n = 4$，符号函数 $\mathrm{sign}(n) = 1$。

1. 无加速度约束情形

优化目标为

$$\max E_1 = \int_0^{t_{\mathrm{p}}} [NRTv/X - 4\mu v^2 - (1 - T_0/T)K\pi b(b/2 + X)(T^4 - T_{\mathrm{w}}^4)]\mathrm{d}t \tag{11.110}$$

建立的哈密顿函数为

$$\begin{aligned} H = &\frac{NRTv}{X} - 4\mu v^2 - (1 - T_0/T)K\pi b(b/2 + X)(T^4 - T_{\mathrm{w}}^4) \\ &- \frac{\lambda_1}{NC}[NRTv/X + K\pi b(b/2 + X)(T^4 - T_{\mathrm{w}}^4) - h(t)] + \lambda_2 v \end{aligned} \tag{11.111}$$

最优路径满足的微分方程组为

$$\dot{T} = -\frac{1}{NC}[NRTv/X + K\pi b(b/2+X)(T^4 - T_{\mathrm{w}}^4) - h(t)] \tag{11.112}$$

$$\begin{aligned}\dot{\lambda}_1 = -\frac{\partial H}{\partial T} &= 4T^3 K\pi b(b/2+X)\left(1 - \frac{T_0}{T} + \frac{\lambda_1}{NC}\right) \\ &+ \frac{T_0}{T^2} K\pi b(b/2+X)(T^4 - T_{\mathrm{w}}^4) + \frac{\lambda_1 Rv}{CX} - \frac{NRv}{X}\end{aligned} \tag{11.113}$$

$$\dot{\lambda}_2 = -\frac{\partial H}{\partial X} = K\pi b(T^4 - T_{\mathrm{w}}^4)\left(1 - \frac{T_0}{T} + \frac{\lambda_1}{NC}\right) - \frac{\lambda_1 RTv}{CX^2} + \frac{NRTv}{X^2} \tag{11.114}$$

$$\dot{X} = v \tag{11.115}$$

极值条件为

$$v = \frac{T_0(\lambda_1 RT - \lambda_2 CX)}{4\mu CX} \tag{11.116}$$

2. 加速度约束情形

优化目标仍为式(11.110)，建立的哈密顿函数为

$$\begin{aligned}H = \frac{NRTv}{X} &- 4\mu v^2 - (1 - T_0/T)K\pi b(b/2+X)(T^4 - T_{\mathrm{w}}^4) \\ &- \frac{\lambda_1}{NC}[NRTv/X + K\pi b(b/2+X)(T^4 - T_{\mathrm{w}}^4) - h(t)] + \lambda_2 v + \lambda_3 a\end{aligned} \tag{11.117}$$

最优路径满足的微分方程组除了式(11.112)～式(11.115)，还有

$$\dot{\lambda}_3 = -\frac{\partial H}{\partial v} = 8\mu v + \frac{\lambda_1 RT}{CX} - \frac{NRT}{X} - \lambda_2 \tag{11.118}$$

由极值条件 $\partial H/\partial a = 0$ 得

$$\lambda_3 = 0 \tag{11.119}$$

如果式(11.119)不仅在加速度区间 $[-a_{\mathrm{m}}, a_{\mathrm{m}}]$ 上某个孤立点成立，则可得

$$\dot{\lambda}_3 = 0 \tag{11.120}$$

11.3.5 数值算例与讨论

本节给出牛顿传热规律、线性唯象传热规律和辐射传热规律三种特例时加速度约束条件下的活塞运动最优路径数值算例。计算参数和常数仍如表 11.1 所示。

加速度约束时各种情形下选取的一些参数如表 11.2 所示。表 11.10～表 11.12 给出了这些参数下传统运动规律(表中用“传统”表示)和最优运动规律(表中用“最优”表示)相应的计算结果(加速度限制值取为 $a_m = 3\times10^4 m/s^2$)，其中传统运动规律取为修正正弦规律($r/l = 0.25$)。各种情形下优化后活塞运动的最大速度 v_{max} 大于对应的传统运动规律下的值，功率冲程的时间 t_p 值小于对应的传统运动规律下的值；牛顿传热规律和线性唯象传热规律下，优化后功率冲程都存在活塞运动延迟时间，而辐射传热规律下，优化后功率冲程没有活塞运动延迟时间。根据生态学函数的定义，生态学函数等于循环的输出功率减去循环的熵产率与环境温度之积。下面从循环输出功率和熵产率两个方面比较优化后的结果和传统运动规律下的结果的异同点。从表 11.10～表 11.12 中可以看出，相比于传统运动规律下循环的输出功率，优化后循环的输出功率都是增加的；优化后循环非功率冲程和功率冲程的熵产生均减小，因此优化后循环的总熵产率是减小的；比较功率冲程和非功率冲程熵产生减少量可以看出，大部分情况下功率冲程熵产生的减少量远大于非功率冲程熵产生的减少量，因此优化后循环的总熵产率减小主要是通过减小功率冲程的熵产生来实现的。综合以上分析可以看出，优化过程是通过减小循环功率冲程熵产生和提高循环输出功率来共同实现的。此外，随着传热损失、摩擦损失的增大循环生态学函数减小，随着循环周期的增加循环的生态学函数减小。

表 11.10　生态学函数最大时牛顿传热规律下加速度约束时各种情形下的计算结果

情形		v_{max} /(m/s)	t_p /ms	t_d /ms	$\Delta S_{t_{np}}$ /(10^{-3}kJ/K)	ΔS_{t_p} /(10^{-3}kJ/K)	σ /(kW/K)	W_p /10^{-3}kJ	P /kW	E /kW	T_f /K
1	传统	13.3	8.33	0	0.1585	0.7210	0.0264	625.6	11.45	3.53	1242
	最优	21.4	5.66	0.93	0.1219	0.6049	0.0218	649.9	12.50	5.78	1299
2	传统	13.3	8.33	0	0.1585	0.7271	0.0266	750.5	15.20	7.22	1165
	最优	22.8	5.08	0.18	0.1194	0.6058	0.0218	789.1	16.71	10.17	1236
3	传统	13.3	8.33	0	0.1585	0.7106	0.0261	689.9	13.38	5.55	1182
	最优	27.9	4.26	0.71	0.1160	0.5844	0.0210	702.5	14.14	7.84	1358
4	传统	13.3	8.33	0	0.1585	0.6963	0.0256	567.5	9.71	2.03	1223
	最优	15.5	7.28	0.40	0.1295	0.6345	0.0229	612.1	11.31	4.43	1183
5	传统	6.7	16.7	0	0.0792	0.9616	0.0156	640.7	6.31	1.63	949
	最优	21.4	5.66	0.93	0.0553	0.6249	0.0104	649.9	6.55	3.43	1299
6	传统	13.3	8.33	0	0.1585	1.0045	0.0349	583.3	10.18	−0.29	1000
	最优	21.9	4.66	0.06	0.1176	0.8377	0.0287	593.6	10.86	2.25	1171
7	传统	13.3	8.33	0	0.3170	0.7844	0.0330	606.5	9.45	−0.45	1247
	最优	15.9	6.47	0.61	0.2511	0.7572	0.0303	628.1	10.69	1.60	1282

表 11.11　生态学函数最大时线性唯象传热规律下加速度约束时各种条件下的计算结果

情形		v_{max} /(m/s)	t_p /ms	t_d /ms	$\Delta S_{t_{np}}$ /(10^{-3}kJ/K)	ΔS_{t_p} /(10^{-3}kJ/K)	σ /(kW/K)	W_p /10^{-3}kJ	P /kW	E /kW	T_f /K
1	传统	13.3	8.33	0	0.1585	0.7980	0.0287	630.8	11.61	3.00	1192
	最优	26.8	5.97	1.90	0.1233	0.6654	0.0237	673.9	13.22	6.11	1263
2	传统	13.3	8.33	0	0.1585	0.7843	0.0283	765.8	15.66	7.17	1131
	最优	20.3	4.57	0.23	0.1173	0.5793	0.0209	801.8	17.11	10.84	1230
3	传统	13.3	8.33	0	0.1585	0.7825	0.0282	699.6	13.67	6.06	1139
	最优	22.7	5.91	1.60	0.1230	0.6699	0.0238	750.8	15.53	8.39	1251
4	传统	13.3	8.33	0	0.1585	0.7797	0.0281	569.1	9.75	1.32	1146
	最优	24.4	6.41	1.90	0.1253	0.6607	0.0236	603.8	11.09	4.01	1163
5	传统	6.65	16.7	0	0.0792	1.0948	0.0176	597.5	5.66	0.38	866
	最优	26.8	5.97	1.90	0.0556	0.6654	0.0108	673.9	6.91	3.67	1263
6	传统	13.3	8.33	0	0.1585	0.9072	0.0320	557.6	9.41	−0.19	1047
	最优	27.2	5.84	1.80	0.1227	0.7886	0.0273	658.4	12.76	4.57	1199
7	传统	13.3	8.33	0	0.3170	0.8431	0.0348	550.1	7.76	−2.68	1146
	最优	19.5	6.69	1.50	0.2532	0.8113	0.0319	647.6	11.26	1.69	1240

表 11.12　生态学函数最大时辐射传热规律下加速度约束时各种条件下的计算结果

情形		v_{max} /(m/s)	t_p /ms	t_d /ms	$\Delta S_{t_{np}}$ /(10^{-3}kJ/K)	ΔS_{t_p} /(10^{-3}kJ/K)	σ /(kW/K)	W_p /10^{-3}kJ	P /kW	E /kW	T_f /K
1	传统	13.3	8.33	0	0.1585	0.7218	0.0264	607.0	10.89	2.97	1318
	最优	19.2	4.70	0	0.1178	0.4833	0.0180	599.7	11.04	5.64	1380
2	传统	13.3	8.33	0	0.1585	0.8162	0.0292	674.3	12.91	4.15	1150
	最优	35.8	4.10	0	0.1154	0.6840	0.0240	667.9	13.11	5.91	1534
3	传统	13.3	8.33	0	0.1585	0.7192	0.0263	652.8	12.27	4.38	1218
	最优	22.9	4.30	0	0.1162	0.5824	0.0210	674.0	13.28	6.98	1444
4	传统	13.3	8.33	0	0.1585	0.7176	0.0263	558.4	9.43	1.54	1322
	最优	18.4	5.10	0	0.1195	0.4045	0.0157	573.4	10.24	5.53	1340
5	传统	6.7	16.6	0	0.0792	0.8861	0.0145	603.4	5.75	1.40	1084
	最优	19.2	4.70	0	0.0544	0.4833	0.0081	613.8	6.02	3.59	1433
6	传统	13.3	8.33	0	0.1585	0.8000	0.0288	591.0	10.41	1.77	1258
	最优	22.1	4.30	0	0.1162	0.5535	0.0201	602.4	11.14	5.11	1404
7	传统	13.3	8.33	0	0.3170	0.7852	0.0331	588.0	8.89	−1.04	1318
	最优	15.4	5.50	0	0.2424	0.6333	0.0263	598.4	9.88	1.99	1429

图 11.13～图 11.21 给出了情形 1 时活塞最优运动规律与传统运动规律的比较。其中图 11.13～图 11.15 给出了三种传热规律下活塞最优运动规律时活塞速度变化规律与传统运动规律时活塞速度变化规律的比较，从图中可以看出，相比于传统运动规律，活塞最优运动规律均由三段组成，其中牛顿传热规律和线性唯象传热规律下活塞最优运动规律由一个静止段、一个最大减速段以及一个中间运动段组成，而辐射传热规律下活塞最优运动规律由一个最大加速段、一个最大减速段以及一个中间运动段组成；三种传热规律下最优运动规律时活塞最大运动速度远高于相对应的传统运动规律时活塞最大运动速度。图 11.16～图 11.18 给出了三种传热规律下活塞最优运动规律时缸内工质温度变化规律与传统运动规律时缸内工质温度变化规律的比较，可以看出，相比于传统运动规律，由于牛顿传热规律和线性唯象传热规律下活塞最优运动规律存在延迟时间，因此在功率冲程开始阶段缸内

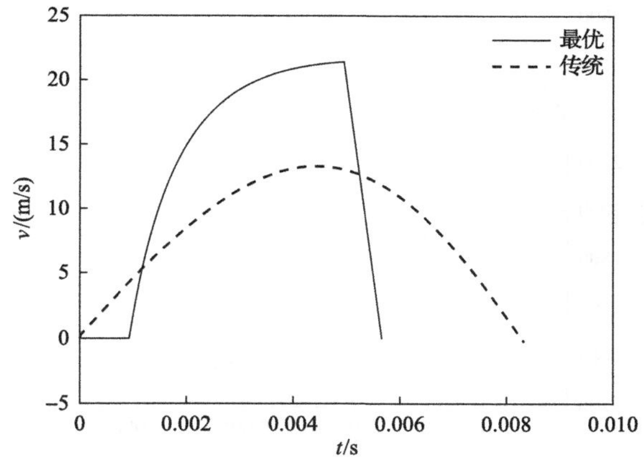

图 11.13　生态学函数最大时牛顿传热规律下活塞最优运动规律与传统运动规律比较(速度)

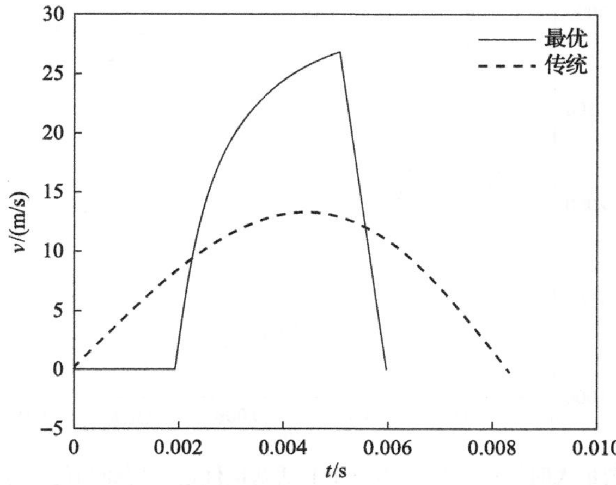

图 11.14　生态学函数最大时线性唯象传热规律下活塞最优运动规律与传统运动规律比较(速度)

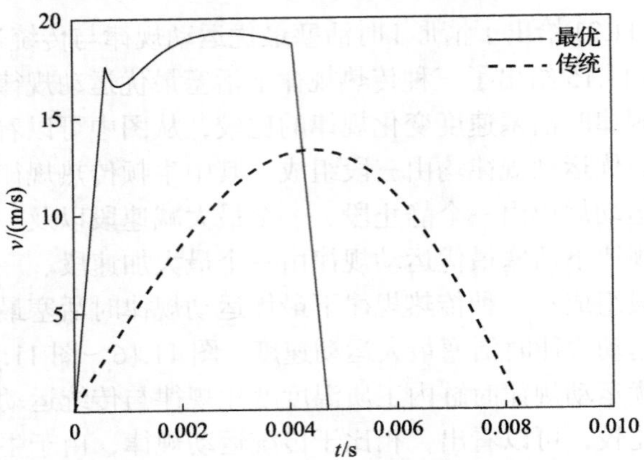

图 11.15　生态学函数最大时辐射传热规律下活塞最优运动规律与传统运动规律比较(速度)

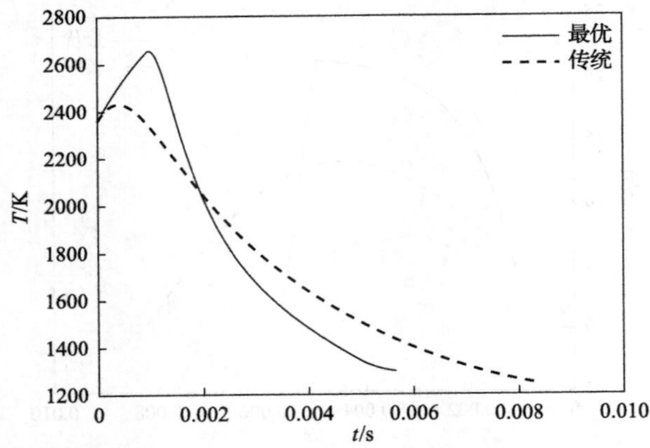

图 11.16　生态学函数最大时牛顿传热规律下活塞最优运动规律与传统运动规律比较(温度)

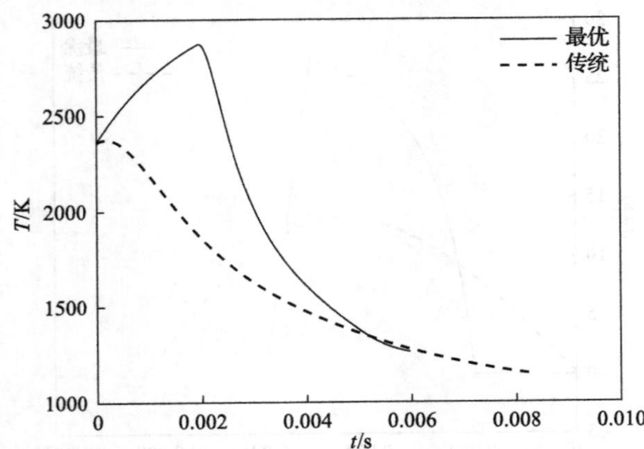

图 11.17　生态学函数最大时线性唯象传热规律下活塞最优运动规律与传统运动规律比较(温度)

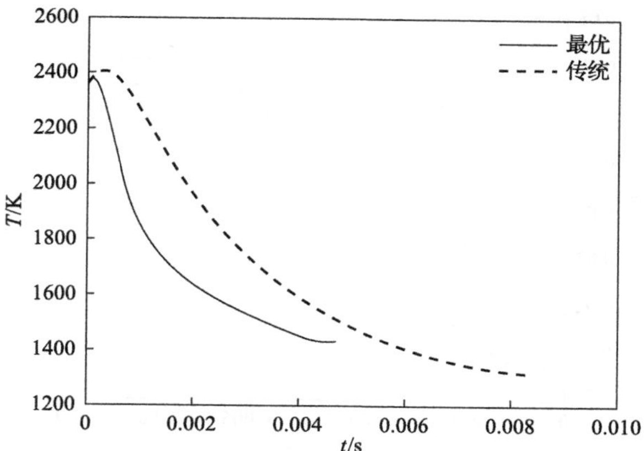

图 11.18　生态学函数最大时辐射传热规律下活塞最优运动规律与传统运动规律比较(温度)

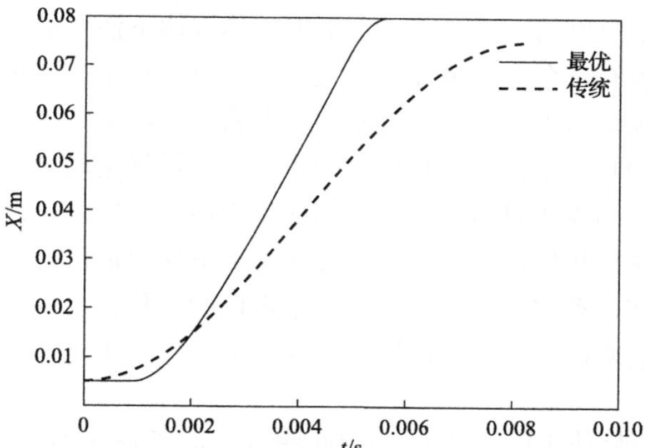

图 11.19　生态学函数最大时牛顿传热规律下活塞最优运动规律与传统运动规律比较(位移)

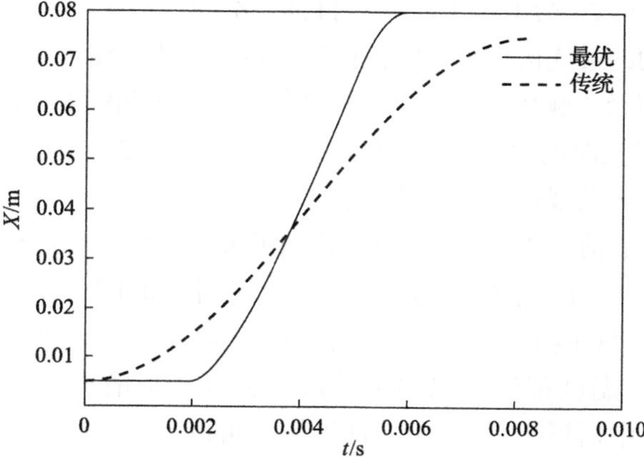

图 11.20　生态学函数最大时线性唯象传热规律下活塞最优运动规律与传统运动规律比较(位移)

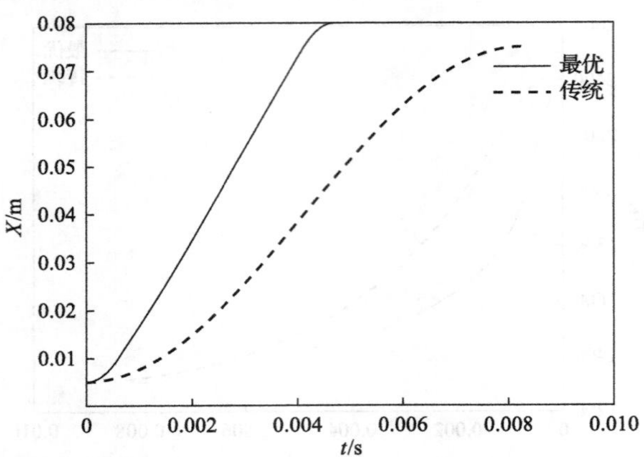

图 11.21　生态学函数最大时辐射传热规律下活塞最优运动规律与传统运动规律比较(位移)

工质的温度有一个急剧的上升过程，而辐射传热规律下活塞最优运动规律时缸内工质的温度虽然也有一个上升过程，但是上升的范围较小；三种传热规律下在功率冲程末端，最优运动规律时缸内工质的温度高于传统运动规律时缸内工质的温度。图 11.19～图 11.21 给出了三种传热规律下活塞最优运动规律时活塞运动位移变化规律与传统运动规律时活塞运动位移变化规律的比较，可以看出，相比于传统运动规律，牛顿传热规律和线性唯象传热规律下活塞最优运动规律由于存在延迟时间，因此活塞运动位移变化规律发生了定性的变化，而辐射传热规律下活塞最优运动规律时活塞运动位移变化规律没有发生定性的变化。

11.4　不同优化目标和传热规律下活塞运动最优构型比较

图 11.22～图 11.24 给出了不同优化目标、不同传热规律情况下功率冲程加速度约束时活塞运动的最优构型，其中包括牛顿传热规律下输出功最大时的最优构型(文献[1]的结果)以及牛顿传热规律、线性唯象传热规律和辐射传热规律下熵产生最小和生态学函数最大时的最优构型(本书结果)。表 11.13 给出了对应于图 11.22～图 11.24 七种活塞运动规律下的数值计算结果。

从表 11.13 中的情形 1、2 和 3 的计算结果可以看出，相同传热规律下，以生态学函数最大为目标时活塞最大运动速度、功率冲程时间、循环的总熵产率、循环对应的可逆功、循环功率冲程输出功、循环的输出功率、循环的第二定律效率以及功率冲程末端温度都处于以输出功最大和熵产生最小为目标时相应值的中间。比较表 11.13 中情形 1、2 和 3 的计算结果可以看出，牛顿传热规律下，与以输出功最大为目标相比，以生态学函数最大为目标时热机熵产率减小了 29.2%，

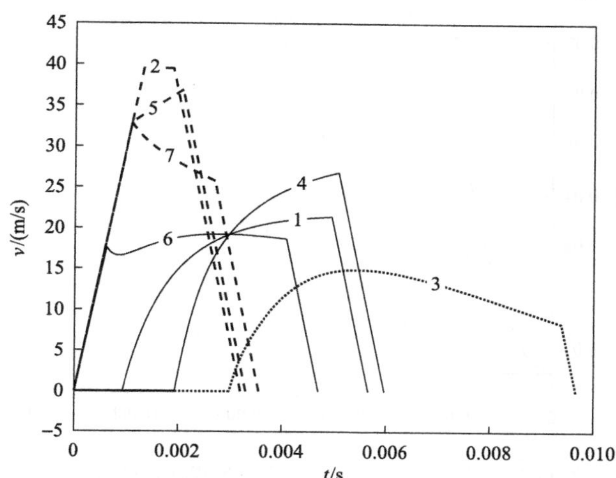

图 11.22　七种情形下活塞最优运动规律比较(速度)

1. 生态学函数最大，牛顿传热规律；2. 熵产生最小，牛顿传热规律；3. 输出功最大，牛顿传热规律；4. 生态学函数最大，线性唯象传热规律；5. 熵产生最小，线性唯象传热规律；6. 生态学函数最大，辐射传热规律；7. 熵产生最小，辐射传热规律

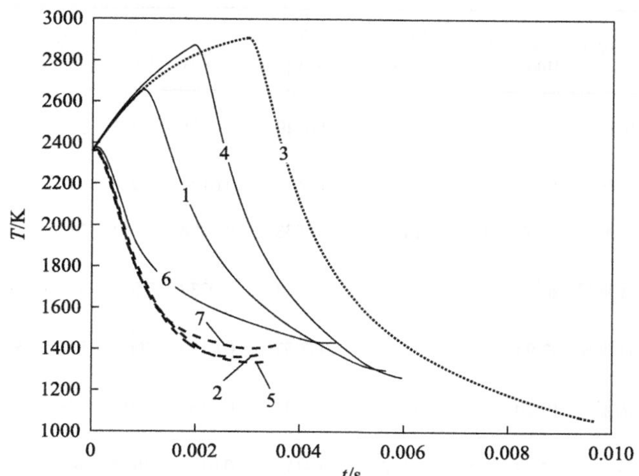

图 11.23　七种情形下活塞最优运动规律比较(温度)

1. 生态学函数最大，牛顿传热规律；2. 熵产生最小，牛顿传热规律；3. 输出功最大，牛顿传热规律；4. 生态学函数最大，线性唯象传热规律；5. 熵产生最小，线性唯象传热规律；6. 生态学函数最大，辐射传热规律；7. 熵产生最小，辐射传热规律

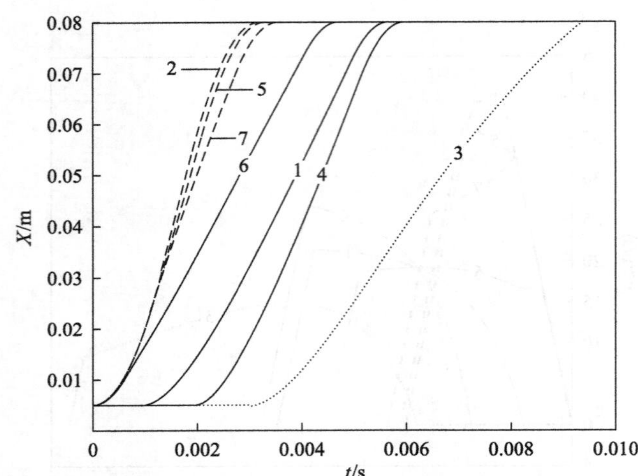

图 11.24　七种情形下活塞最优运动规律比较(位移)

1. 生态学函数最大，牛顿传热规律；2. 熵产生最小，牛顿传热规律；3. 输出功最大，牛顿传热规律；4. 生态学函数最大，线性唯象传热规律；5. 熵产生最小，线性唯象传热规律；6. 生态学函数最大，辐射传热规律；7. 熵产生最小，辐射传热规律

表 11.13　七种情形下功率冲程活塞运动最优构型的计算结果

情形	目标	传热规律	$v_{\max}$ /(m/s)	t_p /ms	$\Delta S_{t_{np}}$ /(10^{-3}kJ/K)	ΔS_{t_p} /(10^{-3}kJ/K)	σ /(kW/K)	W_R /10^{-3}kJ	W_p /10^{-3}kJ	P /kW	E /kW	T_f /K	ε
1	生态学函数最大	牛顿	21.40	5.66	0.1219	0.6049	0.0218	610.7	649.9	12.50	5.96	1299	0.682
2	熵产生最小	牛顿	39.56	3.20	0.1119	0.4686	0.0174	388.6	507.3	8.32	3.10	1371	0.714
3	输出功最大	牛顿	14.97	9.66	0.1425	0.8838	0.0308	837.1	740.2	15.03	5.78	1061	0.598
4	生态学函数最大	线性唯象	26.80	5.97	0.1223	0.6654	0.0237	724.1	673.9	13.22	6.11	1263	0.609
5	熵产生最小	线性唯象	32.98	3.30	0.1123	0.5057	0.0185	406.4	522.5	8.77	3.22	1337	0.720
6	生态学函数最大	辐射	19.20	4.70	0.1178	0.4833	0.0180	439.6	599.7	11.04	5.64	1380	0.837
7	熵产生最小	辐射	32.93	3.55	0.1132	0.4172	0.0159	363.6	547.6	9.52	4.75	1419	0.872

输出功率减小了 16.8%，第二定律效率增加了 14.0%；与以熵产生最小为目标相比以生态学函数最大为目标时热机的熵产率增加了 25.3%，输出功率增加了 50.2%，第二定律效率减小了 4.5%。从以上两种情况的比较结果可以看出，以生态学函数最大为目标与以输出功最大为目标相比，热机输出功率减小的量较小，熵产率减小较多，第二定律效率提升较大，即以牺牲较小的输出功率，较大地降

低了熵产率，一定程度上提高了热机的第二定律效率；以生态学函数最大为目标与以熵产生最小为目标相比，热机第二定律效率有一定的下降，熵产率增大较多，但输出功率增大的量很多，即以牺牲较小的第二定律效率，虽然在一定程度上增大了熵产率，但在较大程度上提高了热机的输出功率，因此生态学函数不仅反映了输出功率和熵产率之间的最佳折中，而且反映了输出功率和第二定律效率之间的最佳折中。比较表 11.13 中情形 4 和 5 的计算结果可以看出，线性唯象传热规律下，与以熵产生最小为目标相比，以生态学函数最大为目标时热机的熵产率增加了 28.1%，输出功率增加了 50.7%，第二定律效率减小了 15.4%。比较表 11.13 中情形 6 和 7 的计算结果可以看出，辐射传热规律下，与以熵产生最小为目标相比，以生态学函数最大为目标时热机的熵产率增加了 13.2%，输出功率增加了 16.0%，第二定律效率减小了 4.0%。

比较图 11.22～图 11.24 中曲线 1、4、6 可以看出，以生态学函数最大为目标时不同传热规律下活塞运动最优构型发生了很大变化。三种传热规律中线性唯象传热规律时活塞运动延迟时间和功率冲程时间最长，循环的最高温度最高，而辐射传热规律时活塞运动的延迟时间为零、功率冲程时间最短，循环的最高温度最低。从表 11.13 中情形 1、4 和 6 的计算结果可以看出，以生态学函数最大为目标时线性唯象传热规律下热机的生态学函数、熵产率和输出功率要高于牛顿和辐射传热规律下相对应的值，而第二定律效率是三种传热规律中最低的，辐射传热规律下的第二定律效率最高、熵产率最小。通过以上比较可以看出传热规律影响活塞最优运动规律。

参 考 文 献

[1] Hoffman K H, Berry R S. Optimal paths for thermodynamic systems: The ideal Diesel cycle[J]. J. Appl. Phys., 1985, 58(6): 2125-2134.

[2] Blaudeck P, Hoffman K H. Optimization of the power output for the compression and power stroke of the Diesel engine[C]. Proc. Int. Conf. ECOS'95, Istanbul, 1995.

[3] Burzler J M. Performance optima for endoreversible systems[D]. Chemnitz: University of Chemnitz, 2002.

[4] Burzler J M, Hoffman K H. Thermodynamics of Energy Conversion and Transport[M]//Sienuitycz S, De vos A. Optimal Piston Paths for Diesel Engines. New York: Springer, 2000.

[5] Xia S J, Chen L G, Sun F R. Engine performance improved by controlling piston motion: Linear phenomenological law system Diesel cycle[J]. Int. J. Therm. Sci., 2012, 51(1): 163-174.

[6] Chen L G, Xia S J, Sun F R. Optimizing piston velocity profile for maximum work output from a generalized radiative law Diesel engine[J]. Math. Comput. Model., 2011, 54(9-10): 2051-2063.

[7] Teh K Y, Edwards C F. An optimal control approach to minimizing entropy generation in an adiabatic internal combustion engine[J]. Trans. ASME J. Dyn. Sys. Meas. Control, 2008, 130(4): 041008.

[8] Teh K Y, Edwards C F. An optimal control approach to minimizing entropy generation in an adiabatic IC engine with fixed compression ratio[C]. 2006 ASME Int. Mech. Eng. Congress and Exposition, Chicago, 2006.

[9] De Vos A. Efficiency of some heat engines at maximum power conditions[J]. Am. J. Phys., 1985, 53 (6) : 570-573.

[10] Song H J, Chen L G, Sun F R, et al. Configuration of heat engines for maximum power output with fixed compression ratio and generalized radiative heat transfer law[J]. J. Non-Equilib. Thermodyn., 2008, 33 (3) : 275-295.

[11] Song H J, Chen L G, Sun F R. Optimal expansion of a heated working fluid for maximum work output with generalized radiative heat transfer law[J]. J. Appl. Phys., 2007, 102 (9) : 94901.

[12] Mozurkewich M, Berry R S. Finite-time thermodynamics: Engine performance improved by optimized piston motion[J]. Proc. Natl. Acad. Sci. U.S.A., 1981, 78 (4) : 1986-1988.

[13] Mozurkewich M, Berry R S. Optimal paths for thermodynamic systems: The ideal Otto cycle[J]. J. Appl. Phys., 1982, 53 (1) : 34-42.

[14] 夏少军, 陈林根, 孙丰瑞. 线性唯象传热定律下 Otto 循环热机活塞运动的最优路径[J]. 中国科学 G 辑: 物理学, 力学, 天文学, 2009, 39 (5) : 698-708.

[15] Taylor C F. The Internal Combustion Engine in Theory and Practice Volumes 1 and 2[M]. Cambridge: MA, 1977.

[16] Biezeno C B, Grammel R. Engineering Dynamics[M]. London: Blackie, 1955.

第12章 全书总结

有限时间热力学应用于内燃机循环的研究主要集中在四个方面：第一是研究各种空气标准循环模型(包括 Otto 循环、Diesel 循环、Atkinson 循环、Brayton 循环、Dual 循环、Miller 循环、PM 循环以及普适循环模型)在不同损失项(包括传热损失、摩擦损失、内不可逆性损失以及不同损失的组合)和工质恒、变比热容(包括工质比热容随温度线性变化和非线性变化)以及工质变比热容比情况下循环的性能特性；第二是研究内燃机循环在不同优化目标、不同传热规律下的活塞最优运动规律；第三是利用简化的模型来预测内燃机循环的性能并与具体的数值仿真结果进行比较；第四是利用更加具体、更加贴近实际的非均匀工质模型寻找循环的性能界限。

本书在全面系统地了解和总结内燃机循环有限时间热力学研究现状的基础上，选定内燃机循环有限时间热力学研究的前两类问题(空气标准内燃机循环最优性能研究和内燃机循环活塞最优运动路径研究)为研究对象，通过模型建立、理论分析、数值计算，对空气标准内燃机循环的最优性能和理想内燃机循环的最优构型进行了研究，取得了一些具有重要理论意义和实用价值的研究成果，其主要内容和基本结论体现在以下几个方面。

(1)建立了考虑传热损失、摩擦损失以及内不可逆性损失的不可逆 Otto 循环、Diesel 循环、Atkinson 循环、Brayton 循环、Dual 循环、Miller 循环和 PM 循环模型。对于 Otto 循环、Diesel 循环、Atkinson 循环、Brayton 循环、Dual 循环和 Miller 循环，分别研究了工质恒比热容和工质比热容随温度线性变化时循环的生态学最优性能以及工质比热容随温度非线性变化时循环的功率、效率最优性能和生态学最优性能；对于 PM 循环，分别研究了工质恒比热容、工质比热容随温度线性变化以及工质比热容随温度非线性变化时循环的功率、效率最优性能和生态学最优性能，导出了循环功率、效率、熵产率和生态学函数等重要的性能参数，采用数值计算方法，分析了循环内不可逆性损失、传热损失、摩擦损失、工质变比热容、升压比、另一压缩比和预胀比对循环功率、效率最优性能和生态学最优性能的影响，结果表明：

①以生态学函数最大为目标时，相对于输出功率最大点，以牺牲一定的输出功率为代价，较大地增大了效率和降低了熵产率；相对于效率最大值点，生态学函数值最大时，以牺牲一定的效率为代价，虽然增大了熵产率，但在较大程度上提高了热机的输出功率。基于㶲分析的生态学函数不仅反映了输出功率和熵产率

之间的最佳折中，而且反映了输出功率和效率之间的最佳折中。

②除了最大功率点之外，对应于热机任一生态学函数(最大值点除外)，输出功率都有两个值，因此实际运行时应使热机工作于输出功率较大的状态点。当循环完全可逆时，循环生态学函数与效率的关系曲线呈类抛物线型，而考虑一种及以上不可逆因素时，循环效率与生态学函数的关系曲线呈扭叶型，此时每一个生态学函数值(最大值点除外)都对应两个效率取值，因此实际运行时要使循环工作在效率较大的状态点。

③考虑工质比热容随温度非线性变化后，当循环完全可逆时，循环的功率与压缩比曲线以及功率与效率特性曲线呈类抛物线型，而效率则随压缩比单调增加；当考虑一种及以上不可逆因素时，循环的功率与压缩比曲线、效率与压缩比曲线呈类抛物线型，而功率与效率曲线呈回原点的扭叶型，这反映了实际不可逆内燃机循环的本质特性(即循环既存在最大功率工作点也存在最大效率工作点)。

④工质比热容模型对循环生态学函数与功率和效率的特性关系不产生定性的影响，仅产生定量的影响。三种比热容模型中，工质比热容随温度线性变化时循环生态学函数、输出功率和效率的极值最大，工质恒比热容时循环生态学函数、输出功率和效率的极值最小，而工质比热容随温度非线性变化时循环的生态学函数、输出功率和效率的极值介于两者之间。

⑤循环的生态学函数、输出功率和效率随着摩擦损失、传热损失和内不可逆性损失的增加而减小。考虑工质比热容随温度线性变化模型后，循环的生态学函数、输出功率和效率随着工质的比热容以及比热容随温度线性变化的系数的增加而增加。对于 Dual 循环，随着循环升压比的增加，循环的最大输出功率、最大效率以及生态学函数减小，Diesel 循环和 Otto 循环的功率、效率、生态学函数曲线分别是 Dual 循环的最大和最小功率、效率、生态学函数包络线；对于 Miller 循环，随着循环另一压缩比的增加，循环的最大输出功率、最大效率以及生态学函数都增加，Atkinson 循环和 Otto 循环的功率、效率、生态学函数曲线分别是 Miller 循环的最大和最小功率、效率、生态学函数包络线；对于 PM 循环，随着循环预胀比的增加，循环的最大输出功率、最大效率以及生态学函数增加。

(2)建立了考虑传热损失、摩擦损失以及内不可逆性损失的内燃机普适循环模型。本书分别研究了工质恒比热容和工质比热容随温度线性变化时循环的生态学最优性能以及工质比热容随温度非线性变化和工质比热容比随温度线性变化时循环的功率、效率最优性能和生态学最优性能。导出了循环功率、效率、熵产率和生态学函数等重要的性能参数，采用数值计算方法，比较了所包含的特例循环的生态学函数极值、功率极值以及效率极值的大小关系，结果表明：

①所得结果具有相当的普适性，包含了大量已有文献结果，是内燃机循环最

优性能分析结果的集成。

②采用不同的工质比热容模型时，各种特例循环的生态学函数极值和效率极值的大小关系将会发生变化。四种比热容模型中，工质比热容随温度线性变化、非线性变化以及比热容比随温度线性变化时，各种特例循环的功率极值大小关系相同。因此，工质比热容模型影响循环的最优性能。

③以循环功率最大为性能目标时，Brayton 循环、Diesel 循环和 Dual 循环的性能要优于其他四种循环；以循环效率最大为性能目标时，Brayton 循环、PM 循环和 Diesel 循环的性能要优于其他四种循环；以生态学函数最大为性能目标时 Brayton 循环、Diesel 循环和 Atkinson 循环的性能要优于其他四种循环。

(3) 在给定循环总时间和耗油量的情况下，以存在热漏、摩擦等内不可逆性损失的四冲程 Otto 循环热机为研究对象，考虑工质和环境之间的传热服从广义辐射传热规律，分别以循环熵产生最小和生态学函数最大为目标对整个循环活塞运动的最优构型进行了研究，求出了活塞运动最优路径；在此基础上进一步考虑燃料有限燃烧速率对活塞运动最优路径的影响，在工质和环境之间的传热服从广义辐射传热规律的情况下，分别以循环熵产生最小和生态学函数最大为目标对 Diesel 循环活塞运动的最优构型进行了研究。通过数值算例，对不同传热规律和优化目标下的最优构型进行了比较，结果表明：

①相同传热规律下，以生态学函数最大为目标与以输出功最大为目标相比，热机输出功率减小的量较小，而熵产率减小较多，第二定律效率提升较大，即以牺牲较小的输出功率，较大地降低了熵产率，一定程度上提高了热机的第二定律效率；以生态学函数最大为目标与以熵产生最小为目标相比，热机第二定律效率有一定的下降，导致了一定的熵产率增加，但输出功率增大的量较多，即以牺牲较小的第二定律效率，增大了熵产率，在较大程度上提高了热机的输出功率，因此生态学函数不仅反映了输出功率和熵产率之间的最佳折中，而且反映了输出功率和第二定律效率之间的最佳折中。相同传热规律下，以生态学函数最大为目标时活塞最优运动速度、功率冲程时间、循环的总熵产率、循环对应的可逆功、循环功率冲程输出功、循环的输出功率、循环的第二定律效率以及功率冲程末端温度都处于以输出功最大和熵产生最小为目标时相应值的中间。

②Otto 循环和 Diesel 循环限制加速度时，不同优化目标、不同传热规律下功率冲程活塞运动的最优构型的相同点是：最优构型均由两个边界运动段和一个中间运动段组成，并且中间运动段均与对应的无加速度约束条件下的最优解满足的微分方程相同。不同点是：对于 Otto 循环，不同目标和不同传热规律下的活塞运动最优构型的两个边界运动段分别是一个最大加速段和一个最大减速段；对于 Diesel 循环，以熵产生最小为目标进行优化时，三种传热规律下活塞运动的最优

构型的两个边界运动段分别为一个最大加速段和一个最大减速段，以生态学函数最大为目标进行优化时，牛顿传热规律和线性唯象传热规律下活塞运动的最优构型的两个边界运动段分别为一个静止段和一个最大减速段，而辐射传热规律下活塞运动的最优构型的两个边界运动段分别为一个最大加速段和一个最大减速段。

③以熵产生最小为优化目标时，Otto 循环和 Diesel 循环的优化过程主要是通过减小功率冲程初始阶段传热损失产生的熵产生来实现的；以生态学函数最大为目标时，Otto 循环优化过程主要是通过减小循环功率冲程的熵产生来实现的，而 Diesel 循环的优化过程主要是通过减小循环功率冲程的熵产生和提高循环输出功率来共同实现的。随着摩擦损失、传热损失的增加，循环的熵产生增加、生态学函数减小；随着循环周期的增加，循环的熵产生和循环的生态学函数减小。

④在计算 Otto 循环和 Diesel 循环熵产生时考虑了文献[1]和[2]中未计入的实际热机中的摩擦损失、传热损失和压降损失引起的熵产生，因此所得结果比文献[1]和[2]更具有指导意义。

⑤传热规律和优化目标影响活塞运动最优构型，因此必须开展相关研究。

综上所述，本书在以下四个方面有较大的创新。

一是在前人工作的基础上系统地建立了较为完备的、能反映各种不可逆因素影响的工质恒比热容、工质比热容随温度线性变化以及工质比热容随温度非线性变化时的各种空气标准内燃机循环模型，以功率、效率和生态学函数最大为目标，对各种内燃机循环进行了优化；基于较为普适的广义辐射传热规律，分别以熵产生最小和生态学函数最大为目标，对内燃机循环活塞运动进行了构型优化。优化结果具有普适性，包含大量已有文献的结果，是不可逆内燃机循环分析结果的集成。

二是在对 Otto 循环和 Diesel 循环活塞运动最优构型进行研究时进一步完善了文献[1]、[2]中建立的模型，在计算熵产生时考虑了文献[1]、[2]中没有考虑的实际热机中由摩擦损失、传热损失和压降损失引起的熵产生，因此所得结果比文献[1]、[2]更具有指导意义。

三是将生态学函数引入到内燃机循环的最优性能和最优构型研究中。以生态学函数最大为目标时，相对于输出功率最大点，以牺牲一定的输出功率为代价，较大地增大了效率(第二定律效率)和降低了熵产率；相对于效率(第二定律效率)最大值点，生态学函数值最大时，以牺牲一定的效率(第二定律效率)为代价，虽然增大了熵产率，但在较大程度上提高了热机的输出功率。基于㶲分析的生态学函数不仅反映了输出功率和熵产率之间的最佳折中，而且反映了输出功率和效率(第二定律效率)之间的最佳折中。

四是以熵产生最小和生态学函数最大为目标，对广义辐射传热规律下的 Otto 循环和 Diesel 循环进行了构型优化。优化结果揭示了传热规律和优化目标对内燃机循环最优构型的影响，丰富了有限时间热力学理论。

参 考 文 献

[1] Teh K Y, Edwards C F. An optimal control approach to minimizing entropy generation in an adiabatic internal combustion engine[J]. Trans. ASME J. Dyn. Sys. Meas. Control, 2008, 130 (4): 041008.

[2] Teh K Y, Edwards C F. An optimal control approach to minimizing entropy generation in an adiabatic IC engine with fixed compression ratio[C]//2006 ASME Int. Mech. Eng. Congress and Exposition, Chicago, 2006.